教育部高等学校电子信息类专业教学指导委员会规划教材
高等学校电子信息类专业系列教材

Introduction for Digital System Integrated Circuits Design

数字系统集成电路设计导论

张金艺　李娇　朱梦尧　周多　姜玉稀　编著
Zhang Jinyi　Li Jiao　Zhu Mengyao　Zhou Duo　Jiang Yuxi

U0228387

清华大学出版社
北京

内 容 简 介

本教材是一本适用于电子技术与电子工程类专业读者的集成电路设计方面的教材,期望读者通过对本教材的学习,对数字系统集成电路设计基本知识和关键技术有一个较全面的了解和掌握;同时,根据对应专业的特点,使读者对集成电路可测试性设计有关知识和当今较先进的集成电路设计方法及 Verilog HDL 硬件描述语言在集成电路设计全过程的运用也有所了解。

本教材内容涵盖设计方法学、生产工艺、EDA 相关微电子学基础知识、软件工具、设计步骤、Verilog HDL 硬件描述语言、测试方法、可测试性设计和 SoC 设计等集成电路设计方面的关键知识点。

图书在版编目(CIP)数据

数字系统集成电路设计导论/张金艺等编著.—北京:清华大学出版社,2017 (2021.12重印)
(高等学校电子信息类专业系列教材)
ISBN 978-7-302-45298-0

Ⅰ. ①数… Ⅱ. ①张… Ⅲ. ①数字集成电路—电路设计—高等学校—教材 Ⅳ. ①TN431.2

中国版本图书馆 CIP 数据核字(2016)第 254973 号

责任编辑:梁 颖 梅栾芳
封面设计:李召霞
责任校对:时翠兰
责任印制:丛怀宇

出版发行:清华大学出版社
   网 址:http://www.tup.com.cn,http://www.wqbook.com
   地 址:北京清华大学学研大厦 A 座   邮 编:100084
   社 总 机:010-62770175   邮 购:010-62786544
   投稿与读者服务:010-62776969,c-service@tup.tsinghua.edu.cn
   质量反馈:010-62772015,zhiliang@tup.tsinghua.edu.cn
   课件下载:http://www.tup.com.cn,010-62795954
印 装 者:三河市龙大印装有限公司
经 销:全国新华书店
开 本:185mm×260mm   印 张:24.25   字 数:591 千字
版 次:2017 年 1 月第 1 版   印 次:2021 年 12 月第 4 次印刷
印 数:3201~3400
定 价:69.00 元

产品编号:052589-02

序

FOREWORD

我国电子信息产业销售收入总规模在 2013 年已经突破 12 万亿元,行业收入占工业总体比重已经超过 9%。电子信息产业在工业经济中的支撑作用凸显,更加促进了信息化和工业化的高层次深度融合。随着移动互联网、云计算、物联网、大数据和石墨烯等新兴产业的爆发式增长,电子信息产业的发展呈现了新的特点,电子信息产业的人才培养面临着新的挑战。

(1) 随着控制、通信、人机交互和网络互联等新兴电子信息技术的不断发展,传统工业设备融合了大量最新的电子信息技术,它们一起构成了庞大而复杂的系统,派生出大量新兴的电子信息技术应用需求。这些"系统级"的应用需求,迫切要求具有系统级设计能力的电子信息技术人才。

(2) 电子信息系统设备的功能越来越复杂,系统的集成度越来越高。因此,要求未来的设计者应该具备更扎实的理论基础知识和更宽广的专业视野。未来电子信息系统的设计越来越要求软件和硬件的协同规划、协同设计和协同调试。

(3) 新兴电子信息技术的发展依赖于半导体产业的不断推动,半导体厂商为设计者提供了越来越丰富的生态资源,系统集成厂商的全方位配合又加速了这种生态资源的进一步完善。半导体厂商和系统集成厂商所建立的这种生态系统,为未来的设计者提供了更加便捷却又必须依赖的设计资源。

教育部 2012 年颁布了新版《高等学校本科专业目录》,将电子信息类专业进行了整合,为各高校建立系统化的人才培养体系,培养具有扎实理论基础和宽广专业技能的、兼顾"基础"和"系统"的高层次电子信息人才给出了指引。

传统的电子信息学科专业课程体系呈现"自底向上"的特点,这种课程体系偏重对底层元器件的分析与设计,较少涉及系统级的集成与设计。近年来,国内很多高校对电子信息类专业课程体系进行了大力度的改革,这些改革顺应时代潮流,从系统集成的角度,更加科学合理地构建了课程体系。

为了进一步提高普通高校电子信息类专业教育与教学质量,贯彻落实《国家中长期教育改革和发展规划纲要(2010—2020 年)》和《教育部关于全面提高高等教育质量若干意见》(教高【2012】4 号)的精神,教育部高等学校电子信息类专业教学指导委员会开展了"高等学校电子信息类专业课程体系"的立项研究工作,并于 2014 年 5 月启动了《高等学校电子信息类专业系列教材》(教育部高等学校电子信息类专业教学指导委员会规划教材)的建设工作。其目的是为推进高等教育内涵式发展,提高教学水平,满足高等学校对电子信息类专业人才培养、教学改革与课程改革的需要。

本系列教材定位于高等学校电子信息类专业的专业课程,适用于电子信息类的电子信息工程、电子科学与技术、通信工程、微电子科学与工程、光电信息科学与工程、信息工程及其相近专业。经过编审委员会与众多高校多次沟通,初步拟定分批次(2014—2017 年)建设约 100 门课程教材。本系列教材将力求在保证基础的前提下,突出技术的先进性和科学的前沿性,体现创新教学和工程实践教学;将重视系统集成思想在教学中的体现,鼓励推陈出新,采用"自顶向下"的方法编写教材;将注重反映优秀的教学改革成果,推广优秀的教学经验与理念。

为了保证本系列教材的科学性、系统性及编写质量,本系列教材设立顾问委员会及编审委员会。顾问委员会由教指委高级顾问、特约高级顾问和国家级教学名师担任,编审委员会由教育部高等学校电子信息类专业教学指导委员会委员和一线教学名师组成。同时,清华大学出版社为本系列教材配置优秀的编辑团队,力求高水准出版。本系列教材的建设,不仅有众多高校教师参与,也有大量知名的电子信息类企业支持。在此,谨向参与本系列教材策划、组织、编写与出版的广大教师、企业代表及出版人员致以诚挚的感谢,并殷切希望本系列教材在我国高等学校电子信息类专业人才培养与课程体系建设中发挥切实的作用。

吕志伟 教授

前 言

PREFACE

自从 1958 年诺贝尔奖获得者 Jack Kilby 发明世界上第一块集成电路以来,集成电路技术的发展就一直遵循着摩尔定律,以集成度每 18~24 个月翻一番的惊人速度向前发展。近年来,随着电子信息技术、集成电路制造技术和半导体材料技术的飞速发展,集成电路设计技术突飞猛进,对现代科学与技术的发展起到了巨大的推动和促进作用。集成电路设计理论与技术已经成为现代工业的重要基础。

我国集成电路研制生产工作起步并不晚,源于 20 世纪 60 年代,但是由于多种原因,相关产业一度处于停滞不前状态。20 世纪 90 年代开始,随着国家经济持续高速发展,综合国力迅速增强,华晶、贝岭、首钢 NEC、上海华虹 NEC、中芯国际和台积电等众多集成电路制造企业相继成立,使我国集成电路制造能力达到了国际先进水平。但是我们国家还面临着一个更严峻的情况,即国内的集成电路创新性设计能力跟不上,大量企业一直处于为国外集成电路代加工的状态,基本上等于我国花费大量财力物力建造起来的工厂,却为外国人所利用。

因此,加大加强加快培养我国集成电路设计人才已经成为电子技术与电子工程等学科专业的重要任务。同时,每一位 21 世纪的电子工程师也必须清醒地认识到,如果还停留在只能设计印刷线路板的水平,而对集成电路设计过程一无所知,或无法将其原创性设计的电路系统推进至集成电路,将面临严峻的市场挑战与知识产权风险。

《数字系统集成电路设计导论》作为一本适用于电子技术与电子工程类专业读者的集成电路设计方面的教材,其目标是:期望读者通过对本教材的学习,对数字系统集成电路设计所需的基本知识和关键技术有一个较全面的了解和掌握;同时,对集成电路可测试性设计有关知识和当今较先进的集成电路设计方法及 Verilog HDL 硬件描述语言在集成电路设计全过程中的运用也有所了解。

本教材内容涵盖设计方法学、生产工艺、相关微电子学基础知识、EDA 软件工具、设计步骤、Verilog HDL 硬件描述语言、测试方法、可测试性设计和 SoC 设计等集成电路设计方面的关键知识点。

全教材共 7 章。第 1 章概述集成电路的发展及相关基本知识;第 2 章简单介绍 CMOS 制造工艺及相应的版图与电路知识;第 3 章详细介绍集成电路仿真与验证知识,并引入验证平台层面的基本内容;第 4 章是关于集成电路综合技术的介绍,详细阐述集成电路设计中的综合流程;第 5 章对集成电路测试与可测试性设计方面的内容进行介绍,并拓展了对 SoC 测试结构和测试策略等的介绍;第 6 章主要介绍 Verilog HDL 硬件描述语言相关知识,并通过多个实例剖析以加深了解;第 7 章着重介绍系统集成电路设计相关知识,对 SoC 设计思想、设计方法及流程等进行较为全面的介绍。

　　作者建议讲课学时数分配如下：第 1 章 4 课时，第 2 章 8 课时，第 3 章 8 课时，第 4 章 10 课时，第 5 章 10 课时，第 6 章 12 课时，第 7 章 8 课时。总计 60 课时。

　　本书第 1、6 章由张金艺编写，第 2 章由姜玉稀、李娇共同编写，第 3、4 章由李娇编写，第 5 章由周多编写，第 7 章由朱梦尧编写。统稿及修订工作由李娇完成。

编　者

2016 年 9 月

作 者 简 介

张金艺,男,研究员,博导(博士),高校任教 30 年。

在十多年的教学工作中,主讲集成电路设计方面课程超过 3600 学时。主持和参与完成国家 863 计划项目、上海市科委/市教委科技项目、国际合作项目和企业委托项目等 30 余项;在国内外发表论文 80 余篇;出版教材 1 本;申请及获授权各类专利 40 余项;获上海市科技进步二等奖 1 项。并兼任上海市科委科技发展重点领域(集成电路与信息通信)技术预见专家、上海集成电路设计"十二五"技术路线研究课题组成员,上海市科协、上海硅知识产权交易中心(集成电路类)法律技术鉴定专家,上海市经信委、上海市科委项目评审专家,《IEEE Transactions on Very Large Scale Integration Systems》《半导体学报》《复旦大学学报》《上海大学》等学术期刊论文审稿专家。

李娇,女,博士,上海大学微电子研究与开发中心教师。

研究生阶段开始从事集成电路设计方面研究,熟悉数字集成电路设计方法及流程,目前主要从事集成电路可测试性设计和片上网络方面研究。自工作以来十余年,主要讲授"数字集成电路设计""模拟集成电路"等方面课程。并在此期间作为项目负责人和主要技术人员承担参与了国家 863 计划项目、上海市科委/教委、国际合作项目等 8 项。在国内外相关期刊、会议上发表论文 10 余篇,申请及获得各类专利 15 项。

朱梦尧,男,博士,上海大学通信与信息工程学院副教授。

主要讲授"集成电路设计""信息论与编码"等方面课程。作为项目负责人和骨干承担了国家自然科学基金、国家 863 重点专项、上海市教委等 6 项;2013 年获得了上海市科技进步三等奖;获得 4 项国家专利;发表 IEEE Trans. on Circuit and System II、IEEE Trans. on Consumer Electronics、IEEE ICME、ICASSP 等高水平期刊和会议多篇,SCI/EI 收录 20 余篇。博士毕业于浙江大学信电系,曾负责多款数字电视芯片的音频解码系统设计,其中国内首款卫星数字电视解调解码 SoC 芯片荣获 2008 年度浙江省科技进步一等奖和 2009 年度国家科学技术进步二等奖。

周多,女,电子科学与技术专业教师,通信与信息工程专业在读博士生。

在 12 年的教学工作中,主讲的课程有"集成电路测试""微电子学概论""信号与系统"和"FPGA 设计与验证"等;主要研究方向为基于超大规模集成电路的片上网络系统的设计和验证,特别研究片上网络的测试策略和可靠性设计;发表论文近十篇,出版教材 1 本。

姜玉稀,男,博士,上海三思电子工程有限公司副总工程师。

曾在高校和设计公司工作,担任过"模拟集成电路系统仿真与设计"课程主讲教师,并有多年版图培训和设计经验;主持和参与了十余项国家级、省部级及企业横向课题项目;获得各类专利 11 项;发表各类级别论文十余篇;获得 2013 年上海市科学技术进步奖一项。曾担任上海市紧缺人才培训讲师,期间参与上海市劳动局版图培训系统的开发工作,并著有《集成电路版图设计教程》一书。主要研究方向为电源管理芯片设计、ESD 保护电路设计、EDA 软件开发研究等。

目 录
CONTENTS

第1章　集成电路设计进展

CHAPTER 1

自从1958年诺贝尔物理学奖获得者——美国德州仪器公司工程师Jack Kilby发明世界上第一块集成电路以来,集成电路一直在改变人们的生活。作为电子信息产品的核心部件——集成电路通常被誉为现代电子信息产品的"芯"脏。近年间,伴随着民用家电、PC和手机等电子信息产品的大规模普及,集成电路产业得到了飞速发展。

1.1　引言

1.1.1　集成电路的发展简史

1947年第一个晶体管发明,1958年第一块集成电路诞生。随着半导体设计技术的快速发展和制造工艺水平的不断提高,晶体管与集成电路技术有了飞速发展。或许就连晶体管的发明人William Shockley、John Bardeen、Walter Brattain和集成电路的发明人Jack Kilby也未能预见到他们的发明能够对未来产生如此深远而又巨大的影响,以至于今天的人们已经开始较难适应没有晶体管和集成电路的生活了。值得欣慰的是,1956年与2000年的诺贝尔物理学奖已给予这些伟大科学家们最大的肯定。

1. 何谓集成电路

谈及集成电路(Integrated Circuit,IC),首先应了解微电子技术。简单地讲,微电子技术就是使电子元器件和电子系统产品微小型化的技术。自从1947年12月美国贝尔实验室诺贝尔物理学奖获得者William Shockley、John Bardeen和Walter Brattain(见图1.1)发明世界上第一个晶体管(见图1.2)以来,微电子技术就开始进入快速发展的轨道,集成电路则是这个发展历程中一个非常重要的代表。

图 1.1　William Shockley(坐)、John Bardeen(左)
Walter Brattain(右)

图 1.2　1947 年发明的第一个点
接触型晶体管

集成电路是一种典型的微型化电子器件,其采用特定的设计技术与制造工艺,把一个电路或系统中所有的晶体管、二极管、电阻、电容和电感等器件及器件间的连接线均制作于一块非常小的半导体晶片上,这块半导体块晶片就是一个完整电路或系统;然后再将这块半导体晶片封装于一个管壳内,进而成为一个不能拆分并能完成原电路或系统固有功能的整体。集成电路产品一般也被称作"芯片",如图 1.3 所示。

图 1.3　常用的集成电路(芯片)

1958 年,Jack Kilby 发明了世界上第一块锗集成电路(见图 1.4)。集成电路的出现大大推进了全世界民用家电、PC 和手机等电子信息产品与通信产品的发展;同时,这些电子信息产品与通信产品的发展和大规模普及也促进了集成电路自身设计技术与制造技术的迅猛发展。

2000 年,集成电路问世 42 年以后,Jack Kilby 因集成电路的发明被授予诺贝尔物理学奖(见图 1.5)。诺贝尔奖评审委员会对 Jack Kilby 的评价是:"为现代信息技术奠定了基础"。

图 1.4　1958 年 Jack Kilby 发明的
世界上第一块锗集成电路

图 1.5　2000 年 Jack Kilby 被
授予诺贝尔物理学奖

2. 历史回顾

虽然国际上一致认为 Jack Kilby 是集成电路的发明者,但是与其同时代的 Intel 公司主要创始人 Robert Noyce(见图 1.6)却不应该被忘记。1959 年,当时还就职于美国 Fairchild 半导体公司的 Robert Noyce 基于硅平面工艺技术发明了世界上第一块硅集成电路(见图 1.7),并于 1961 年 4 月获得美国专利局的集成电路发明专利授权。这个时间节点要比 Jack Kilby 的集成电路发明专利授权早 3 年多。

图 1.6　Intel 公司主要创始人 Robert Noyce

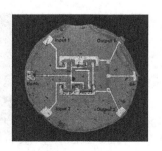

图 1.7　1959 年 Robert Noyce 发明硅集成电路

理论上可以这样说,Jack Kilby 和 Robert Noyce 都应该是集成电路的发明者。Robert Noyce 所采用的硅材料与硅平面技术更适于集成电路的产业化量产。至今为止,硅材料仍然是集成电路主要的制作材料,硅平面工艺技术仍然是集成电路主要采用的制造工艺技术。

由 Jack Kilby 和 Robert Noyce 开创的集成电路技术与产业至今已经走过了 60 多年的发展历程。

- 1958 年,美国德州仪器公司工程师 Jack Kilby 发明世界上第一块锗集成电路。
- 1959 年,美国 Fairchild 半导体公司的 Robert Noyce(Intel 公司创始人之一)发明世界上第一块硅集成电路。
- 1963 年,F. M. Wanlass 和 C. T. Sah 首次提出互补金属氧化物半导体(Complementary Metal Oxide Semi-conductor,CMOS)工艺技术。
- 1965 年,美国 Fairchild 半导体公司的 Gorden Moore(Intel 公司创始人之一)提出著名的集成电路产业发展规律"摩尔定律"。
- 1966 年,美国 RCA 公司研制出 CMOS 集成电路,并开发出第一块门阵列。
- 1971 年,美国 Intel 公司推出 1Kb 动态随机存取存储器(Dynamic Random Access Memory,DRAM),标志着进入大规模集成电路(Large Scale Integrated Circuit,LSI)时代。同年,Intel 公司还推出全球第一个 CPU 4004(见图 1.8、图 1.9),其采用 MOS 工艺。

图 1.8　1971 年,Intel 推出的 4004 CPU　　　图 1.9　采用 Intel 4004 CPU 的 Busicom 141-PF 计算器

- 1974 年,美国 RCA 公司研制出第一个 CMOS CPU 1802。
- 1978 年,64Kb DRAM 研制成功,14 万个晶体管集成于不足 $0.5cm^2$ 的硅片上,标志着进入超大规模集成电路(Very Large Scale Integrated Circuit,VLSI)时代。同年,美国 Intel 公司推出主频 4.77MHz 的 8088 CPU(见图 1.10),特征尺寸* 为 $3\mu m$,集成 29 000 个晶体管。1981 年 8 月,IBM 正式采用 Intel 8088 CPU 推出全球第一台个人计算机(Personal Computer,PC)IBM 5150(见图 1.11)。这标志着 PC 时代的到来。

图 1.10　1978 年,Intel 推出的 8088 CPU　　　图 1.11　1981 年,采用 Intel 8088 CPU 的 IBM 5150 PC

---

　*　注:特征尺寸一般指在集成电路设计和生产中可达到的最小线宽。有时也将其称为工艺或技术。

- 1985 年,美国 Intel 公司推出主频 33MHz 的 80386 CPU(见图 1.12),特征尺寸为 1.5μm,集成 275 000 个晶体管。
- 1989 年,1Mb DRAM 进入市场。
- 1992 年,64Mb 随机存储器问世。
- 1993 年,美国 Intel 公司推出主频 66MHz 的 Pentium CPU(见图 1.13),特征尺寸为 0.8μm,集成 3 100 000 个晶体管。
- 1997 年,美国 Intel 公司推出主频 300MHz 的 Pentium Ⅱ CPU(见图 1.14),特征尺寸为 0.35μm,集成 7 500 000 个晶体管。

图 1.12　1985 年,Intel 推出的 80386 CPU

图 1.13　1993 年,Intel 推出的 Pentium CPU

图 1.14　1997 年,Intel 推出的 Pentium Ⅱ CPU

- 2000 年,1Gb RAM 投放市场。同年,美国 Intel 公司推出主频 1.4GHz 的 Pentium 4 CPU(见图 1.15),特征尺寸为 0.18μm,集成 42 000 000 个晶体管。
- 2008 年,美国 Intel 公司推出主频 2.83GHz 的酷睿 2 Quad CPU(见图 1.16),特征尺寸为 45nm,集成 8.2 亿个晶体管。
- 2009 年,美国 Intel 公司推出酷睿 i 全新系列 CPU,特征尺寸为 32nm。
- 2012 年,美国 Intel 公司推出 Ivy Bridge CPU,特征尺寸为 22nm,并开始启用新的 3D Tri-Gate 工艺进行芯片设计,主频接近 4GHz,集成近 14 亿个晶体管。

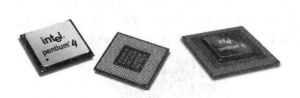

图 1.15　2000 年,Intel 推出的 Pentium 4 CPU

图 1.16　2008 年,Intel 推出的酷睿 2 Quad CPU

　　纵观上述集成电路技术与产业走过的 60 多年发展历程,美国 Intel 公司一直扮演着整个行业的领跑者角色。虽然美国 AMD 公司不断向其发起冲击,但 Intel 公司在集成电路行业中的领先地位至今尚未被撼动。

　　2014 年,美国英特尔公司成功推出 14nm 工艺。另外,英特尔公司官方表示,首款基于 10nm 工艺的处理器产品将在 2017 年下半年推出,并在 2018 年后迎接 7nm 时代的到来。

近年来,伴随着民用家电、PC 和手机等电子信息产品与通信产品的大规模普及,集成电路产业得到了飞速发展。另据美国情报处理服务(Information Handling Services,IHS)公司公布的半导体市场研究报告显示:全球集成电路销售收入增长率 2013 年为 6.4%,2014 年为 8.3%,2014 年全球集成电路销售收入约 3543 亿美元,2015 年约 3473 亿美元;2015—2020 年,半导体总体收入的年均增长率将在 2.1% 左右。

3. 我国集成电路的发展历史

1965 年,我国成功研制出第一块集成电路。在过去的 50 多年里,我国的集成电路产业经历了从无到有、循序渐进的 4 个主要发展阶段。

1965—1978 年期间为我国集成电路的起步阶段。在这个阶段初期,国外对我国实行技术封锁,我国集成电路产业依靠自身的力量逐步向前发展。当时集成电路的设计研发工作主要是针对我国自主型计算机和军工产业的配套目标。我国在较短的时间内分别研制成功二极管-晶体管逻辑(Diode Transistor Logic,DTL)型集成电路、晶体管-晶体管逻辑集成电路(Transistor-Transistor Logic,TTL)型小规模集成电路、CMOS 型大规模集成电路等。1973 年 8 月 26 日,我国第一台运算速度达 100 万次/秒的集成电路电子计算机由北京大学、北京有线电厂、燃料化学工业部等单位联合研发成功,如图 1.17 所示。本阶段后期,我国组织过 3 次全国性的大规模集成电路及其基础材料的大会战,国家加强了集成电路产业建设工作,并积极从国外购买集成电路生产设备与工艺线,初步建立了集成电路工业基础及相关设备、仪器、材料等配套条件,为我国集成电路产业的进一步发展奠定了较扎实的基础。

图 1.17　工作人员正在使用我国第一台运算速度达 100 万次/秒的集成电路电子计算机

1978—1990 年期间为我国集成电路产业规模化建设的初创阶段。在这个阶段初期,我国集成电路产业抓住改革开放的机遇,以较快的速度扩大了对集成电路生产设备与生产线的引进工作。这使我国集成电路产业摆脱了传统的自我封闭发展状态,更使我国集成电路产业能力大大改善。1982 年,国家为加快计算机和大规模集成电路产业的发展步伐,成立了以万里副总理为组长的"电子计算机和大规模集成电路领导小组",制定了中国集成电路发展规划;1986 年,国务院制定了对集成电路等 4 种产品实行减免税的政策,以促进相关产业的快速发展。在这个阶段,国家还通过对集成电路产业中出现多头引进、重复布点等问题的治理,明确了集成电路产业要"建立南北两个基地和一个点"的发展战略(即南方基地为上海、江苏和浙江,北方基地为北京、天津和沈阳,一个点指西安,主要为航天配套)及集成电路产业的"531"发展战略(这些数字代表特征尺寸,即普及推广为 5μm 的技术,开发 3μm 技术,进行 1μm 技术攻关)。在这个阶段后期,我国集成电路产业重点建设了 5 个主干企业,它们是中国华晶电子集团公司、华越微电子有限公司、贝岭微电子制造有限公司、飞利浦半导体有限公司和首钢日电电子有限公司。这为我国集成电路产业能力的全面提升创造了良好的条件。同时,更可喜的是 1986 年北京集成电路设计中心(中国华大集成电路设计中心)成立,进而开创了我国集成电路设计业的先河。

1990—2000 年期间为我国集成电路产业规模化建设的重要阶段。在这个阶段初期,为缩短我国集成电路产业与国际水平的差距,国家先后于 1990 年和 1995 年投巨资组建"908"

工程和"909"工程。其中"908"工程国家投资 20 多亿元,在无锡华晶电子集团公司建设一条 0.8～1μm 工艺(指特征尺寸,后文同)、月产 1.2 万片 6 英寸硅晶圆片(也称晶圆片或晶圆)的集成电路芯片生产线,芯片技术向朗讯公司购买,这是我国第一条可从事芯片加工业务的 Foundry 线;"909"工程国家投资 100 亿元,由上海华虹 NEC 公司承担,主要建设一条 0.35～0.5μm 工艺、8 英寸硅晶圆片的集成电路芯片大生产线,它的建成投产标志着我国集成电路产业技术达到了 8 英寸、深亚微米水平。通过"908"工程和"909"工程的建设,我国逐步掌握了世界先进集成电路制造技术。至 2000 年,我国集成电路产量达 58.8 亿块,为 1995 年的 11.4 倍,年平均增长率为 62.7%。

2001 年至今为我国集成电路产业高速发展阶段。为推进我国集成电路产业的高速发展,更好地适应国家电子信息产业与通信产业的发展需求,2000 年 6 月 24 日,国务院颁布了《鼓励软件产业和集成电路产业发展的若干政策》(即 18 号文件),随后还陆续推出了一系列促进集成电路产业发展的优惠政策与措施。在这些政策的激励下,大量海外大型集成电路制造企业开始进驻我国,其中有 Intel、TSMC、Infineon、Freescale、ST、Samsung、Renesas、Fairchild 和 SMIC 等国际半导体巨头。同时,我国集成电路产业已基本形成了规模化的晶圆生产、集成电路设计、芯片制造、芯片封装和芯片测试 5 大集成电路支柱行业,各行业共同发展,并构成了较为完善的产业链格局。我国的集成电路设计制造水平正接近国际水平。近年来,随着全球集成电路产业向亚太地区转移,我国集成电路产业已融入全球产业链。

据中国半导体行业协会(China Semiconductor Industry Association,CSIA)统计报告显示,2015 年,我国集成电路产业销售额为 3609.8 亿元,同比增长 19.7%;集成电路产量为 1087.2 亿块,同比增长 7.1%。与此同时,2015 年中国集成电路市场规模创纪录地达到 11024 亿元,同比增长 6.1%,占全球集成电路市场半壁江山,继续成为引领全球集成电路市场增长的"火车头"。

然而,虽然近年来我国集成电路产业的增长较为迅猛,国内集成电路企业的实力也在大幅度提高。但是,国内集成电路市场的自主性并不乐观。据中国海关统计数据显示,2015 年进口集成电路 3139.96 亿块,同比增长 10%;进口金额 2307 亿美元,同比增长 6%。出口集成电路 1827.66 亿块,同比增长 19.1%;出口金额 693.1 亿美元,同比增长 13.9%。2015 年集成电路进出口逆差 1613.9 亿美元。国内集成电路产品自给率偏低的情况尚未得到显著改善,中国集成电路产业发展仍任重道远。

1.1.2　集成电路制造工艺的发展

1. 集成电路制造工艺发展水平的基本衡量指标

目前,我们国家的集成电路制造水平正逐渐接近国际水平。得出这种结论的判断依据或指标是什么呢?在全球集成电路行业中,评判一个国家、一个地区或一个企业的集成电路制造工艺发展水平一般有 3 个基本衡量指标,即特征尺寸、硅晶圆片直径和 DRAM 储存容量。

特征尺寸一般是指集成电路在设计与生产中可达到的最小线宽,也代表 MOS 晶体管栅极在制造时可达到的最小沟道长度 L,如图 1.18 所示。特征尺寸并不是一个连续数值,早期的特征尺寸主要有 10μm、6μm、5μm、3μm 和 1μm 等。20 世纪 90 年代,特征尺寸主要有 0.8μm、0.6/0.5μm、0.35μm、0.25μm、0.18μm 和 0.13μm 等;进入 21 世纪后,特征尺寸主要有 90nm、65/60nm、45/40nm、32/28nm 和 22nm 等。集成电路行业中,通常会用特征尺寸的选用范围来命名不同的集成电路设计与制造工艺,如特征尺寸在 0.5～1μm 范围的称为亚微米工艺,小于 $0.5\mu m$ 的称为深亚微米工艺,小于 $0.25\mu m$ 的称为超深亚微米工艺,小于 $0.10\mu m$ 的称为纳米工艺。也有直接用特征尺寸来命名不同集成电路设计与制造工艺的情况,如 $0.18\mu m$ 工艺、90nm 工艺和 32nm 工艺等。特征尺寸越小,表示集成电路的集成度越高,速度越快,性能越好。

硅晶圆片直径是指一般集成电路芯片衬底材料硅晶圆片的直径。制作集成电路的硅晶圆片通常为圆形,如图 1.19 所示。硅晶圆片直径也是一个非连续数值,主要有表 1.1 所示几种规格。硅晶圆片的厚度一般在 $300\sim600\mu m$ 的范围内。由于在实际的集成电路生产中,每一片硅晶圆片上将包含成百上千块或成千上万块集成电路芯片,为保证每一块芯片都质量合格,首先就要确保每片硅晶圆片的半导体特性与其他物理特性一致,而相关特性技术指标的一致性将随着硅晶圆片直径(面积)的增大变得越发困难。同时,由表 1.1 可知,随着硅晶圆片直径的增大,其适用的集成电路制造工艺越高级。为此,硅晶圆片直径越大,表示相关国家、地区或企业的集成电路制造工艺水平就越高。

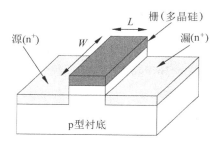

图 1.18 NMOS 晶体管

图 1.19 硅晶圆片

表 1.1 硅晶圆片直径规格分布

英制直径/in	4	5	6	8	12	18
公制直径*/mm	100 (101.6mm)	125 (127cm)	150 (152.4cm)	200 (203.2cm)	300 (324.8cm)	450 (457.2cm)
适用工艺	$1\mu m$、$0.6\mu m$	$0.6\mu m$、$0.5\mu m$	$0.35\mu m$、$0.25\mu m$	$0.18\mu m$、$0.13\mu m$	90nm、65nm	45nm、32nm

*注:集成电路行业中一般将硅晶圆片的公制直径值取整十位数或整百位数来对应,括号中的值为实际由英制换算而得到的值。

DRAM 储存容量是指单片集成电路芯片上可存储数据信息的位数或信息量。由于 DRAM 是利用 MOS 存储单元分布电容上的电荷来存储数据位的,储存每一个比特二进制数据信息需要一个晶体管与一个电容,所以,DRAM 储存容量也代表单片集成电路芯片上所包含的晶体管数量或元器件数量,即其实际对应的是一个集成度指标。DRAM 储存容量也是一个非连续数值,早期有 1Kb、256Kb、512Kb、1Mb 等,目前主要有 512Mb、1Gb、4Gb、16Gb 等。当单片集成电路芯片上所包含元器件数量大幅增加时,集成电路设计与制造环节所要面对的并非只是相对复杂的元器件连接,更需要解决的是由此引起的时延、功耗、速度和面积等诸多技术瓶颈性问题。所以,单片 DRAM 储存芯片的容量越大,则表示相应芯片的集成度越高,设计与制造难度就越大。

除了特征尺寸、硅晶圆片直径和 DRAM 储存容量 3 个集成电路制造工艺发展水平的基本衡量指标外,集成电路业界有时还会选用一些其他衡量指标,如:集成度、工作频率、面积、引脚数和电源电压等,本文不再一一罗列。

2. 摩尔定律与集成电路制造工艺的发展趋势

自 20 世纪 50 年代末集成电路面世以来,随后的集成电路产业发展过程中一直遵循着 1965 年美国 Intel 公司创始人之一——Gordon Moore 的预言,即摩尔定律(Moore's Law,见图 1.20)。

1965 年 4 月,当时还就职于 Fairchild 半导体公司的 Gordon Moore 在 *Electronics* 杂志上发表了一篇"*Cramming more components onto integrated circuits*"的文章。文中推测集成电路芯片上所集成的晶体管数量将每年翻一番。

1975 年,Gorden Moore 在美国电气和电子工程师协会(Institute of Electrical and Electronics Engineers,IEEE)国际电子器件会议上发表了"*Progress in digital integrated electronics*"一文。文中对"每年翻一番"的早期推测进行了修正,提出了"每 2 年翻一番"预测。

目前,世界上对摩尔定律的定义是:集成电路芯片上所集成的晶体管数量将每 18 ~ 24 个月翻一番(Doubling the number of transistor every 18-24 months)。这里需要注意的是,Gorden Moore 在一次接受采访时说,自己从未讲过"每 18 个月"。但不管说过或未说过,现在来看实际并不重要,因为在随后的发展过程中,摩尔定律所预测的集成电路产业发展得到了相当准确的验证,如图 1.21 所示。这是相当难能可贵的,其对整个产业的发展产生了相当巨大的影响。至 2012 年,美国 Intel 公司推出的 Ivy Bridge CPU,特征尺寸已达到 22nm,主频接近 4GHz,单块芯片集成近 14 亿个晶体管。

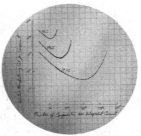

图 1.20　Gorden Moore 与摩尔定律

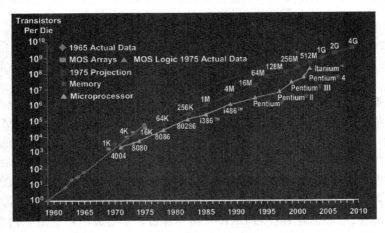

图 1.21　摩尔定律的验证(源于 Moore 在 ISSCC 2003 的演讲稿)

这种令人难以置信的发展速度会无止境地持续下去吗？

随着时间的推移，今后的 5 年、10 年或更远的时间内，集成电路产业的发展是否仍遵循摩尔定律呢？摩尔定律是否会失效？从常理上讲，这些问题的答案很明确，即：集成电路的特征尺寸指标不可能无限地变小，物理尺寸终将受到多种客观现实的制约，特别是来自于技术层面和经济层面的制约。

那么，在可预见的未来，集成电路制造工艺的发展趋势将是如何的呢？依据 2009 年和 2011 年出版的国际半导体技术路线图（International Technology Roadmap for Semiconductor, ITRS），集成电路制造工艺在特征尺寸、硅晶圆片直径和 DRAM 储存容量等多个方面将呈现如下的发展趋势。

（1）遵循着摩尔定律，集成电路的芯片特征尺寸不断缩小，约每 2～3 年变化 30%。

这确保了集成电路芯片集成度的提高，即每年增加 40%～60% 的比特/电容器/晶体管等。目前，特征尺寸一般用 DRAM 金属（M1）半节距来表示，其前期保持为 2.5 年一个技术代，直至 2010 年 45nm 工艺的使用。预计 2010—2024 年期间，DRAM M1 将保持约 3 年一个技术代。2009 年 ITRS 对半节距的定义如图 1.22 所示。

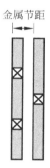

金属节距

图 1.22　2009 年 ITRS 对节距的定义（等效为特征尺寸）
注：DRAM 半节距＝DRAM 金属节距/2；MPU/ASIC 半节距＝MPU/ASIC 金属节距/2。

（2）为保持集成电路成本每年持续下降，使用直径更大的硅晶圆片是一个已获有效验证的途径。

自 2001 年开始，集成电路业界将硅晶圆片直径由 200mm 向 300mm 升级，全球集成电路的产能得到了有效提升。

2013 年初，美国英特尔公司在国际半导体设备与材料产业协会（Semiconductor Equipment and Materials International，SEMI）产业策略研讨会上展示了全球第一块完整印刷的 450mm 晶圆，跨出了里程碑式的一步。另据全球著名的半导体制造设备供应商荷兰阿斯麦（Advanced Semiconductor Material Lithography，ASML）公司披露，英特尔、三星电子、台积电等公司预计将在 2018 年实现 450mm 晶圆的商业性量产。

（3）自 2000 年使用 $0.18\mu m$ 以来，DRAM 工艺提升周期约为 2.5 年。至 2010 年开始使用 45nm 工艺，预计到 2024 年末期，DRAM 工艺提升周期将放缓到 3 年。

在此期间，DRAM 的单元面积变得极小，至 2026 年可能将只有 $0.000\,32\mu m^2$。与此同时，DRAM 基本容量将达到 512Gb。

另外，根据 2011 年版国际半导体技术路线图（ITRS）预见，在 21 世纪的第 2 个 10 年中,集成电路设计与制造工艺技术将呈现如表 1.2 所示的发展趋势,其趋势性的变化将越来越明显,如特征尺寸(DRAM M1 半节距、MPU/ASIC M1 半节距)越来越小,DRAM 的单元面积越来越小,DRAM 的基本容量越来越大,单位芯片面积上的晶体管数量越来越多,电源电压越来越低,布线层数越来越多,芯片工作时钟速度越来越快等。

表 1.2　集成电路设计与制造工艺技术将呈现的发展趋势

生产年份	2011	2012	2013	2014	2015	2016	2017	2018	2019	2020
DRAM M1 半节距/nm	36	32	28	25	23	20	17.9	15.9	14.2	12.6
MPU/ASIC M1 半节距/nm	38	32	27	24	21	18.9	16.9	15	13.4	11.9
硅晶圆片 直径/mm	300	300	300	300	300	300	300	300	300	300
				450	450	450	450	450	450	450
DRAM 单元 面积/μm^2	0.0064	0.0051	0.0041	0.0032	0.0026	0.002	0.001 16	0.001 13	0.001	0.0008
DRAM 基本容量/Gb	32	64	64	64	64	128	128	128	256	256
DRAM 单位 面积功能数 /Gb·cm^{-2}	11.51	14.50	18.27	23.02	29.00	36.54	46.04	58.01	73.09	92.08
MPU 生产阶段 单位面积管子 数/Mt·cm^{-2}	1104	1562	2209	2783	3506	4417	5565	7012	8834	11 130
ASIC 生产阶段 单位面积管子 数/Mt·cm^{-2}	1701	2406	3403	4287	5402	6806	8575	10 804	13 612	17 150
最多布线层数	12	12	13	13	13	13	14	14	14	14
V_{dd}/V	0.9	0.87	0.85	0.82	0.8	0.77	0.75	0.73	0.71	0.68
V_{dd}/V (低运行功耗)	0.85	0.85	0.80	0.80	0.75	0.75	0.70	0.70	0.65	0.65

　　从技术上来看,业界主要专注于 CMOS 工艺特征尺寸的不断缩小。然而,从 2001 年开始,人们就遇到了这样的挑战:即使是对 CMOS 工艺按比例缩小的最乐观的估计,也会遇到麻烦,例如 MOS 管的沟道长度能否小于 9nm? 同样,对集成电路业界的绝大多数人来说,很难想象目前工艺设备和工厂成本的发展趋势还能继续支撑 15 年。因此,"后 CMOS 器件"、"超越摩尔定律(More than Moore)"和"延续摩尔定律(More Moore)"等概念开始出现。基于 CMOS 工艺和非 CMOS 工艺设计制造的芯片将集成在一个封装内(System in Package,SiP),此类芯片会大量出现。片上系统(System on a Chip,SoC)和 SiP 可以实现互补,两者之间以及内部的系统级功能划分很可能会有很大的变化,这会产生大量跨学科领域的创新,例如纳米机械器件、基于碳的纳米电子器件、纳米生物、基于自旋的器件、铁磁逻辑器件和原子开关等。同时,集成电路设计还将面临很多技术方面的重大挑战,如限制动态功耗、限制漏电流功耗、先进材料、非平面器件结构的形变工程、结的漏电、工艺控制、电源管理,以及可制造性、可测试性和可故障容错性等。

1.1.3　集成电路产业结构经历的变革

在集成电路产业发展过程中,随着技术发展和市场需求的不断变化,集成电路产业经历了多次结构调整,并逐渐从早期的大包大揽产业模式转变为专业分工明确的多行业并存的产业结构。具体来说,全球集成电路产业结构经历了 3 次较为重大的变革。

首次变革是以加工制造为主导的。变革初期,集成电路设计与制造产业只作为企业的附属部门而存在,集成电路产品是为企业本身的电子系统产品而服务。此时,企业中对集成电路没有专业分工,企业所需掌握的集成电路技术十分全面,不但生产晶体管、集成电路,就连生产所需的设备都自己制造。至 20 世纪 70 年代,随着微处理器、存储器和标准逻辑电路等通用性集成电路产品的出现,集成电路制造商(Integrated Device Manufacturer, IDM)开始成为集成电路产业中的主角。但是,集成电路设计仍然只是作为附属部门存在,集成电路设计以人工为主,计算机辅助设计系统仅作为数据处理和图形编程之用。这一时期的集成电路设计和半导体工艺密切相关。

第二次变革以芯片代工厂和集成电路设计公司的专业分工为标志。20 世纪 80 年代,由于工艺设备产能提高,加之生产费用提高,使早期的集成电路制造商靠自身设计已无法保证设备满负荷运行和降低生产成本。相关厂家开始承接对外加工,继而由部分发展到全部对外加工,形成了一种纯芯片代工厂,即 Foundry,其不搞集成电路设计,没有自己的集成电路产品。与此同时,也诞生了一种无生产能力的集成电路设计公司,即 Fabless,其除了设计集成电路产品外,还负责 IC 产品的市场销售;其一般拥有集成电路产品的知识产权。此时,集成电路产业也进入以客户为导向的阶段,传统的标准化集成电路已难以满足客户对芯片的多方面要求,专用集成电路(Application Specific Integrated Circuit,ASIC)、可编程逻辑器件、全定制电路等芯片开始大量出现于集成电路市场,市场份额逐年递增。另外,随着电子设计自动化工具(Electronic Design Automatic,EDA)的发展,引入了大量电子系统产品印制电路板(Printed Circuit Board,PCB)设计中所使用的方法与技术,如器件库、工艺模拟参数与电路仿真等。集成电路设计过程可以独立于制造工艺而存在,进而推动了大量 Fabless 公司的建立与发展,大量没有半导体背景的电路系统设计者可以直接进入集成电路设计行业。

第三次变革以设计、制造、封装和测试等行业分离为标志。20 世纪 90 年代,庞大的集成电路产业体系开始阻碍整个产业的快速发展,集成电路产业结构开始向高度专业化转变,渐渐划分出设计、制造、封装和测试等相对独立的行业分支。各行业相互分工合作,大大推进了集成电路产业的高速发展。同时,各行业也展开了较大规模的人才竞争和资本竞争,在竞争中求突变、求发展。基于各行业分工,集成电路设计企业能大大加快产品的更新换代,并形成了很多具有长远影响力的新设计概念,如 SoC 设计、IP(Intellectual Property)核设计、SiP 设计等。

正是这些更精细、更专业化的行业分工,使各行业能相互作用、相互推动、相互促进,进而使集成电路产业在后来的发展中取得了更辉煌的发展成就。

我国集成电路产业在充分借鉴国外产业发展规律的基础上,通过多年的努力,已经形成了集成电路设计、制造、封装和测试多行业并举及相互支撑配套、共同发展的较为完善的产业链格局。另外,在晶圆生产方面,我国也形成了技术覆盖全面、产能充沛的发展局面。目前,我国集成电路产业的整体水平已接近国际先进水平。

1.1.4 集成电路与电子信息技术

伴随着集成电路产业的快速发展,电子信息技术取得了脱胎换骨式的飞跃。电子信息产品无论从电路的设计方式、连接结构,还是产品的功能规模、安装形式,都发生巨大的变化。其中,最为显著的变化发生在计算机技术、通信技术与国防信息技术等领域。

1. 集成电路与计算机技术

1942 年 8 月,宾夕法尼亚大学莫尔学院的约翰·莫奇利(John W. Mauchly)教授计划以电子管为基本器件制造一种能实现高速运算的计算机。此计划得到美国陆军部的经费支持。1943 年,莫奇利和硕士研究生埃克特(J. Prespen Eckert,如图 1.23 所示)组织了一个研究小组,开展了这项具有划时代意义的研究工作,当时埃克特年仅 24 岁。经过 3 年艰苦努力,世界第一台电子管计算机埃尼克(Electronic Numerical Integrator and Computer,ENIAC)于 1946 年 2 月 14 日诞生了,如图 1.24 所示。埃尼克占地 167m²,重量达 30ton,耗电 160kW,用了 17 468 只电子管,70 000 只电阻,10 000 只电容,可以说是一个名副其实的"庞然大物"。同时,其每秒可进行 5000 次加法运算、357 次乘法或 38 次除法运算。

图 1.23 莫奇利(John W. Mauchly)和埃克特(J. Prespen Eckert)

图 1.24 计算机埃尼克

庞大的埃尼克无法实现计算机的商用化,更谈不上实现民用化。1958 年第一块集成电路诞生,这为计算机的小型化与微型化奠定了基础。1964 年,美国 IBM 公司基于集成电路研制成功 IBM 360 系列通用计算机,如图 1.25 所示,这标志着计算机开始进入集成电路时代。

2008 年,美国 Intel 公司推出主频 2.83GHz 的酷睿 2 Quad CPU,特征尺寸为 45nm,集成 8.2 亿个晶体管。2012 年,美国 Intel 公司推出 Ivy Bridge CPU,特征尺寸为 22nm,主频接近 4GHz,集成近 14 亿个晶体管。

如今,伴随着集成电路技术的飞速发展,超大规模集成电路、巨大规模集成电路、片上系统(SoC)等高端集成电路不断涌现,计算机的小型化与微型化早已成为现实。大量一体化

图 1.25 IBM 360 计算机

计算机、笔记本电脑、平板电脑层出不穷（如图 1.26 所示）。计算机已融入人们生产生活的各个领域，成为人们生活中不可或缺的一个重要部分。与此同时，需要再次强调的是：没有集成电路技术的发展，计算机技术将无法达到目前的发展状态。

笔记本电脑　　　　　　　一体化计算机　　　　　　平板电脑

图 1.26 层出不穷的计算机形式

2. 集成电路与通信技术

通常将人与人之间通过某种约定方式、行为或媒介进行信息交流与传递的过程称为通信。当然，目前通信的概念已涵盖到人与自然之间、自然界各种对象之间进行的信息交流与传递过程。在通信过程中运用的通信技术就是要实现各种形式信息高速度、高质量、准确、及时、安全可靠的传递与交换。

随着电子信息技术的发展，现代通信技术主要集中于网络技术、移动通信、程控交换、光纤通信、卫星通信、智能终端等方面。其发展目标是实现没有时间、地域限制的全球覆盖式通信，这将大大改变人们的日常生活与工作方式，给人们带来最大的便捷。这个目标的实现要素就包含了集成电路技术的发展。

集成电路在现代通信技术领域中扮演着极其重要的角色。例如，在人们日常使用的手机中，就包含了射频芯片、基带芯片、多媒体处理芯片、无线网络协议处理芯片等集成电路；在日常广泛使用的计算机网络通信设备中，一般都包含有网络协议处理芯片、MAC 控制器芯片、端口电平控制芯片和各类数/模转换芯片等集成电路。相关设备产品中的集成电路使用案例如图 1.27 所示。

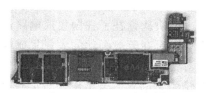

(a) Apple iPad 2 主机板　　　　　　　　　(b) Apple iPhone 4 主机板

图 1.27 美国 Apple 公司主要通信产品的主机板

先进的集成电路技术大大促进了现代通信技术的发展。基于集成电路设计规模与制造工艺的突飞猛进,低成本、低功耗、微型化及便携式的通信设备在各种通信系统中得到广泛使用,这使人们在任意时间、任意地点进行高效通信的目标成为可能,并逐渐得以实现。

人们相信,随着集成电路技术的不断进步,实现没有时间、地域限制的全球覆盖式通信的目标指日可待,将会给人们带来意想不到的惊喜。

基于集成电路技术的电子信息技术不仅在 20 世纪末期成为引领社会产业变革的主流技术,同时可以相信,在 21 世纪前 50 年中,其仍将是不同创新技术的核心基础与支柱性技术。集成电路技术的快速发展将有效促进包括太空技术、生命技术、生物技术、新材料技术和深海技术等新兴高端技术的发展和突破。这些新技术群的运用将带来社会生产力和社会生活水平的新飞跃,当然,这些新技术的发展都离不开集成电路技术。

1.2 集成电路设计需具备的关键条件及分类方式

1.2.1 集成电路设计需具备的 4 个关键条件

集成电路设计是集成电路产业流程中至关重要的环节。整个集成电路产业朝气蓬勃、欣欣向荣,新产品层出不穷,新工艺日新月异,都离不开集成电路设计。要有效开展集成电路设计需要具备 4 个关键条件,即人才、工具、工艺库和资金。

1. 创新型的集成电路设计人才全球紧缺

从全球与我国的集成电路产业来看,对集成电路设计人才的需求可以划分为两类:第一类是能熟练使用集成电路设计 EDA 软件工具的设计人才,其主要工作是将他人的原创性电路系统设计转化为集成电路芯片化层面的设计,并能对逻辑仿真、逻辑综合、时序分析、功耗优化、可测试性设计(Design For Testability,DFT)、布局布线、版图验证与形式验证等关键设计步骤进行实施;第二类是已充分掌握第一类设计人才所拥有的专业技能并可进行集成电路原创性电路系统设计的创新型设计人才,这些人才由于已非常清晰地了解和掌握了集成电路芯片化设计流程中的关键要点,所以在集成电路原创性电路系统设计时能更有针对性,并能对相关的设计细节进行充分考虑,比一般的电路系统设计者设计的产品更好,更便于转化为集成电路芯片产品。要培养出这两类设计人才均非易事。

对于我们国家来说,20 世纪 90 年代前,在全国高校中集成电路设计人才培养体系组建得并不完善,直至 1992 年,国家计委才批准筹建复旦大学专用集成电路与系统国家重点实验室。而全国高校大规模开展集成电路设计人才培养体系的组建工作则要追溯到 21 世纪初。当时为了满足我国民用家电、PC 和手机等电子信息产业与通信产业发展需求,国家急需大批集成电路设计人才,全国各大高校纷纷组建微电子院、系与研发中心等。为了快速缓解国家对集成电路设计人才的需求,当时大量培养的是第一类集成电路设计人才。这些人才一方面快速弥补了我国集成电路设计人才的短缺问题,另一方面也基本满足了 21 世纪初国内如雨后春笋般崛起的大量集成电路设计公司对设计人才的需求。

对于全球的集成电路产业,虽然近年来伴随着电子信息产业与通信产业的高速发展,集成电路产业也有了突飞猛进的发展,这些产业相互依存、相互促进、共同发展,但是,纵观集成电路产业的发展历程,始终有一个非常紧迫的问题困扰着产业的发展,那就是第二类创新型集成电路设计人才长期处于全球紧缺的状态。要培养一名合格的创新型集成电路设计人才,必须使其全面掌握与精通半导体物理学、微电子学、半导体材料制造工艺、集成电路设计/制造生产/测试流程、集成电路 EDA 工具使用、Verilog HDL/VHDL 硬件描述语言、电路系统设计原理/方法、集成电路可测试性设计原理/方法、集成电路版图设计/验证方法及相关原理等多种专业学科知识。这些学科知识按我国传统高校学科的划分方式,一般可分为 3 个一级学科:物理学、电子科学与技术、信息与通信工程,如按二级学科划分则更多。依据这样的划分形式,各大高校通常对应有不同的院/系/所来完成相应的知识传授与学生培养;同时,按照各学科的知识层次还要划分出本科生、硕士生与博士生等不同培养阶段。这些因素在国外的高校中同样存在,这是造成创新型集成电路设计人才全球紧缺的一个非常重要的原因。同时,要成为创新型集成电路设计人才,也非单纯靠读几本书、上几年课就可以的,其必须经历和亲身参与大量实际集成电路应用系统产品设计和实际集成电路芯片设计工作的磨炼。不仅要有成功的经验,更要有失败与遭受挫折的经历。

跟大多数研究领域与技术行业一样,创新型集成电路设计人才的培养绝非是一朝一夕、一蹴而就的。但不可否认,在最近的十几年里,我国在集成电路产业方面取得了巨大的进步与成就,这与我国高校于 21 世纪初积极推进集成电路设计人才培养体系组建工作密不可分。

2. EDA 工具是集成电路设计过程中不可缺少的工作平台

集成电路 EDA 工具是一种运行于计算机系统的软件工具,它是在计算机辅助设计(Computer Aided Design,CAD)、计算机辅助工程(Computer Aided Engineering,CAE)、计算机辅助制造(Computer Aided Manufacturing/Computer Aided Making,CAM)和计算机辅助测试(Computer Aided Test,CAT)等软件工具的基础上发展起来的。集成电路 EDA 工具以计算机和微电子设计技术为基础,涵盖图形、拓扑、结构、工艺、逻辑和数学等多种学术,其应用于集成电路设计过程,并成为集成电路设计过程中不可缺少的工作平台。

在集成电路设计过程中,当今的 EDA 工具已不再是仅停留于帮助集成电路设计者摆脱手工画图易出错、纸质图纸难修改和设计规模有局限等传统设计方式不足的水平,其已包含有集成电路原理图输入、硬件描述语言(Hardware Description Language,HDL)编辑、逻辑综合、功能仿真、时序分析、功率优化、测试图形生成、形式验证、版图设计与版图验证等多种工具,可以构成一个完整的集成电路设计工作平台。通过大量使用集成电路 EDA 工具,不仅大大降低集成电路设计者的工作强度与难度,更重要的是使集成电路的设计规模越来越庞大,而产品设计周期越来越短,设计成本越来越低;同时,可使大量先前的设计资源能够充分应用于新产品的设计研发,进而使新产品在性能与可靠性方面能得到更有效的保障。

在全球集成电路 EDA 工具供应商中,以 Cadence、Synopsys、Mentor Graphics 三家公司较为有名,其提供的 EDA 工具占据了市场绝大部分份额。图 1.28 所示为一般集成电路的设计

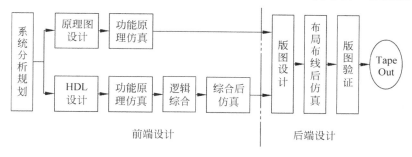

图 1.28 集成电路一般设计流程

流程,可分为前端设计与后端设计。在这个设计流程的各个工作环节,都有对应的集成电路 EDA 工具支持相关的设计工作。表 1.3~1.5 分别罗列了 3 家公司的部分 EDA 工具。

表 1.3　Cadence 公司部分 EDA 工具

EDA 工具名称	功　能
Verilog-XL/NC-Verilog	Verilog 仿真器
NC-VHDL	VHDL 仿真器
BuildGates Extreme	超级综合
Virtuoso Composer	层次化原理图输入
Virtuoso Schematic Editor	原理图输入
Pspice NC Desktop	原理图仿真
Signal Storm	信号完整性时序分析
Virtuoso-XL Layout Editor	物理版图编辑器
Diva	交互式物理版图验证

表 1.4　Synopsys 公司部分 EDA 工具

EDA 工具名称	功　能
Design Compiler	逻辑综合
Prime Time	静态时序分析
Leda	设计规则检查
DFT Compiler	扫描测试
Power Compiler	功耗优化与评测
Astro	版图设计
StarRC XT	参数提取
CosmosSE	原理图输入
CosmosLE	定制版图设计
VCS	Verilog 仿真器
VCS MX	混合语言仿真器
Formality	等效性形式验证
HSPICE	模拟电路仿真器

表 1.5　Mentor Graphics 公司部分 EDA 工具

EDA 工具名称	功　能
ModelSim	VHDL/Verilog-HDL 仿真工具
HDL Designer Series	RTL 设计输入
MBISTArchitect	存储器内建自测试设计
BSDArchitect	边界扫描设计工具
DFTAdvisor	扫描设计与 ATPG 工具套件
FastScan	ATPG 工具
Calibre LVS/DRC/xRC	物理验证及参数提取

　　基于不同的 EDA 工具构建一个完整的集成电路设计工作平台,是集成电路设计过程中非常关键的工作,有些专业的集成电路设计公司会配备专门的技术工程师来负责。一般有两种方式来构建此类工作平台。一种是选定一家 EDA 工具供应商,针对所需设计集成

电路的规模、工艺等技术指标,确定合适的 EDA 工具,如 Cadence 公司提供一种 Encounter 数字集成电路设计平台,其包含从前端寄存器传输级(Register Transfer Level,RTL)逻辑综合和静态时序分析、物理实施到 GDSII TapeOut 所需的不同 EDA 工具,能实现布局布线、时钟树综合、后端静态时序分析、信号完整性处理以及功耗分析等功能,主要针对高性能和高复杂度的纳米级 SoC 芯片设计。另一种针对所需设计集成电路的规模、工艺等技术指标,在不同的 EDA 工具供应商中选择最合适的 EDA 工具来完成工作平台的构建,如先选择 Synopsys 公司的 VCS、Design Compiler、Prime Time、Power Compiler、Astro、StarRC XT、Formality 等 EDA 工具完成集成电路的基本设计,再选用 Mentor Graphics 公司的 Calibre 完成版图验证、选用 Cadence 公司的 Virtuoso-XL Layout Editor 完成版图的修正,这样也能完成一款集成电路的设计工作。

3. 工艺库是数字集成电路高效设计的保障

在使用 Protel、OrCAD 等电路系统设计软件工具时,通常会在原理图设计阶段和 PCB 设计阶段分别使用到集成电路或元器件的图形符号库和封装库。设计者以手动或自动方式在这些库中调用不同的图形符号进行电路系统设计,这能大大缩短相应电路系统的设计时间。基于 EDA 工具进行数字集成电路设计时,也需要用到库。

由于数字集成电路设计时所用到的库一般与集成电路的设计制造工艺有关,故统称为工艺库。工艺库通常可分为用于前端设计的标准单元库和用于后端版图设计的标准单元库。前者包含各种标准门单元或小规模标准功能模块的图形符号信息、功能仿真信息、时序信息、功耗信息和面积信息等,可用于功能仿真、逻辑综合、时序分析与功率优化等设计步骤;后者包含各种标准门单元或小规模标准功能模块的版图设计信息和版图验证信息,可用于将前端设计生成的网表文件自动地转换成集成电路版图设计,并确保版图验证工作的顺利进行。前端设计标准单元库一般可由集成电路制造公司免费提供给设计方,而后端设计标准单元库则是在集成电路制造公司与设计方签订保密协议后提供。

另外,目前还有一种需要向第三方公司、EDA 工具供应商或集成电路制造公司购买的虚拟元件库,或称 IP 核库。IP 核库中包含了大量经过不同设计环节验证或制造环节验证的功能模块,如 MPU、BUS、蓝牙、IEEE 1394、USB、MPEG 等。IP 核已成为市场化的商品,全球有 1000 多家 IP 核提供公司。IP 核库的使用,使集成电路的设计规模更大,进而促进了 SoC 设计方式的产生,已形成了巨大的市场空间与价值。

工艺库在使用时有一些必须注意的事项。由于目前不同的集成电路制造公司所使用的工艺是互不兼容的,哪怕是相同特征尺寸的制造工艺参数也是有偏差的。为此,一般在集成电路设计前,必须先根据所设计集成电路的特征尺寸要求,确定一家具有此特征尺寸制造工艺的制造公司,然后再确定整个设计过程中将要使用的工艺库。

作为设计与制造交接界面的工艺库的出现与广泛使用,有效提高了数字集成电路的设计规模,缩短了设计周期,为数字集成电路的高效设计提供了保障。更可喜的是,由于后端工艺库能有效保证版图设计与验证工作的自动化进行,促使大量非半导体专业、未掌握版图绘制能力的电路系统设计者也能投身于数字集成电路设计行业,为数字集成电路产品的快速推陈出新奠定了良好的基础。

4. 充沛的资金是集成电路成为芯片产品的必要前提

从某种角度来看,集成电路行业既是一个赚钱的行业,也是一个烧钱的行业。就拿上述集成电路 EDA 工具来说，一般一种工具售价都在几万或几十万美金，有的可达上百万美金。要基于 EDA 工具构建一个完整的集成电路设计工作平台，EDA 工具的购置费会达到数百万或数千万美金。同时，每年还要为此平台支付数万或数十万美金的 EDA 工具使用授权费（Licence 费）。这是本行业的规矩和惯例。

另外，在一款芯片设计完成后，通常要经历 2～3 次验证性流片、一次工程性流片，最后才是生产性流片。当然，每次流片获得的样片都要经过一个测试环节。

表 1.6 所示为参加一次某国际著名集成电路制造公司多项目晶圆（Multi Project Wafer，MPW）所需的流片费用与时间等信息。参加 MPW 实为进行验证性流片。MPW 是将多个具有相同制造工艺的集成电路设计放在同一硅晶圆片上进行流片。这些设计可以是来自同一家公司或研究机构，也可以是来自全世界不同公司或研究机构。目前，中国、美国、法国、新加坡等都有专门的 MPW 组织机构。MPW 流片后，针对每个设计，相应的公司或研究机构可以得到数十片流片样片，以用于设计开发阶段的实验、测试。由于是由多个集成电路设计组合参加一次流片，这样一次昂贵的流片费用就由所有参加 MPW 的项目按照所占硅晶圆片面积的比例来分摊。

表 1.6　参加一次某国际著名集成电路制造公司 MPW 所需的流片费用与时间等信息

工艺特征尺寸	类型	面积/mm²	裸片数量	流片周期/天	价格/美元
0.18μm CMOS	MPW	5×5	40～50	60～65	24 500
0.13μm CMOS	MPW	5×5	40～50	75～80	53 500

表 1.7 所示为参加一次某国际著名集成电路制造公司工程性流片所需的流片费用。这里需注意的是，表 1.7 的价格已是一个优惠后的报价。如果按表注中所示价格来算则更高。另外，参加工程性流片会获得一套掩膜板。如果本次工程性流片验证测试合格，则此套掩膜板将可用于后续的生产性流片，不合格则还需要修改。对于参加 MPW 时所使用的那一套掩膜板来说，由于其上面更多的是其他设计的信息，故一般都是一次性的。

表 1.7　参加一次某国际著名集成电路制造公司工程性流片所需的流片费用

工　艺	类型	硅晶圆片直径/in	晶圆数量/片	工艺层次	价格/美元
0.18μm CMOS	工程量产	8	12	1P6M	99 000
0.13μm CMOS	工程量产	8	12	1P8M	250 000

注：表中"价格"已包含以下两部分费用，无须另付。

(1) 0.18μm CMOS 工艺时，12 片 8in 硅晶圆片总价约 20 000 美元，0.13μm CMOS 工艺时，12 片 8in 硅晶圆片总价约 30 000 美元。

(2) 0.18μm CMOS 工艺时，一套掩膜板的价格约 83 000 美元，0.13μm CMOS 工艺时，一套掩膜板的价格约 230 000 美元。

图 1.29 所示为对应上述两种流片获得样片后建立测试环境所需支付的基本费用。如果测试工作是委托第三方来进行的，则还需支付自动测试设备（Automatic Test Equipment，ATE）的使用时间费用和人工费用等。通常对验证性 MPW 流片所建立的测试环境都要作一定的修正，而对工程性流片所建立的测试环境，如流片样片验证测试合格，则此测试环境将可用于后续的生产性流片测试，不然则同样还需要修改。

> * 建立测试环境的首次费用约为 50 000 美元,其中包括:
> - 探针每根 10 美元,200 针约需要 2000 美元;
> - 测试 PCB 板每块 5000 美元,一般还备一块备板,共计 10 000 美元;
> - Route Board 板每块 5000 美元,一般还备一块备板,共计 10 000 美元;
> - Socket 每套 3000 美元,一般还备一套,共计 6000 美元;
> - Test Kit 每套 3000 美元;
> - 测试软件开发费 15 000 美元。

图 1.29 每次流片获得样片后建立测试环境所需支付的基本费用

由表 1.6、1.7 及图 1.29 所示信息可知,要实现一款集成电路从设计成功到流片成功,其所需花费的资金也是相当庞大的。如果再算上集成电路设计制作人才的培养费用、设计制作人才的工作报酬及工具设备的维护费用等,所需花费的资金将更多。

当然,对于任何一家拥有集成电路知识产权的公司来说,如果其集成电路产品在市场上得到认可并拥有合适的市场份额,那对该公司来说,盈利一般也是相当可观的,极有可能实现"沙子变金子"的美好梦想。

1.2.2 集成电路的分类方式

自 1958 年第一块集成电路诞生以来,集成电路产业已走过了半个多世纪的历程,集成电路产品品种已发展到丰富而又繁杂的状态。但业界还是对其有较为明确的分类,如可以集成度、功能特性、使用范围、设计方式、制造工艺和制造结构等来分类。

1. 以集成度来分类

在集成电路中,集成度指标也可表示每个芯片上包含的晶体管或逻辑门的数量。业界一般将一个逻辑门对应为 4 个晶体管,等效于一个二输入与非门,如图 1.30 所示。以集成度对集成电路进行分类如表 1.8 所示。

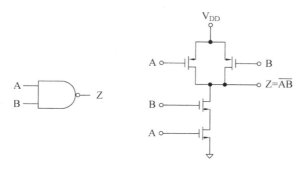

图 1.30 一个逻辑门对应为 4 个晶体管,等效于一个二输入与非门

表 1.8 以集成度对集成电路进行分类

名 称	晶体管数/个	逻辑门数/个	基 本 电 路
小规模集成电路 (Small Scale Integrated Circuit, SSI)	$10\sim10^2$	$1\sim10$	各种逻辑门、触发器等
中规模集成电路 (Middle Scale Integrated Circuit, MSI)	$10^2\sim10^3$	$10\sim10^2$	译码器、编码器、寄存器、计数器等

续表

名　　　称	晶体管数/个	逻辑门数/个	基　本　电　路
大规模集成电路 (Large Scale Integrated Circuit，LSI)	$10^3 \sim 10^5$	$10^2 \sim 10^4$	中央处理器、存储器等
超大规模集成电路 (Very Large Scale Integrated Circuit，VLSI)	$>10^5$	$10^4 \sim 10^6$	如 64 位 CPU 等
特大规模集成电路 (Ultra Large Scale Integrated Circuit，ULSI)	/	$10^6 \sim 10^7$	如 DSP、CPU 等
巨大规模集成电路 (Gigantic Scale Integrated Circuit，GSI)	/	$>10^7$	如 SoC 等

2. 以实现功能特性与使用范围来分类

集成电路以所实现的功能特性来分类，一般可分为数字集成电路、模拟集成电路和数/模混合集成电路 3 类。

(1) 数字集成电路

数字集成电路主要是应对 0(低电平)和 1(高电平)的二进制数字运算、处理、传输和存储的电路，主要有逻辑门、触发器、计数器、译码器和存储器等。

(2) 模拟集成电路

模拟集成电路主要是用于处理模拟信号的电路。其又可分为线性集成电路和非线性集成电路。线性集成电路的输出信号与输入信号呈线性关系变化，主要用于自动控制、医疗仪器与家用电器等；非线性集成电路的输出信号与输入信号呈非线性关系变化，主要用于信号发生器、对数放大器、变频器和检波器等。

(3) 数/模混合集成电路

数/模混合集成电路将数字电路和模拟电路制作于同一块芯片上。最典型的数/模混合集成电路有模/数转换电路(Analog-to-Digital Conversion，ADC)与数/模转换电路(Digital-to-Analog Conversion，DAC)。数/模混合集成电路广泛应用于军事设备、通信电子与消费电子等领域，是目前发展较快的一类集成电路。

另外，集成电路还可以按使用范围来分类，如通用集成电路、专用集成电路(Application Specific Integrated Circuit，ASIC)、专用标准产品(Application Specific Standard Products，ASSP)或军用集成电路、工业用集成电路和民用集成电路等。其中，通用集成电路通常指一些较为常用的中小规模集成电路，如美国 TI 公司的 74LS 系列 TTL 集成电路、美国国家半导体公司的 LM 系列运算放大器等；ASIC 是相对通用集成电路而言的，一般指那些按用户要求、面向特定用途而专门设计制作的集成电路，如 LAN 用芯片、图形处理用芯片、通信用 CODEC 芯片等；ASSP 从属于 ASIC，只不过 ASSP 通用性更广。至于将集成电路划分为军用、工业用和民用，则更多的是针对集成电路可靠性指标的区分，如温度、抗静电、封装和电磁场干扰等指标。

3. 以设计方式来分类

由于集成电路产品的种类众多，不同的集成电路可以使用不同的设计方式。如以目前常用的集成电路设计方式来划分，可分为全定制设计集成电路、半定制设计集成电路和可编程设计集成电路 3 种。

（1）全定制设计集成电路

全定制设计方式是早期最基本的集成电路设计方式,其工作可细化到每个晶体管在电路原理图中的设计调用、每个晶体管在版图中的布局布线及每个晶体管的版图设计绘制都按照原始电路的特定需求来独立进行。全定制设计可以使所设计集成电路实现最高速度、最优集成度、最省面积、最佳布线布局和最低功耗等较为理想的设计指标。目前,全定制设计方式主要用于模拟集成电路和数/模混合集成电路的设计。当然对一些在相同工艺下无法基于标准单元库设计实现的数字集成电路来说,也可以使用全定制设计方式来实现相关集成电路对面积、功耗、速度和其他指标的特殊要求。

全定制设计集成电路的不足之处在于设计周期较长、调试反复性较大、设计成本较高。由于全定制设计集成电路基本在每个设计环节都需要设计者进行手工干预,对设计者的要求也很高,通常都需要由较为丰富的设计经验和技巧,且掌握不同工艺下对应集成电路设计规则和方式的专业微电子集成电路设计人员来完成。

（2）半定制设计集成电路

半定制设计方式是在标准单元库和 IP 核库日益成熟的基础上发展起来的,此设计方式主要可形成基于标准单元的集成电路(Standard Cell Based Integrated Circuit)和基于门阵列的集成电路(Gate Array Based Integrated Circuit)。

大量预先设计与验证好的各种标准门单元或小规模标准功能模块已置于标准单元库。在集成电路的具体设计过程中,运用 EDA 工具,根据电路功能要求从库中调出所需的单元或模块进行拼接组合,同时逐一完成功能仿真、逻辑综合、时序分析、功率优化、自动布局布线、版图设计和版图验证等工作,最后得到被设计电路的掩膜版图。由这样一个设计流程得到的集成电路即为基于标准单元的集成电路。完成基于标准单元的集成电路设计对设计者的要求不如全定制设计方式那么高。

在预先制备好晶体管阵列或最小逻辑单元阵列的基片或母片上,根据所需设计集成电路的功能要求完成晶体管或逻辑单元的掩膜互连,进而完成相应集成电路的设计。依据此设计流程得到的集成电路即为基于门阵列的集成电路。由于基片或母片上的晶体管阵列或最小逻辑单元阵列是数量固定、位置固定的,而被设计的集成电路又有多种变化,且对应需要的晶体管或逻辑单元数量也是多样化的,所以基于门阵列的集成电路综合指标远不如全定制设计方式。目前基于门阵列的集成电路种类并不多。

半定制设计方式大大缩短了集成电路的设计研发周期,降低了集成电路的设计难度,进而有效地降低了集成电路的研发成本。特别是基于标准单元的集成电路,已成为市场的主流产品。

（3）可编程设计集成电路

可编程设计集成电路是一种对成品集成电路的再设计。从广义上讲,其也可归属于半定制设计集成电路,只是其不会再经历一个集成电路制造过程。可编程设计集成电路主要用于数字集成电路或数字 ASIC。

可编程设计集成电路种类也有很多,如可编程逻辑器件(Programmable Logic Device,PLD)、现场可编程门阵列(Field Programmable Gate Array,FPGA)和复杂可编程逻辑器件(Complex Programmable Logic Device,CPLD)等。这些产品从外形来看一般都是生产封装好的集成电路芯片,如图 1.31 所示,其内部包含有可编程基本逻辑门阵列、触发器或锁存器组成逻辑宏单元矩阵及大量可配置的连线。它们在出厂时为一种无功能的芯片,芯片内的各个逻辑门、逻辑宏单元相互间没有连接,芯片暂不具有任何逻辑功能。集成电路设计者可以使用不同公司提供的 EDA 工具以原理图绘制方式或硬件描述语言(Hardware Description Language,HDL)编程设计方式完成相应的集成电路设计,并通过 EDA 工具将设计中表述各个逻辑门、逻辑宏单元连接线关系和引脚配置的"网表/Netlist"程序烧录或下载到可编程设计集成电路中,即可使其具备设计所需电路功能,并可直接运用于电子

图 1.31　可编程设计集成电路芯片

系统产品的硬件电路板上。目前大部分可编程设计集成电路都可以在加电的硬件电路板上实时进行设计修改、调试和烧录,使用非常方便。当前较常用的可编程设计集成电路 EDA 工具有 Altera 公司的 Quartus Ⅱ、Xilinx 公司的 ISE 和 Mentor Graphics 公司的 ModelSim。

可编程设计集成电路非常适合于代替使用量相对有限的中小规模数字集成电路或数字 ASIC。其开发周期短,修改灵活,可多次重复利用。目前,随着更大规模可编程设计集成电路芯片的推出,其也被用来替代大规模或超大规模数字集成电路或数字 ASIC。大量集成电路设计公司还将可编程设计集成电路用作新集成电路设计开发过程中的硬件功能验证平台。

由于可编程设计集成电路中的逻辑门、逻辑宏单元一般不可能完全用完,故当其被设计成一款数字集成电路或数字 ASIC 时,多多少少都存在资源浪费和成本浪费的问题。

4. 以制造工艺来分类

制造集成电路的常用半导体材料有硅、锗、砷化镓和磷化铟等,其中硅是目前最为主流的。基于硅材料以制造工艺对集成电路进行分类,可分为双极(Bipolar)工艺集成电路、MOS 工艺集成电路和 BiMOS 工艺集成电路。

(1)双极工艺集成电路

双极工艺是较早使用的集成电路制造工艺,其以平面晶体管为主要器件。双极工艺集成电路的优点是速度较快,缺点是功耗较大,集成度较低。双极工艺还可分为 TTL、ECL、HTL、LSTTL、STTL 等,目前还在广泛使用的美国 TI 公司 74LS 系列集成电路就是 TTL 工艺集成电路。

(2)MOS 工艺集成电路

MOS 工艺是目前集成电路的主流制造工艺,其以场效应晶体管为主要器件。MOS 工艺集成电路的优点是功耗低、集成度高、动态范围大,缺点是速度较慢、抗静电能力差。MOS 工艺又可分为 NMOS、PMOS、CMOS 等。目前运用最广泛的是 CMOS 工艺,其基本克服了一般 MOS 工艺的缺点。当今集成电路产品中近 90% 以上均采用 CMOS 工艺。早期使用较为普遍的 4000 系列、4500 系列集成电路就是 CMOS 工艺集成电路。

(3)BiMOS 工艺集成电路

BiMOS 工艺是在双极工艺和 MOS 工艺基础上发展出来的一种混合型集成电路制造工艺。一般使用双极工艺制作集成电路的输入/输出端口部件,使用 MOS 工艺制作集成电路的芯核部件,以充分发挥两种工艺各自的技术特性与优势。BiMOS 工艺可分为 BiNMOS、BiCMOS 等。

5. 以制造结构来分类

从集成电路制造结构来分,集成电路还可分为厚膜混合集成电路和薄膜混合集成电路。

（1）厚膜混合集成电路

以陶瓷为基片,运用丝网印刷和烧结等技术在基片上生成无源器件和互连导线,然后将微型化分立元器件和集成电路芯片等组装于基片上,最后将其整体封装为一款具有特殊专用功能的集成电路,这就是厚膜混合集成电路。厚膜混合集成电路的应用范围很广,主要有航天电子、卫星通信、汽车电子、音响设备和家用电器等方面。

（2）薄膜混合集成电路

以玻璃、微晶玻璃或陶瓷等为基片,运用真空蒸发和溅射等薄膜工艺和光刻技术在基片上生成无源器件和互连导线(薄膜厚度一般均小于 $1\mu m$),然后将微型化、薄型化分立元器件和集成电路芯片等组装于基片上,最后将其整体封装为一款具有特殊专用功能的集成电路,这就是薄膜混合集成电路。相比于厚膜混合集成电路,薄膜混合集成电路的集成度更高,尺寸更小,适用于精度高、稳定性好的模拟集成电路,更适合于微波电路。但是薄膜混合集成电路的工艺设备较昂贵,生产成本较高。

1.3　集成电路设计方法与 EDA 工具发展趋势

1.3.1　集成电路设计方法的演变

可以毫不夸张地讲,"没有一个好的集成电路设计方法,就没有今天集成电路产业的成功与发展。"在集成电路诞生初期,当时可能迫切要解决的是集成电路制作工艺和制造方法等问题。但是,随着集成电路产业的建立及产业规模的扩大,对集成电路设计方法的改进与发展需求就变得尤为突出与急迫。

从集成电路诞生至今,集成电路设计方法的演变主要经历了 3 个发展阶段:原始手工设计阶段、计算机辅助设计阶段和电子设计自动化阶段。

在原始手工设计阶段,集成电路设计者先采用与当时电路系统设计相同的方法,以手动方式完成与现在集成电路前端设计相当的工作,如手工绘制电路原理图、手工推理分析电路功能、手工制作硬件仿真电路等;然后,将原理图中的每个晶体管、每个无源器件、每根连线用手工方式绘制成相应的版图;再将版图刻成一套集成电路掩膜模板。由于每个工作步骤都是手工完成的,所以设计周期一般相当漫长,设计成本也很高。特别在发现有设计错误要修改时,那对集成电路设计者来说简直是个噩梦,因为所有设计工作步骤将重做一遍。基于原始手工设计方法设计的集成电路规模一般都较小,在几个至几十个门左右。

由于计算机和 CAD 工具的出现,集成电路设计进入了计算机辅助设计阶段。集成电路设计者可以借助计算机与 CAD 工具进行大量的集成电路辅助设计,如电路原理图设计输入与修改、电路功能性仿真、仿真波形查看、版图布局布线与绘制等。到了本阶段后期,还出现了可以进行版图电气规则检查(Electrical Rule Check,ERC)、版图设计规则检查(Design Rule Check,DRC)、版图与原理图比对(Layout Versus Schematic,LVS)等软件工具。这些软件工具在目前的集成电路电子设计自动化阶段仍被广泛使用,为集成电路的快速发展和市场扩张提供了非常积极的条件。基于计算机提供的辅助设计能力,集成电路一次设计成功率大大提高,同时,集成电路的设计规模也达到数百至数万门。

在计算机辅助设计的基础上,集成电路迎来了电子设计自动化阶段。集成电路设计已不再单一地从电路原理图设计着手,更多的设计是在寄存器传输级使用硬件描述语言来进行相对抽象的行为描述和功能描述。此时,呈现在设计者眼前的集成电路初始设计是程序代码而非图形符号。集成电路设计者可使用大量 EDA 综合(Synthesis)工具来进行集成电路的自动设计,如使用逻辑综合工具进行 RTL 程序代码至门级网表(Netlist)的自动转换,使用版图综合工具进行版图自动布局布线等。在本阶段,大量集成电路设计公司开始将不同设计环节的 EDA 工具进行整合,并构成一个完备、统一、高效的集成电路设计工作平台。基于此,如今的集成电路设计规模已达到数百万至数千万门。

任何一款集成电路产品的诞生都需要有设计、制造、测试、封装等一整套工序的密切配合。良好的集成电路设计是产品取得成功的第一基本条件。伴随着集成电路产业的进一步发展,集成电路设计方法也必须保持相应的发展与进步。

1.3.2　常用的集成电路设计方法

在目前的集成电路设计过程中,较为常用的设计方法主要有自底向上(Bottom-Up)设计方法和自顶向下(Top-Down)设计方法。这两种设计方法可以单独使用,也可以混合使用。特别是在进行超大规模以上集成电路或 SoC 设计中,将两种设计方法混合使用的案例日益增多。另外,针对一些特殊模拟集成电路设计的案例,还有一种饱受争议的设计方法,即逆向设计方法,也称反向设计方法或反向工程。

1. 自底向上(Bottom-Up)设计方法

自底向上设计方法是早期使用较为普遍的一种集成电路设计方法,其整体设计理念和运用流程主要传承了电路系统设计的惯性思维,即将具有一定规模的系统划分成若干相对独立的功能模块或子系统,然后化繁为简各个击破,最后将设计完成的功能模块或子系统进行整合,以实现整个系统的设计目标。其中,将功能模块或子系统的设计看作是底层设计,整个系统设计看作是顶层设计,进而称之为自底向上设计方法。

自底向上设计方法的基本流程图如图 1.32 所示。其一般先确定系统总的功能和指标,然后进行系统划分,并确定各功能模块的设计指标、设计规模或设计周期等。紧接着为各功能模块配备不同的设计工程师,进行对应功能模块的前端设计;在各功能模块前端设计完成后,进行系统前端设计整合与联调。如部分或全部功能模块存在未达到联调要求的问题,则须修改或调整相应的前端设计,直至整个系统前端设计通过;如系统前端设计整合与联调通过,则再由各功能模块的设计工程师进行后端设计,当然也可重新配备后端设计工程师。在各功能模块后端设计完成后,进行系统版图整合与验证。如部分或全部功能模块版图存在未通过验证问题,则须修改或调整相应的后端设计,或追溯到修改或调整相应的前端设计,直至整个系统后端设计通过。如系统版图整合与验证通过,则可向集成电路芯片制造企业提交系统版图数据文件。

由于集成电路自底向上设计方法遵循先完成底层的各功能模块或子系统设计,再进行顶层整个系统的设计规则,故该设计方法在实际运用中存在一些较难克服的不足之处,如由于系统顶层的仿真和验证数据要到最后才能得到,所以设计的反复性和工作量很大。这也导致采用集成电路自底向上设计方法进行的集成电路设计存在设计周期很长、一次设计成功率较低,以及整个系统版图面积、功耗等指标在设计初期较难得以明确和有效控制等问题。另外,由于通常要求各功能模块或子系统的设计工程师既能进行前端设计也能进行后端设计,故对设计工程师的技能要求较高;同时,由于各功能模块或子系统设计周期的非一

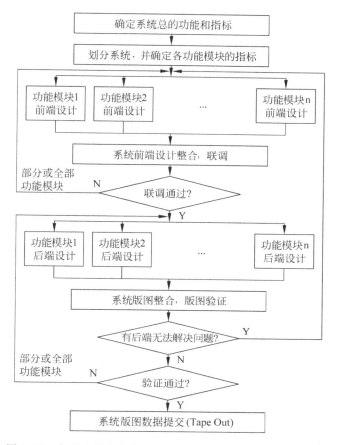

图 1.32 集成电路自底向上(Bottom-Up)设计方法基本流程图

致性、调试验证合格率的非一致性,也导致设计工程师的利用率不高……

集成电路自底向上设计方法在 20 世纪 70、80 年代较为盛行,主要用于 1 万门规模以内的集成电路设计。到 20 世纪 90 年代,集成电路自顶向下(Top-Down)设计方法开始被广泛使用,集成电路自底向上设计方法被渐渐忽略。但有趣的是,目前基于 IP 核复用技术进行的 SoC 设计方法中再次出现集成电路自底向上设计方法的身影,其生命力还是很强的。

2. 自顶向下(Top-Down)设计方法

20 世纪 80 年代末、90 年代初,集成电路产业迎来了快速发展的第一个黄金时期,当时集成电路产品的需求种类日益增多、更替周期日益缩短、设计规模日益扩大。然而,由于存在设计周期长、设计规模有限等固有问题,传统的集成电路自底向上设计方法开始变得不再适应集成电路产业发展的需求。一种新型的自顶向下设计方法开始在集成电路设计流程中被采用。当然,集成电路自顶向下设计方法的出现与此阶段集成电路设计 EDA 工具的飞速发展也是密不可分的,特别是综合工具的完善与应用。较为典型的集成电路自顶向下设计方法流程如图 1.33 所示。

与集成电路自底向上设计方法相同的是,集成电路自顶向下设计方法第一个步骤也是要确定整个系统设计的功能与各项技术指标。但接下来的步骤则有较大的不同,其不再采用各个击破的方式,而是将整个系统作为一个整体来展开集成电路的前端设计和后端设计。

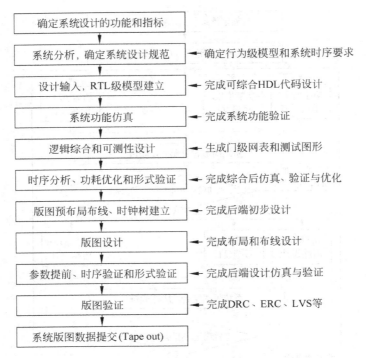

图 1.33　集成电路自顶向下(Top-Down)设计方法基本流程图

在图 1.33 所示的集成电路自顶向下设计方法基本流程中,集成电路原始设计输入不再以原理图设计为主体,取而代之的是使用硬件描述语言描述设计的寄存器传输级程序代码。这样的设计方式可大大扩展集成电路的设计规模,同时也使设计变得相对抽象化。由于已有较为完备的逻辑综合 EDA 工具,抽象化的集成电路程序代码设计可以通过综合很方便地转化为与物理实现相一致的逻辑门级设计,即门级网表。目前,较为常用的逻辑综合 EDA 工具有美国 Synopsys 公司的 Design Compiler 和美国 Cadence 公司的 RTL Compiler 等。门级网表也可输入如美国 Synopsys 公司的 Design Analyzer 等 EDA 工具,直接看到相应的电路逻辑门级原理图。

在图 1.33 所示的集成电路自顶向下设计方法的基本流程中,设计仿真与验证工作的对象是整个系统。如果设计仿真与验证发现问题,相应的修改与调试工作仅需回溯至上一级设计环节,一般不会出现完全推翻前面工作的情况。这样,相对于集成电路自底向上设计方法,大大减少了设计反复性的问题,提高了一次设计的成功率和整体设计效率,缩短了集成电路产品开发周期,也降低了集成电路产品的开发成本。

目前,集成电路自顶向下设计方法已被大量集成电路设计公司广泛采用。根据集成电路自顶向下设计方法的基本工作流程,这些公司在集成电路设计工程师的招聘中已不再强调其必须同时掌握集成电路前后端的设计技能,取而代之的是有针对性地招聘那些对某一个或某些设计环节非常精通与熟练的工程师。由大量这样的集成电路设计工程师组成的团队可以确保每一款集成电路的设计水平达到最高。同时,由于每个设计工程师在每一款集成电路设计流程中仅需完成数量有限的设计环节的设计工作,所需工作时间也较为有限。这样,一般集成电路设计公司可以流水线的工作方式来合理安排设计工程师的工作,进而大大提高了集成电路设计工程师的利用率。另外,还有一点是非常重要的,基于集成电路自顶向下设计方法进行的集成电路设计工作,在发生设计工程师调离或退出设计团队时,较容易找到设计技能相对单一的接替设计工程师,可确保相应的集成电路按时完成。一般设计工程师由于在一款集成电路设计流程中仅参与了数量有限的设计环节的设计工作,其实际并不一定需要了解所设计集成电路的整体核心技术和技术要素,故在其调离或退出设计团队时,无法将所设计集成电路的知识产权信息带走,确保了公司机密和知识产权得以有效保护。

3. 其他设计方法

随着集成电路工艺、设计与制造技术水平的不断提高以及市场竞争周期的缩短,大量集成电路设计摆脱了由电路系统到芯片的传统路径。取而代之的是直接为不同市场需求进行集成电路的设计,并使这些集成电路成为相应电子产品或设备中的核心部件,SoC 就是其中较为典型的代表。

SoC 设计方法的基本理念是"设计再利用"。SoC 一般包含有信号采集、数/模(模/数)转换、信息存储、数据处理和数据传输接口等功能部件,其规模一般要达到数百万门以上。如果所有的设计都从头开始,那么设计周期将变得相当漫长,设计的成功率也很难快速提高。为此,SoC 设计方法的"设计再利用"是建立在 IP 核复用技术基础上,其将大量已经过不同环节验证的 IP 核按设计要求进行组合,构建一种具有特定新功能的系统级集成电路。另外,SoC 设计方法已从传统的电路层设计转向系统层设计,设计工作不仅包含硬件部分,更引入了软件部分。SoC 设计的关键技术主要包括 IP 核复用设计技术、多 IP 核系统验证技术、软硬件协同设计技术、测试与可测试性设计技术、片内总线设计技术、低压低功耗设计技术和纳米级电路设计技术等。(注:SoC 设计方面的详细描述请见本书第 7 章。)

另外,还有一种很特殊的集成电路设计方法,即集成电路逆向设计方法,也称反向设计方法或反向工程,其基本流程如图 1.34 所示。集成电路逆向设计方法通过对集成电路版图

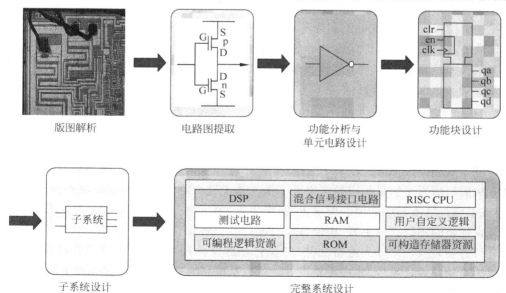

图 1.34 集成电路逆向设计方法基本流程图

的分析,首先提取出晶体管级的电路图;然后,通过进一步的分析,得到门级、功能模块级或子系统级的电路图;最后,逆向获得相关集成电路的整体设计原理性信息。

通常人们会认为集成电路逆向设计方法会涉及抄袭问题。但是在集成电路业界,无论国内还是国外都有一定的法律条款加以说明,如国外 1984 年颁布的《半导体芯片保护法案(*Semiconductor Chip Protection Act of* 1984)》和我国 2001 年颁布实施的《集成电路布图设计保护条例》。集成电路逆向设计方法也可用作集成电路专利侵权案件分析的有效技术工具。

1.3.3 集成电路 EDA 工具的发展趋势

如前文所述,集成电路 EDA 工具的出现与广泛应用并非是一蹴而就的,其发展经历了3 个主要阶段。同时,新型集成电路 EDA 工具正朝着完整平台化、数模混合化、高层综合化和可测容错化的方向发展。

1. 集成电路 EDA 工具发展经历的 3 个主要阶段

(1) 20 世纪 70 年代,第 1 阶段 EDA 工具以计算机辅助设计系统(CAD)为主体。

这是一个以电路系统设计为主的时代,大量电子系统产品与设备中的电路系统硬件都是基于分立器件和中小规模集成电路组装的 PCB 板来实现。当时较为流行的 EDA 工具,如 Smart、Tango 等都是服务于 PCB 板布线设计的,应用于集成电路设计的 EDA 工具并不多。同时,在 EDA 工具的使用过程中,需要大量的人工干预。集成电路设计所需经历的各设计步骤,如原理图输入、逻辑仿真、电路模拟、版图设计和版图验证等都是分开独立进行的,各设计步骤产生的设计文档无法进行自动转换。另外,当时普遍使用的计算机也仅是16 位小型机,其处理能力较为有限,在此类计算机上运行的第一阶段 EDA 工具,一般只能帮助集成电路设计者摆脱较为烦琐的手工绘图、版图制作等工作,通常只能进行中小规模集成电路的辅助设计工作,一般不适应较大规模集成电路的设计。

(2) 20 世纪 80 年代,第 2 阶段 EDA 工具以计算机辅助工程(CAE)为主体。

在这个阶段,由于集成电路和计算机技术都已有一定的发展。32 位工作站开始出现,并以较快的速度取代一般计算机,成为集成电路设计的硬件平台。同时,性能优于 DOS 系统的 UNIX 系统成为工作站上的主要软件系统平台。另外,大量集成电路 EDA 工具设计与研发公司纷纷成立,如目前业内非常有名的总部位于美国俄勒冈州的威尔逊维尔(Wilsonville)的 Mentor Graphics 公司成立于 1981 年,总部位于美国加利福尼亚州的山景城(Mountain View)的 Synopsys 公司成立于 1986 年,总部位于美国加利福尼亚州的圣何塞(San Jose)的 Cadence 公司成立于 1988 年。这些公司不仅针对集成电路设计流程中的各个工作环节研发相应的 EDA 工具,在很大程度上为后续集成电路自顶向下设计方法和 SoC设计方法的形成做了积极的引导与推进工作。基于这个阶段出现的集成电路设计 EDA 工具,集成电路设计流程中的原理图输入、逻辑仿真、测试码生成、电路模拟、版图设计和版图验证等设计步骤不仅得以更好、更便捷地完成,同时,各设计步骤产生的设计文档还可以有效地进行自动转换。更令人振奋的是,各设计步骤所使用的 EDA 工具逐渐趋向于构成一个完整的自动化设计系统,集成电路设计者可以从电路原理图输入开始集成电路的设计,并在工作站上完成全部设计工作。特别是在集成电路后端设计中,自动布局布线 EDA 工具的使用,使早期最为烦琐的集成电路版图设计工作大大便捷化;版图与电路原理图一致性检测比对 EDA 工具的使用,开创了集成电路非实体验证的先河,进而有效提高了流片的成功率,并促进了集成电路设计朝着更大规模的方向发展。

(3) 20 世纪 90 年代,第 3 阶段 EDA 工具以高层次设计自动化(High Level Design Automation,HLDA)为主体。

早期的集成电路设计是一种再设计工作过程,即将大量在实际电子产品或设备中运用的中小规模电路系统或大电路系统中的局部关键电路再设计成集成电路芯片,并返回应用于系统,以达到降低系统组装复杂度、提高系统运行可靠性、减小系统规模体积等目标。在这个过程中,集成电路必须由专业的设计工程师来完成。但是,由于市场上需要的实际电子产品或设备是千变万化的,大量标准化或程式化的集成电路并不一定能满足巨大的市场需求,真正要解决这个问题的最好方法就是让电路系统设计者能直接参与或自己完成所需集成电路的设计工作。这就给集成电路 EDA 工具提出了更高的自动化设计性能要求。

为了迎合这一方面的市场与产品研发需求。在这一阶段,大量的可编程设计集成电路开始出现,并得到了较为广泛的应用。这其中较为典型的有:可编程逻辑器件(PLD)、现场可编程门阵列(FPGA)和复杂可编程逻辑器件(CPLD)等。然而,正如前文所述,可编程设计集成电路通常只能用于数据逻辑电路的设计。同时,当其被设计成一款数字集成电路或数字 ASIC 时,总是存在资源浪费和成本浪费的问题,所以其并不能真正取代或满足用户对集成电路的需求。

在可编程设计集成电路设计中,不仅硬件描述语言开始被引入电路系统的原理设计,以取代较为传统的原理图设计;而且,综合工具也开始被引入,进而使电路设计可以从较高的抽象层次进行。令人欣喜的是,这些先进的设计理念几乎同时被集成电路设计 EDA 工具研发公司添加至新颖的集成电路设计 EDA 工具中,大大提高了集成电路设计的规模与复杂度,设计周期也大为缩短。特别是新颖的综合工具能针对被设计集成电路的多种技术指标,如速度、延时、面积、功耗等进行自动优化设计,进而为电路系统设计者直接参与集成电路设计创造了良好的条件。另外,在集成电路后端设计环节,也出现了大量新的 EDA 工具,如物理综合工具的出现使前端功能原理设计与后端版图设计更为协调与流畅,形式验证工具的出现使超大规模、巨大规模集成电路在不同设计环节中的验证工作变得更灵活与高效……

基于第 3 阶段推出的高层次设计自动化 EDA 工具,使集成电路设计者可以在不过多考虑具体制造工艺的情况下,展开较高层次的抽象化集成电路设计,并可大量复用先前的设计。呈现在集成电路设计者眼前的是一个完整的、先进的集成电路设计与验证 EDA 工具平台,在这个平台上进行集成电路设计,对应的集成电路设计合理性和流片成功率进一步提高,但对设计者的技能要求却出现了不升反降的现象。也正是在这个阶段,集成电路的设计规模从超大、巨大提升至 SoC 层面。

2. 新型集成电路 EDA 工具的发展趋势

进入 21 世纪以来,集成电路的制造技术全面进入纳米级工艺,依托此工艺,SoC 设计成为集成电路设计的主流。同时,以智能手机和平板电脑为主体的电子消费类产品因其功能越来越强大、更新换代周期越来越短(有时不到半年仅有若干个月),对此类电子消费类产品的核心集成电路更新设计提出了更高的要求,而这些要求往往又直接转嫁到 EDA 工具上。

2011 年出版的《国际半导体技术路线图(ITRS)之全球集成电路设计技术挑战报告》从设计能力、功耗优化、可测试性设计、干扰分析、可靠性与修复能力等方面阐述了未来集成电路设计技术要达到的目标和发展趋势,其部分归纳如表 1.9 所示。在这份报告中,强调了未来集成电路设计将更注重从系统层的角度来展开。报告对系统层设计模块复用率、设计平台支持率、高层次综合率、SoC 重构率、自动模拟电路设计率和混合仿真率等多个设计指标的发展要求与趋势进行了研究预见,具体如表 1.10 所示。

表 1.9 2011 年 ITRS 全球集成电路设计技术挑战报告(部分)

大于 22nm 工艺时面临的挑战	内 容
设计能力	① 系统层设计方面:高层次抽象化软硬件功能说明、设计平台、多处理器编程、系统集成、AMS 联合设计与自动化; ② 验证方面:可执行的设计规范、ESL 形式验证、集成测试平台、基于覆盖率的验证; ③ 模拟电路综合、多目标优化; ④ SiP 和 3D 设计计划与实施流程; ⑤ 多种类元件集成设计(如光、机械、化学、生物等)
功耗优化	动态和静态、系统层和电路层的功耗优化
可测试性设计	ATE 接口测试(multi-Gb/s)、混合信号测试、延迟 BIST、低测试值 DFT
干扰分析	信号完整性分析、EMI 分析、热量分析
可靠性与修复能力	MTTF 设计、内建自修复(BISR)、软错误修正
小于 22nm 工艺时面临的挑战	内 容
设计能力	① 验证方面:完备的形式验证、完备的验证码复用、完整的功能覆盖调度; ② 针对 SOI、非静态逻辑和新型器件的专用工具; ③ 成本驱动的设计流程
功耗优化	SOI 功耗管理,基于可靠性、修复能力与温度约束的 3D 物理实施流程
可测试性设计	先进的模拟/混合信号 DFT(数字、结构、射频)、基于统计和生产改善的 DFT、热量 BIST、系统层 BIST
干扰分析	多种类元件间的干扰分析(如光、机械、化学、生物等)
可靠性与修复能力	自动处理、鲁棒设计、软件可靠性与修复能力

注:EMI—Electromagnetic Interference(电磁干扰);ESL—Electronic System-Level(电子系统级);MTTF—Mean Time to Failure(平均失效时间);SOI—Silicon on Insulator(绝缘衬底上的硅)。

表 1.10 系统层设计技术发展要求与趋势预见

设计指标	年 份							
	2011	2012	2013	2014	2015	2016	2017	2018
设计模块复用率/%	41	42	44	46	48	49	51	52
设计平台支持率/%	57	64	75	80	85	90	92	94
高层次综合率/%	73	76	80	83	86	90	92	94
SoC 重构率/%	38	40	42	45	48	50	53	56

续表

设 计 指 标	年 份							
	2011	2012	2013	2014	2015	2016	2017	2018
自动模拟电路设计率/%	27	30	32	35	38	40	43	46
混合仿真率/%	67	70	73	76	78	80	83	86
硬件能力提升率/%	275.0	378.1	1134	1134	2268	2268	4536	4536
软件能力提升率/%	800.0	800.0	1600	1600	1600	1600	3200	3200
设 计 指 标	年 份							
	2019	2020	2021	2022	2023	2024	2025	2026
设计模块复用率/%	54	55	57	58	59	60	59	60
设计平台支持率/%	95	97	99	100	100	100	100	100
高层次综合率/%	95	97	99	100	100	100	100	100
SoC 重构率/%	60	62	65	68	69	70	70	70
自动模拟电路设计率/%	50	52	55	58	59	60	60	60
混合仿真率/%	90	92	95	98	99	100	100	100
硬件能力提升率/%	4536	4536	13 608	13 608	21 773	21 773	65 319	65 319
软件能力提升率/%	9600	9600	19 200	19 200	26 400	26 400	79 200	79 200

  表 1.9 和表 1.10 给出了集成电路设计技术未来的发展方向,实际也是为集成电路 EDA 工具的发展指明了发展方向。从表 1.10 可看到,至 2016 年集成电路设计工作对集成电路设计与验证 EDA 工具平台的依存度将达到 90%以上,至 2022 年该指标将达到 100%。以业界较为有名集成电路 EDA 工具供应商 Synopsys 公司为例,目前该公司就基于 Galaxy Design Platform 和 Discovery Verification Platform 两大平台进行 EDA 工具的研发与产品支持,这些平台向客户提供了用于先进的集成电路设计和验证的整套 EDA 工具套件。其中 Galaxy Design Platform 平台架构如图 1.35 所示,所包含的 EDA 工具如表 1.11 所示; Discovery Verification Platform 平台架构如图 1.36 所示,所包含的 EDA 工具如表 1.12 所示。涉及集成电路设计能力提升、功耗优化、混合信号设计、验证分析和可测试性设计等方面的 EDA 工具均已包含其中。

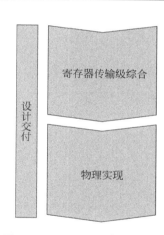

图 1.35 Synopsys 公司 Galaxy Design Platform 平台架构

表 1.11 Synopsys 公司 Galaxy Design Platform 平台所包含的 EDA 工具

分 类	EDA 工具
RTL Synthesis	DC Ultra
	Power Compiler
	DFT Compiler
	DFT MAX
	BSD Compiler

续表

分　　类	EDA 工具
Physical Implementation	IC Compiler
Sign-Off	Liberty CCS
	Prime Time
	Prime Time SI
	Prime Time PX
	Prime Rail
	Nano Time
	Star-RCXT
	Tetra MAX ATPG
	Hercules

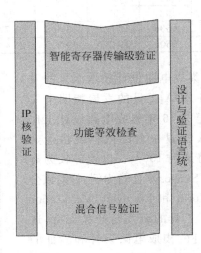

图 1.36　Synopsys 公司 Discovery Verification Platform 平台架构

表 1.12　Synopsys 公司 Discovery Verification Platform 平台所包含的 EDA 工具

分　　类	EDA 工具
Smart RTL Verification	Overview
	Pioneer-NTB
	SystemVerilog Testbench
	Leda RTL Checker
	MVRC
	MVSIM
	VCS RTL Verification
	Magellan Hybrid Formal
	Vera Testbench Automation

续表

分　　类	EDA 工具
Functional Equivalence Checking	ES Formality
Formality Mixed-Signal	Cosmos Circuit Explorer HSIM HSPICE NanoSim SpiceExplorer WaveView Analyzer

综上所述,在可预见的未来,集成电路 EDA 工具将朝着这样几个方向发展:

- 集成电路设计与验证 EDA 工具更趋平台化,单一功能的 EDA 工具必须在平台融合与平台接口等方面进行改善。
- 在数字集成电路自动设计较完善的基础上,实现模拟集成电路自动设计的新型 EDA 工具将出现并更趋完善。
- 针对数模混合集成电路设计的 EDA 工具将更趋成熟,并且数模混合集成电路的仿真与验证 EDA 工具将更完备。
- 逻辑综合 EDA 工具将只是高层次综合 EDA 工具包中的一小部分,集成电路设计将在更高的设计层次展开,并更趋抽象化与简便化。
- 针对 SoC 设计的 EDA 工具将能使 IP 核设计复用与验证复用更便捷,使数字与模拟 IP 核的混合复用率更高,更容易。
- 为更有利于缩短 SoC 设计周期、提高设计一次成功率、加强设计可靠性,支持 SoC 重构化设计的可复用 EDA 工具平台将更趋实用化和完备化。
- 随着纳米级工艺成为主流工艺及 SoC 和巨大规模集成电路的日益普及,静态功耗优化 EDA 工具和总功耗优化 EDA 工具将出现并更趋完善。
- 针对 SoC 和巨大规模集成电路的可测试性设计理论与方法将随着集成电路设计制造工艺的发展而发展,故障模型也将同步变化与增多;针对信号完整性故障、延迟故障等大量目前还停留在理论研究层面的故障,将出现可实际运用的 EDA 工具以完成相应的可测试性设计工作。
- 为有效提高每一次流片的实用化率,新颖的、适用于 SoC 和巨大规模集成电路的故障容错设计理论将得以完善,相应的 EDA 工具将出现并得到推广。

集成电路 EDA 工具与集成电路设计方法、集成电路设计制造工艺等息息相关、相辅相成。在集成电路的发展历程中,可以毫不夸张地说,没有集成电路 EDA 工具的出现与发展,就不会有今天如此欣欣向荣的集成电路产业与市场。

习　　题

1. 简述集成电路的基本概念。
2. 从全球角度简述世界集成电路的发展历史。

3. 简单剖析我国集成电路发展的 4 个主要阶段。

4. 集成电路制造工艺发展水平的衡量指标是什么？

5. 何谓摩尔定律？简述其与集成电路产业发展的关系。

6. 简述电路制造工艺的发展趋势。

7. 简述集成电路产业结构经历的 3 次重大变革。

8. 从个人自身角度谈谈集成电路与我们生活中的电子信息技术的关系。

9. 分析为什么我国仍是一个集成电路设计人才短缺的国家？

10. 简述集成电路设计人才的一般分类及各自的特点。

11. 集成电路设计须具备哪些关键条件？请分析一下各关键条件的关联性。

12. 请画出集成电路一般设计流程图。从表 1.3～表 1.5 中选择 EDA 工具，为本流程中的各设计步骤配置相应的 EDA 工具。（注：如觉得这 3 个表中的工具还不完备，可从网上查找。）

13. 谈谈你对集成电路设计工艺库的了解程度。

14. 一个门相当于几个晶体管？以门的数量来划分，集成电路有哪些分类？

15. 怎样从集成电路所实现功能特性的角度来对集成电路进行分类？

16. 简单介绍全定制设计及其主要适用范围。

17. 集成电路半定制设计方式主要可形成哪两种集成电路？并简单阐述其优点。

18. 简述自底向上（Bottom-Up）设计方法的设计流程，并剖析其不足的地方。

19. 简述自顶向下（Top-Down）设计方法的设计流程，并分析这种设计方法的优点。

20. 简述集成电路 EDA 工具发展经历的 3 个主要阶段。

21. 简述新型集成电路 EDA 工具的发展趋势。

22. 谈谈你所了解的一种最新的集成电路 EDA 工具，并展望其发展趋势。（注：可从网上收集有关的资料。）

23. 谈谈你所了解的国际半导体技术路线图（ITRS）。（注：可从网上收集有关的资料。）

参 考 文 献

[1] 中国数字科技馆. 集成电路[EB/OL]. [2016-09-15]. http://amuseum.cdstm.cn/AMuseum/ic.

[2] 百度百科. 集成电路. http://baike.baidu.com/view/1355.htm [EB/OL].

[3] 中国市场情报中心. 市场研究报告与咨询服务平台[EB/OL]. [2016-09-15]. http://www.ccidreport.com.

[4] 金烨. 中国集成电路业人物地图[J]. 中国经济和信息化, 2011, 6, (11)：54-57.

[5] Gorden E Moore. Progress in digital integrated electronics [C]//Proceedings of 1975 IEEE International Electron Devices Meeting (IEDM), USA, 1975：11-13.

[6] International Technology Working Groups. 2009 International Technology Roadmap for Semiconductors (ITRS) [R/OL]. [2016-08]. http://www.itrs.net.

[7] International Technology Working Groups. 2011 International Technology Roadmap for Semiconductors (ITRS) [R/OL]. [2016-08]. http://www.itrs.net.

[8] 为国. 国际半导体技术发展路线图(ITRS)2009 年版综述(7) [J]. 中国集成电路, 2010, 9, (136)：14-25.

［9］ 为国. 国际半导体技术发展路线图（ITRS）2009 年版综述（8）［J］. 中国集成电路,2010,10,(137)：17-26.

［10］ 中国产品研发易站. 集成电路设计历史、概念［EB/OL］.［2016-09-15］. http：//wenku. baidu. com/link? url＝kPCdp5_RYS8sEmWNfX4-KwtwcWj0y7yUFAqvdCky2iobtiYaGZDom9CqQhN1CUfrlr-La7fLykPx9kFSo6BIfOfNB-2Rs-tZGDc5YoTv2-Uq［EB/OL］.

［11］ International Technology Working Groups. 2012 International Technology Roadmap for Semiconductors (ITRS)［R/OL］.［2016-08］. http：//www. itrs. net.

［12］ 刘丽华,辛德禄,李本俊. 专用集成电路设计方法［M］. 北京：北京邮电大学出版社,2000.

［13］ 路而红. 专用集成电路设计与电子设计自动化［M］. 北京：清华大学出版社,2004.

［14］ 林丰成,竺红卫,李立. 数字集成电路设计与技术［M］. 北京：科学出版社,2008.

［15］ 唐衫,徐强,王莉薇. 数字 IC 设计方法、技巧与实践［M］. 北京：机械工业出版社,2006.

［16］ 周润德. 数字集成电路——电路、系统与设计［M］. 北京：电子工业出版社,2011.

［17］ 李哲英,骆丽. 数字集成电路设计［M］. 北京：机械工业出版社,2008.

［18］ 马光胜,冯刚. SoC 设计与 IP 核重用技术［M］. 北京：国防工业出版社,2006.

［19］ 郭炜,郭筝,谢憬. SoC 设计方法与实现［M］. 北京：电子工业出版社,2007.

［20］ 李柯. 2015 年中国集成电路市场回顾与展望［J］. 电子工业专用设备,2016,40(4)：1-2,19.

第 2 章

集成电路制造工艺

本章首先介绍集成电路制造工艺与流程,之后针对主流 CMOS 工艺,以 CMOS 反相器为例,讨论 CMOS 器件的特性、工作原理与版图。由于集成电路特征尺寸的不断变小,芯片中延时问题越来越成为制约系统工作速度的重要指标,因此本章第 3 节详细讨论了芯片各种延时产生的原因和改善的方法。

2.1 集成电路制造工艺与制造流程介绍

2.1.1 集成电路制造工艺介绍

1. 硅工艺生产技术

硅(Si)工艺生产技术(下简称硅技术)在超大规模集成电路的生产中占据主要地位。硅是极为常见的一种元素,然而它极少以单质的形式在自然界出现,而是以复杂的硅酸盐或二氧化硅的形式,广泛存在于岩石、砂砾、尘土之中。硅在宇宙中的储量排在第 8 位。在地壳中,它是第二丰富的元素,构成地壳总质量的 25.7%,仅次于第一位的氧(49.4%)。硅是现在人类提取的最纯材料,也是人类制造的最大单晶。硅单晶圆片的主要材料是硅,而且是单晶硅;形状是圆形片状。硅单晶圆片是最常用的半导体材料,它是硅到芯片制造过程中的一个状态,是为了芯片生产而制造出来的集成电路原材料。它是在超净化间里通过各种工艺流程制造出来的圆形薄片,这样的薄片必须两面近似平行且足够平整。硅单晶圆片越大,同一圆片上生产的集成电路就越多,这样既可降低成本,又能提高成品率,但材料技术和生产技术要求会更高。如果按直径分类,硅单晶圆片可以分为 4in、5in、6in、8in 等规格,后来又发展出 12in 甚至更大规格。按工作原理分类,可分为双极 Bipolar 集成电路、金属-氧化物-半导体(MOS)集成电路和双极-MOS(BiMOS)集成电路,如图 2.1 所示。

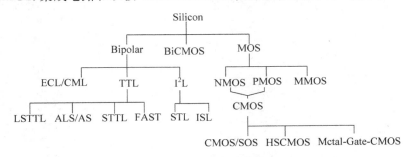

图 2.1 集成电路分类

（1）双极集成电路

双极集成电路采用的有源器件是双极晶体管，由它的工作机制依赖于电子和空穴两种类型的载流子而得名。在双极集成电路中，按电路的工作特点可进行如下分类。

ECL/CML：射极耦合逻辑/电流模逻辑；

TTL：晶体管-晶体管逻辑；

I^2L：集成注入逻辑。

从工艺上来讲，ECL 与 TTL 工艺元件间需要制作电隔离区，ECL 工艺比 TTL 工艺少了掺金工序；I^2L 工艺元件间自然隔离。

双极集成电路的优点是速度快、噪声低、跨导大、驱动能力强，缺点是功耗较大、集成度较低。典型的应用包括高频、低噪声高灵敏放大器、振荡器等，常应用于高速数字通信系统中。超高频 Si 双极型晶体管的截止频率高于 40GHz。

（2）金属-氧化物-半导体集成电路

MOS 管主要靠半导体表面电场感应产生的导电沟道工作，在 MOS 管中起主导作用的只有一种载流子（电子或空穴），有时也称它为单极晶体管。根据 MOS 管的类型，MOS 集成电路又可以分为 NMOS、PMOS 和 CMOS 集成电路。

MOS 集成电路的主要优点是输入阻抗高、抗干扰能力强、功耗低（约为双极集成电路的 $1/10 \sim 1/100$）、集成度高（适合于大规模集成）。因此，CMOS 集成电路已经成为超大规模集成电路时代集成电路的主流。

1962 年，美国 RAC 公司研制出 MOS 管。1963 年，F. M. Wanlass 和 E. C. Sah 提出了 CMOS 技术。1966 年，RAC 公司研制出 CMOS 集成电路。互补型 CMOS 工艺的出现，使集成电路工艺发展进入一个新时代。

在 CMOS 电路中，P 沟道 MOS 管作为负载器件，N 沟道 MOS 管作为驱动器件。要求在同一个衬底上必须制造出 PMOS 管和 NMOS 管。随着 CMOS 集成电路器件特征尺寸的减小，速度越来越高，已经接近双极集成电路，因此，目前集成电路的主流技术仍然是 CMOS 技术。

CMOS 工艺具有一般 MOS 工艺的优点，同时还具有超高速、高密度潜力和高增益、低静态功耗、低噪声和低电流驱动，以及宽的电源电压范围、宽的输出电压幅度（无阈值损失），可与 TTL 电路兼容等优点。因此 CMOS 工艺适合各种规模数字集成电路和模拟集成电路，现已是 MOS 工艺中最常用的工艺。

（3）双极-MOS 集成电路

同时包括双极和 MOS 晶体管的集成电路称为 BiMOS 集成电路，它兼有双极和 MOS 两种器件的优点。其基本思想是以 CMOS 器件为主要单元电路，而在要求驱动大电容负载处加入双极器件或电路。因此 BiCMOS 电路既具有 CMOS 电路高集成度、低功耗的优点，又获得了双极电路高速、强电流驱动能力的优势。这种电路的制作工艺复杂，光刻版层次过多，流片费用高昂。

2. 砷化镓（GaAs）工艺生产技术

砷化镓（GaAs）属于Ⅲ-Ⅴ类半导体。GaAs 中载流子的迁移率远远高于硅中载流子的迁移率，通常比掺杂硅要高出 6 倍。由于 GaAs 是一种化合物半导体材料，很容易将硅离子注入，因此 GaAs 中很容易形成 MOSFET 的源区和漏区。从工艺上来讲，GaAs 的大规模集成也比较容易实现。

　　GaAs 工艺目前只用于超高速的场合,主要原因是它的工艺一致性差,使其制造的成品率远比硅材料工艺低。GaAs 工艺的特点是:①基本单元的面积很小,寄生电容小,器件可直接隔离;②工作速度高,适用于高速集成电路的制造;③工艺一致性差,材料的缺陷密度大。

　　以 GaAs 材料为基础的集成电路制造工艺划分为:①双极型 GaAs 器件,主要用于制造分离的 GaAs 管子和由互连形成 ISL;②FET GaAs 逻辑器件。如图 2.2 所示。

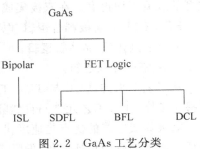

图 2.2　GaAs 工艺分类

2.1.2　CMOS 工艺简介

1. MOSFET(MOS 场效应管)的结构

　　N 型 MOS(NMOS)器件制作在 P 型衬底上,两个重掺杂 N 区形成源端 S 和漏端 D;重掺杂的(导电的)多晶硅区(poly)作为栅极;一层薄 SiO_2 使栅与衬底隔离,称之为栅氧,器件的有效作用发生在栅氧下的衬底区。从简单的角度来看,PMOS 器件可以通过将 NMOS 器件所有掺杂类型取反(包括衬底)来实现。器件制作在 N 型衬底上,基本结构与 NMOS 器件非常相似。NMOS 和 PMOS 器件的源、漏区是对称的。对于 NMOS 器件,将源定义为提供载流子的终端,将漏定义为收集载流子的终端;当器件 3 个端子的电压变化时,源、漏的作用可以互换。NMOS 器件和 PMOS 器件的结构和符号如图 2.3、2.4 所示。

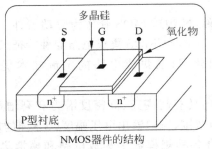

图 2.3　NMOS 器件结构及符号

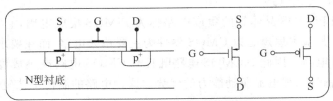

图 2.4　PMOS 器件结构及符号

2. CMOS(互补 MOS)的结构

　　考虑衬底的 NMOS 和 PMOS 器件结构。衬底电位对 MOS 器件特性有很大的影响,

MOSFET 可看作一个 4 端器件。在典型的 MOS 工作中,源结/漏结二极管都必须反偏:NMOS 管的衬底应被连接到系统的最低电压上。PMOS 管的衬底应被连接到系统最高的电源供给上。考虑衬底的 NMOS 器件和 PMOS 器件结构与符号如图 2.5 所示。

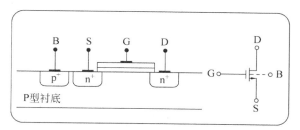

考虑衬底的NMOS器件结构与符号

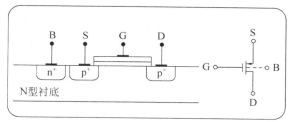

考虑衬底的PMOS器件结构与符号

图 2.5　考虑衬底的 MOS 器件结构及符号

在互补 MOS(CMOS)技术中同时用到 NMOS 和 PMOS。在实际 CMOS 器件生产中,NMOS 和 PMOS 器件必须做在同一晶片上,即相同的衬底上。由于这一原因,其中某一类型的器件要做在一个"局部衬底"上,通常称为"阱"。以 P 衬底 CMOS 结构为例,每个PMOS 器件可以处于各自独立的 N 阱中,而 NMOS 器件则共享同一衬底,如图 2.6 所示。

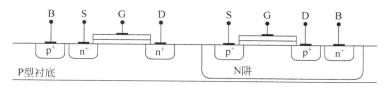

图 2.6　CMOS 器件结构图

2.1.3　以硅工艺为基础的集成电路生产制造流程

1. 集成电路生产制造基本流程

集成电路的实际制作流程简单,可以分为晶圆生长、晶片制备、芯片制造、测试和封装部分,如图 2.7 所示。其中,晶片制作最为复杂,须经过数百个不同的工艺步骤,耗时约一二个月的时间。利用氧化、扩散、注入、光刻、外延生长、淀积等一整套平面工艺技术,在一小块硅单晶片上同时制造晶体管、二极管、电阻和电容等元件,并采用一定的绝缘层使各元件在电性能上互相隔离。然后在硅片表面蒸发铝层并用光刻技术刻蚀成互连图形,使元件按需要互连成完整电路,制成半导体单片集成电路。随着集成电路从小、中规模发展到大规模、超大规模集成电路,平面工艺技术也随之得到发展。例如,扩散掺杂改用离子注入掺杂工艺;

紫外光常规光刻发展到一整套微细加工技术,采用电子束曝光制版、等离子刻蚀、反应离子铣等;外延生长采用超高真空分子束外延技术;采用化学气相淀积工艺制造多晶硅、二氧化硅和表面钝化薄膜;互连线除采用铝或金以外,还采用化学气相淀积重掺杂多晶硅薄膜和贵金属硅化物薄膜,以及多层互连结构等工艺。

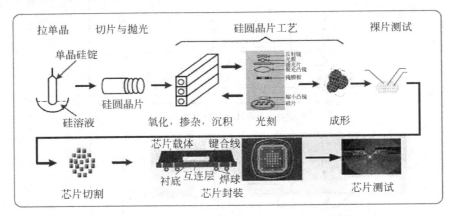

图 2.7   集成电路生产制造步骤

2. 集成电路生产的制造工艺步骤

从产品的形态上来讲,集成电路制造的产品包括两种:晶圆和芯片,前者是后者生产加工的原材料。晶圆的制造包括硅锭生长和硅片制备。芯片的制造过程可约分为制造(Wafer Fabrication)、针测(Wafer Probe)、封装(Packaging)、测试(Initial Test and Final Test)步骤。其中制造和针测为前段(Front End)工序,而封装和测试为后段(Back End)工序。

(1) 单晶硅锭的制造

单晶硅锭的制作是集成电路制造的第一步,也是重要的一步。对于硅来说,硅单晶制备是一种从液体到固态的单元素晶体生长过程;晶体生长速率不同于拉晶速率,其与温度系数有密切关系。目前硅单晶制备技术可使晶体径向参数均匀,体内微缺陷减少,$0.1 \sim 0.3\mu m$ 大小的缺陷平均可以少于 0.05 个$/m^2$。长成单晶硅棒的方法有 2 种:直拉法(CZ)和浮融法(FZ)。半导体工业所用硅单晶 $80\% \sim 90\%$ 是由 CZ 法制备的。

如图 2.8 所示为直拉法制备单晶硅锭,单晶硅生长炉由 4 部分组成:①炉体,包括石英坩埚、石墨坩埚、加热组件、炉壁等;②晶棒和上升旋转机构,包括晶种夹,旋转机构;③气体氛围与压力,包括真空设备系统、气流量及压力控制系统;④控制系统,包括传感器和电脑控制设备。将装有原料的坩埚放入单晶炉内,炉内充满保护性气体。加热使原料融化,带有籽晶的籽晶杆从上面逐渐与熔体表面接触,使熔体原料在回熔的籽晶端部生长。缓慢向上提拉籽晶杆,并同时以一定的速度旋转,这样就可以拉制出与籽晶相同晶向的晶体。因此CZ 法也被称为直拉法。目前采用直拉法可以生产出直径为 400mm 的晶棒。

直拉法的优点是:①便于精密控制生长条件,快速获得优质单晶;②可生产与籽晶相同晶向的单晶体;③降低晶体中的位错密度,减小嵌镶结构,提高晶体的完整性;④可以直接观察生长情况,控制晶体外形。缺点是:①坩埚导致熔体污染;②熔体中含有易挥发物时,控制组分困难;③不适于生长冷却过程中存在固态相变的材料。

(a) 单晶硅生长炉

(b) 拉单晶硅锭

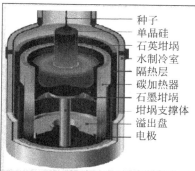

种子
单晶硅
石英坩埚
水制冷室
隔热层
碳加热器
石墨坩埚
坩埚支撑体
溢出盘
电极

(c) 拉单晶硅锭示意图

图 2.8　直拉法制备单晶硅锭

（2）单晶硅片的制备

集成电路制作采用的硅片，不仅要求极高的平面度、极小的表面粗糙度值，而且要求表面无变质层、无划伤。传统的硅片加工工艺流程为：单晶生长→切断→外径滚磨→平边或 V 形槽处理→切片→倒角→研磨→腐蚀→抛光→清洗→包装。把硅锭加工成抛光好的大晶圆片，通常需要 6 步机械加工、2 步化学加工和 1～2 次抛光。直拉出的单晶硅棒，先切除单晶硅棒的头部、尾部及超出客户规格的部分，将单晶硅棒分段成切片设备可以处理的长度；接着利用磨床进行外径滚磨，达到所要求的直径；再定向基准平面加工，用单晶硅棒上的特定结晶方向平边或 V 形槽。然后按要求切割成厚度为 $0.2\sim0.8$mm 的薄片。为了保证强度，晶圆的直径越大，晶圆的厚度越厚。

对于小尺寸晶圆（<100mm）的切割，一般采用金刚石外圆切割法。单晶硅是硬而脆的半导体材料，在硬度表上为 72.6，同时具有金刚石晶格。整形和切割最合适的材料是工业纯金刚石，但也有用 SiC 和 Al_2O_3 的。外圆锯切是最早开发的锯切硅晶片的工艺。这种方法与砂轮外圆磨削相似，把薄的金刚石锯片夹持在高速旋转的主轴上，用外径上的金刚石磨粒锯切工件。在硅锭锯切过程中约有 1/3 的单晶硅锭材料变成锯屑而损失掉了，如图 2.9 所示为外圆切割和内圆切割。

金刚石外圆切割片

(a) 外圆切割机

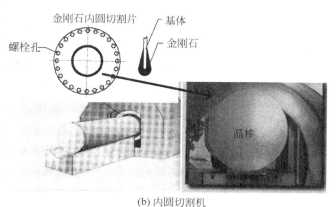

金刚石内圆切割片　基体
螺栓孔　金刚石
晶棒

(b) 内圆切割机

图 2.9　外圆切割和内圆切割

对于大尺寸的晶圆切割，主要采用的方法有内圆切割（100～200mm）和多线切割（>300mm）。内圆切割是利用内圆刃口边切割硅锭。但由于刀片高速旋转会产生轴向振动，刀片与硅片的摩擦力增加,切割时会产生较大的残留切痕和微裂纹,切割结束时易出现硅片崩边甚至飞边的现象。内圆切割刀片是一个圆环刀片靠近在外圆处,有用来与主轴连接的螺栓孔。内圆用复合电镀的方法镀一层金刚石粉,形成一定厚度的金刚石刃口。

多线切割技术是目前世界上比较先进的加工技术,它的原理是通过金属丝的高速往复运动把磨料带入加工区域,对工件进行研磨,将棒料或锭件一次同时切割为数百甚至数千片薄片的一种新型切割加工方法,如图 2.10 所示。

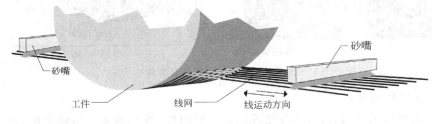

图 2.10 多线切割

切割后的单晶硅片需要通过倒角和研磨工艺修整硅片的锐利边和表面损伤层;对于硅片表面经过机械加工后受加工应力而形成的损伤层,需要再经过腐蚀和抛光工艺,进一步改善微缺陷,从而获得高平坦度;最后经过清洗工艺清除晶片表面所有的污染源。完成上述步骤后,单晶硅片作为集成电路的原材料销售给集成电路芯片厂。

(3) 氧化

在室温下,硅圆晶片只要在空气中暴露,就会在表面形成各个原子层的氧化膜(SiO_2)。氧化膜相当致密,能阻止更多氧原子通过它继续氧化,因此氧化膜(SiO_2)在集成电路制造工艺中的用处很多。在掺杂和离子注入工艺中,它作为杂质扩散和注入的掩蔽膜;由于它的绝缘特性,也可以作为电路隔离介质或绝缘介质;它还可以作为器件表面保护或钝化膜、电容介质材料和 MOS 管的绝缘栅材料。

氧化膜(SiO_2)的重要特性是掩蔽性。由于 B、P、As 等杂质在 SiO_2 中的扩散系数远小于在 Si 中的扩散系数,所以在选择掺杂和离子注入工艺中,SiO_2 层是掺杂和离子注入的主要屏蔽层。SiO_2 膜的化学稳定性极高,不溶于水,除氢氟酸外,和别的酸不起作用。氢氟酸腐蚀 SiO_2 的原理如下:

$$SiO_2 + 4HF \rightarrow SiF_4 \uparrow + 2H_2O \qquad (2-1)$$

$$SiF_4 + 2HF \rightarrow H_2SiF_6 \qquad (2-2)$$

H_2SiF_6 溶于水。利用这一性质可将氧化膜作为掩蔽膜,光刻出 IC 制造中的各种窗口。

由于天然形成的氧化层(SiO_2)只有 40Å 左右。无法达到掩蔽、绝缘、保护和隔离等功能,为此须进行氧化处理工作。氧化膜(SiO_2)的制备方法很多,如:热分解沉积法、溅射法、阳极氧化法、等离子氧化法和热氧化法等。其中热氧化法制备的质量最好,生成的 SiO_2 层,其厚度一般在几十到上万埃之间。热氧化法将硅片置于用石英玻璃制成的反应管中,反应管用电阻丝加热炉加热一定温度(常用的温度为 900～1200℃,在特殊条件下可降到 600℃以下),氧气或水蒸气通过反应管(氧化炉见图 2.11,典型的气流速度为 1cm/s)时,在硅片表面发生化学反应。

热氧化工艺按所用的氧化气氛可分为干氧氧化、水汽氧化和湿氧氧化。干氧氧化是以

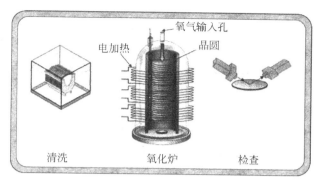

图 2.11 氧化炉

干燥纯净的氧气作为氧化气氛,在高温下氧直接与硅反应生成 SiO_2,如式(2-3)所示。水汽氧化是以高纯水蒸气为氧化气氛,由硅片表面的硅原子和水分子反应生成 SiO_2,如式(2-4)所示。水汽氧化的氧化速率比干氧氧化的大。而湿氧氧化实质上是干氧氧化和水汽氧化的混合,氧化速率介于二者之间。三者比较见表 2.1。

$$Si + O_2 \rightarrow SiO_2 \tag{2-3}$$

$$Si + 2H_2O \rightarrow SiO_2 + 2H_2 \uparrow \tag{2-4}$$

表 2.1 常用热氧化方法

方法	速度	均匀重复性	结构	掩蔽性	水温
干氧	慢	好	致密	好	
湿氧	快	较好	中	基本满足	95℃
水汽	最快	差	疏松	较差	102℃

(4) 掺杂

掺杂工艺是将需要的杂质掺入特定的半导体区域中,以达到改变半导体电学性质,形成PN结、电阻、欧姆接触。掺杂过程是由硅的表面向体内作用的。由光刻工艺(刻蚀)确定掺杂的区域,在需要掺杂处(即掺杂窗口)裸露出硅衬底,非掺杂区则用一定厚度的二氧化硅或者氮化硅等薄膜材料进行屏蔽。有两种掺杂方式:扩散和离子注入。

扩散掺杂就是利用原子在高温下的扩散运动,使杂质原子从浓度很高的杂质源向硅中扩散并形成一定的分布。扩散工艺用于形成双极器件中的基区、发射区和集电区,MOS器件中的源区与漏区,扩散电阻、互连引线以及多晶硅掺杂等。浓度越大,扩散越快;温度越高,扩散也越快。

扩散的机制有2种:替位式扩散机构和填隙式扩散机构(见图 2.12)。替位式扩散机构适用于硼、磷、砷等 Ⅲ～Ⅴ 族元素,这种杂质原子或离子大小与 Si 原子大小差别不大,它沿着硅晶体内晶格空位跳跃前进扩散,杂质原子扩散时占据晶格格点的正常位置,不改变原来硅材料的晶体结构。这种扩散一般要在很高的温度(950～1280℃)下进行,横向扩散严重。但对设备的要求相对较低。填隙式扩散机构适用于镍、铁等重金属元素,这种杂质原子大小与 Si 原子大小差别较大,杂质原子进入硅晶体后,不占据晶格格点的正常位置,而是从一个硅原子间隙到另一个硅原子间隙逐次跳跃前进。填隙式扩散机构扩散系数要比替位式扩散大 6～7 个数量级。

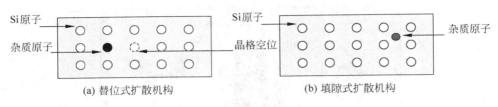

图 2.12　扩散机制

　　热扩散炉与氧化炉基本相同,只是将要掺入的杂质(如 P 或 B)的源放入炉管内。热扩散通常分 2 个步骤进行:预淀积和推进。预淀积是在高温下将浓度很高的一种杂质元素(如 P 或 B)淀积在硅片表面。这是一种恒定表面源的扩散过程,目的在于控制扩散杂质总量。推进是利用预淀积所形成的表面杂质层作扩散源,在高温、高压下,将硅片表面的杂质扩散到硅片内部。通常推进的时间较长,通过推进,可以在硅衬底上形成一定的杂质分布和结深。推进是限定表面源扩散过程,以控制扩散深度和表面浓度。推进也被称为再分布。

　　扩散掺杂有生产周期长、掺杂浓度不易控制、掺杂的深度和宽度无法控制、不能实现化合物的扩散等缺点。随着离子注入的出现,扩散工艺在制备浅结、低浓度掺杂和控制精度等方面的巨大劣势日益突出,在制造技术中的使用率已大大降低。

　　离子注入技术是 20 世纪 60 年代开始发展起来的一种在很多方面都优于扩散方法的掺杂工艺。它是利用离子注入机将特定的杂质原子以离子加速的方式注入硅半导体晶体内,改变其导电特性并最终形成晶体管结构,实现半导体的掺杂。现代的半导体制造工艺,制造一个完整的半导体器件一般要用 20~25 步的离子注入。

　　离子注入的工作机理是高能离子射入衬底材料后,不断与原子核以及核外电子发生碰撞,并因能量逐步消失而停止。每个离子停下来的位置是随机分布的,其中绝大多数停在晶格位置,形成一定的杂质分布。离子注入最主要的工艺参数是杂质种类、注入能量和掺杂剂量。杂质种类是指选择何种原子注入硅基体;注入能量决定了杂质原子注入硅晶体的深度,高能量注入得深,而低能量注入得浅;掺杂剂量是指杂质原子注入的浓度,其决定了掺杂层导电的强弱。

　　离子注入工艺主要应用在:①改变导电类型,形成 PN 结,如形成源、漏以及阱等;②改变起决定作用的载流子浓度,以调整器件工作条件;③改变衬底结构,如对 MOS 晶体管阈值电压的控制;④合成化合物。

　　如图 2.13 所示,离子注入系统主要由以下几个部分组成:离子源、离子加速管、质量分析器、束扫描和热靶转换器。离子源主要用于杂质离子的产生,从离子源引出的离子经过离子加速管的加速使离子获得很高的能量;然后进入质量分析器使离子纯化,分析后的离子可再加速以提高离子的能量;再经过两维偏转束扫描器使离子束均匀地注入到材料表面;而热靶转换器则包含需要进行离子注入的材料和进行测量/控制离子参数等(如注入离子的数量、调节注入离子的能量、控制离子的注入深度)。

　　入射离子与衬底之间有不同的相互作用方式,若离子能量够高,则多数被注入到衬底内部;反之,则大部分离子被反射而远离衬底。注入衬底内部的原子会与晶格原子发生不同程度的碰撞,离子运动过程中若未与任何粒子碰撞,它就可到达衬底内部相当深的地方,造成较深的杂质分布。这就是沟道效应。

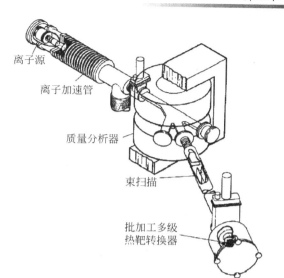

图2.13 离子注入机

沟道效应将使离子注入的可控性降低,甚至使得器件失效。因此,在离子注入时需要抑制这种沟道效应。解决沟道效应的方法有:①偏轴注入。一般选取 $5°\sim7°$ 倾角,入射能量越小,所需倾角越大。②衬底非晶化。预处理进行一次高剂量 Ar^+ 注入,使硅表面非晶化。③非晶层散射。表面生长 $200\sim250\text{Å}$ 二氧化硅,使入射离子进入硅晶体前方向无序化。

离子注入的优点有:①各种杂质浓度分布与注入浓度可通过控制掺杂剂量($10^{11}\sim10^{17}$ 离子/cm^2)和能量($10\sim200keV$)来达到;②横向分布非常均匀(8in 晶圆内的变化值为1%);③表面浓度不受固溶度限制,可做到浅结低浓度或深结高浓度;④注入元素可以非常纯,杂质单一性;⑤可用多种材料作掩膜(如金属、光刻胶、介质),可防止沾污,自由度大;⑥低温过程(因此可用光刻胶作掩膜),避免高温过程引起的热扩散。离子注入的局限在于:①会产生缺陷甚至非晶层,必须经高温退火加以改进;②离子注入难以获得很深的结(一般在 $1\mu m$ 以内,例如对于 $100keV$ 离子的平均射程的典型值约为 $0.1\mu m$);③离子注入的生产效率比扩散工艺低;④设备复杂,有不安全因素(如高压、有毒气体)。

随着离子注入技术的发展,其应用也越来越广泛,尤其是在集成电路中,其应用发展最快。由于离子注入技术具有很好的可控性和重复性,这样设计者就可根据电路或器件参数的要求,设计出理想的杂质分布,并用离子注入技术实现这种分布。

离子注入后,不断与原子核以及核外电子发生碰撞,被碰撞原子核还可能碰撞其他原子核,导致更多原子核离开晶格位置,产生晶格损伤;注入剂量很高时,可导致单晶硅变成无定型非晶硅。同时离子注入过程是一个非平衡过程,高能离子进入靶后不断与原子核及其核外电子碰撞,逐步损失能量,最后停下来。停下来的位置是随机的,一部分不在晶格上,因而没有电活性。

因此离子注入后必须进行退火处理,目的是消除注入损伤和激活杂质。退火也叫热处理,集成电路工艺中所有在氮气等不活泼气氛中进行的热处理过程都可以称为退火。根据注入的杂质数量不同,退火温度一般在 $450\sim950℃$ 之间。退火的作用是:激活间隙原子运动至晶格位置;修复晶格损伤与缺陷;消除离子注入过程产生的残余应力。低剂量所造成的损伤一般在较低温度下退火就可以消除,而高剂量形成的非晶区重新结晶则要在550～

600℃的温度范围才能实现。退火前后晶格变化如图 2.14 所示。

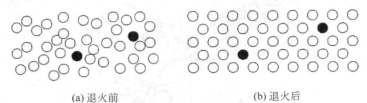

(a) 退火前 (b) 退火后

图 2.14 退火前后晶格变化

退火方式主要包括炉退火、快速退火。炉退火可能产生横向扩散。常用的是快速退火。目前,较好的快速退火方式有脉冲激光快速退火、脉冲电子束快速退火、离子束快速退火、连续波激光快速退火及非相干宽带光源(如卤灯、电弧灯、石墨加热)快速退火等。它们的共同特点是在瞬时内使硅片的某个区域加热到所需的温度,并在较短的时间内($10^{-3} \sim 10^{-2}$ s)完成退火。

(5) 沉积

集成电路是由数层材质、厚度不同的薄膜组成。而将这些薄膜置于硅圆晶片上所需的技术,便是所谓的薄膜沉积及薄膜成长等技术。薄膜沉积工艺主要用于在硅片表面上淀积一层材料,如金属铝、多晶硅及磷硅玻璃 PSG 等。在薄膜形成过程中,并不消耗晶片或衬底的材质。

薄膜沉积技术从早期的蒸镀技术开始至今,已发展为 2 个主要方向:①物理沉积(Physical Vapor Deposition,PVD),其以物理方式进行薄膜沉积,但已不大适用于超大规模集成电路的制造;②化学沉积,其以化学反应生成所需材料沉积到衬底表面,一般是气相或液相沉积,适用于超大规模集成电路的制造。

物理沉积是将材料直接转移到衬底表面形成薄膜(通常为气相淀积),常用的方法有蒸镀和溅镀。蒸镀是利用被蒸镀物在高温(近熔点)时具备饱和蒸汽压,来沉积薄膜的过程。溅镀是利用离子对溅镀物体电极的轰击使气相中具有被镀物的粒子(如原子),沉积薄膜,该过程的实现一般在真空状态下实现,主要应用于金属薄膜的沉积和介质薄膜的沉积。

化学气相沉积(Chemical Vapor Deposition,CVD)是目前主要的薄膜沉积技术。该技术是指以单独的或综合的利用热能、等离子体放电、紫外光照射等形式的能量,使气态物质在固体的表面上发生化学反应并在该表面上沉积,形成稳定的固态薄膜的过程。化学气相沉积具有淀积温度低、薄膜成分和厚度易于控制、均匀性和重复性好、台阶覆盖优良、适用范围广、设备简单等一系列优点。化学气相沉积几乎可以淀积集成电路工艺中所需要的各种薄膜,例如掺杂或不掺杂的 SiO_2、多晶硅、非晶硅、氮化硅、金属(钨、钼)等。

常用的化学气相沉积技术有常压化学气相淀积(APCVD)、低压化学气相淀积(LPCVD)、等离子增强化学气相淀积(PECVD)和金属有机物化学气相沉积(MOCVD)。对于不同的薄膜,化学气相沉积均采用高温炉管,只是因为不同的化学沉积过程,有着不同的工作温度、压力与不同反应气体。

常压化学气相淀积是在大气压下进行的一种化学气相淀积的方法,这是化学气相淀积最初所采用的方法。这种工艺所需的系统简单,反应速度快,并且其淀积速率可超过 1000Å/s,特别适于介质淀积。但是它的缺点是均匀性较差、台阶覆盖差、颗粒污染严重,一般用于厚的介质淀积(如低温氧化层)。

为进行晶圆批次量产,炉管内晶圆势必要垂直密集地竖放于晶舟上,这将导致沉积薄膜的厚度均匀性问题。降低化学蒸气环境压力是一个解决厚度均匀性的可行之道。图 2.15 显示了低压化学气相淀积制作 SiO_2 层的步骤,炉内的工作气压为 $0.1\sim10Torr$,工作温度为 $600\sim900℃$。

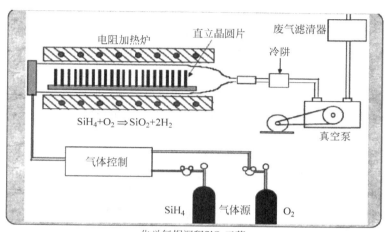

图 2.15　化学气相沉积

对于化学气相沉积来说,提高制程温度,容易掌握沉积的速率和制程的重复性。而高温制程有几个缺点:①高温制程环境所需电力成本较高;②安排顺序时后面的制程温度若高于前者,可能破坏已沉积材料;③高温成长的薄膜,冷却至常温后,会产生因各基板与薄膜间热胀冷缩程度不同的残留应力。所以,低制程温度是化学气相沉积追求的目标之一。等离子体增强化学气相淀积是采用高频等离子体驱动的一种气相淀积技术,是一种射频辉光放电的物理过程和化学反应相结合的技术。该气相淀积的方法可以在非常低的衬底温度下淀积薄膜,例如氮化硅的沉积,在等离子体增强的反应下,反应温度由通常的 1100K 降到 600K。金属有机化学气相沉积的形成是半导体外延沉积的需要。金属有机化学气相沉积利用有机烷基金属作为原料,它的优点是沉积温度低,这对某些不能承受常规气相沉积的高温基体是很有用的;它的缺点是沉积速率低,晶体缺陷度高,膜中杂质多。

(6) 光刻与刻蚀

光刻是加工集成电路微图形结构的关键工艺技术。光刻工艺利用光敏的抗蚀涂层(光刻胶)发生光化学反应,结合刻蚀的方法把掩膜版图形复制到圆硅片上,为后序的掺杂、薄膜沉积等工艺做好准备,如图 2.16 所示。光刻次数越多,就意味着工艺越复杂。深亚微米 CMOS 工艺需要多达 24 次光刻和多于 250 次的单独工艺步骤,因此芯片生产时间会长达 1 个月之久。另外,光刻所能加工的线条越细,意味着工艺线水平越高。目前光刻已占到总的制造成本的 1/3 以上,并且还在继续提高。

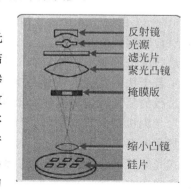

图 2.16　光刻示意图

　　光刻技术类似于照片的印相技术,如图2.17所示。所不同的是,相纸上有感光材料,而硅片上的感光材料——光刻胶是通过旋涂技术在工艺中后加工的。光刻掩膜相当于照相底片,一定波长的光线通过这个"底片",在光刻胶上形成与掩膜版图形相反的感光区,然后进行显影、定影、坚膜等步骤,在光刻胶膜上有的区域被溶解掉,有的区域保留下来,形成了版图图形。

　　光刻是用来在不同的器件和电路表面上建立图形(水平的)的工艺过程。最终器件的图形是用多个掩膜版按照特定的顺序在晶圆表面一层一层叠加建立起来的。因此,图形精确建立和图形精确定位是光刻工艺要达到的两个目标。一方面在晶圆表面上,建立尽可能接近设计规则中所要求尺寸的图形。另一方面,同时在晶圆表面正确定位图形,图形上单独的每一部分之间的相对位置也必须是正确的。图形定位的要求就好像是一幢建筑物每一层之间所要求的正确的对准。由此,光刻的质量要求做到:①刻蚀的图形完整性好,尺寸准确,边缘整齐,线条陡直;②图形内无针孔,图形外无小岛,不染色;③硅片表面清洁,无底膜;④图形套刻准确。

　　光刻的3要素是光刻胶、掩膜版和光刻机。光刻胶又叫光致抗蚀剂,它是由光敏化合物、基体树脂和有机溶剂等混合而成的胶状液体。光刻胶受到特定波长光线的作用后,导致其化学结构发生变化,使光刻胶在某种特定溶液中的溶解特性改变。光刻胶分为负胶和正胶,如图2.17所示。负胶是曝光前可溶,曝光后不可溶。负胶里面的聚合物是聚异戊二烯类型的,一种天然的橡胶。负胶曝光后会由非聚合态变为聚合状态,形成一种互相粘结抗刻蚀的物质。正胶是曝光前不可溶,曝光后可溶。其基本聚合物是苯酚-甲醛聚合物,这种聚合物是相对不可溶的,在用适当的光能量曝光后,正胶转变成可溶状态。正胶的优点是分辨率高,因此在超大规模集成电路工艺中,一般只采用正胶。

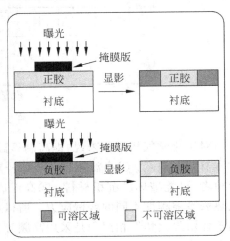

图 2.17　光刻胶

　　掩膜版(Mask)是集成电路制作时需要的一种模具,或者底片,见图2.18。制作掩膜版的过程称为制版,制版是通过图形发生器完成图形的缩小和重复。在设计完成集成电路的版图以后,设计者得到的是一组标准的制版数据(GDS),将这组数据传送给图形发生器(Pattern Generator,PG,一种制版设备)。图形发生器根据GDS数据,将版图设计图形数据分层地转移到掩膜版上,这个过程叫初缩。在获得分层的初缩版后,再通过分步重复技术,在最终的掩膜版上产生具有一定行数和列数的重复图形阵列。通过这样的制版过程,就产生了若干块的集成电路分层掩膜版。通常,一套掩膜版有十几块分层掩膜版。集成电路加工过程的复杂程度和制作周期在很大程度上与掩膜版的多少有关。

　　光刻机是集成电路制造装备的龙头,是集成电路中最昂贵的设备。光刻机的精度决定了集成电路工艺的最小特征尺寸和集成度。常见的光刻机有接触式光刻机、近式光刻机、投影式光刻机和步进式光刻机。顾名思义,接触式光刻机的掩膜版和硅片直接接触,它的缺点是掩膜版寿命短、分辨率低(只有微米级的分辨能力),在20世纪70年代中期前应用较多,现已淘汰。接近式光刻机的掩膜版距硅片表面10μm,与晶圆无直接接触。与接触式光刻机相比,具有更长的掩膜寿命,分辨率可以达到 $3\mu m$ 左右。投影式光刻机类似于投影仪,在掩膜版与晶圆之间增加一个 $1:1$ 的光学透镜,分辨率可以达到 $1\mu m$。其主要优点是分辨率高,不沾污掩膜版,重复性好。步进式光刻机是当前最流行的光刻设备,采用缩小的投影镜头,一般有 $4:1,5:1,10:1$ 等。$10:1$ 能够得到更好的分辨率,但是,它的曝光时间是 $5:1$ 的 4 倍。需要在曝光时间和分辨率之间进行折中。步进式光刻机的分辨率可以达到 $0.25\mu m$ 或以下,但是价格非常昂贵。

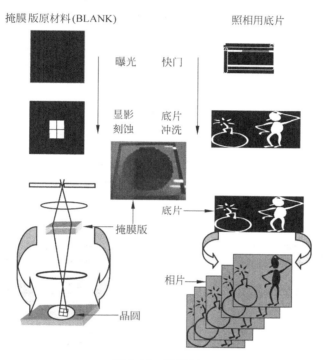

图 2.18　掩膜版

光刻机(见图 2.19)的 3 大性能参数是光刻分辨率、套刻精度和产率。光刻分辨率和套刻精度的提高推动光刻技术步入更小的节点,产率的提高为集成电路制造厂商带来更高的经济利益。国际上用于 65nm 节点的主流光刻机是 193nm 的 ArF 干式步进扫描投影光刻机和 193nm 的浸没式光刻机;用于 45nm 节点的主流光刻机是 193nm 的 ArF 浸没式光刻机。浸没式光刻技术需要在投影物镜最后一个透镜的下表面与硅片上的光刻胶之间充满高折射率的液体(目前多为水)。相对于传统光刻技术,在相同光线入射角的情况下,引入浸没光刻技术可以使焦深增大,实现大于 1 的数值孔径,使 ArF 光刻机进一步向 45nm 甚至更小节点延伸成为可能。针对 32nm 以下节点,下一代光刻技术的主要候选者是极紫外光刻技术、纳米压印技术和无掩膜光刻技术。

光刻和刻蚀是两个不同的加工工艺,但因为这两个工艺只有连续进行,才能完成真正意义上的图形转移。在工艺线上,这两个工艺是放在同一工序的,因此,有时也将这两个工艺步骤统称为光刻。刻蚀是利用化学或物理方式对氧化硅膜、氮化膜和金属膜等的有关区域进行腐蚀加工。一般有两种刻蚀方法:湿法刻蚀和干法刻蚀。湿法刻蚀是将刻蚀材料浸泡在腐蚀液内进行腐蚀的技术。它是一种纯化学刻蚀,具有优良的选择性,它刻蚀完当前薄膜就会停止,不会损坏下面一层其他材料的薄膜。在硅片表面清洗及图形转换方面,湿法刻蚀一直沿用至 20 世纪 70 年代中期,即一直到特征尺寸开始接近膜厚时。因为所有的半导体湿法刻蚀都具有各向同性,所以无论是氧化层还是金属层的刻蚀,横向刻蚀的宽度都接近于垂直刻蚀的深度。此外,湿法刻蚀还受更换槽内腐蚀液而必须停机的影响。干法刻蚀主要利用低压放电产生的等离子体中的离子或游离基(处于激发态的分子、原子及各种原子基团等)与材料发生化学反应或通过轰击等物理作用而达到刻蚀的目的。干法刻蚀是用等离子体进行薄膜刻蚀的技术,它是硅片表面物理和化学两种过程平衡的结果。

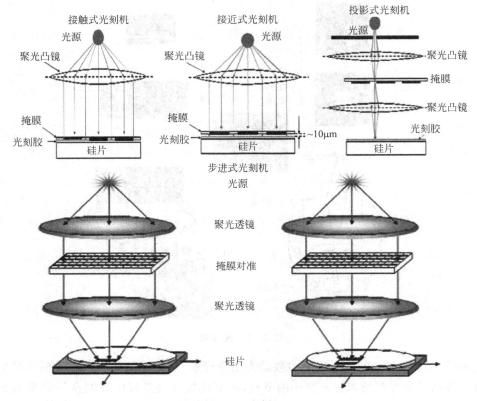

图 2.19 光刻机

湿法刻蚀是各向同性的刻蚀方法,利用化学反应过程去除待刻蚀区域的薄膜材料;干法刻蚀借助等离子体中产生的粒子轰击刻蚀区,是各向异性的刻蚀技术,即在被刻蚀的区域内,各个方向上的刻蚀速度不相同。目前,湿法刻蚀工艺一般被用于工艺流程前面的硅片准备阶段和清洗阶段,而在图形转换中,干法刻蚀已占据主导地位。通常来讲,二氧化硅采用湿法刻蚀技术;氮化硅、多晶硅、金属以及合金材料采用干法刻蚀技术。

（7）测试

测试的主要目的就是在生产中将合格的芯片与不合格的芯片区分开,保证产品的质量与可靠性。此外需要通过测试对产品质量与可靠性加以监控。

根据集成电路产品生产所处的不同阶段与不同目的,测试可以分为以下几种类型。

① 封装前的晶圆片测试(中测)

在晶圆制造完成后,便需进入晶圆测试的阶段。对处于晶圆形式下的单个芯片进行测试就是所谓的晶圆探测(Wafer Sort 或 Circuit Probe)。它是利用测试台与探针来测试晶圆上的每一个芯片,以确保芯片的电路参数和性能参数是依照设计规格制造出来的。

测试台经过特殊设计,其检测头可以装上以金线做成的细如发丝的探针(Probe),探针用来与芯片上的焊垫(Pad)接触,以便直接对芯片输入信号或读出输出值。在进行晶圆测试的逐一检测时,若芯片未能通过测试,则此芯片将会被打上记号以作为不良品的标记。

晶圆测试包括芯片电路性能参数测试以及有关芯片制造质量监控的测试,如图 2.20 所示。

(a) 接续性测试:检测每一根引脚内接的保护用二级体(共有 2 个,1 个接地,1 个接电源)是否功能无误。

(b) 功能测试:以客户所提供的测试资料(TEST DATA)输入 IC,并检查输出结果是否与当时的仿真输出相同。

(c) 漏电流测试:测量每一个接地点(PAD)在 1 态、0 态或 2 态时的漏电流是否符合最低规格。

(d) 耗电测试:整个 IC 的静态耗电和动态耗电。

(e) 输入/输出电压测试:测量每个输入/输出引脚的输入/输出电压反应特性。

晶圆测试在芯片和自动测试设备 ATE 之间建立了临时性的接点。对于集成电路的设计和性能以及在晶圆切割及造价高昂的封装之前对集成电路进行分拣来说,这是关键性的测试。晶圆测试合格率应控制在 $90\% \sim 95\%$,这样才能保证封装后芯片有较高的合格率。

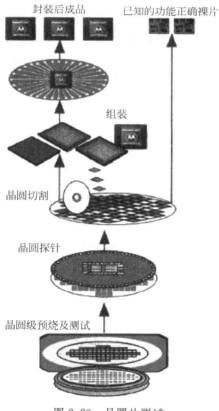

图 2.20 晶圆片测试

② 封装后的成品测试(成测)(Final Test 或 Package Test)

裸芯封装后,需对芯片进行直流参数(DC)、交流参数(AC)、极限参数和电路功能的测试,包括接续性测试、功能测试、漏电流测试、耗电测试、输入/输出电压测试等。

集成电路成品测试通常将被测集成电路放置在测试设备的测试夹具平台上,测试设备根据需要产生一系列测试输入信号,加到被测集成电路上,在集成电路输出端得到输出响应信号,测试设备自动将集成电路的实际输出与预期正常输出相比较,如结果一致,则表示成品测试通过,产品合格;如结果不一致,则表示产品不合格。成品测试流程示意框图如图 2.21 所示。

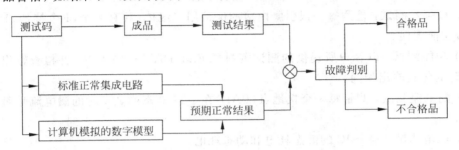

图 2.21 成品测试流程示意框图

③ 可靠性保证测试

包括环境测试、机械测试、电磁测试、老化测试、筛选测试、例行测试、寿命测试、定级测试、验收测试和失效分析测试等。

④ 集成电路应用时的用户测试

包括入库检验、现场测试和失效分析等。

此外,工艺检测监控也是测试的重要部分,确保芯片生产流程中各道工序控制参数的正确性,如对线宽、膜厚等的测试。针对这些测试的设备有四探针、台阶测厚仪、椭偏仪、CV测试仪等。如图 2.22 所示为分类示意图。

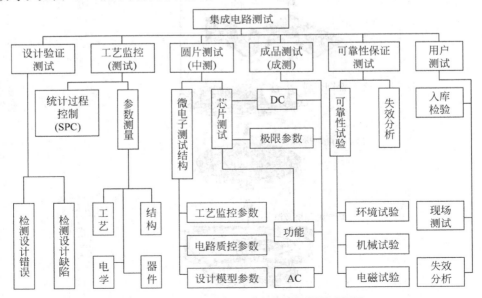

图 2.22 集成电路生产过程中的各类测试框图

（8）封装

封装工艺环节可包含芯片切割、芯片粘贴、压焊键合线和模压塑封。如图 2.23 所示为封装示意图及常用封装形式。

常用的封装形式有 DIP、PLCC、SOIC 和 QFP 等。

分别经过以下流程以完成后期的封装工作：背面减薄、划片、掰片、粘片、压焊、切筋、整形、封装、沾锡、老化、成测、打字、包装等。

晶圆上的芯片在这里被切割成单个芯片，然后进行封装，这样才能使芯片最终安放在PCB板上。这里需要用的设备包括晶圆切割机、粘片机（将芯片封装到引线框架中）、线焊机（负责将芯片和引线框架的连接，如金丝焊和铜丝焊）等。

在引线键合工艺中使用不同类型的引线：金（Au）、铝（Al）、铜（Cu），每一种材料都有其优点和缺点，通过不同的方法来键合。随着多层封装乃至 3D 封装应用的出现，超薄晶圆的需求也在不断增强。

裸片与键合线连接意图

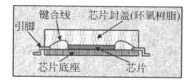
（a）封装示意图

（b）常用芯片封装形式

图 2.23　封装示意图及常用封装形式

2.1.4　集成电路制造工艺的新技术与新发展

随着技术的进步，集成电路制造采用 25nm 工艺的产品已实用化，目前很多代工厂已着手开始 14nm 工艺的量产化研究，并积极进行着其支撑工艺与生产设备的技术开发。

（1）干蚀刻技术

随着精细化发展，蚀刻方法已从湿刻转向干蚀刻，而干蚀刻设备又由批量式变为薄片式。

（2）氧氮化成膜技术

新的氧化技术适用的工序包括浅沟槽隔离（STL）的边角氧化、栅极氧化前的牺牲层氧化、栅极氧化及栅极侧壁氧化。它们将把 Si 暴露在高温的氧、水蒸气、盐酸等氧化性气体中的热氧化法代之以利用氧基等不同于以往的氧化方法。

（3）离子注入、CVD（化学气相淀积）技术、清洗技术和低 K 膜的腐蚀/抛光等技术方面都有较快的发展。

2.2　CMOS 电路版图

数字集成电路根据晶体管特性可以分为两种：TTL 和 CMOS 两大类。TTL 数字集成电路优点是速度快，CMOS 数字集成电路则以功耗低见长。CMOS 数字集成电路的出现时间比 TTL 集成电路晚,但是其以较高的优越性在很多场合逐渐取代了 TTL 数字集成电路,成为目前应用最广泛的数字集成电路。相较两者性能:①功耗。CMOS 是场效应管构成,TTL 为双极晶体管构成,CMOS 电路的单门静态功耗在毫微瓦(nw)数量级;②工作范围和逻辑摆幅。COMS 的逻辑电平范围比较大(5~15V),TTL 只能在 5V 下工作;③抗干扰能力。CMOS 的高低电平之间相差比较大、抗干扰性强,TTL 则相差小,抗干扰能力差;④工作频率与速度。CMOS 的工作频率较 TTL 略低,但是高速 CMOS 速度与 TTL 差不多相当。

在 CMOS 工艺中,N 型管与 P 型管往往是成对出现的。同时出现的这 2 种 CMOS 管,任何时候,只要一只导通,另一只则不导通(即"截止"或"关断"),所以称为"互补型 CMOS 管"。

2.2.1　CMOS 逻辑电路

1. CMOS 基本组合逻辑门电路

在数字系统中大量用到组合逻辑电路来执行运算和逻辑操作。组合逻辑电路中不存在反馈回路,没有记忆功能,如图 2.24 所示。因此,组合逻辑电路的输出只与当前的输入状态有关,而与电路过去的状态无关。图 2.25 显示了简单的门电路,都属于组合逻辑电路。除此之外,组合逻辑电路还包括多路选择器、编码器、译码器和全加器等。

图 2.24　组合逻辑电路示意图

对于某一个组合逻辑电路,若电路有 m 个输入 $x_1, x_2, \cdots, x_m$,产生 n 个输出信号 $y_1, y_2, \cdots, y_n$。则输出与输入之间的关系可以表示为:$Y = F(X)$。组合逻辑电路的基本设计过程是:①根据电路功能的要求列出电路的真值表;②根据真值表写出每个输出变量的逻辑表达式;③通过逻辑化简找出适当的结构形式;④画出逻辑图和电路图;⑤根据电路性能的要求确定每个器件的参数;⑥通过模拟验证电路的功能和性能。在根据真值表写出逻辑表达式的时候,并不一定要求采用最简单的逻辑表达式。常用组合逻辑门电路图及符号如图 2.25 所示。

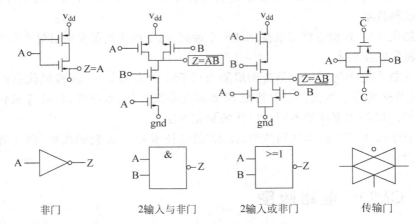

| 非门 | 2输入与非门 | 2输入或非门 | 传输门 |

图 2.25　常用组合逻辑门电路图及符号

　　组合逻辑电路中会出现竞争与冒险。所谓逻辑竞争,指的是组合逻辑电路中同一信号经不同的路径传输后,到达电路中某一会合点的时间有先有后,而因此产生输出干扰脉冲的现象称为冒险。出现竞争与冒险的原因是信号在器件内部通过连线和逻辑单元时,都有一定的延时。延时的长短与连线的长短和逻辑单元的数目有关,同时还受器件的制造工艺、工作电压、温度等条件的影响。信号的高低电平转换也需要一定的过渡时间。当组合逻辑电路输出信号中出现一些不正确的尖峰信号时,这些尖峰信号称为“毛刺”。如果有“毛刺”出现,就说明该电路存在冒险。从逻辑设计的角度,避免竞争、冒险的方法是在产生冒险现象的逻辑表达式中,加上冗余项或乘上冗余因子。消除“毛刺”的电路方法有选通法和滤除法。选通法是在电路中加入选通信号,在输出信号稳定后,选通允许输出,从而产生正确输出。滤除法是在输出端接一个几百微法的电容滤掉非常窄的冒险脉冲。

2. CMOS 基本时序逻辑电路

　　在数字电路中,凡是任一时刻的稳定输出不仅取决于该时刻的输入,而且还和电路原来状态有关的都叫时序逻辑电路,如图 2.26 所示。时序逻辑电路由组合逻辑电路和再生电路组成,存在一个正反馈回路,具有存储功能。基本再生电路包括双稳态电路、单稳态电路和非稳态电路。双稳态电路有两种稳定的工作状态或模式,任意一种都可在特定的输入、输出条件下获得。图 2.27 显示的 RS 触发器和 D 触发器是最常用的双稳态电路。单稳态电路只有一个稳定的工作状态,即电路受到外界一段干扰后,最终会回到一个特定的工作状态。非稳态电路没有稳定的工作点,不能保持电路的状态不变,即其输出将随意变化而不会进入一个稳定的工作模式。

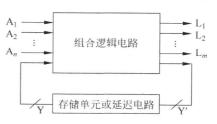

图 2.26　时序逻辑电路示意图

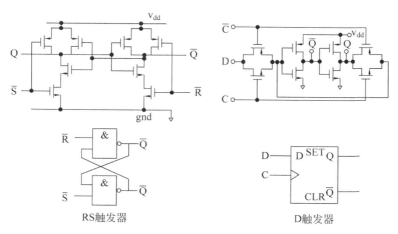

RS触发器　　　　　　　　　　D触发器

图 2.27　常用时序逻辑电路图及符号

　　时序逻辑电路可分为同步时序电路和异步时序电路两大类。在同步时序逻辑电路中,存储电路内所有触发器的时钟输入端都接于同一个时钟脉冲源,因而,所有触发器的状态变化都与所加的时钟脉冲信号同步。在异步时序逻辑电路中,没有统一的时钟脉冲,有些触发器的时钟输入端与时钟脉冲源相连,只有这些触发器的状态变化才与时钟脉冲同步,而其他触发器状态的变化并不与时钟脉冲同步。

时序电路的一般分析步骤包括：①分析逻辑电路组成，确定输入和输出，区分组合电路部分和存储电路部分，确定是同步电路还是异步电路。②写出存储电路的驱动方程、时序电路的输出方程，对于某些时序电路还应写出时钟方程。③求状态方程，把驱动方程代入相应触发器的特性方程，即可求得状态方程，也就是各个触发器的次态方程。④列状态表，把电路的输入信号和存储电路现态的所有可能的取值组合，代入状态方程和输出方程进行计算，求出相应的状态和输出。列表时应注意，时钟信号只是一个操作信号，不能作为输入变量。在由状态方程确定次态时，须首先判断触发器的时钟条件是否满足，如果不满足，则触发器状态保持不变。⑤画状态图或时序图。⑥电路功能描述。

3. CMOS 工艺电路特性分析（基于 CMOS 反相器）

反相器和传输门是组成 CMOS 数字集成电路的两个最基本单元，以反相器为基础，可以构成各种门电路；用反相器（包括门电路）和传输门则可以构成触发器，进而组成寄存器和计数器等电路。反相器可以将输入信号的相位反转 180°。图 2.28 显示了反相器的电路图。

CMOS 反相器有以下优点：

① 传输特性理想，过渡区比较陡。

② 逻辑摆幅大：$V_{oh} = V_{dd}$，$V_{ol} = 0$。

③ 一般 V_{th} 位于电源 V_{dd} 的中点，即 $V_{th} = V_{dd}/2$，因此噪声容限很大。

④ 只有在状态转换时两个晶体管才同时导通，才有电流通过，因此功耗很小。

⑤ CMOS 反相器是利用 PMOS、NMOS 管交替通、断来获取输出高、低电压的，而不像单管那样为保证 V_{ol} 足够低而确定 PMOS、NMOS 管的尺寸，因此 CMOS 反相器是 Ratio-Less（无比）电路。

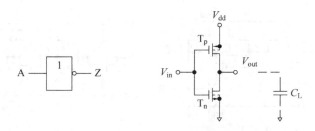

图 2.28　CMOS 反相器符号及电路图

CMOS 反相器的工作原理是当 $V_{in} =$ 低电平时，Tp 导通，Tn 截止，V_{out} 将通过 I_{DS_p} 充电至 V_{dd}；当 $V_{in} =$ 高电平时，Tn 导通，Tp 截止，V_{out} 将通过 I_{DS_n} 放电至 0。通常用准对称准则（即波形的上升沿与下降沿对称）设计 CMOS 反相器。要求由 PMOSFET 提供的上拉电流 I_{DSp} 与 NMOSFET 提供的下拉电流 I_{DS_n} 相等。

$$I_{DS_n} = \left(\frac{\varepsilon\mu_n}{2D}\right)\left(\frac{W_n}{L_n}\right)(V_{dd} - V_{Tn})^2 \tag{2-5}$$

$$I_{DS_p} = \left(\frac{\varepsilon\mu_p}{2D}\right)\left(\frac{W_p}{L_p}\right)(V_{dd} - V_{Tp})^2 \tag{2-6}$$

式中，V_T 是开启电压；W_n 是沟道宽度；$L(L_n、L_p)$ 沟道长度；ε 是介电常数；μ_n 是电子迁移率；D 是氧化层厚度（SiO_2）。式中的 W/L（W_n/L_n，W_n/L_p）统称为宽长比，是 MOS 晶体管中的一个重要设计参数。对于数字门电路中的 L，通常是工艺的特征尺寸，W/L 决定了设计的版图尺寸和单元的驱动能力。

反相器的输出电压和输入电压的关系称为电压传输特性。如图 2.29 所示，在输入信号从 0 向 V_{DD} 变化的过程中，当输入电压达到 N 管的开启电压 V_{TN} 时，N 管从截止开始变为导通，P 管的导通程度也因栅源电压的减小而有所下降，因此输出电压从 V_{DD} 略有下降，这时有从电源 V_{DD} 经过 2 个 MOS 管流向地的直流导通电流。当输入电压达到 $1/2V_{DD}$ 时，N 管的导通程度已变得相当充分，而 P 管的导通

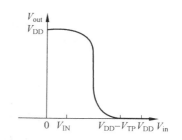

图 2.29　CMOS 反相器的电压传输特性图

程度也进一步下降。由于 2 个 MOS 管的 V_{GS} 都等于 $1/2V_{DD}$，如果它们的结构对称，其导通电阻应该相等。这时从 V_{DD} 到地的电阻最小，流过反相器的直流导通电流则最大。当输入电压超过 $1/2V_{DD}$ 时，尽管 N 管的导通程度进一步增加，但 P 管的导通电阻却更加增大，使直流导通电流不断减小，在输入电压达到 $V_{DD}-V_{TP}$（V_{TP} 为 P 管的开启电压）时，P 管变为截止，直流导通电流下降为 0，输出电平也迅速下降为 0。

PMOS 管和 NMOS 管的结构对称，是指两种管子的宽长比具有一定的比例。由于 P 管为空穴导电，N 管为电子导电，而电子的迁移率是空穴迁移率的 2.5 倍左右，这个差距要通过 P 管的宽长比增大为 N 管宽长比的 2.5 倍来补偿，所以设计反相器时，总是把 P 管宽长比确定为 N 管宽长比的 2.5 倍左右。

2.2.2　CMOS 版图设计（基于 CMOS 反相器）

版图设计是指根据芯片的电气要求和封装要求，按照指定的工艺设计规则，进行布局布线，将电路图或者设计代码转化成为包含各种几何图形的光掩膜版数据（GDS）。光掩膜厂（Mask Room）根据这些光掩膜版数据（GDS）制作光掩膜版（Mask）。代工厂再利用这些光掩膜版通过光刻、刻蚀、氧化、离子注入和沉积等工艺，在空白的晶圆上制作对应的芯片，见图 2.30。对于器件来说，它的版图是很多包含了几何图形的图层组合，这些图层包含了光掩膜版和标示层，标示层用于在 DRC 和 LVS 检查中定义器件类型。在每一层中对图形的大小和图形的间距有严格的要求；在不同的图形层之间，对于图形的相对位置及对准也有严格的要求，这些要求称为版图设计规则（Design Rules），由代工厂提供。版图与芯片的实际结构及生产过程具有直接的关系，通常又把版图设计称为物理设计。由此可见，版图设计是连接电路设计和芯片制造的桥梁，是集成电路设计与制造过程中必不可少的重要环节，如图 2.30 所示。

版图设计包括全定制版图设计和半定制版图设计。图 2.30 中显示了全定制版图设计流程。全定制版图设计方法是指基于晶体管级的设计方法，所有器件和互连的版图都由版图设计工程师用版图设计软件手工输入。模拟电路、存储器、输入/输出电路和高频电路的版图常用全定制版图设计方法。全定制版图设计方法的优点是设计灵活，可以根据工艺特性获得最小的版图面积和最优的设计性能；缺点是设计的人力成本和时间成本很高。

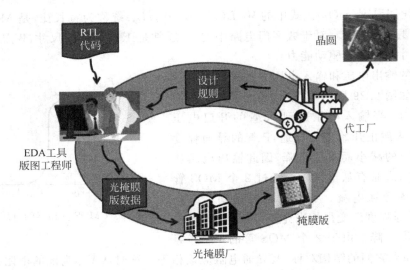

图 2.30　集成电路设计与制造过程图

　　标准单元法是一种半定制版图设计方法,除此之外还有门阵列设计、标准单元设计、可编程逻辑等。标准单元版图设计方法是 SoC 设计中最常用的布局布线方法。设计师根据芯片的 RTL 代码和时间约束,利用代工厂提供的标准单元库通过 EDA 工具自动生成芯片版图并进行布局布线。对于一个给定的工艺,标准单元只需要设计和验证一次,而后就可以重复利用许多次,因此分摊了设计成本。

　　现代的 SoC 设计采用自顶向下的设计流程,如图 2.31 所示,从系统行为描述、逻辑综合、逻辑功能模拟,到时序分析、验证,直至版图设计中的自动布局、布线、版图验证,都必须有一个内容丰富、功能完整的单元库的支持。一方面,现今 SoC 的规模越来越大,设计越来越复杂。标准单元法的优点在于尽可能使用已验证的可重复使用的标准单元,可以缩短设计周期,保证设计一次成功,降低系统级芯片设计成本。另一方面,对于自底向上的设计流程,则是从单元库中一个个具体单元开始,逐步构成各级功能模块,直至整个系统。

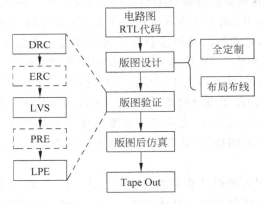

图 2.31　自顶向下的设计流程

　　标准单元库是集成电路设计所需单元符号库、单元电路结构库、版图库、电路性能参数库、功能描述库、设计规则和器件模型参数库的总称。通常标准单元库中的标准单元按功能分类,一般分为逻辑门、时序单元、运算单元、综合单元、驱动单元、存储单元、缓冲单元和I/O单元等。标准单元库一般由代工厂提供,也可以建立自己的单元库,或者从第三方IP提供商处购买。代工厂提供的标准单元库一般不具有完全的版图信息,只有标准单元的黑匣子(Abstract)。它只提供了标准单元的高度、宽度、电源地宽度位置和I/O位置等信息。设计者完成版图后,将数据传递给代工厂,由其调用完整的标准单元版图库,在制造前生成完整的版图数据。标准单元库在基于单元的设计中地位十分重要,是设计的基础,它为基于单元的设计流程的各个阶段提供支持,对设计的性能、功耗、面积和成品率至关重要。

1. 器件版图

对于常用的 N 阱 CMOS 工艺,NMOS 管制作在 P 型衬底上,两个重掺杂的 n^+ 区构成源区和漏区,重掺杂的多晶硅作为栅极,栅氧化层(Gate Oxide)位于多晶硅栅极和衬底之间,其厚度为 t_{ox},其三维结构如图 2.32 所示。在源区、漏区和多晶硅上分别引出电极,就成为源极 S、漏极 D 和栅极 G,NMOS 的衬底即为 P 型衬底,一般不单独引出。

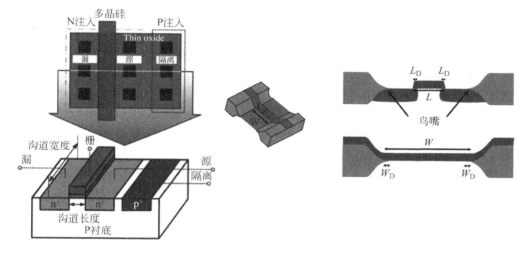

图 2.32 NMOS 版图和纵剖图

栅氧化层的性能不仅强烈地影响器件性能的稳定,而且对阈值电压也有很大的影响。因此栅氧化层必须具有界面态密度低、击穿电压高、电荷密度低、针孔少、缺陷少、厚度均匀等特点。CMOS工艺中一般用称为有源区(Active)的掩膜版来生成这种高质量栅氧化层。有源区和栅多晶硅交叠的区域就是栅氧化层的区域。有源区的外面则为场氧化层区域(Field Oxide),场氧化层的厚度是栅氧化层的 10 倍以上,起隔离和保护作用。

栅氧化层下面的衬底部分称为沟道区,源区和漏区位于沟道区的两边,源区和漏区之间栅氧化层的宽度称为沟道长度 L。由于横向扩散的影响,器件的实际沟道长度 L_{eff} 并不等于版图设计的沟道长度 L_{drawn}。它们之间的关系为 $L_{eff}=L_{drawn}-2*L_D$,其中 L_D 为横向扩散导致的源漏区侵入沟道区的距离。沟道宽度指的是垂直于沟道长度方向栅氧化层的宽度。同样的,由于等平面工艺导致的鸟嘴效应的影响,器件的实际沟道宽度和版图设计的沟道宽度也有类似的关系:$W_{eff}=W_{drawn}-2*W_D$。

沟道宽度 W、沟道长度 L 和栅氧化层厚度 t_{ox} 是 MOS 管的 3 个重要设计参数。栅氧化层厚度 t_{ox} 由制造工艺控制,沟道宽度 W 和沟道长度 L 则由设计者控制。从图 2.32 中还可以看出,源区、漏区和多晶硅栅极的形状决定了 MOS 管的尺寸,通常是以 W 和 L 的比值 (W/L)来衡量 MOS 管尺寸的大小,当 L 的长度确定后,若 W/L 越大,表示该 MOS 管的尺寸越大;W/L 越小,MOS 管的尺寸也越小。

按照上述的 MOS 管结构,构成 MOS 管的版图层次已经非常清晰:①要有一个包含源区、沟道区和漏区的有源区;②用多晶硅制作栅极;③为了决定 MOS 的导电类型,需要对有源区进行 P^+ 或者 N^+ 杂质掺杂;④对于和衬底导电类型相同的器件(如 PMOS)应该做在阱内,见图 2.33;⑤在源区、多晶硅和漏区开接触孔,便于与金属导线进行连接;⑥制作金属连线;⑦各个金属层之间用通孔连接。

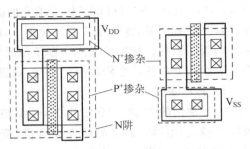

图 2.33　PMOS 管和 NMOS 管的完整版图图形

MOS 器件是一个 4 端器件,而衬底往往会被初学者所忽略。由于衬底和 MOS 管源、漏的导电类型相反,在两者之间形成了一个 PN 结。当源和衬底处于不同电位时,就会使沟道与衬底之间的耗尽层增宽,并使耗尽层中包含更多电荷,必须加强电场才能形成沟道,于是 MOS 管的开启电压就提高了。PN 结的反向偏压越大,器件的 I_{DS} 电流下降幅度也越大。由于衬底对器件的导电能力具有调制作用,它又被称为 MOS 管的背栅。

建立衬底接触的方法是先在衬底上画一个有源区,由于衬底是低掺杂的 P,在有源区外重掺杂 P^+ 形成衬底和金属的欧姆接触,降低寄生电阻。然后在该有源区内布局接触孔,再用金属层导线把它连接到合适的电位或电极。阱接触的画法类似,只是制作在 N 阱里,有源区外重掺杂 N^+。图 2.33 是单个 MOS 管完整的版图图形,NMOS 管制作在衬底上,PMOS 管制作在 N 阱内,这种版图包含了组成 MOS 管两个必要的部分:①由源、栅和漏组成的器件;②衬底接触,二者缺一不可。

图 2.34 中电路是 MOS 管的串联。可以看出,N1 的源、漏为 X 和 Y,N0 的源、漏为 Y 和 Z。N1 和 N0 的版图如图 2.34 的(b)和(c)所示,由于 N0 和 N1 串联,Y 是它们版图的公共区域,如果把公共区域合并在一起,则得到图 2.34(d)中所示的图形,称为 MOS 管的源漏共享。从电流流动的方向可以决定 MOS 管串联时的源/漏电极。设 N0 和 N1 为 NMOS 管,且电流从 X 向 Z 流动。由于 NMOS 管的电子流从源 S 流向漏 D,电子流的方向和电流方向相反,因此可以确定 X 为 N1 的漏区,Y 为 N1 的源区。对 N0 而言,Y 是它的漏区,Z 是源区。所以,N1 和 N0 的电极是按 D→S→D→S 连接的,Y 区既是 N1 的源,也是 N0 的漏。如果电流方向从 Z 流向 X,也可以确定公共的 Y 区既是 N0 的源,也是 N1 的漏。总之,当 MOS 管串联时,它们的电极是按 S→D→S→D 方式连接的。

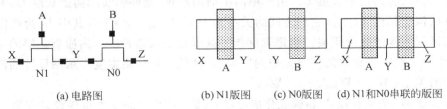

| (a) 电路图 | (b) N1版图 | (c) N0版图 | (d) N1和N0串联的版图 |

图 2.34　MOS 管串联的电路图和版图

MOS 管的并联是指把它们的源和源连接,漏和漏连接,每个 MOS 管的栅还是各自独立的。图 2.35 为 2 个 MOS 管并联连接于节点 X 和 Y 之间的电路图和版图。如果 MOS 管的栅极水平放置,则节点 X 和 Y 可用金属连线进行连接实现并联,如图 2.35 中(a)所示;也可用有源区进行连接。如果栅极采用竖直方向排列,可以画出 2 个 MOS 管并联的另一种版图结构,节点的连接既可用金属导线连接,也可用有源区进行连接,如图 2.35 中(b)所示。

对于 3 个或 3 个以上 MOS 管的并联,可以全部用金属进行源的连接和漏的连接,如图 2.35(c)为 4 个 MOS 管并联的画法,图中源区和漏区的并联全部用金属连接。这时源和漏金属连线的形状很像交叉插放的手指,因此这种并联版图常称为"叉指形结构"。也可以金属连接和有源区连接联合使用,如用金属连接漏,用有源区连接源。

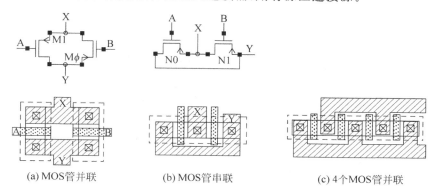

(a) MOS管并联　　　　　(b) MOS管串联　　　　　(c) 4个MOS管并联

图 2.35　MOS 管串/并联的电路图和版图

复联是比串联和并联更复杂的联接,包括先串后并和先并后串。图 2.36 是一个有 MOS 管复联的电路,即一个与或非门。图中 2 个 NMOS 管先串联后再和另一个 NMOS 管并联,而 2 个 PMOS 管则先并联后再和另一个 PMOS 管串联。图 2.36(b)是与或非门中 P 管和 N 管的一种版图画法。

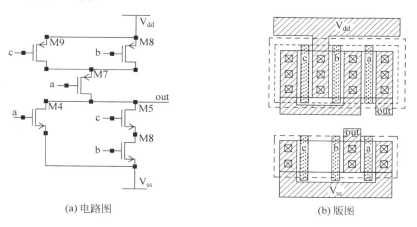

(a) 电路图　　　　　　　　　　　(b) 版图

图 2.36　MOS 管复联的电路图和版图示例

2. 版图的层与工艺流程

一般来讲,N 阱 CMOS 工艺至少需要 14 层光掩膜版,而版图设计中使用的层将远远超过 14 层。版图设计使用的层次除了包括光掩膜层之外,还有用于 DRC 和 LVS 的标示层。

版图数据导出后,还须经过逻辑运算或者涨缩的操作生成光掩膜层。在光掩膜层数据生成过程中,有些层依据设计数据不必变更而被直接接收下来,还有一些层需要部分或全部重新计算,生成新的层。例如图 2.37 中右边表格的层次是掩膜版层,左边的是版图设计中用到的层次。左边图中的 mt1xt、mt2xt 即为标示层,用来标示引脚的名称。图中 rmt1 和 cap 也为标示层,用来定义电阻和电容。表 2.2 中分别示出了版图层和掩膜版的使用意义。

序号	掩膜层名称
1	N-well
2	Active
3	N$^+$ Code
4	Poly 1
5	High resistor
6	Poly 2
7	N$^+$ implant
8	P$^+$ implant
9	Contact
10	Metal1
11	Via
12	Metal 2
13	Pad

图 2.37　版图设计中层与掩膜层关系

表 2.2　版图层和掩膜版的使用意义

层数	掩膜版	版图设计层	标　注
1	Nwell	nwell	N 阱
2	Active	active	有源区,定义扩散区
3	N$^+$ code	ncode	Nmos Rom Code 层
4	Poly1	poly1	栅多晶硅、多晶硅电阻
5	High resistor	res	高阻电阻定义层
6	Poly2	poly2	PIP 电容上极板、多晶硅电阻
7	N$^+$ implant	nimp	N$^+$ 注入区
8	N$^+$ implant	pimp	P$^+$ 注入区
9	Contact	contact	接触孔
10	Metal1	metal1	金属 1
11	Via	via1	过孔
12	Metal2	metal2	金属 2
13	Pad	pad	Pad 开孔层
		mt1txt	金属 1 标示层
		mt2txt	金属 2 标示层
		rmt1	电阻标示层
		cap	电容标示层
		metal1(pn)	金属 1 版图设计层,用来生成 PIN
		metal2(pn)	金属 2 版图设计层,用来生成 PIN

3. 版图验证

版图数据在提交之前必须完成版图设计验证。版图验证中常规验证的项目包括下列 5 项：

（1）设计规则检查（Design Rule Check，DRC）

设计规则是集成电路版图各种几何图形尺寸的规范，为保证由所有基本单元及其相互连接构成的版图能够正确实现电路的功能，同时能够从工艺上生产出来，必须严格遵守版图设计规则进行版图的设计工作。可以说，设计规则是版图设计和工艺之间的接口，是设计人员与工艺人员之间的"通信协议"。

设计规则的表示方法有两种：以 λ 为单位和以 μm 为单位。以 λ 为单位的规则表示方法把大多数尺寸约定为 λ 的倍数，λ 等于最小栅长度的一半。优点是版图设计独立于工艺和实际尺寸。由于其规则简单，主要适合于芯片设计新手使用或不要求芯片面积最小、电路特性最佳的应用场合。以 λ 为单位的表示方法对 4～1.2μm 工艺很适用，但较难满足深亚微米工艺的需要，会造成版图面积浪费过大。

μm 为单位的规则表示方法用微米表示版图规则中诸如最小特征尺寸和最小允许间隔的绝对尺寸。在这种规则表示方法中，每个被规定的尺寸之间，没有必然的比例关系。它的好处是各尺寸可相对独立地选择，可以把每个尺寸定得更合理，因而芯片版图面积小。缺点是对于一个工艺，就需要一套设计规则，而不能按比例放大缩小。显然，不同的代工厂，其设计规则不会相同，同一代工厂，不同工艺的设计规则也不一样，甚至同一代工厂的同样工艺，也有可能会因产品的不同，设计规则也不相同。譬如内存的设计规则就可能会比逻辑电路的版图设计规则要小。

版图设计规则主要包括 5 类规则。

① 光刻相关的设计规则。这类规则包括了最小线宽、最小间距和最小面积。集成电路工艺中的最小线宽，由光刻机的波长和光阻厚度决定。通常来讲，工艺中栅多晶硅对最小线宽的要求最为严格，因此工艺往往以最小的栅多晶硅线宽作为该工艺的特征尺寸。除此之外，和光刻有关的设计规则，还包括了避免阴影效应、宽金属效应和对不准效应的设计规则。

② 器件相关的设计规则。这类规则规定了晶体管的最小沟道长度和沟道宽度。理论上讲，沟道长度和宽度应尽可能做得小，但晶体管有所谓的短沟道效应和窄沟道效应，会导致晶体管发生漏电流、击穿、阈值电压飘移和饱和电流不足等问题。除此之外，为了避免寄生晶体管的导通，还要规定有源区的最小间距与阱区边界布局规则。

③ 平坦化相关的设计规则。由于化学机械掩膜技术（CMP）被广泛应用于小于 0.35μm 的工艺中，因此必须保持平坦化，否则会发生断线或者刻蚀不净的情况。此类设计规则规定了栅、有源区、金属层的最大密度和最小密度。通常来讲，有源区的最大密度为 85%，最小密度不少于 20%。对于栅与金属层，设计规则并无最大密度的要求，但要满足最小密度的要求。例如栅的最小密度为 14%，金属层为 25%。如果不满足最小密度的要求，则需要在版图里增加填充图案（Dummy Patten）。由于填充图案会引入寄生电容，对于高速电路版图或者时序要求很高版图，需要仔细布局。

④ 可靠性相关的设计规则。此类规则包括天线规则、金属线最大宽度和金属线最大电流密度。集成电路工艺中常使用等离子技术，这会使离子积聚在晶体管的栅氧上，进而造成器件失效，这就是所谓的天线效应。设计规则规定与栅氧相连的金属线的面积与栅氧层的

面积之比不能超过 1 个保险的值(Antenna Ratio),如果超过这个比值,必须通过一个反偏二极管来保护栅氧不被击穿,或者采用金属跳线的方法减小同一层金属层的面积。对于铝制程,设定金属线最大宽度是为了避免热胀冷缩导致的应力造成宽金属线掀起;对于铜制程,则是避免宽金属由于 CMP 造成厚度不均匀;对于宽金属,可以采取挖槽的方法,让金属线有伸缩的空间,提高可靠度。金属线最大电流密度的规则,是为避免电子迁移的问题。规则中需要说明单位金属宽度所能流过的电流密度。对于金属通孔(VIA)和接触孔(Contact)都有类似的规定。

⑤ 电路与产品相关的设计规则。此类规则包括静电保护设计规则和预防闩锁效应设计规则。静电保护设计规则一般针对输入引脚、输出引脚和电源引脚中的器件,与内部器件相比,它们的尺寸更大,间距更宽,版图设计要求更严格。同样的,引脚附近也是闩锁效应发生的高危区域,引脚与内部电路之间需要足够多的接地环。内部电路中,晶体管与接地环之间的距离也不能太大,否则也容易产生闩锁效应。

设计规则内容通常包括相同层图形和不同层图形之间的下列规定,见图 2.38。

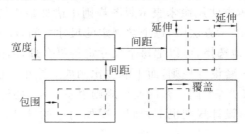

图 2.38 设计规则示例

主要包括如下规则。

① 最小线宽(Minimum Width):线宽定义为一个图形 2 个内边之间的距离;

② 最小间距(Minimum Spacing):间距定义为两个图形 2 个外边之间的距离;

③ 最小延伸(Minimum Extension):延伸定义为 1 个图形的内边到另一个图形的外边之间的距离;

④ 最小包围(Minimum Enclosure):包围定义为 1 个图形的内边到这个图形内的另一个图形的外边之间的距离;

⑤ 最小覆盖(Minimum Overlay):覆盖定义为 2 个互相交叠的图形的内边之间的距离。

下面列举了简单的 $0.6\mu m$ CMOS 工艺的版图设计规则,如表 2.3 和图 2.39 所示。

表 2.3 0.6μm CMOS 工艺的版图设计规则

(1) Layout Rules-Well(TB)(阱的版图规则)	
1A Minimum width(最小宽度) ··················	3.0
1B Minimum spacing between wells at different potential (不同电位阱的间距) ··················	4.8
1C Minimum spacing between wells at same potential(同电位阱的间距) ··················	1.5
(2) Layout Rules-Active(TO)(有源区的版图规则)	
2A Minimum width (最小宽度) ··················	0.6
2B Minimum spacing (最小间距) ··················	1.2
2C Source/drain active to well edge(源/漏有源区到阱区的最小距离) ··················	1.8

2D Substrate/well contact active to well edge（与有源区连接的衬底/阱接触孔到阱区的距离）······ 1.8

2E Minimum spacing between active of different implant（有源区与不同注入区的最小距离）······· 1.2

（3）Layout Rules-Poly1(GT)(Poly1 的版图规则)

3A Minimum width（最小宽度）················· 0.6

3B Minimum spacing（最小间距）················· 0.75

3C Minimum gate extension of active（栅伸出有源区的最小尺寸）·········· 0.6

3D Minimum active extension of poly（有源区伸出 poly 的最小尺寸）········ 0.7

3E Minimum field poly to active（场氧到有源区的最小距离）············ 0.3

（4）Layout Rules-Implant(SN/SP)(注入区的版图规则)

4A Minimum select spacing to channel of transistor to ensure adequate source/drain width（为确保足够的源/漏宽度,晶体管沟道的最小选择间距）············ 0.75

4B Minimum select overlap of active（与有源区重叠的最小尺寸）·········· 0.45

4C Minimum select overlap of contact（与接触孔重叠的最小尺寸）·········· 0.85

4D Minimum select width and spacing（最小选择宽度和距离）··········· 0.9

（5）Layout Rules-Simple Contact(W1)(简单接触孔的版图规则)

5A Exact contact size（接触孔的尺寸）················· 0.6×0.6

5B Minimum poly overlap（poly 的最小覆盖尺寸）············· 0.4

5C Minimum contact spacing（接触孔最小间距）············· 0.7

5D Minimum spacing to gate of transistor（到管子栅端的最小间距）········· 0.6

（6）Layout Rules-Simple Contact to Active(简单接触孔到有源区的版图规则)

6A Exact contact size（接触孔的尺寸）················· 0.6×0.6

6B Minimum active overlap（active 的最小覆盖尺寸）············ 0.4

6C Minimum contact spacing（接触孔最小间距）············· 0.7

6D Minimum spacing to gate of transistor（到管子栅端的最小间距）········· 0.6

（7）Layout Rules-Metal1(A1)(Metal1 的版图规则)

7A Minimum width（最小宽度）················· 0.9

7B Minimum spacing（最小间距）················· 0.8

7C Minimum overlap of any contact（与接触孔重叠的最小尺寸）·········· 0.3

（8）Layout Rules-Via1(W2)(Via1 的版图规则)

8A Exact size（通孔的尺寸）·················· 0.7×0.7

8B Minimum via1 spacing（通孔最小间距）·············· 0.8

8C Minimum overlap by metal1（metal1 的最小覆盖尺寸）··········· 0.4

8D Minimum spacing to contact（到接触孔最小间距）············ 0.5

8E Minimum spacing to poly or active edge（到 poly 或有源区的最小间距）······· 0.1

（9）Layout Rules-Metal2(A2)(Metal2 版图规则)

9A Minimum width（最小宽度）················· 0.9

9B Minimum spacing（最小间距）·· 0.8

Minimum spacing（＞10μm）（宽度大于 10μm 导线的最小间距）··············· 1.5

9C Minimum overlap of via1（覆盖 via1 的最小尺寸）······························ 0.4

（10）Layout Rules-Pad（pad 的版图规则）

10A Minimum bonding pad width（用于键合的 pad 宽度）························· 90×90

10B Minimum probe pad width（用于探针的 pad 宽度）·························· 75×75

10C Minimum pad spacing to unrelated metal2（pad 与无连接关系的 metal2 以上金属层间距）······ 12

（and metal3 if triple metal is used）

10D Minimum pad spacing to unrelated metal1,poly,electrode or active（pad 与无连接关系的 metal1,poly 及有源区间距）·· 12

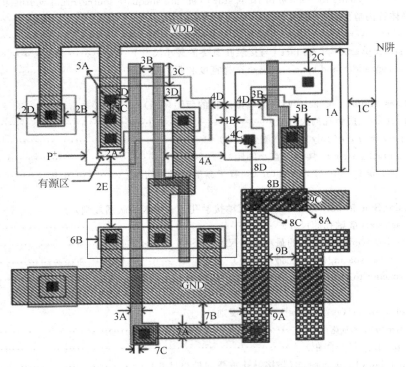

图 2.39　0.6μm CMOS 工艺版图设计规则示例图

　　规则以层次分类描述了每一层的最小线宽、最小间距,以及相关层之间的最小间距、延伸、包围和覆盖。规则前的项目符号与图示中项目符号一一对应。下面举例说明。

　① Layout Rules-Well（TB）

　1A Minimum width ·· 3.0

　（注释：阱的最小宽度为 3.0μm。）

　1B Minimum spacing between wells at different potential ··················· 4.8

　（注释：不同电位阱的间距为 4.8μm,防止产生闩锁效应。）

　1C Minimum spacing between wells at same potential ······················· 1.5

　（注释：同电位阱的间距为 1.8μm。）

③ Layout Rules-Poly1（GT）

3A Minimum width ……………………………………………………………… 0.6

（注释：多晶硅的最小宽度为 0.6μm，此尺寸即为该工艺的特征尺寸。）

3B Minimum spacing …………………………………………………………… 0.75

（注释：多晶硅的最小间距为 0.75μm。）

3C Minimum gate extension of active ……………………………………… 0.6

（注释：晶体管栅伸出有源区的尺寸为 0.6μm，避免窄沟道效应。）

3D Minimum active extension of poly ……………………………………… 0.7

（注释：有源区伸出多晶硅的尺寸为 0.7μm，避免出现阴影效应。）

④ Layout Rules-implant（SN/SP）

4B Minimum select overlap of active ……………………………………… 0.45

（注释：注入层包含有源区，有源区的外边到注入层的内边最小间距为 0.45μm。）

4C Minimum select overlap of contact ……………………………………… 0.85

（注释：注入层包含接触孔，接触孔的外边到注入层的内边最小间距为 0.85μm。）

⑨ Layout Rules-Metal2（A2）

9B Minimum spacing …………………………………………………………… 0.8

Minimum spacing（width＞10μm）……………………………………… 1.5

（注释：金属 2 的最小间距是 0.8μm，宽度超过 10μm 的金属 2 被视为宽金属，最小间距为 1.5μm。）

DRC 是在产生掩膜版图形之前，按照设计规则对版图几何图形的宽度、间距及层与层之间的相对位置（间隔和套准）等进行检查，以确保设计的版图没有违反预定的设计规则，能在特定的集成电路制造工艺下流片成功，并且具有较高的成品率。由于不同的集成电路工艺具有与之对应的设计规则，因此设计规则检查与集成电路的工艺有关。由于这个验证项目的重要，DRC 是版图验证的必做项目。

（2）电学规则检查（Electrical Rule Check，ERC）

ERC 检查版图是否有违反电学规则的错误，如短路、开路和悬空的节点，以及与工艺有关的错误，如无效器件、不适当的注入类型、不适当的衬底偏置、不适当的电源、地连接和孤立的电节点等。完成 ERC 检查后，按照电位的不同来标记电节点和元器件，并且产生图示输出。

（3）版图和电路图一致性比较（Layout Versus Schematic，LVS）

LVS 是把设计的版图和原来的电路图进行对照和比较，要求两者达到完全一致，如果有不符之处，将以报告形式输出。LVS 通常在 DRC 检查无误后进行，它是版图验证的另一个必查项目。

（4）版图寄生参数提取（Layout Parameter Extraction，LPE）

LPE 是根据集成电路版图来计算和提取节点的固定电容、二极管的面积和周长、MOS 管的栅极尺寸、双极型器件的尺寸和 β 比等，并且以和 SPICE 兼容的格式报告版图参数。

（5）寄生电阻提取（Parasitic Resistance Extraction，PRE）

PRE 专门提取寄生电阻，是对 LPE 的补充，两者相互配合，就能在版图上提取寄生电阻和寄生电容参数，以便进行精确的电路仿真，更准确地反映版图的性能。PRE 是在版图中建立导电层来进行寄生电阻提取。

在上述项目中,DRC 和 LVS 是必须要做的验证,其余为可选项目。而 ERC 一般在做 DRC 的同时完成,并不需要单独进行。

4. CMOS 反相器版图设计

反相器的版图是集成电路版图设计的基础。对于一个反相器,虽然只有 2 个晶体管,但根据多晶硅栅的布局、阱接触和衬底接触的位置、晶体管尺寸的大小等情况,可以有十几种甚至更多的版图画法。图 2.40 为 CMOS 反相器的电路图,它由 1 个 PMOS 管和 1 个 NMOS 管串联而成,图 2.40 中标注了 MOS 管 G、S 和 D 三个电极。在数字电路中,一般默认 NMOS 器件的衬底接地(GND),PMOS 的衬底(N 阱)接电源(V_{DD})。对于一个版图设计工程师,他所做的工作是在二维的空间内绘制器件的图形,但是他应该有三维器件的立体概念。版图设计工程师最基本的能力是将电路图转换为二维的版图,但成熟的版图设计工程师应了解二维的版图和三维的器件结构之间的对应关系,进而掌握版图设计中器件匹配、防止寄生、降低噪声等设计技巧。表 2.4 显示了 N 阱 CMOS 的工艺步骤、掩膜版和版图的一一对应关系。

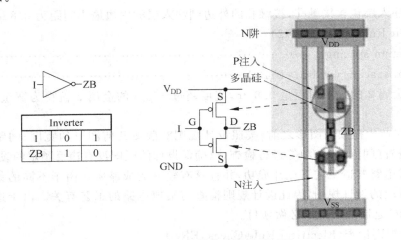

图 2.40 反相器的电路图及版图

表 2.4 N 阱 CMOS 工艺步骤、掩膜版和版图的对应关系

步骤	工 艺	掩膜版	版 图	备 注
1	氧化层 P-SUB	无	无	版图背景即为衬底
2	掩膜 光刻胶	N 阱 (Nwell)		没有被 N 阱包围的地方均可视为 P 阱

续表

步骤	工　　艺	掩膜版	版　　图	备　　注
3	二氧化硅　掩膜　氮化硅 场氧　栅氧	有源区 （Active）		有源区是制作 MOS 晶体管的源区、漏区及沟道区的地方；场区是有源区以外的区域；相邻 MOS 管靠场区的厚氧化层实现隔离
4	掩膜 多晶硅	多晶硅 （Poly1）		
5	P^+ N^+	N^+ 注入 （Nplus） P^+ 注入 （Pplus）		
6	N^+　P^+	通孔 （Contact）		

续表

步骤	工　　艺	掩膜版	版　　图	备　　注
7	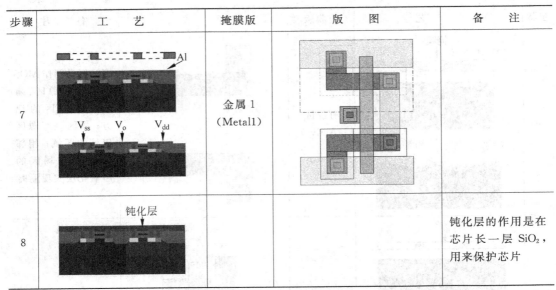	金属 1 （Metal1）		
8				钝化层的作用是在芯片长一层 SiO_2，用来保护芯片

反相器版图设计步骤如图 2.41 所示，具体描述如下。

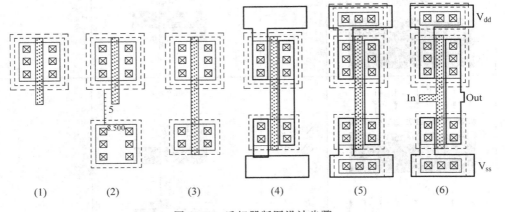

(1)　(2)　(3)　(4)　(5)　(6)

图 2.41　反相器版图设计步骤

（1）画 PMOS 管。多晶硅跨越有源区会形成 MOS 管，因此，除了 MOS 管的有源区，在其他区域绝不允许多晶和有源区跨越，而且两者要保持一定的距离，避免工艺误差造成两者跨越，形成寄生 MOS 管。有源区必须和 P^+（或 N^+）注入层合用才有效。有源区版图层在工艺中的作用是去除该区域内表面的厚氧化层，让硅片表面裸露出来。为了使有源区成为 P 型（或 N 型）的重掺杂区，必须向内注入（或扩散）选择的杂质类型，Ⅲ族（P 型）杂质使之成为 P^+ 有源区，Ⅴ族（N 型）杂质使之成为 N^+ 有源区。单独画个有源区而不在其外面包围注入层，就是只开有源区窗口而不进行掺杂。同样的道理，把 P^+（或 N^+）注入层画在除有源区之外的其他层次，也是没有任何作用的，所以有源区和 P^+（或 N^+）注入层总是共同使用，两层重叠才有效。PMOS 管的版图由 N 阱、PMOS 管的有源区、多晶栅、P^+ 注入及接触孔组成。

（2）确定 NMOS 管位置。根据设计规则中 N 阱到 N 阱外有源区的最小间距，确定 NMOS 器件的有源区的位置。这个间距确保不会发生闩锁效应。

（3）画 NMOS 管。NMOS 管的版图和 P 管相似，因此把 P 管版图复制，修改有源区的宽度，将 P^+ 注入层改为 N^+ 注入层，成 NMOS 管版图。这样可以免除许多重复工作。NMOS 管的版图由 NMOS 管的有源区、多晶栅、N^+ 注入及接触孔组成。

（4）作连线，确定电源和地线位置。金属和多晶硅均能作为互连材料。但金属的导电性更好，应尽量多用金属。只有在金属连线可能出现交叉短路的场合，才用多晶硅 1（Poly1）作为过渡。当金属 1 作互连材料时，它可以连接有源区、多晶和阱的接触。电源线和地线一般分别放置在版图单元上方和下方，宽度要比一般的连线要宽。

（5）画衬底和阱接触。接触孔只能开在有源区或多晶上，作用是去除孔内的氧化层，便于有源区或多晶与金属的连接。因此，阱和衬底接触的版图是 4 层重叠：有源区层、N^+（或 P^+）注入层、接触孔层和金属层；多晶接触的版图是 3 层重叠：多晶硅 1 层、接触孔层和金属 1 层。阱和衬底接触分别放置在电源线和地线处。为了降低寄生电阻的影响，在允许的范围，多做阱和衬底接触。

（6）作输入/输出标示。使用 mt1txt 层在输入端、输出端、电源线和地线上分别标注 In、Out、V_{dd} 和 V_{ss}。这些标示将在 LVS 检查中起到重大作用。

CMOS 反相器版图的另一种画法如图 2.42(a) 所示。在这个版图中，MOS 管源极的有源区延伸到 V_{dd} 和 V_{ss} 金属线下制作衬底接触，而且 MOS 管的多晶栅极不是垂直布局而是水平布局，因此在反相器的输出金属线和 V_{dd} 金属线、V_{ss} 金属线之间有一定的间隙，可以让水平走向的其他金属线从这 2 个间隙通过。图中，1 条金属线 X 和 1 条金属线 Y 分别在上面和下面的间隙中通过，也可以布局这 2 条金属线都从上面间隙或者都从下面间隙通过。如果水平走向的金属线只有 1 条，则可以根据需要布局在 X 或 Y 的位置。适当加大间隙的间距，可以让多条金属线通过。

设计这个反相器版图时，画 P 管的步骤与前一个反相器基本相同，区别在于多晶硅栅从直放改为水平放置，另外，漏接触孔位于多晶下面而不是右面。在多晶上面画 2 条金属导线，第 1 条是 X，第 2 条作为电源线 V_{dd}，注意线的宽度及间距要符合设计规则。衬底接触区画在 V_{dd} 线下，通过有源区与 PMOS 管的源连在一起，即在 P 管源区右边画一个与 P 管源区连在一起的有源区，以它作为接触区，以 N^+ 注入包围（与 P 管源区连接的一边，N^+ 注入与有源区重合），然后画接触孔，检查 V_{dd} 金属线覆盖接触孔是否符合设计规则，并把 N 阱的上边拉到覆盖接触区的位置。

上述 2 种布局方法的共同点在于电源线和地线分别放置在反相器版图单元的上方和下方，不同处在于多晶硅栅的布局，图 2.41 中多晶硅垂直于电源线和地线，图 2.42(a) 平行于电源线和地线。在晶体管尺寸相同、电路输入端比较多而输出端较少的情况下，经常采用垂直多晶硅栅布局，如大部分的逻辑门电路。而在有时情况下，如晶体管尺寸差别较大或者 1 根信号线控制多个晶体管，则采用平行多晶硅栅布局，如加法/进位电路、存储器电路等。

另 1 种反相器布局方法如图 2.42(b) 所示，与前 2 种不同的是阱接触和衬底接触放置的位置。前 2 种阱接触和衬底接触放置在单元上下电源线和地线的下面。图 2.42(b) 中，阱接触和衬底接触分别放置在 PMOS 和 NMOS 的源端。此处，阱接触的 N^+ 注入和 PMOS 的 P^+ 注入共用一个有源区，即阱接触的 N^+ 注入区和 PMOS 的 P^+ 注入区紧挨在一起。衬

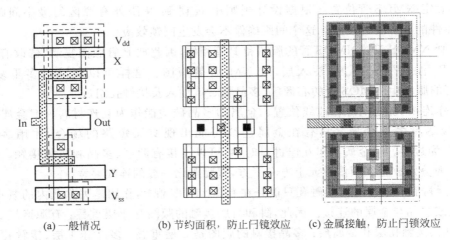

(a) 一般情况　　　(b) 节约面积，防止闩镜效应　　(c) 金属接触，防止闩锁效应

图 2.42　其他几种反相器版图

底接触也是类似的情况。这种布局方法可以节省版图面积，并对防止闩锁效应有一定好处，但只适用于阱接触与 PMOS 管的源区（衬底接触区与 NMOS 管的源区）电位相同的情况。

　　为了进一步防止闩锁效应，还有一种布局方法，如图 2.42(c)所示。图 2.42(c)中采用了环的结构，阱接触和衬底接触各自形成了一个环，将 PMOS 管和 NMOS 管包围在内。这种布局方法要注意的是，PMOS 的栅和 NMOS 的栅是通过金属连接起来的，而不是像前 3 种布局方法中只有 1 根多晶硅栅。采用金属连接的原因是，阱接触环和衬底接触环中存在有源区，如果直接用 1 根多晶硅作连接，将会产生寄生晶体管（多晶硅和有源区相交的地方）。

5. CMOS 版图设计一般原则

　　(1) 在版图设计前完成电路的设计并进行验证，因为在版图设计后再修改电路会大大影响进度。

　　(2) 在单元的顶部与底部，水平进行 Vdd 和 Gnd 的金属走线。这些线通常比最小线宽要大，这样可以在不引起电迁移问题的前提下流过更大的电流。

　　(3) 对于每个门的输入走垂直的多晶硅线。

　　(4) 对多晶硅栅信号进行排序，以便通过相邻源/漏区连接使晶体管之间的连接数目达到最大。

　　(5) 为了方便连接，把 N 扩散区放在 Gnd 附近，P 扩散区放在 Vdd 附近。

　　(6) 使用多晶硅（对于栅极之间短的连接）或金属线作连接以实现逻辑门，同时压缩多个晶体管，将晶体管之间的扩散缩至最小。

　　(7) 在每个单元内电源线下方放置阱接触和衬底接触。

　　(8) 在标准单元中，通常只使用一层金属(Metal1)作为连接线。

　　(9) 在平面化工艺中，可以将金属 1 到金属 2 的通孔堆放在多晶到金属 1 的通孔上，如不允许这样做，则必须把各个接触孔彼此相邻放置，当然这样会增加单元的面积。

　　(10) 扩散区的电阻和电容都很大，因此不要在扩散区中布线。尽量采用最小的扩散区面积。对于大型的晶体管，采用全接触孔的方式，以避免在接线孔和晶体管之间的扩散区串联电阻。

（11）多晶硅的电阻也是很高的，因此只适合单元中的短连接。如需要长的多晶硅线时（如在存储器中的字线），就需要把多晶硅与金属进行周期的连接。

（12）下层金属很薄很窄，因此在密度很重要的场合（如在功能块内），最好用它作短连接。

（13）上层金属较宽较厚，适合用于全局的互联、时钟连接和全局的电源/地网络。

（14）探测点应该设置在顶层金属上，在测试过程中就可以直接访问。

2.3 系统中各种延迟特性分析

2.3.1 延迟特性简介

1. 延迟是 CMOS 门电路最重要的特性之一

在当今的深亚微米/纳米工艺时代，设计的局限性主要在于系统的速度，而非芯片的面积。通过对逻辑门的延迟特性进行计算，不仅能够算出门电路的速度，而且还能分析出其寄生效应，进而便于在版图设计中进行优化，使系统延迟最小化。随着设计、制造工艺进入深亚微米和纳米工艺时代，单元器件的惯性延迟（门延迟）已不再是设计中唯一考虑的时序设计要素，而对信息的传输延迟（连线延迟）分析、改善已成为决定系统时序指标是否满足的关键因素，如图 2.43 所示。

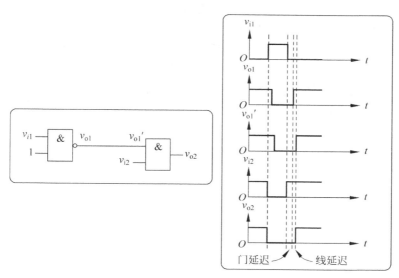

图 2.43 延迟举例

2. CMOS 数字集成电路的延迟组成

CMOS 数字集成电路的延迟有 4 种：门延时、连线延迟、扇出延时与大电容延迟。门延时又称惯性延迟或器件延迟，主要是系统或器件将输入信号转换为输出信号所需的一段时间。连线延迟又称传输延迟或线延迟，主要是版图上的信号在各单元器件间进行传输时，在单元器件连线上所消耗的一段时间。扇出延迟主要是指单元器件有一定扇出时，相应的负载特性(电容特性)有所变化,对应从输出到建立保持所消耗的一段时间。大电容延迟主要是负载在时钟驱动、总线驱动或外接大电容负载时,在信号的建立过程中所消耗的一段充放电时间。

2.3.2 CMOS 反相器的门延迟

CMOS 反相器的延迟主要有 3 种:下降时间 t_f、上升时间 t_r 和延迟时间 t_d。其中,下降时间 t_f 为信号波形从 $90\%V_{dd}$ 下降到 $10\%V_{dd}$ 所需要时间;上升时间 t_r 定义为信号波形从 $10\%V_{dd}$ 上升到 $90\%V_{dd}$ 所需要时间;延迟时间 t_d 定义为输入电压变化到 $50\%V_{dd}$ 的时刻到输出电压变化到 $50\%V_{dd}$ 时刻之间的时间差。

反相器的延迟与反相器的负载电容有很大关系。负载电容 C_l 的数值由当前级反相器的输出电容、所接下一级门的输入电容及导线的电容共同决定。当前后 2 级均为反相器时,为简化计算,可用后级反相器的输入电容近似代替前级反相器的负载电容,这样 C_l 可近似等于后级反相器 2 个晶体管栅电容的并联,即

$$C_1 = C_{gp} + C_{gn} = C_{ox}W_pL_p + C_{ox}W_nL_n \tag{2-7}$$

C_{ox} 为单位面积栅电容;W_p 和 W_n 为 PMOS 和 NMOS 管的栅宽;L_p 和 L_n 为 PMOS 和 NMOS 管的栅长。

1. 反相器的下降时间

反相器下降时间电路模型如图 2.44 所示。反相器的下降时间(t_f)由 2 部分组成:①t_{f1} 为负载电容 C_l 电压从 $0.9V_{dd}$ 下降到 $(V_{dd}-V_{tn})$ 所花的时间。这时,NMOS 管工作在饱和区,C_l 的放电电流就等于 NMOS 管饱和区工作电流。②t_{f2} 为负载电容 C_l 电压从 $(V_{dd}-V_{tn})$ 放电到 $0.1V_{dd}$ 所花的时间。这时,NMOS 管工作在线性工作区,放电电流就等于 NMOS 管线性工作电流。

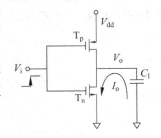

图 2.44　反相器下降时间电路模型图

放电电流的瞬态方程为

$$I_o = -C_l \frac{dV_o}{dt} \tag{2-8}$$

当 $V_o > V_{dd} - V_{tn}$ 时

$$-C_l \frac{dV_o}{dt} = \frac{\beta_n}{2}(V_{dd} - V_{tn})^2 \tag{2-9}$$

则

$$t_{f1} = \frac{2C_l}{\beta_n(V_{dd} - V_{tn})} \int_{V_{dd}-V_{tn}}^{0.9V_{dd}} dV_o = \frac{2C_l(V_{tn} - 0.1V_{dd})}{\beta_n(V_{dd} - V_{tn})^2} \tag{2-10}$$

当 $V_o < V_{dd} - V_{tn}$ 时

$$-C_l \frac{dV_o}{dt} = \beta_n \left[(V_{dd} - V_{tn})V_o - \frac{V_o^2}{2} \right] \tag{2-11}$$

则

$$t_{f2} = \frac{2C_l}{\beta_n} \int_{0.1V_{dd}}^{V_{dd}-V_{tn}} \frac{dV_o}{(V_{dd} - V_{tn})V_o - \frac{V_o^2}{2}} = \frac{2C_l}{\beta_n(V_{dd} - V_{tn})} \ln\left(\frac{19V_{dd} - 20V_{tn}}{V_{dd}} \right) \tag{2-12}$$

因此,整个下降时间 t_f 为

$$t_{\text{f}} = t_{\text{f1}} + t_{\text{f2}} = \frac{2C_{\text{l}}}{\beta_{\text{n}}(V_{\text{dd}} - V_{\text{tn}})}\left[\frac{V_{\text{tn}} - 0.1V_{\text{dd}}}{V_{\text{dd}} - V_{\text{tn}}} + \frac{1}{2}\ln\left(\frac{19V_{\text{dd}} - 20V_{\text{tn}}}{V_{\text{dd}}}\right)\right] \tag{2-13}$$

其中 $\beta_{\text{n}} = \beta_{\text{n}}' W_{\text{n}}/L_{\text{n}}$，$\beta_{\text{n}}'$ 为工艺跨导，其值取决于工艺参数。

当 $V_{\text{dd}} = 3 \sim 5\text{V}$，$V_{\text{tn}} = 0.5 \sim 1\text{V}$ 时，$t_{\text{f}} = k\dfrac{C_{\text{l}}}{\beta_{\text{n}}V_{\text{dd}}}$，此时，$k = 3 \sim 4$。

从式(2-13)可以对反相器的延迟得出如下结论。

(1) 其与 C_{l} 成正比。因此，为获得高速电路，必须将 C_{l} 降到最低。

(2) 其与电源电压成反比。电源电压越高，电路延迟越小，速度也就越快。

(3) 其与驱动管的宽长比成反比。由于 $\beta_{\text{n}} \propto (W_{\text{n}}/L_{\text{n}})$，因此晶体管的栅加宽或变短时，晶体管的延迟将减小。

2. CMOS 反相器的上升时间

反相器上升时间电路模型图如图 2.45 所示。由于 CMOS 电路的对称性，可采用类似反相器下降时间的方法求反相器的上升时间(t_{r})。其也由 2 部分组成：①t_{r1} 定义为 V_{o} 从 $0.1V_{\text{dd}}$ 上升到 $|V_{\text{tp}}|$ 所花的时间。②t_{r2} 定义为 V_{o} 从 $|V_{\text{tp}}|$ 上升到 $0.9V_{\text{dd}}$ 所花的时间。

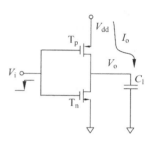

图 2.45　反相器上升时间
电路模型图

充电电流的瞬态方程为

$$I_{\text{o}} = C_{\text{l}}\frac{\mathrm{d}V_{\text{o}}}{\mathrm{d}t} \tag{2-14}$$

当 $V_{\text{o}} < |V_{\text{tp}}|$ 时

$$C_{\text{l}}\frac{\mathrm{d}V_{\text{o}}}{\mathrm{d}t} = \frac{\beta_{\text{n}}}{2}(V_{\text{dd}} - |V_{\text{tn}}|)^2 \tag{2-15}$$

则

$$t_{\text{r1}} = \frac{2C_{\text{l}}}{\beta_{\text{n}}(V_{\text{dd}} - |V_{\text{tp}}|)^2}\int_{0.1V_{\text{dd}}}^{|V_{\varphi}|}\mathrm{d}V_{\text{o}} = \frac{2C_{\text{l}}(|V_{\text{tp}}| - 0.1V_{\text{dd}})}{\beta_{\text{n}}(V_{\text{dd}} - |V_{\text{tp}}|)^2} \tag{2-16}$$

当 $V_{\text{o}} > |V_{\text{tp}}|$ 时

$$C_{\text{l}}\frac{\mathrm{d}V_{\text{o}}}{\mathrm{d}t} = \beta_{\text{n}}\left[(V_{\text{dd}} - |V_{\text{tp}}|)V_{\text{o}} - \frac{V_{\text{o}}^2}{2}\right] \tag{2-17}$$

则

$$t_{\text{r2}} = \frac{C_{\text{l}}}{\beta_{\text{n}}}\int_{|V_{\text{tp}}|}^{0.9V_{\text{dd}}}\frac{\mathrm{d}V_{\text{o}}}{(V_{\text{dd}} - |V_{\text{tp}}|)V_{\text{o}} - \dfrac{V_{\text{o}}^2}{2}} = \frac{2C_{\text{l}}}{\beta_{\text{n}}(V_{\text{dd}} - |V_{\text{tp}}|)}\ln\left(\frac{19V_{\text{dd}} - 20V_{\text{tp}}}{V_{\text{dd}}}\right) \tag{2-18}$$

整个上升时间 t_{r} 为 2 部分的和为

$$t_{\text{r}} = t_{\text{r1}} + t_{\text{r2}} = \frac{2C_{\text{l}}}{\beta_{\text{n}}(V_{\text{dd}} - |V_{\text{tp}}|)}\left[\frac{|V_{\text{tp}}| - 0.1V_{\text{dd}}}{V_{\text{dd}} - 0.1|V_{\text{tp}}|} + \frac{1}{2}\ln\left(\frac{19V_{\text{dd}} - 20|V_{\text{tp}}|}{V_{\text{dd}}}\right)\right] \tag{2-19}$$

当 $V_{\text{dd}} = 3 \sim 5\text{V}$，$V_{\text{tp}} = 0.5 \sim 1\text{V}$ 时，$t_{\text{r}} = k\dfrac{C_{\text{l}}}{\beta_{\text{p}}V_{\text{dd}}}$，此时，$k = 3 \sim 4$。

对同样大小的 NMOS 管和 PMOS 管，有 $\beta_{\text{n}} = 2\beta_{\text{p}}$，所以，$t_{\text{f}} = t_{\text{r}}/2$。

可以看出，反相器的下降时间比上升时间短得多，这是因为电子迁移率大于空穴迁移率。要获得相同的上升与下降时间，PMOS 管的宽长比($W_{\text{p}}/L_{\text{p}}$)应比 NMOS 管的宽长比($W_{\text{n}}/L_{\text{n}}$)大 $2 \sim 3$ 倍。

由于一般 MOS 管的栅长均相等,故其宽度比应为 $W_p=(2\sim3)W_n$。在 CMOS 电路中,单个门的延迟时间主要由输出的上升延迟时间 t_{dr} 和下降延迟时间 t_{df} 确定,可近似为

$$t_{dr}=\frac{t_r}{2},\; t_{df}=\frac{t_f}{2} \tag{2-20}$$

此外,在 CMOS 电路中,由晶体管的上升和下降所引起的门的平均延迟时间 t_{av} 为

$$t_{av}=\frac{t_{dr}+t_{df}}{2}\approx\frac{\frac{t_r}{2}+\frac{t_f}{2}}{2}=\frac{t_r+t_f}{4} \tag{2-21}$$

2.3.3 其他延迟

1. 连线延迟

随着工艺的进步,连线对电路的影响也越来越大。主要体现在连线延迟(t_l)对电路工作频率的影响上。因此,在设计时有必要对连线的延迟有一个大致的了解,才能使最终设计的电路更加符合要求。主要用到对连线估计的模型有分布 RC 模型和 RC 树网络模型。

(1) 分布 RC 线模型

连线上的寄生电容、电阻实际上是分布于整个导线上,也就是说,可以将连线看成无限多的 RC 段,每段用 1 个电阻和电容表示,那么整个连线的延迟可以采用分布 RC 线模型来计算,如图 2.46 所示。

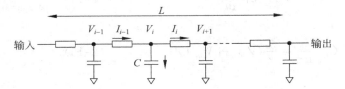

图 2.46　分布 RC 线模型

要利用分布 RC 线模型精确计算 1 根导线的延迟,需要利用很多个偏微分方程才能求解,而这很难用来进行通常的电路分析。因此,利用分布 RC 线模型分析连线延迟的常用方法是:将 1 条长连线平均分成 n 小段,每段的连线电阻为 r,每段的连线电容为 c,则:$t_l=\frac{rcn(n+1)}{2}$,式中 n 为节点数。

当 n 变得很大时,每 1 小段变得非常小,整个连线模型也越接近于真正的分布 RC 线模型。这时前式可以简化为 $t_l=\frac{rcl^2}{2}$(式中,r 为单位电阻,c 为单位电容,l 为连线长度)。

分析上式可以看出,$t_l \propto l^2$,因此,l 在连线延迟中起着重要作用。为缩短延迟时间,①应尽量选用 rc 乘积小的金属进行长线传输;②可以把长线分成几段,并在每段之间插入 1 个缓冲器,以减小长线 l^2 的影响效应。

(2) RC 树网络模型

RC 树网络模型实际是分布 RC 网络的一种特例,也是芯片中的连线常常遇到的一种结构,如 1 个门驱动几个门或几个门同时驱动同 1 个门等。此时可将整个网络看成各分支由 1 个或几个 RC 集中参数表示的 RC 树,如图 2.47 所示。

2. 扇出延迟

（1）逻辑门的扇出（F_{out}）

逻辑门的输出端所接的输入门的个数称为电路的扇出，如图 2.48 所示。

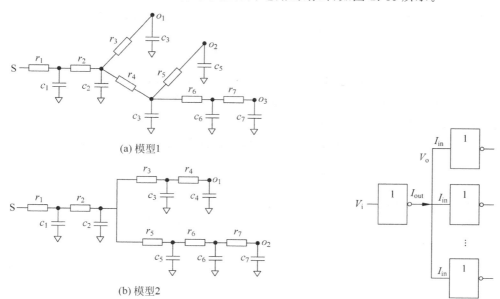

(a) 模型1

(b) 模型2

图 2.47 分布 RC 树网络模型

图 2.48 逻辑门的扇出

对于电路扇出参数的主要限制是

$$l_{out} \geqslant \sum I_{in} \tag{2-22}$$

（2）逻辑门的扇出与延迟

逻辑门扇出端的负载等于每个输入端的栅电容之和

$$C_1 = \sum_{i=1}^{F_{out}} C_g(i) \tag{2-23}$$

在电路设计中，如果 1 个反相器的扇出为 N，即 $F_{out} = N$。其驱动能力应提高 N 倍，才能获得与其驱动一级门相同的延迟时间。否则它的上升及下降时间都会下降 N 倍。

3. 大电容延迟

（1）大电容负载驱动电路

一个门驱动非常大的负载时，会引起延迟的增大。由于外部电容比芯片内部标准门栅电容可能要大几个数量级。要想在允许的门延迟时间内驱动大电容负载，只有提高 βn，即增大 W（使电流增加），这将使栅面积增大。L 和 W 增大，管子的输入电容（即栅电容）C_g 也随之增大，它相对于前一级又是 1 个大电容负载。

（2）用逐级放大反相器构成的驱动电路能有效地驱动大负载

Mead 和 Conway 论证了用逐级放大反相器构成的驱动电路可有效地解决驱动大电容负载问题。整个逐级放大驱动电路的延迟时间 t_{total} 为

$$t_{total} = n \sqrt[n]{\frac{C_{big}}{C_g}} \cdot t_{min} \tag{2-24}$$

C_g 为最小尺寸反相器负载电容；t_{min} 为驱动最小尺寸晶体管负载的延迟时间；C_{big} 为驱动的大负载电容；n 为级数。

逐级放大驱动电路的反相器链中每一级反相器的尺寸是前一级反相器尺寸的 α 倍，则级数 n 与 α 的关系为：为了保证输出低电平 V_{ol} 不变，并维持反相器的 R 不变，逐级放大 PMOS 管和 NMOS 管的宽长比，使每级放大的比例因子 α 相等，其中 $\alpha = \left(\dfrac{C_{big}}{C_g}\right)^{\frac{1}{n}}$。

经过 n 级放大后，总延迟时间为 $t_{total} = n \cdot \alpha \cdot t_{min}$，$\alpha$ 称为几何放大因子。

在实际的电路设计中，可以分 2 步来确定放大器的级数。

① 第一步，根据设计要求（t_r、t_f 和 C_{big}），计算末级 MOS 管的尺寸。

② 第二步，按照设计的优化准则（速度、功耗、面积等），计算出所需级数 n 及每级 MOS 管的尺寸。因为 $C_{big} = \alpha^n C_g$，所以 $n = \ln\left(\dfrac{C_{big}}{C_g}\right)/\ln\alpha$。

注：从上式看，α 增大使级数 n 减小，使总延迟时间及每一级的延迟时间也相应增大，可以证明，当 $\alpha = e \approx 2.7$ 时，速度最快，反相器链的总延迟时间最小。

结论证明，由 $t_{total} = n \cdot \alpha \cdot t_{min}$，得

$$n = \frac{t_{total}}{\alpha \times t_{min}} \tag{2-25}$$

又由 $n = \dfrac{\ln\left(\dfrac{C_{big}}{C_g}\right)}{\ln\alpha}$，得

$$\frac{t_{total}}{\alpha \times t_{min}} = \frac{\ln\left(\dfrac{C_{big}}{C_g}\right)}{\ln\alpha} \tag{2-26}$$

推得

$$t_{total} = t_{min}\ln\left(\frac{C_{big}}{C_g}\right)\frac{\alpha}{\ln\alpha} \tag{2-27}$$

对 α 求导，得

$$t'_{total} = t_{min}\ln\left(\frac{C_{big}}{C_g}\right)\frac{\ln(\alpha-1)}{\ln\alpha}, \quad t'_{total} = 0 \tag{2-28}$$

则有

$$\ln\alpha = 1, \quad \alpha = e$$

为极小值。

实际中，一般取 α 为 2～10。

参 考 文 献

[1] Michael Keating, Pierre Bricaud. Reuse Methodology Manual for System-on-a-Chip Designs [M]. USA, Kluwer Academic Publishers, 2002.

[2] 牛风举,刘元成,朱明程. 基于 IP 复用的数字 IC 设计技术 [M]. 北京：电子工业出版社,2003.

[3] 周祖成. 专用集成电路和集成系统自动化设计方法[M]. 北京：国防工业出版社,1997.

［4］　李兴.超大规模集成电路技术基础［M］.北京：电子工业出版社,1999.

［5］　张克从.近代晶体学基础［M］.北京：科学出版社,1987.

［6］　庄镇泉.电子设计自动化［M］.北京：科学出版社,2000.

［7］　刘丽华.专用集成电路设计方法［M］.北京：北京邮电大学出版社,2000.

［8］　朱正涌.半导体集成电路［M］.北京：清华大学出版社,2001.

［9］　(日)正田英介.半导体器件［M］.北京：科学出版社,2001.

［10］　(美)Behzad Razavi.模拟 CMOS 集成电路设计［M］.陈贵灿译.西安：西安交通大学出版社,2003.

［11］　唐衫.数字 IC 设计方法、技巧与实践［M］.北京：机械工业出版社,2006.

［12］　张兴.微电子学概论［M］.北京：北京大学出版社,2006.

第 3 章

数字集成电路设计
描述与仿真

目前集成电路大多都是 SoC 的设计,对 SoC 的设计大多采用自顶向下的设计方法,本章对设计方法中的各个层次进行简单介绍,同时介绍描述电路的几种常用方法。电路设计的正确与否是通过仿真完成的,早期的电路设计中,是通过在面包板或者电路板上对设计的电路进行调试来验证其功能,但随着电路规模的增大,再采用此方法显然是非常不现实的。幸运的是,随着 EDA 技术的发展,目前的集成电路设计可以采用各种软件在设计的不同阶段进行功能、时序等方面的仿真,从而快速及时地发现设计中出现的问题,对设计进行修改。本章后半部分即对仿真的一般概念、涉及的常用 EDA 软件进行介绍。最后还对业界广为采用的系统验证方法——UVM 进行简单介绍。

3.1 数字集成电路的设计描述

工艺的进步使得数字电路的设计进入数字系统级的设计,一个集成电路芯片上集成的电路规模也变得十分庞大,要保证制造的芯片能正确工作,最初的设计是很关键的。在数字系统集成电路设计中,需要完成 2 方面的任务:①根据所要设计的电子系统硬件功能和行为描述出相应的电路结构;②对得到的电路进行仿真,以验证所设计电路是否确实满足指标要求。

3.1.1 数字集成电路设计的层次化设计及描述域

有效的设计方法是电路与系统设计成功的关键,而无论是自下向上的设计方法还是自顶向下的设计方法,均采用了层次化的设计思想,使得设计能力有了很大的提升。目前自顶向下的设计方法被广泛采用,这种设计方法其实是根据设计的抽象层次来划分的,也就是将一个复杂系统依次分解为复杂性较低的设计层次,使得最终实现系统的设计层次复杂性足够低。

1. 层次化设计方法定义

把完整的硬件设计划分为一些不同的设计层次,允许多个设计者同时设计一个硬件系统中的不同层次模块,其中每个设计者负责自己所承担的部分。层次化设计中对于每一个层一般都可以在结构域或行为域中进行。

2. 集成电路硬件设计通常可分为 6 个层次

图 3.1 给出了典型的自顶向下设计流程与抽象层次的关系。

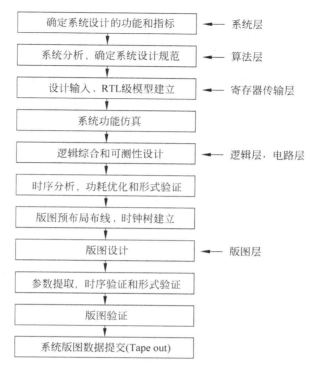

图 3.1 自顶向下设计流程与抽象层次关系图

（1）系统层：是整个设计过程的第一步，也是最关键的一步。主要进行电路功能的定义、各种电学参数（如工作频率、功耗、工作温度等）的确定。这一层的设计好坏直接决定了整个集成电路性能的好坏、价格的高低、市场的占有率，更决定了后续设计阶段的难易程度及效率。

（2）算法层：主要进行算法设计及描述。首先根据系统的功能要求，制定可以实现此功能的不同算法，分析和比较这些算法的优缺点，选定一种最适合的；其次，根据所选定的算法对整个系统进行功能划分及各个功能模块之间的数据流与控制流连接；此外，时钟方案等对系统性能起关键作用的部分也在算法层实现。由此可见，算法层的设计对于整个系统的性能起着至关重要的作用。

（3）寄存器传输层：也即 RTL，主要将算法层用代码的形式进行抽象描述。在进行 RTL 层描述时，必须严格按照设计所使用的综合工具要求的规范进行，并尽可能地考虑延时、面积、测试等问题。

（4）逻辑层：将系统再进一步细化，转换为用普通的逻辑门来实现。对于当前的设计方法来讲，这一层次主要借助于综合工具来完成。

（5）电路层：将逻辑层中的门电路用具体的晶体管、电容、电阻等基本电子元器件来表示，并将之间的互连关系呈现出来。

（6）版图层：将各种电子元件用物理的方式呈现出来，根据所选工艺将这些元件转换成不同的几何图形，并相互连接。版图层的实现方式是系统最终的呈现方式，也是整个设计中最低的层次，并且仅仅是结构描述。

3. 集成电路描述域

层次化设计将整个设计划分为不同的抽象层次,而这些抽象层次又可以根据设计的表现形式不同分为几个不同的描述域,如表3.1所示。

表3.1 集成电路设计的抽象层次与描述域关系表

抽 象 层 次	行 为 域	结 构 域	物 理 域
系统层	设计的功能和指标	处理器、存储器等	
算法层	算法	硬件模块框图	
寄存器传输层	传输方程、状态机等	寄存器、ALU等	宏单元
逻辑层	布尔逻辑函数	门级电路	标准单元库
电路层	网络方程	晶体管级电路	工艺层
版图层			版图

行为域主要关注系统的功能实现,对系统的输入/输出关系进行描述;结构域关注系统中每一抽象层次的实现方式,包含具体的逻辑和电路结构;物理域则更加关注集成电路最终的呈现方式,以物理特性表征。

3.1.2 集成电路设计的描述方式

设计描述是将所设计的电路以某种形式表达出来。整个集成电路的设计过程中主要包括系统设计、算法设计、逻辑设计、电路设计、版图设计等,这些设计过程所需要进行的设计描述有功能描述、逻辑描述、电路描述和版图描述等。这些描述均可以采用图形方式或者文字方式进行。

1. 图形描述方式

图形描述方式可以直观地描述一个设计的整体层次关系、主要输入/输出端口、关键信号的输入/输出关系等。根据设计过程中对应的层次不同,采用的具体图形方式也不一样。如采用方框图和原理图描述电路结构,而采用状态图、时序波形图描述电路的功能等。

图形描述直观易懂,在数字系统集成电路设计中是一种重要的设计手段。但在具体设计时,要受到特定的工艺库或者逻辑宏单元的限制,而且在电路规模很大时,用图形化描述方式也不方便易读,通用性和可移植性均差一些。

2. 文字描述方式

文字描述可以描述电路的结构,也可以描述电路的行为,特别适合描述复杂行为。采用的方式有自然语言描述、网表、硬件语言描述等,其中硬件描述语言(Hardware Description Language,HDL)采用最多。

HDL语言主要有VHDL和Verilog HDL两种,但因为Verilog HDL的语法结构与C语言类似,编程风格简洁、高效,更容易被设计者掌握,所以Verilog HDL(具体会在第6章详细介绍)成为业界目前最常用的设计语言。

用Verilog HDL描述电路行为通常有2种描述方式:①算法式——通过定义硬件的输入激励/输出响应描述硬件的行为,与硬件实现无关;②数据流式——采用与硬件物理实现相一致的数据流动方式描述硬件行为。一般认为,硬件行为的算法式描述是硬件的芯片级实现,数据流式硬件行为描述是硬件的寄存器级实现。(这里的实现是指硬件描述语言的实现,而非物理实现。)

【例 3.1】 设计一个半加器电路。

解:(1)使用自然语言进行描述。

① 端口定义:A、B 为电路的输入端,Sum、Cout 为电路的输出端。

② 电路行为描述:电路实现 2 个 1 位二进制数 A 和 B 的相加,产生和 Sum,并向高位进位 Cout。

(2)使用框图进行描述,如图 3.2 所示。

(3)使用逻辑电路图进行描述,如图 3.3 所示。

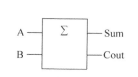

图 3.2 半加器的框图描述

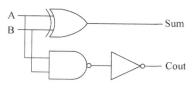

图 3.3 半加器的逻辑图

(4)使用波形图进行描述,如图 3.4 所示。

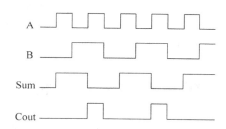

图 3.4 半加器的输出波形图

(5)使用真值表进行描述,如表 3.2 所示。

表 3.2 半加器的真值表

A	B	Sum	Cout
0	0	0	0
0	1	1	0
1	0	1	0
1	1	0	1

(6)使用 Verilog HDL 进行描述。

```
module ha(A,B,Sum,Cout);
input A,B;
output Sum,Cout;
assign{Cout, Sum} = A + B;
endmodule
```

(7)使用版图描述,如图 3.5 所示。

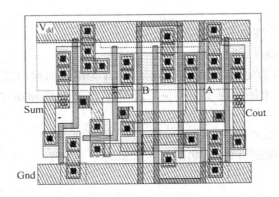

图 3.5　半加器的版图

3. 两种描述方式的应用特性

无论是文字描述方式还是图形描述方式,都有其优缺点,但这两种描述方式均可在上述提到的两种描述域——行为域和结构域中对电路进行描述。

在进行集成电路设计时,可以采用不同的描述方式,一般选择原则是:(1)文字方式适合描述行为,特别是复杂行为;(2)图形方式适合描述器件的内部互连关系,即描述结构;(3)在进行大规模系统设计时,对于不同的设计层次,采用的描述方式往往不同,因此在整个设计过程中,文字描述方式和图形描述方式通常要交叉使用。

3.2　集成电路逻辑仿真与时序分析

整个数字系统集成电路设计中,不仅需要根据电子系统硬件的功能和行为描述出相应的电路结构,而且还需要对所设计的电路进行仿真,以验证其是否满足设计指标要求。随着设计规模的增大,验证在整个产品开发中也越来越重要,已经占到整个开发时间的一半以上,有些复杂的设计甚至达到了 80%。此外,电子产品的高速、低功耗特点也对产品的时序问题带来了严峻的考验,在制造前对设计进行良好的时序分析,也是保证产品成功的关键。

3.2.1　集成电路设计验证

随着集成电路设计规模的扩大,单个芯片上已经包含了上亿个晶体管,设计验证的工作量已经超过设计本身,设计验证也因此成为设计中一个至关重要的步骤。

现在集成电路设计采用的是层次化的设计方法,从系统层到版图层是一个从抽象到具体的过程,下一层是在上一层次工作的基础上进行的,设计验证同样如此,验证当前对象的行为是为了查看是否与上一层次的设计一致。例如:验证设计的逻辑功能是否符合设计最初设定的设计规范;在原理图设计和 HDL 设计后进行的功能原理仿真工作,主要是针对所设计硬件电路逻辑功能的验证;对逻辑层的仿真验证是为了确保综合后生成的网表行为与RTL级模型一致等。

此外,随着工艺的进步,验证设计结果的时间是否符合原始设计的要求也越来越严格。深亚微米级以下工艺条件下,为了生产出更小尺寸的芯片,提高集成度,芯片内部连线的平均长度会增加,而连线本身会引起电容、电阻、电感等寄生参数效应。随着器件尺寸的缩小以及对电路高速低功耗的要求,连线的这些寄生效应成为影响整个设计性能(如速度、功耗和可靠性等)的关键因素。而对连线的延时分析跟连线的布局有很大关系,因此逻辑综合后的仿真和版图布局布线后的仿真工作,除了进一步验证所设计电路逻辑功能的完备性外,更重要的是对所设计电路的时序完备性进行验证。这与逻辑综合后对网表的仿真有区别,后者主要验证的是逻辑器件的门延迟对设计的影响。

对一个设计进行验证,往往做不到对这个设计的完整功能进行验证,因此有必要在验证时首先制定一个详细的验证标准,包括要验证的电路功能、电路本身要达到的设计要求、关键的输入/输出一致关系等。

验证常用的方法主要有 3 种:①仿真(或称模拟)过程(Simulation/Emulation)。从电路描述(文字描述/图形描述)中提取模型;再将外部激励信号/数据施加于此模型;观察该模型的响应,判断电路系统是否实现预期功能。②规则检查(Design Rule Checking)。分析电路设计结果中各种数据是否符合设计规则(如 ERC、DRC 等)。③形式验证(Formal Verification)。分为两个方向:等价性验证和模型验证,但无论哪个方向都基于严密的数字逻辑理论体系,都是用理论证明方法来验证设计结果的正确性。

1. 仿真(或称模拟)过程(Simulation/Emulation)

这里的仿真主要是指常用的软件仿真。它是验证中最常用的方法,设计的层次不同,仿真的层次也不同,例如系统层仿真、电路层仿真、寄存器传输层仿真等。

软件仿真利用仿真工具(如 ModelSim、NC-Verilog、VCS 等)对设计的行为进行模拟。一般来讲,所要验证的对象是设计本身(大多数情况下是 Verilog 代码),但随着设计规模的扩大、功能复杂性的增强,纯粹通过编写代码对设计进行验证的效率会很低,于是就出现了"验证方法学"。验证方法学是可以快速完整地建立验证环境,并且对不同设计可以重复使用的方法学,能显著提高验证效率。

关于验证方法学的研究早在 2000 年就开始进行,并有相关的产品。2003 年,Synopsys公司公布了可重用验证方法学库(Reference Verification Methodology,RVM),这个方法学采用了 Synopsys 公司的 vera 语言。2006 年,Mentor 公司公布了高级验证方法学(Advanced Verification Methodology,AVM)。这个方法学主要采用了 OSCI System C 的事务抽象层方法学(Transaction Level Modeling,TLM)标准,它是用 SystemVerilog 和SystemC 两种语言实现的。2006 年,Synopsys 公司推出了验证方法学手册(Verification Methodology Manual,VMM),这是 RVM 从 vera 语言过渡到 SystemVerilog 的方法学。2007 年,Cadence 公司推出通用的可重用验证方法学(Universal Reusable Methodology,URM),主要是 eRM 从 E 语言过渡到 SystemVerilog 的方法学,同时加入了 TLM 接口、工厂模式替换、配置机制、策励类等。2008 年,Cadence 公司和 Mentor 公司共同推出了 OVM(Open Verification Methodology)验证方法学。2010 年,Accellera 采用 OVM 作为基础,推出了 UVM(Universal Verification Methodology)验证方法学,同时引入 VMM 的 callbacks等概念。作为业界方法学的一个统一雏形。2010 年,Synopsys 公司推出 VMM 1.2,基本上沿用了 OVM 的 TLM 通信机制,并采用 TLM 2.0(OSCI 最新的标准),采用 OVM 提出的 implicit phase,并且将验证流程继续细化,推出工厂模式替换机制,建立类层次(建立parent 关系)。并且在此基础上,提出了 vmm_timeline 的概念,方便各个 phase 之间实现跳转,增加 phase 或删除 phase,增加了 rtl_config 等概念。Synopsys 公司也随即宣布新版本的 VCS 同时支持 UVM。目前,对 SoC 的验证普遍利用验证平台进行。

2. 规则检查(Design Rule Checking)

规则检查主要检查电路设计结果中各种设计参数是否符合设计规则。主要包含 DRC 和 ERC 两种。

DRC 是针对版图进行的,主要检查版图中各个掩膜层图形或不同的掩膜层图形之间的几何尺寸是否符合所选生产工艺的设计规则要求,这些设计规则主要包括:版图几何图形的宽度、间距及层与层之间的相对位置(间隔和套准)等。DRC 的目的是为了确保设计的版图能在特定的集成电路制造工艺下流片成功,并且具有较高的成品率。由于不同的集成电路工艺具有与之对应的设计规则,因此设计规则检查与集成电路的工艺有关。由于这个验证项目的重要性,DRC 是版图验证的必做项目。ERC 检查版图是否有违反电学规则的错误,如短路、开路和悬空的节点,以及与工艺有关的错误,如无效器件、不适当的注入类型、不适当的衬底偏置、不适当的电源、地连接和孤立的电节点等。完成 ERC 检查后,按照电位的不同来标记电节点和元器件,并且产生图示输出。

进行规则检查的主要工具有:Cadence 公司的 Diva 和 Dracula(Cadence 新版本中的工具名称为 Assura),以及 Mentor 公司的 Calibre 工具等。Diva 工具是一个集成在版图编辑器(常用的是 Cadence 公司的 Virtuoso 工具)内的交互式验证工具,嵌入在 Cadence 的主体框架中,用来寻找并改正违反设计规则的错误,包含检查物理设计、电学设计和进行电路图与版图的一致性检查等功能。Diva 属于在线验证工具,在版图的设计过程中可以按照需要随时对版图进行设计规则的检查,方便及时发现错误并纠正。Dracula 工具是一种离线式的验证工具,需要先将版图转化为 gds 文件后才能进行,但它适用于从小单元到大规模的集成电路,而 Diva 一般用于小规模的电路设计中。Calibre 工具是目前业界用得最多的深亚微米集成电路设计规则检查工具,其具有先进的分层次处理功能,支持平坦化和层次化的验证,大大提高了超大规模集成电路的验证速率。此外,Calibre 工具还具有独特的验证结果视图环境(Results Viewing Environment,RVE)界面,将验证的结果反标到版图编辑器中,准确快捷,一目了然。

3. 形式验证(Formal Verification)

形式验证是基于理论分析将待验证电路的功能描述与参考设计进行对比,以判断是否达到了设计要求,因此形式验证不需要获得测试激励。此外,形式验证可以对待验证电路的所有可能情况进行分析验证,而利用测试激励对大规模电路进行验证时只是尽可能多地考虑所有的工作情况,因此形式验证能克服仿真验证不全面的缺点。此外,形式验证可以进行从系统级到门级的验证,而且验证时间短,有利于尽早、尽快地发现和改正电路设计中的错误,缩短设计周期。

形式验证分为两种类型:等价性验证和模型验证。顾名思义,等价性验证是进行待验证电路与参考电路的一致性对比,它是目前在集成电路设计中经常用到的。整个电路的设计是分层进行的,在层和层的转化时都需要进行一系列的设计步骤,例如综合、布局布线、可测试性设计、时钟树的插入等,这些操作无疑都会对设计带来一些改变,利用等价性验证即可全面地检验变换前后的电路功能是否一致。等价性验证的原理是:首先建立被比较的两种电路的模型,之后依据两个模型之间的关系,自动确定被比较的两个设计的等价性,而不需要用户的输入,这使得在因为某种原因只对设计局部进行修改而不做功能性改变时,可利用等价性验证,避免进行长时间仿真。

综上所述,可以看出规则验证属于物理范畴,而仿真过程和形式验证都是基于电路的功能进行的,两者存在很多不同之处,如表3.3所示。

表3.3 仿真与形式验证的区别

比较项目	仿 真	形 式 验 证
激励源	需要激励源,且仿真效率受此影响	只对电路描述本身进行分析,不需外加激励
实现路径	通过信号在电路元件之间动态传播实现	通过静态逻辑推理实现
错误分析	不能直接指出电路是否有错误和错误位置,需用户自己分析仿真结果	直接给出"正确"或"错误"结论

虽然形式验证在大规模电路验证方面存在很多优势,但最初的参考电路功能还是需要通过仿真来验证,即仿真是一切验证的基础,因此本书主要介绍仿真的一些基本知识,而对于形式验证,后面只给出一个简单的例子加以说明。

3.2.2 集成电路设计验证中的逻辑仿真

早期的集成电路设计规模不大,对电路的验证主要通过硬件方式进行,即通过在电路板上构建验证系统进行调试验证。而随着集成电路设计规模的不断扩大,如果还采用类似的硬件仿真方式,肯定费时费力,甚至行不通,因此目前集成电路设计领域中仿真的基本原理是在集成电路制造出来之前,利用计算机软件工具构造硬件模型,给定输入激励,模拟确定电路响应,验证硬件设计正确性的过程,如图3.6所示。

图3.6 仿真路径图

对数字逻辑系统的仿真,一般称为"逻辑仿真"。图3.6表述的即是数字逻辑系统的仿真路径图。目前的数字逻辑系统设计一般都用Verilog HDL语言描述,对其仿真时所用的激励源(也称Testbench)一般也是Verilog HDL代码,对系统进行仿真时,利用软件将激励源施加到待验证对象上,结合不同设计层次的电路模型输出响应,最后对响应进行分析,来验证系统设计是否在功能和时序等方面符合预期的目标。

系统的设计遵循层次化的设计思想,同样,逻辑仿真根据不同的设计层次或仿真时器件的规模类型,按照由高级到低级又可分为不同的层次或级别,如功能块级仿真、逻辑门级仿真、开关级仿真等,如图3.7所示。

1. 功能块级仿真

功能块级仿真中把寄存器、运算/控制器件和总线等作为基本单元,主要检查数据在各

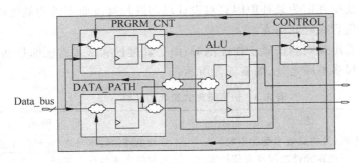

(a) 功能块级示例

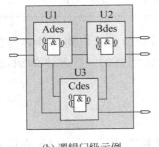

(b) 逻辑门级示例

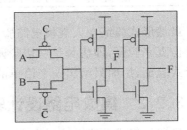

(c) 开关级示例

图 3.7　系统不同层次级示例

个寄存器中的传输情况,因此也常常被称作"寄存器传输级仿真"。此时系统的行为通过在寄存器间的数据流来表征,并分析设计是否符合预期要求。

功能级仿真的抽象级别高,分为基于事件的仿真、基于时钟周期的仿真和基于对象转换的仿真。(1)基于事件的仿真是把每次输入激励信号的变化都作为一个触发事件,根据这个触发事件来计算电路的运行结果,因为每一个信号变化就产生一个触发,因此在一个时钟周期内可以有多次的触发存在。基于事件的仿真不仅包含电路的功能模型,也包含时序模型,因此仿真的精度高。(2)基于时钟周期的仿真,是不论信号在整个时钟周期如何变化,对电路进行仿真时仅仅采集时钟上升沿或者下降沿到来时的信号值,也即在一个时钟周期内仅对电路进行一次计算处理。基于时钟的仿真加快了电路的仿真速度,但却降低了仿真的精度,且只适用于同步电路。(3)基于对象转换的仿真与基于事件的仿真不同,它不需要在输入端口加入激励源,而是将数据包、图形等对象作为仿真激励施加于待测对象中。基于对象转换的仿真提高了测试激励的抽象层次,因此提高了仿真效率,适用于大规模的集成电路。

2. 逻辑门级仿真

逻辑门级仿真中把各种逻辑门、触发器和计数器等作为基本单元,主要检查逻辑设计的正确性和硬件有无竞争冒险等问题。此时,连接系统电路中这些基本单元的信号线用逻辑值 0,1,x 表示,通过在电路的输入端口中加载激励,在输出端观察响应来分析判断设计的功能和时序是否正确。

逻辑门仿真不仅可以用以验证电路的功能,而且更重要的是在仿真时,逻辑门单元的延迟信息会被调用,以此来验证电路的时序。对设计进行综合后所产生的门级网表进行仿真即属于逻辑门仿真。

3. 开关级仿真

开关级仿真中把每个晶体管看作一个独立的开关,此时整个系统电路看作是由若干个晶体管组成的结构,模拟硬件中信号强度对逻辑设计的影响。开关级仿真的精度最高,仿真时的计算量也最大。

开关级仿真中电路看作是由晶体管和节点所组成的,根据电路的连接关系验证电路的逻辑功能,并且计算每个节点的逻辑值及其延迟时间。开关级仿真比逻辑门级仿真的时序更精确。

3.2.3 集成电路设计中的时序分析

目前集成电路设计中对性能的要求越来越高,相应的对于时序的要求也越来越高。因此目前时序分析已经独立于功能仿真,成为设计流程中一个不可缺少的非常重要的环节。

对电路进行时序仿真最传统的方法是对逻辑综合后的网表或者布局布线后的版图中所产生的网表施加相应的测试激励,模拟电路的工作环境,对电路进行再次仿真,即所谓的"动态时序仿真"。动态时序仿真需要对电路施加特定的测试激励来验证设计,是将功能仿真和时序仿真同时进行,因此动态时序仿真对于电路的时序分析结果较精确。原理上这种方法是没有问题的,但随着集成电路设计规模的增大,创建用以验证电路的时序测试向量和功能测试向量工作量都很巨大,因此采用传统的动态时序仿真方法会非常耗时。而且因为测试向量未必对所有的时序路径都敏感,因此基本也不可能开发出完备的测试向量既找出所有潜在的故障,又同时找出时序上的关键路径。以上原因促进了时序分析技术向静态时序分析技术的发展。

静态时序分析(Static Timing Analysis,STA)是基于路径对设计进行时序分析,其在整个设计流程中的位置如图3.8所示。在设计进行综合得出网表后,其根据电路网表的拓扑将设计分成若干路径的集合,通过计算每一条路径上的延迟(如建立时间、保持时间等)对电路的时序进行判断,以衡量电路的性能。由此可以看出,静态时序分析是不需要外加测试激励的,因此运行速度快,占用的内存也小。同时,静态时序分析可以对电路中的所有路径都计算得出相应的时序信息,也即是穷尽所有的路径,理论上可以达到测试路径的100%覆盖率,因此比动态时序仿真的完备性强。但静态时序分析也存在着缺点,主要有:①不能同时进行功能仿真;②仅适用于同步时序电路。因此静态时序仿真和功能仿真验证是相辅相成的,为保证设计的正确性,同时进行这两方面的验证是必不可少的。常用的静态时序分析工具是Synopsys公司的PrimeTime工具。

1. 静态时序分析的基本原理

静态时序分析是基于路径的,路径的构成要素主要是组成电路的所有时序单元、门级单元等,因此STA主要是针对门级网表进行的。

静态时序分析是将整个设计分解为不同时序路径的集合,每条路径都有一个起点和一个终点。时序路径的起点只能是设计的基本输入端口或内部时序单元,如寄存器、锁存器的时钟输入端;时序路径的终点则只能是内部时序单元的数据输入端或设计的基本输出端。图3.9中用箭头标出了4条时序路径,分别代表了以下4类。

(1) 路径1:基本输入端口到时序单元的数据输入端;

(2) 路径 2：内部时序单元时钟输入端到下一个内部时序单元数据输入端口；

(3) 路径 3：内部时序单元的时钟输入端到基本输出端口；

(4) 路径 4：基本输入端口到基本输出端口。

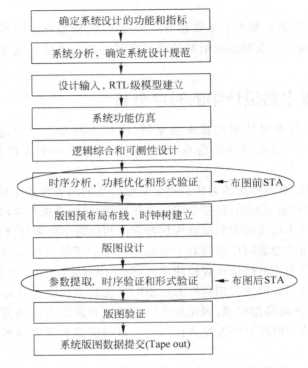

图 3.8　静态时序分析在设计流程中的位置

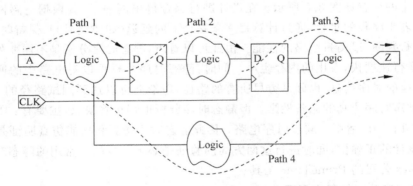

图 3.9　静态时序分析过程中定义的时序路径

　　静态时序分析的一个重要目的是发现使芯片时序失效和对芯片性能起决定作用的电路关键路径,保证以上所有的路径都满足内部时序单元对建立时间和保持时间的要求。它采用穷尽分析方法,提取出整个电路存在的所有时序路径,计算信号在这些路径上的传播延时,检查信号的建立和保持时间是否满足时序要求,通过对最大路径延时和最小路径延时的分析,找出违背时序约束的错误。在工作过程中,静态时序分析的内容包含以下 3 个步骤。

（1）按照前面所述的路径分类,把设计分成不同的时序路径集合。如图 3.10 所示给出了一个时序路径分割的示例,其把 12 条时序路径分成了 3 种不同的路径组合。其中 Clock Group 1 对应前述的路径 1（基本输入端口到时序单元的数据输入端）,Clock Group 2 对应前述的路径 2（内部时序单元时钟输入端到下一个内部时序单元数据输入端）,Default Group 对应前述的路径 3（内部时序单元的时钟输入端到基本输出端口）。

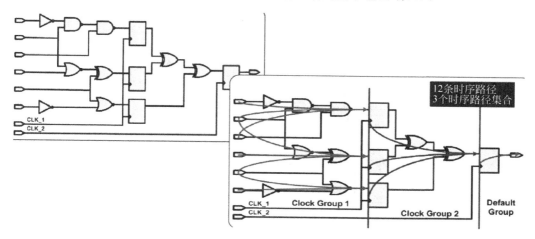

图 3.10　时序路径分割示例

（2）计算每条路径的延时信息,为后续的路径延时检查做准备。

（3）检查所有路径的延时,分析时序约束是否可以满足。静态时序分析所要做的主要检查包括以下内容:建立时间和保持时间检查、门控时钟检查、数据恢复和数据移除检查、时钟脉冲宽度检查。

这些检查大致可以分为 3 类:对时序单元的检查、对时钟的检查、对组合逻辑的检查。在这些检查中,大部分都比较易于理解,下面先介绍几个基本概念,再着重分析一些基本的时序路径约束检查。

信号的到达时间（Arrival Time,AT）:表示实际计算得到的信号到达逻辑电路中某一时序路径终点的绝对时间之和。它等于信号到达某条路径起点的时间加上信号在该条路径上的逻辑单元间传递延时的总和。

要求到达时间（Required Arrival Time,RAT）:表示电路正常工作的时序约束要求信号到达逻辑电路某一时序路径终点处的绝对时间。

时间余量（Slack）:表示在逻辑电路的某一时序路径终点处,要求到达时间与实际到达时间之间的差,Slack 的值表示该信号到达得太早或太晚。

① 寄存器的建立和保持时间检查

STA 对寄存器建立时间检查的目的是确保数据在时钟的有效沿之前到来,如图 3.11 所示,数据到达时间不能太晚,它必须满足:数据到来的最晚时间小于等于时钟有效沿最早到来的时间减去寄存器固有的建立时间。根据上面这个条件,可以得到时序路径时间余量的计算公式:

$$\text{Slack} = \text{RAT} - \text{AT} = （\text{时钟有效沿最早到来的时间} - \text{寄存器固有的建立时间}）$$
$$- \text{数据到达的最大延迟时间}$$

STA 对寄存器保持时间的检查,其目的是保证数据在时钟的有效沿后能够稳定并保持足够长的时间以使时钟能够正确地采样到数据。如图 3.11 所示,这主要是保证数据不会到达太早,数据到来的最早时间大于等于时钟有效沿最迟到来时间加上寄存器固有的保持时间。由上面这个条件可以得到保持时间余量的计算公式:

$$\text{Slack} = \text{AT} - \text{RAT} = \text{数据到达的最早时间} - (\text{时钟有效沿到达的最晚时间} + \text{寄存器固有的保持时间})$$

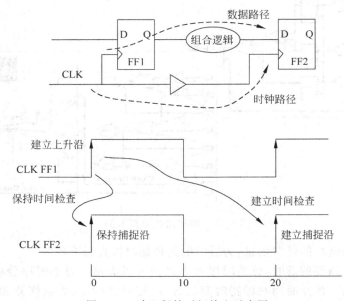

图 3.11　建立保持时间检查示意图

如果两个 Slack 中任何一个为负,就说明建立时间或保持时间不满足设计要求,要对约束条件进行改进:如果出现了建立时间不满足的问题,可以加快数据传送或是延迟时钟到来;如果出现保持时间不满足的问题,则需要加快时钟或是延迟数据。

② 同步时序电路周期检查

同步时序电路中的各种操作都要受到时钟信号的控制,设计者既要保证电路工作频率尽可能高,又要保证电路在特定情况下工作可靠。图 3.11 也代表一个基本时序电路,参数如下:

t_{cq},t_{cqmin} 分别是寄存器 FF1 和 FF2 最大和最小传输延时;

t_{su},t_{hold} 分别是寄存器 FF1 和 FF2 的建立时间和保持时间;

t_{com},t_{commin} 分别是组合逻辑的最大和最小延时。

在理想的情况下,时钟相位没有偏移,为了保证电路的正常工作,必须保证数据在一个时钟沿触发,经过 FF1 和组合逻辑的延时,在下一个时钟触发沿前到达 FF2,并且保证 FF2 有足够的建立时间。对时钟周期的约束公式为

$$T > t_{cq} + t_{com} + t_{su}$$

同时,FF2 寄存器采样数据还要求数据有足够的保持时间,也就是 FF2 要求的保持时间要小于 FF1 和组合逻辑的最小延时,约束公式为

$$t_{hold} < t_{cqmin} + t_{commin}$$

③ 门控时钟检查

图 3.12 是静态时序分析支持的时序路径类型示意图,有门控时钟设计。对于门控电路的控制引脚,一般认为它有两种状态:使能和关断。在使能的时候,允许有效的时钟脉冲完整通过控制门;在关断的时候,不让时钟脉冲通过。

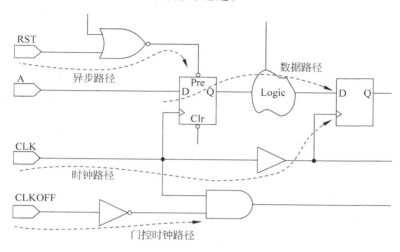

图 3.12　门控时钟检查示意图

那么可以得到静态时序分析在作门控电路的建立和保持时间检查时的一个基本原则:绝不允许控制的 EN 信号的变化引起时钟有效脉冲的变化,图 3.13 表示一个门控电路的时序检查情况。

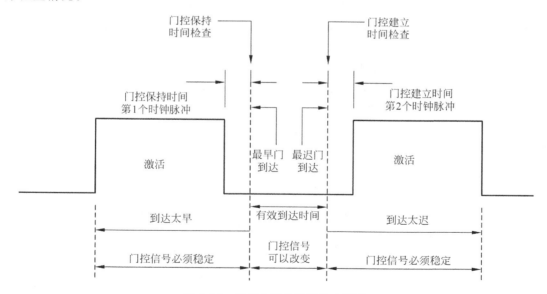

图 3.13　门控电路的时序检查要求

在作门控电路"建立时间"检查时,它检查的是有效时钟脉冲的前沿,在作门控电路"保持时间"检查时,它检查的是有效时钟脉冲的后沿,所以可得到关于门控电路时序检查所要求满足的两个方程式为

门控电路的建立时间余量（Slack）＝RAT－AT＝（有效时钟脉冲前沿到达的最早时间
－门电路固有的建立时间）
－门控信号到达的最迟时间

门控电路的保持时间余量（Slack）＝RAT－AT＝门控信号到达的最早时间
－（有效时钟脉冲后沿到达的最晚时间
＋门电路固有的保持时间）

2. 静态时序分析的特点

　　静态时序分析非常适合于同步设计，如流水线的处理器结构和数据通路类的逻辑电路。同步时序逻辑电路的特点是电路主要由存储单元（时钟边沿触发的寄存器或电平触发的锁存器）和组合逻辑单元组成。相比于动态分析，静态时序分析在准确验证时序上具有多种优势。动态时序分析是一种跟输入模式相关的技术。由于信号传输的路径和它的延时与电路状态相关，为了验证电路的所有路径，设计的输入模式必须逐一穷举。因此，在固定输入模式的前提下，设计的时序验证也只能局限在某几条路径上。考虑到动态仿真所花的时间和设计规模上的限制，动态时序分析仅仅适合小规模的设计。相反，由于静态时序分析不依赖于电路的状态而避免了动态分析的弊端。当然，动态时序分析还广泛应用于一些复杂的电路中，比如锁相环（Phase Locked Loop，PLL）、时钟发生器等。

　　STA之所以能实现如此强大的功能，其主要原因是该技术与电路输入模式无关，无须以穷举的方式验证设计中所有的路径，从而实现对大规模集成电路的时序验证。另外，由于其能容易地实现对抽象层次的验证，因此在对整个芯片的时序分析中，该技术非常有效。正如前文提到的，静态时序分析的目的之一是找到设计中的关键路径，该路径的信号时序决定着芯片的工作频率。可想而知，这条路径的延迟时间（即从输入端到输出端的延时）必定是芯片所有路径中最大的，由于时钟的最小脉冲必须大于最大的延时，因此这些关键路径决定了设计的工作频率。

　　STA的另一个特点是可识别的时序故障数要比动态仿真多得多，如前面所说的，包括建立/保持和恢复/移除检查（包括反向建立/保持）、最小和最大跳变、时钟脉冲宽度和时钟畸变、门级时钟的瞬时脉冲检测、总线竞争与总线悬浮错误、不受约束的逻辑通道。另外，一些静态时序工具还能计算经过导通晶体管、传输门和双向锁存的延时，并能自动对关键路径、约束性冲突、异步时钟域和某些瓶颈逻辑进行识别与分类。

3.2.4　逻辑仿真与时序分析不足

　　对于一些工艺要求不高的小规模电路来讲，经过逻辑仿真后如没有问题，基本可以保证设计出的电路也是正确的。但对于功能复杂、规模较大的集成电路设计来讲，仅仅靠逻辑仿真来验证远远是不够的。这主要是因为门级逻辑仿真存在以下一些显著的缺点：①门级逻辑仿真对于验证电路时序的准确性在很大程度上依赖于仿真激励的完备性，这是最重要的一点。为了得到较高的仿真覆盖率，门级逻辑仿真需要大量的仿真激励，为了达到100%的仿真覆盖率，在建立仿真激励文件时需要考虑到涉及的所有可能工作情况，对于复杂的设计来讲，这显然是不切合实际的，合理而充分地选择测试激励是一个比较复杂的问题。②基于事件驱动的门级逻辑仿真需要耗费大量的工作时间。电路中一个信号线的值发生变化就称为一个"事件"，相应的"事件"发生时，与此有关的门电路或功能电路的值都会发正变化。而设计时往往需要对设计进行多次的修改才能确定下来,每次修改后都需要进行仿真,因此设计人员消耗在仿真上的时间往往是设计时间的 2～3 倍;③由于深亚微米工艺的影响,通常需要在不同设计阶段进行多次针对网表的仿真,进而使得工作时间开销也变得难以接受。针对这些问题,目前的设计过程中采用了验证平台的方法,这将在后续章节进行详细介绍。

此外,静态时序分析虽然能够进行完备的电路时序分析,但也存在一些自身的弱点:①静态时序分析无法验证电路功能的准确性。这一点必须由逻辑仿真工作来完成。②静态时序分析一般只能有效地验证同步时序电路的准确性。如果设计中包含有异步电路的时序验证,则必须通过门级逻辑仿真来保证时序的准确性。③静态时序分析和门级逻辑仿真从不同侧重角度来验证电路,以保证电路时序与功能正确,它们是相辅相成的。

3.3 仿真建模与仿真流程

系统电路的仿真验证是基于计算机进行的,将激励施加于待测电路,实际是将激励施加于电路的模型中观察其输出的状态及系统时序的过程,以此来衡量和评估实际设计的真实工作情况和真实性能。由此可以看出,对电路进行仿真的质量如何,建立正确的电路仿真模型是很重要的。

3.3.1 数字系统仿真模型的建立

仿真模型不是实际的电路元件,而是电路在计算机内部的表示形式,用来表示电路结构或行为。仿真模型越接近实际电路,模型就越复杂,相应的消耗的仿真验证时间也会越长,但得到的仿真验证的结果会越精确。选取什么样的仿真模型,取决于仿真验证的目的和对仿真的精度要求。

仿真模型一般有以下 4 种:功能模型、延迟模型、功率模型和时序模型。

功能模型用于仿真数字逻辑单元的功能。功能模型用功能和行为来描述,不关心其内部结构和组成。每一类功能块的功能是固定的,其输入和输出之间的关系用布尔逻辑关系表示,计算机在进行仿真时,将此布尔逻辑关系翻译成功能计算子程序,由模拟器调用。此外,功能块中包含多个输入/输出,每个输入/输出的负载又往往是不同的,因此延迟也不同,这在功能模型中也要包含。除了描述逻辑功能的布尔逻辑关系和延迟时间外,功能模型中还有用于综合的时序约束,如时钟脉冲、建立时间、保持时间等。仿真验证过程中如发现违反这些约束条件的情况,则必须将错误信息反馈给设计者。

延迟模型用于仿真数字逻辑单元的延迟。每个信号在通过门电路时都会产生延迟,延迟时间的计算关系到逻辑仿真验证的正确性。如果延迟模型准确,则通过分析计算得到的延迟时间能精确反映电路的实际工作情况,从而判断电路的时序是否可以满足设计的要求,在固定时钟周期内是否能保证完成所需的操作。因为延迟时间跟电路的负载、信号的电平转换时间等有关,因此根据不同的情况,延迟模型又可以分为以下几种:①零延迟模型。所有的门电路延迟时间都为 0。这显然是不可能的,但在仅需要验证组合逻辑电路功能的情况下,此种延迟模型会采用。②标准延迟模型。给每个元件设定一个标准的延迟值,这个值是工艺厂经过模拟验证而给出的。但这种模型往往不考虑电路中的寄生元件情况,因此与实际工作情况也有差别,不过对于大多数电路来讲已经足够准确。③上升/下降延迟模型。

考虑信号的上升时间和下降时间对门电路延迟的影响而建立的，可以更准确反映电路的实际工作情况。④模糊延迟模型。给每个元件设置一定范围的延迟时间，即给出延迟的最大值和最小值。这种模型一般适用于小规模的功能电路。

功率模型：用于仿真数字逻辑单元的功耗。功率模型描述每个门电路的功耗，必须包含：①静态和动态功耗；②I/O 端口和内部节点的开关状态；③I/O 端口和内部节点的状态；④运行方式（如测试方式）；⑤运行、电压和温度等条件以及电容负载和输入瞬变时间。

时序模型：用于仿真数字逻辑单元之间的延迟。在此模型中不仅包含门电路的延迟，还包含了电路连线的延迟。连线的延迟与连线的长度、宽度等信息有关，因此在进行版图后仿真时，时序模型运用得较多。

仿真模型建立中需要注意：①仿真单元的模型随描述层次的不同而不同。例如，在门级电路中，元件是各种基本门和触发器；而在功能块级，是一个组合电路模块。②不同层次信号值的规定也不同。例如，门级和功能级电路中信号一般用 0 或者 1 表示，而高层次描述中信号为一个位串。③信号的延迟时间也有不同的模型。例如，在门级和功能块级，延迟时间泛指元件的延迟时间；而在高层次描述中的延迟，一般指信号赋值时的延迟。

3.3.2 数字系统仿真流程

前面提到，仿真是利用软件对电路的不同层次开展的验证工作。如前所述，在对电路进行仿真时，首先必须建立一个针对电路的仿真模型，这个模型的合适与否不仅关系到能否全面正确对设计进行评判，也关系到仿真的速度。一般工艺库里都包含有相应的电路模型供使用。其次是建立合适的激励，其一般是由电路正常工作时可能存在的不同输入情况组合在一起形成，激励包含的输入情况越全面，对电路的仿真也越接近于实际情况，但随着电路规模的增大，仅依赖于传统的写激励文件的方式显然是不现实的，因此目前对系统的验证多采用验证平台的方法，这将在后续详细介绍。最后就是将激励施加于仿真模型，然后观察输出，进而判断设计正确与否。仿真流程图如图 3.14 所示。

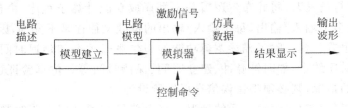

图 3.14　仿真流程图

仿真过程中一般是以时钟为基准来观察输入/输出变化，仿真时一般均从 0 时刻开始，时钟可以自定义单位，也可以采用默认的单位。电路仿真中信号线的值发生改变就称为 1 个"事件"，事件的构成有 3 要素：信号名、信号值和事件发生时刻。如 A 信号在时钟 15ns 处为 1 值，则事件为(A, 1, 15ns)。在整个仿真过程中，输出是随着输入发生变化的，因此，输入激励的变化就相当于事件的触发条件。在每一个仿真时刻都可能会有事件触发，仿真软件会根据触发内容对电路的输出重新求值，设计者通过观察每一个事件的结果来判断电路在此触发情况下是否达到了设计要求。一个事件结束后会因为输出的变化而触发下一级电路的 1 个新的事件，所以事件之间是按照一种设计时的约定次序发生的，即形成一个事件链。在每 1 个时刻会存在多个并行的事件，对于这些并行的事件，仿真软件也是进行并行处理的。处理完当前的并行事件后就会将其从事件队列中删除，转而去执行接下来的事件。

事件处理的示意图如图 3.15 所示。

在计算机上实现仿真时，对于每一种逻辑器件，有一个或几个模型函数，每当器件输入端信号发生变化时，就调用这些函数，用于计算器件的输出；如果输出有变化，则事件发生，此时，根据输入信号的变化时刻，建立事件队列；在某一个仿真时刻，可能会存在多个事件，只有当这一时刻对应的所有事件都处理结束后，才会将仿真时刻往前继续。

采用事件处理的最大优点是：只对那些输入有变化的电路器件进行计算处理。下面举一个简单例子来说明事件处理的仿真过程。

如图 3.16(a) 所示电路是 1 个简单的一位比较器电路，逻辑分析很容易。因为实际电路中每个门电路的输入到输出都存在延时，且连线之间也存在延时，因此电路实际工作时的分析比逻辑分析要复杂。现在假设每个反相器的门延时为 1ns，每个二输入与门的门延时为 2ns，同或门的门延时为 2ns，忽略连线延时。假设初始条件为：$A=0$，$B=0$，$g_1=1$，$g_2=1$，$g_3=0$，$g_4=0$，$g_5=1$。

产生一个事件必须是相关的门有信号发生变化，因此整个仿真过程（列出了 5ns）中每个时刻可能发生的事件如表 3.4 所示。图 3.16(b) 是对应的仿真波形图。

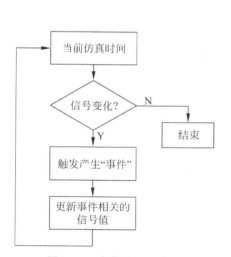

图 3.15　事件处理示意图

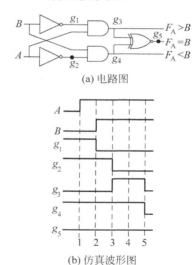

(a) 电路图

(b) 仿真波形图

图 3.16　事件处理举例

表 3.4　事件处理示例中的事件列表

仿 真 时 刻							
0	$(A,0)$	$(B,0)$	$(g_1,1)$	$(g_2,1)$	$(g_3,0)$	$(g_4,1)$	$(g_5,0)$
1	$(A,1)$		$(g_1,1)$	$(g_2,1)$			
2		$(B,1)$	$(g_1,0)$		$(g_3,0)$	$(g_4,1)$	$(g_5,0)$
3				$(g_2,0)$	$(g_3,1)$		
4							
5					$(g_3,0)$	$(g_4,0)$	

从波形图中可以看出,因为门电路的门延时,使得 g_3,g_4信号在时刻 3 和 4 时同时取
1 值,这显然是不符合电路设计要求的,因此采用这样的 1 个电路设计其实是不成功的,
但电路本身的逻辑却没有问题。此时就需要对电路的时序进行调整以符合电路设计
要求。

3.4　常用集成电路逻辑仿真工具介绍

集成电路的逻辑仿真工具有很多,常用的有 Mentor 公司的 ModelSim、Synopsys 公司
的 VCS、Altera 的 Quartus Ⅱ、Cadence 公司的逻辑仿真工具 Verilog-XL、NC-Verilog 等。
此外,常用的静态仿真工具是 Synopsys 公司的 Prime Time,形式验证工具是 Synopsys 公
司的 Formality。本节将对以上工具进行简单介绍。

3.4.1　ModelSim 工具

Mentor 公司的 ModelSim 是业界最优秀的 HDL 语言仿真软件之一,它能提供友好的
仿真环境,是业界唯一的单内核支持 VHDL 和 Verilog 混合仿真的仿真器。它采用直接优
化的编译技术、Tcl/Tk 技术和单一内核仿真技术,编译仿真速度快,编译的代码与平台无
关,便于保护 IP 核,个性化的图形界面和用户接口,为用户加快调错提供强有力的手段,是
FPGA/ASIC 设计的首选仿真软件。

其主要特点有:①RTL 和门级优化,本地编译结构,编译仿真速度快,跨平台、跨版本
仿真;②单内核 VHDL 和 Verilog 混合仿真;③具有源代码模板和助手,可进行项目管理;
④集成性能分析、波形比较、代码覆盖、数据流 ChaseX、Signal Spy、虚拟对象(Virtual
Object)、Memory 窗口、Assertion 窗口、源码窗口显示信号值、信号条件断点等众多调试功
能;⑤具有 C 和 Tcl/Tk 接口,可进行 C 调试;⑥对 SystemC 直接支持,和 HDL 任意混合;
⑦支持 SystemVerilog 的设计功能;⑧具有对系统级描述语言的全面支持,包括
SystemVerilog、SystemC、PSL;⑨具有 ASIC Sign off 功能;⑩可以单独或同时运行行为
级、RTL 级和门级(gate-level)的代码。

ModelSim 有几种不同的版本:SE、PE、LE 和 OEM,其中 SE 是最高级的版本,而集成
在 Actel、Atmel、Altera、Xilinx 以及 Lattice 等 FPGA 厂商设计工具中的均是其 OEM
版本。

SE 版和 OEM 版在功能和性能方面有较大差别,比如大家都关心的仿真速度问题,以
Xilinx 公司提供的 OEM 版本 ModelSim XE 为例,对于代码少于 40 000 行的设计,
ModelSim SE 比 ModelSim XE 要快 10 倍;对于代码超过 40 000 行的设计,ModelSim SE
要比 ModelSim XE 快近 40 倍。

ModelSim SE 支持 PC、UNIX 和 Linux 混合平台,提供全面、完善以及高性能的验证功
能,全面支持业界广泛的标准。

3.4.2　VCS 工具

VCS 的全称是 Verilog Compile Simulator,是 Synopsys 公司强有力的电路仿真工具。
目前,业界领先的设计人员在从事先进的设计工作时大多选择 Synopsys VCS 作为其时序

功能验证工具。实际上,绝大多数的 32nm 及以下工艺的设计均采用 VCS 进行验证。全球顶尖的 20 家半导体公司也大多采用 VCS 作为其主要验证解决方案,VCS 可提供高性能仿真引擎、约束条件解算器引擎、Native Testbench(NTB)支持、SystemVerilog 支持、验证规划、覆盖率分析和收敛以及完整的调试环境。

VCS 是编译型 Verilog 模拟器,它完全支持 OVI 标准的 Verilog HDL 语言、PLI 和 SDF。具有极高的模拟性能,其出色的内存管理能力足以支持千万门级的 ASIC 设计,而其模拟精度也完全满足深亚微米 ASIC Sign-off 的要求。VCS 结合节拍式算法和事件驱动算法,具有高性能、大规模和高精度的特点,适用于从行为级、RTL 到 Sign-off 等各个阶段的仿真。VCS 和 Scirocco 也支持混合语言仿真,都集成了 Virsim 图形用户界面,它提供了对模拟结果的交互和后处理分析。

VCS 可提供业内领先的性能和容量,同时支持一整套先进的调试、缺陷查找、覆盖率、验证规划和断言技术。其调试技术可以理解验证方法学,并提供对随机约束的调试。VCS 的多核技术可在多台多核机器上并行运行设计、测试平台、断言和调试功能,将验证速度提高 2 倍,缩短验证时间。VCS 的分区编译(Partition Compile)流程仅重新编译被修改的代码,缩短用户的迭代编译周期多达 10 倍。VCS 还提供一整套全面诊断工具,包括仿真内存消耗和仿真时间解析、交互式约束调试、智能记录等,帮助用户快速分析问题。VCS 支持原生的低功耗仿真和 UPF 格式,在既有完整的调试手段和高性能仿真的基础之上,可提供创新的电压感知验证技术,定位现代低功耗设计中的缺陷。VCS 具有内置调试和可视化环境,支持所有流行设计和验证语言,包括 Verilog、VHDL、SystemVerilog、OpenVera、SystemC 以及 VMM、OVM 和 UVM 等方法学,可帮助用户进行优质的设计。

VCS 运行时,首先需要输入编写好的 Verilog 代码,再将 Verilog 源文件进行编译,然后生成可执行的模拟文件,也可生成 VCD 或者 VCD+记录文件。接着运行这个可执行的文件,可以进行调试与分析,或者直接查看生成的 VCD 或者 VCD+记录文件。

VCS 的运行方式有两种:一种是交互模式(Interactive Mode),一种是批处理模式(Batch Mode)。两种方式各有优缺点,具体用在不同的情况下。在测试小模块或者底层模块,情况不太复杂而又需要很详细信息的时候,为显示更为直观,可以采用交互模式。当进行复杂测试而关注于整体性能,仅查看所需的信号仿真结果不必查看每个信号的结果时,可以采用批处理模式。

3.4.3 Quartus Ⅱ 工具

Quartus Ⅱ 是 Altera 公司的综合性 PLD/FPGA 开发软件,内嵌自有的综合器以及仿真器,可以完成从设计输入到硬件配置的完整 PLD 设计流程。Quartus Ⅱ 应用开发工具提供完整的多平台设计环境,它可以轻易满足特定设计的需要,是可编程片上系统设计的综合性环境。Quartus Ⅱ 可在个人计算机或 UNIX/Linux 工作站下使用,大大简便了整个设计过程。

Quartus Ⅱ 可以在 XP、Linux 以及 UNIX 上使用,除了可以使用 Tcl 脚本完成设计流程外,还提供了完善的用户图形界面设计方式。具有运行速度快、界面统一、功能集中、易学易用等特点。

　　Quartus Ⅱ 支持 Altera 的 IP 核,包含 LPM/MegaFunction 宏功能模块库,使用户可以充分利用成熟的模块,简化了设计的复杂性,加快了设计速度。对第三方 EDA 工具的良好支持也使用户可以在设计流程的各个阶段使用熟悉的第三方 EDA 工具。

　　此外,Quartus Ⅱ 通过和 DSP Builder 工具与 Matlab/Simulink 相结合,可以方便地实现各种 DSP 应用系统;支持 Altera 的片上可编程系统(SOPC)开发,集系统级设计、嵌入式软件开发、可编程逻辑设计于一体,是一种综合性的开发平台。

　　Altera Quartus Ⅱ 作为一种可编程逻辑的设计环境,由于其强大的设计能力和直观易用的接口,越来越受到数字系统设计者的欢迎。

3.4.4　Cadence 公司逻辑仿真工具

　　Cadence 公司的逻辑仿真工具主要有 Verilog-XL 和 NC-Verilog 两种。两种仿真工具都是基于事件算法的仿真器,即只有电路状态发生变化时才进行处理,只模拟那些可能引起电路状态改变的元件,仿真器响应输入引脚上的事件,并将值在电路中向前传播。

　　Verilog-XL 是由开创 Verilog HDL 语言的 GDA(Gateway Design Automation)公司的 PhilMoorby 在 1985 年推出的第 3 代商用仿真器,并获得了巨大的成功,由此也使得 Verilog HDL 迅速得到推广应用,因此 Verilog-XL 仿真器是与 Verilog HDL 同时开发的。1989 年 Cadene 公司收购了 GDA 公司,使得 Verilog-XL 成为 Gadence 公司的逻辑仿真工具。Verilog-XL 是一个交互式的仿真器,仿真时先读入 Verilog 描述,进行语义语法检查,处理编译指导;然后在内存中将设计编译为中间格式,将所有的模块和示例组装成层次结构,源代码中的每个元件都被重新表示并能在产生的数据结构中找到;接着再决定仿真的时间精度,在内存中构造一个事件队列的时间数据结构;最后读入、调度并根据时间执行每一个语句。因此 Verilog-XL 仿真器是命令解释仿真器,其中采用了多种加速算法,对每种抽象级描述都能很好地仿真。

　　NC Verilog 是 Cadence 公司在 Verilog-XL 基础上推出的仿真工具,采用全编译技术,无论仿真速度、处理能力、编辑能力等都得到很大提升。它把 Verilog 代码编译成 Verilog 程序的定制仿真器,即把 Verilog 代码转换成一个 C 程序,然后再把该 C 程序编译成仿真器,因此它的启动比 Verilog-XL 稍微慢一些,但这样生成的编译仿真器运行得要比 Verilog-XL 的解释仿真器快很多。NC Verilog 的执行有 3 步:①ncvlog(编译)。即编译 Verilog 源文件,按照编译检查语义及语法,产生中间数据;②ncelab(产生可执行代码)。按照设计指示构造设计的数据结构,产生可执行代码,除非对优化进行限制,否则源代码中的元件可能被优化丢失,产生中间数据;③ncsim(对可执行代码进行仿真)。启动仿真核,调入设计的数据结构,构造事件序列,调度并执行事件的机器码。上述 3 个步骤也可以采用基于脚本的单步模式进行。

3.4.5　Prime Time 工具

　　Prime Time 是 Synopsys 的静态时序分析软件,常被用来分析大规模、同步、数字电路。Prime Time 适用于门级的电路设计,可以和 Synopsys 公司的其他 EDA 软件非常好地结合在一起使用。

作为专门的静态时序分析工具,Prime Time 可以为一个设计提供以下的时序分析和设计检查:①建立和保持时间的检查;②时钟脉冲宽度的检查;③时钟门的检查等。

Prime Time 具有以下特点:①Prime Time 是可以独立运行的软件,它不需要逻辑综合过程中所必需的各种数据结构,而且对内存的要求相对比较低。②Prime Time 特别适用于规模较大的 SoC 的设计。

在数字集成电路设计的流程中,版图前、全局布线之后以及版图后,都可以使用 Prime Time 进行静态时序分析。它的分析原理是:首先,把整个芯片按照时钟分成许多时序路径(Timing Path),然后对每条时序路径进行计算和分析。时序路径是指设计中一个点(开始点)到另一个点(结束点)的序列,开始点一般是时钟端口、输入端口或寄存器、锁存器的数据输入引脚等,结束点一般是时钟端口、输出端口或寄存器、锁存器的数据输出引脚等。

3.5 系统验证

前面主要介绍的是集成电路设计中最基本的逻辑仿真知识,一般的功能电路采用这些仿真技术即可以达到确认设计正确与否的目的,但随着微电子技术的迅速发展和系统芯片的出现,集成电路的规模日益庞大,复杂度日益增加,使用传统的方法已经难以完成系统级芯片的设计验证工作,这正是所谓的"验证危机"。在这样的大趋势下,电子设计和验证工具正迅速发生巨大的变革。原先基于 RTL 级的设计和验证方法必须向系统级的设计和验证方法学转变,从而导致了验证语言的出现和标准化。本节先对当前出现的系统级设计和验证语言进行综述,接着简单评述当前的验证方法,说明 UVM 验证方法学是大势所趋。本节并不会介绍如何用 UVM 搭建验证平台,只会结合代码论述 System Verilog 如何搭建验证平台。UVM 正是用 System Verilog 所写,通过学习 System Verilog 搭建的验证平台,为进一步学习 UVM 打下坚实基础。

3.5.1 验证方法学和验证语言

通过前面的学习,知道了随着集成电路设计规模的日益扩大,现在的集成电路大多是 SoC 的设计,SoC 的特点是:更多、更复杂的功能集成和综合。内部包含存储器、处理器、模拟模块、接口模块和高速、高频输入/输出及软件模块等功能模块或 IP 核。从这些特点中可以看出,SoC 的功能非常复杂,而且因为其内部包含了 IP 核,而 IP 核往往是设计者从其他设计公司那里购买的,因此对于 IP 核的内部结构不会了解得非常详细。相应的,SoC 的测试也变得越来越复杂。

衡量一个设计的验证效率,通常有两个标准:代码覆盖率和功能覆盖率。代码覆盖率是指验证过程中所能遍历的 RTL 代码执行比例。代码覆盖率包括语句覆盖率、条件覆盖率、状态机覆盖率、信号转换覆盖率等。语句覆盖率指验证时 RTL 语句被覆盖的比例;条件覆盖率指代码中的条件判断语句被验证覆盖的比例;状态机覆盖率是指验证过程中有限状态机的状态变换情况与所有可能的状态变化情况比率;信号转换率是指输入/输出信号 0 状态和 1 状态的切换率。目前大多数逻辑验证工具(如 ModelSim、VCS 等)都可以实现代码覆盖率的数据收集,通过此数据可以掌握代码的执行情况。但即使代码执行率为 100%,

也不能保证所有语句的功能都被验证,因此产生了功能覆盖率。功能覆盖率是由验证工程师在对功能规范理解的基础上,人工构筑验证模型、仿真结束后通过分析报告查看没有被覆盖的功能,接着再有针对性地添加测试向量以对未覆盖的功能进行测试,因此功能覆盖率实际上更能正确反映验证的全面性。

在目前的系统验证中,采用代码覆盖率和功能覆盖率相结合的衡量标准。这是因为虽然功能覆盖率能正确反映验证的全面性,但其是基于人工构建的验证模型进行的,模型的建立又是基于验证工程师对设计所具备的功能规范理解上进行的,每个人对设计规范的理解不同,因此建立的验证模型也不一样,这样就可能会造成虽然功能覆盖率接近百分百,但因为模型的不全面造成代码的覆盖率并没有达到百分百,因此有必要采取功能覆盖率和代码覆盖率相结合的衡量标准。

进行系统设计时,往往需要多次重复地对设计进行修改,如果每次修改后都采用原先电路设计时的验证方法,则花费的时间会很长,因此如何缩短验证时间,是系统验证的关键问题。目前系统验证一般称为验证方法学,主要是指验证平台的建立和测试方案的制定,而且为了降低验证时间,这个平台和方案必须具有复用性。验证方法学经历了 RVM、AVM、VMM、URM、OVM 和 UVM 等。UVM(Universal Verification Methodology)是 2011 年由 Accellera 推出的,并得到 Cadence 公司、Synopsys 公司和 Mentor 公司的支持,在包含 OVM 功能的基础上加入了寄存器解决方案,同时也吸取了 VMM 中的一些优点,代表了验证方法学的发展方向,成为目前最流行的系统验证方法学之一。

验证是基于设计的,目前的系统设计多采用 Verilog HDL 语言,相应的验证语言也要基于 Verilog 语言才有普适性。目前有两种常用的基于 Verilog 的验证语言。

一种是基于软件领域的语言和方法,如 C/C++、Java、UML 等。但目前受限于工具,这一类语言主要运用于算法级建模,而在验证时须把这些模型的输出与待验证设计的输出相比,也就是需要将基于 C/C++ 等语言的模型集成到验证平台中。SystemC 的出现为这一问题的解决提供了良好的语言平台,它提供一组硬件的基本元件,这些元件可以扩充,以便在更高的层次上支持硬件。在 SystemC 2.0 版本之前,有些人认为 SystemC 是侧重于模拟,但是在 SystemC 2.0 之后,这些说法也不准确了。因为现在的 SystemC 2.0 已经能够支持所有系统级的要求。SystemC 填补了传统的 HDL 和基于 C/C++ 的软件开发方法之间的鸿沟;它包含 C++ 类库和一个模拟内核,这个内核用来产生行为级和寄存器级的模型;有领先的 EDA 厂商管理和支持,并与商用的综合工具相结合;它支持通用的软件和硬件开发环境。但其最大的优势也是其最大的劣势,在 C++ 中,用户需要自己管理内存,指针的问题会花费很多精力,并且还存在内存泄漏的问题,基于这些问题,现在 System Verilog 成为业界使用越来越广的硬件描述和验证语言。

System Verilog 是基于 Verilog 的,并对其进行了扩展,集中了 Verilog 和 C/C++ 的优点。自 2002 年开始,经过多次修改。不仅具有面向对象、事务性建模的优点,而且还为验证提供了如约束随机激励产生、功能覆盖率统计分析等功能。此外,因为 System Verilog 是对 IEEE 1364 2001 Verilog 的扩展,因此便于 Verilog 代码设计者和验证者快速上手。与 SystemC 相比,System Verilog 提供 DPI 接口,可以把 C++ 的函数导入 System Verilog 代码中,而且其内部提供内存管理机制,用户不用担心内存泄漏问题。无论是否是算法类设计,System Verilog 都能完成。System Verilog 得到了 Synopsys、Cadence 和 Mentor 三大 EDA

公司的一致推广和支持,目前被业界很多设计公司应用于设计中,成为目前设计和验证工程师的首选语言。

3.5.2　UVM 简介

UVM 是目前使用最普遍的验证方法学,可以实现对小规模设计、大规模设计及数字系统进行有效且完整的验证。

UVM 提供一个最佳的实现覆盖率驱动验证(Coverage-Driven Verification,CDV)的框架。CDV 包括自动生成测试向量、自主检查测试平台、覆盖率指标统计,从而显著缩短验证所花费的时间。CDV 的目的是:允许多次验证以估计验证效率和时间开销;确保使用预先设定的目标,可以完成整体验证;接收前面验证结果中的错误信息,并进行实时分析以简化调试。

CDV 流程与传统直接验证流程是不同的。CDV 中,验证者首先使用一个有组织的规划过程设置验证目标。然后创建一个智能验证平台产生合适激励,并将其发送到 DUT。覆盖率监测器被添加到测试环境来监测验证进程和识别没有被执行的功能。检查被添加到 DUT 中的那些不希望实现的功能。覆盖模型和验证平台已经建立好后模拟启动。验证然后加以实现。

通过使用 CDV,人们可以通过改变验证平台参数或者随机种子对设计进行彻底验证,或者在顶层加入测试约束以协调仿真,以便尽早达到验证目的。排队技术允许人们识别当前测试和随机种子对验证目的的贡献度,以便从一个测试队列中删除多余的测试部分。图 3.17 是一个基本的 UVM 验证流程图。

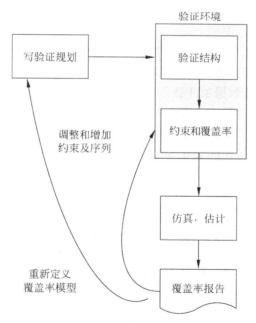

图 3.17　UVM 验证流程图

UVM 中一个最重要的原则是建立和利用一个可重用的验证组件。UVM 具有所有验证的特征和能力:(1)UVM 代码以 OVM 库为基础,仅在被证明可以使用的 OVM 代码顶层单元上进行一些改动;(2)是开源的;(3)适用于大量的商业仿真软件。

在技术层面,UVM 提供一个普通的使用模型的面向对象的验证组件,确保所有的验证部件可以在其内部操作,而不管源代码是用什么语言设计的。UVM 的特点如下。

(1) 数据设计。通过方法和库代码提供清楚的验证环境分割,使其成为一组特定的数据项和组件。此外,UVM 提供许多内置功能简化活动,如文本打印和图形查看对象、分层次设置和获取对象数据值,以及自动化常用操作,如复制、比较和封装对象等。同时,这使得工程师们的关注对象包含哪些内容以及它们如何工作,而不是普通的关注代码。

(2) 激励产生。提供类和框架,使得可以产生用于模型级和系统级的激励时序数据流。使用者能利用现有的环境状态随机验证数据,包括 DUT 状态、接口或者前面的生成数据。UVM 提供内部激励生成功能,它可以自定义包括用户自定义分层处理和产生事务流。

(3) 建立和运行测试平台。为一个包含多个不同协议、接口和处理器的 SoC 建立一个完整的测试平台越来越困难,UVM 基本类提供自动化和 UVM 使用帮助。一个定义明确的流程允许建立一个层次化的可重用环境。一个普通接口使得用户可以自定义运行时间和测试平台拓扑而不用修改原始的测试平台。

(4) 覆盖率模型设计和检查策略。可以实现验证部件的功能覆盖率检查、物理检查和时间、协议等检查。

UVM 平台由可重用的 UVM 通用验证组件(Universal Verification Component,UVC)组成。一个 UVM 通用验证组件是为接口协议、一个设计的子模块或者一个软件验证而设置的封装好的、可以重用并可配置的验证环境。每个 UVC 遵循统一的结构,内部包含为特定协议或设计而设置的一系列用于发送激励、检查及收集覆盖率信息的元素。

UVC 标准界面结构包括以下 7 个元素。

(1) 数据项

数据项表示传输到 DUT 的激励,例如网络数据包、总线事务和指令。数据项的域和属性来自于数据项的定义。例如以太网协议标准为一个以太网数据包定义了有效值和属性。在典型的验证中,产生很多数据项并被传递到 DUT。利用 System Verilog 约束可随机产生大量有意义的测试数据同时最大化覆盖率。

(2) 驱动器

驱动器是一个一直在运作的实体,把仿真逻辑的数据发送给 DUT。一个典型的驱动器通过时序产生器重复产生数据项,并通过采样驱动数据项给 DUT 的信号。例如,驱动器为一些时钟周期执行写操作控制读写信号、地址总线、数据总线。

(3) 序列产生器

一个序列产生器是激励产生器,并将激励传给驱动器。默认为一个序列产生器行为与采样激励产生器行为类似,同时可以根据驱动器的请求产生相应的随机应答数据。这些默认行为允许设计者为了控制随机值的分布而增加约束给数据项类。不同于随机化事务队列的生成器,序列产生器包含很多重要的内建特征。主要有以下几个:对每一个数据项的产生针对当前 DUT 的状态产生响应;获取用户自定义的数据项顺序,形成更有用的激励向量;在可重用情况下具有时间建模能力;对于同一个方案支持断言和程序化约束;系统级同步和控制多个接口。

(4) 监视器

监视器被动采样 DUT 信号但不能驱动 DUT 信号。监视器收集覆盖率信息并用于检查。即使可重用驱动器和序列产生器驱动总线事务,也不能用于收集覆盖率用于检查。监视器执行以下功能：①收集数据项。一个监视器从总线上提取信号信息并传输这些能被其他组件或验证者利用的信息（注意，这些行为可能会被收集器部件执行）。②提取事件，监视器可以提取信息的有效性、数据的结构，将一个事务的有效性通知给其他组件。③一个监视器还能捕获对其他组件或验证者有效的信息状态，执行检查和收集覆盖率，验证 DUT 的输出与协议定义符合，以及选择性地打印跟踪信息。

（5）收集器

当驱动激励时，UVM 强制进行事务级（序列产生器）和信号级（驱动器）的分离。收集器在监视路径上也进行相应的分离。收集器也是被动的，它为了收集位和字节而遵循特定的协议并形成一个事务。有个端口用于传输收集到的事务给监视器，在这个端口处覆盖率和检查都被执行。此组件不是必需的。

（6）代理

序列产生器、驱动器、监视器和收集器都可以单独被重用，但是需要环境整合器来识别它们的名称、角色、配置，以及各自的连接关系。为了降低验证者的工作量，UVM 建议环境创建者建立一个抽象的容器——代理。代理可以仿真和验证 DUT。代理将驱动器、序列产生器、监视器和收集器封装在一起。UVC 可以包含一个或多个代理。代理可以是主动的，也可以是被动的。主动模式时代理将激励传给 DUT，被动模式时代理用来监视 DUT 的行为。

（7）环境

环境是 UVC 的最顶层，它包含一个或多个代理，也可以包含其他组件，如总线监视器。环境内的可配置属性使得用户可以根据重用性自定义其拓扑结构和行为。例如，当验证环境重用为系统验证时，主动模式代理可以变为被动模式代理。

图 3.18 是一个典型的 UVC 接口，代表了一个可重用的验证环境。注意，UVM 里的所有 UVC 包含一个环境级监视器。这些总线级监视器执行检查和功能覆盖率收集，并不是必须和一个单独的代理联系。一个代理监视器能利用通过全局监视器收集到的数据和事务。

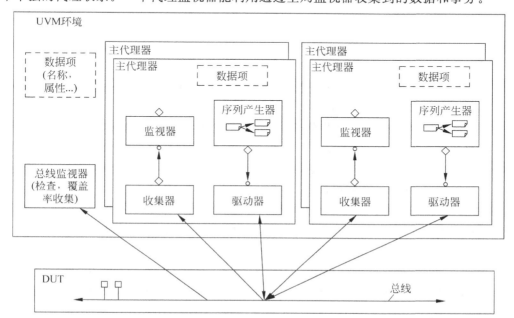

图 3.18 典型的 UVC 接口

3.5.3　基于 System Verilog 的 UVM 类库

UVM 是一个库,在这个库中几乎所有的内容都使用类来实现,验证平台中所有的组件都应该派生自 UVM 中的类。基于 System Verilog 的 UVM 类库为快速搭建基于可重用的验证组件和验证环境提供了基本的结构模块。类库包括基本类、公用程序及宏,组件可以层次化地进行封装和实例化,并且受可扩展的一系列 phases 来初始化、运行和完成每一个测试。这些 phases 在基本类中定义,但不能延伸为特定的项目使用。其层次结构如图 3.19 所示。

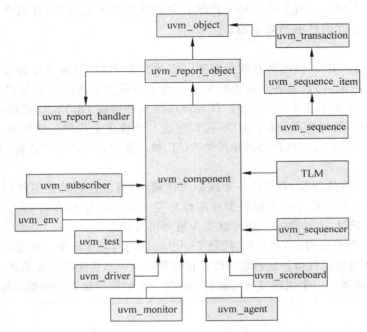

图 3.19　UVM 类的层次结构图

(1) uvm_object 是 UVM 中最基本的类,其他的类都来自于它的扩展。它的主要功能是完成创建、复制、封装/拆分、比较、打印和记录等方面的工作。

(2) uvm_report_object 为报告提供了一个接口。通过这个接口,组件在仿真过程中用不同的严重级别发出不同的信息。验证工作者可以通过配置将不同的信息写入不同的文件,或者把所有的信息写入同一个文件。

(3) uvm_transaction 是直接被 DUT 处理的数据项。是从 uvm_sequence_item 派生的,使得验证过程中的事务处理可以使用 UVM 中强大的 sequence 机制。transaction 指示在验证环境中哪些字段和方法需要被封装起来以用于通信,驱动器从序列产生器中得到事务处理信息,并且将其转换成端口上的信号。

(4) uvm_sequence_item。从图 3.19 中可以看出,虽然 UVM 中有 1 个 uvm_transaction 类,但是在 UVM 中,不能从 uvm_transaction 派生一个事务处理,而要从 uvm_sequence_item 派生。事实上,uvm_sequence_item 是从 uvm_transaction 派生而来的,因此,uvm_sequence_item 相比 uvm_transaction 添加了很多额外的字段,从 uvm_sequence_item 直接

派生,就可以使用这些新增加的字段。

(5) uvm_sequence。所有的 sequence 要从 uvm_sequence 派生。sequence 就是 sequence_item 的组合。sequence 直接与序列产生器打交道,当驱动器向序列产生器索要数据时,序列产生器会检查是否有 sequence 要发送数据。当发现有 sequence_item 等待发送时,会把此 sequence_item 交给驱动器。

(6) uvm_report_handler 是 uvm_report_object 类的一个子类,用来实现消息的报告。uvm_report_handler 存储了对消息的显示和处理的一些配置信息,它对消息的处理进行决策,并对消息进行一些格式化、过滤等。最终消息将被 uvm_report_handler 送到 uvm_report_server。

(7) uvm_component 也是 UVM 的基类,除了具有 uvm_object 的性质外,还提供如指定父参数以形成层次化结构、内建 phase、报告等功能。uvm_component 是准静态的,在仿真前就必须创建好。

(8) uvm_env 是一个顶层的组件集合,为验证环境的顶层。包含构建一个完整验证环境的所有其他组件,并提供所有组件的阶段控制功能。一个环境类可以作为另一个环境类的子环境使用。如图 3.20 所示为在 uvm_env 中实例化各类 agent、Reference Model、Scoreboard 等具体功能的组件。同时,uvm_env 又可以作为更顶

```
class test_env extends uvm_env;
    spi_master_agent        spi_agent_ist;
    ctr_agent               ctr_agent_ist;
    pw_agent                pw_agent_ist;
    dout_agent              dout_agent_ist;
    scoreboard              sb_ist;
    reference_model         rm_ist;
```

图 3.20　uvm_env 举例

层的一个组件。例如,当原先用于模块及验证的 uvm 平台需要升级为芯片顶层级的验证平台时,原来模块级的 env 可作为芯片级平台的 env 中的一个实例化的组件。

(9) uvm_test 类并没有额外的功能添加,使用此类定义测试的优点是测试例的选择可以在命令行选项完成。在验证过程中,有各种不同的 test case 用于测试不同的功能。如某些 test case 用于测试复位功能,某些 test case 用于测试是否能正常上电,某些 test case 用于测试是否能正常下电等。UVM 中这些 test case 都派生自 uvm_test 类。

(10) uvm_driver 通过向序列产生器获取 sequence_item 信息,并将其传输给 DUT 端口上。uvm_driver 能够将在 uvm 中以 transaction 形式存在的激励信息转换为 DUT 端口能够接收的形式,进而将激励信息驱动到 DUT 中。

(11) uvm_monitor 的功能正好与 uvm_driver 的功能相反,uvm_monitor 用于接收 DUT 端口的信息,并将其转换为能够在 uvm 中流通的 transaction 信息。uvm_monior 类似于一个监视器,会不停地监测 DUT 输入/输出端口的信息。其中,监测到的 DUT 输入信息最终会输送到 reference model,监测到的 DUT 输出信息最终会输送到 scoreboard。

(12) uvm_scoreboard 为 uvm 中的比较器。作比较的数据有两个来源:一是来自于 DUT 的输出端口,也即需要检验正确与否的数据;二是来自于 reference model,该数据为 DUT 的理论输出值。当 scoreboard 的数据对比出错时,一般认为 DUT 的输出有问题。

(13) uvm_agent。一般以不同协议写进 DUT 的激励信息都有一个特定的 sequencer、driver 以及 monitor,如图 3.21 所示。当所验证的 DUT 需要该类激励信息时,需要在 env 中实例化这几个组件。为了增强 UVM 平台的可移植性及扩展型,通常将该组激励信息的 sequencer、driver 以及 monitor 封装打包在一个代理里面,而在 env 中实例化相应的代理。

这样即使后续的项目当中不需要这类激励信息，只需取消相应的代理的实例化即可。

(14) uvm_sequencer 是 UVM 中用于产生激励的组件，uvm_sequencer 的参数即为相应的 transaction 类型，如图 3.22 所示。

```
class ctr_agent extends uvm_agent;
    ctr_driver        ctr_drv;
    ctr_monitor       ctr_mon;
    ctr_sequencer     ctr_sqr;
```

图 3.21　uvm_agent 举例

```
class ctr_sequencer extends uvm_sequencer #(ctr_trans);

    `uvm_component_utils(ctr_sequencer)

    function new(string name = "ctr_sequencer",uvm_component parent);
        super.new("ctr_sequencer",parent);
    endfunction

endclass
```

图 3.22　uvm_sequencer 举例

(15) TLM(Transaction Level Modeling)即事务级建模，为 UVM 中数据通信的一种方式。TLM 中有几种常用的操作：①Put 操作。通信的主动方 A 将一个 transaction 发送给被动方 B。②Get 操作。通信的主动方 A 向被动方 B 索取一个 transaction。③Transport 操作。通信的主动方 A 先向 B 发送一个请求，再向 B 索要一个 transaction。通信过程中，通信主动发起方 A 端的端口称为 PORT，被动方 B 端的端口称为 EXPORT。

3.5.4　UVM 举例

本小节主要以 3 路抢答器电路为例，给出 UVM 的基本代码。抢答器的基本功能为：满足 3 名抢答者参加比赛的需要，3 名抢答者分别控制着 3 个按钮(即有 3 个输入端)；某个抢答者按下按钮后，抢答器的输出端显示其对应的号码(即有 1 个输出端)；结束 1 次抢答后，抢答器恢复初始态(即需要 reset 等控制信号)。

抢答器的 Verilog HDL 功能代码此节不提供，读者可以自行设计或者参考其他资料。

(1) Env。在其内部包含 4 个 agent，其中 ctr_agent 是 rtl 的输入控制信号，resp1_agent、resp3_agent、resp3_agent 分别为 3 名抢答者的输入端。此外，还包含 1 个 rtl 输出检查端 dout_monitor、1 个数据比较端 resp_scoreboard、1 个 reference modelresp_rm。Env 部分代码如下。

```
class responder_env extends uvm_env;
    ctr_agent            ctr_ugent_ist;
    resp1_agent          resp1_agent_ist;
    resp2_agent          resp2_agent_ist;
    resp3_agent          resp3_agent_ist;
    dout_monitor         data_mon_ist;
    resp_scoreboard      resp_sb;
    resp_rm              resp_rm_ist;

    `uvm_component_utils(_env)

    …
    function void build_phase(uvm_phase phase);
        super.build_phase(phase);

        ctr_agent_ist   = ctr_agent::type_id::create("ctr_agent_ist",this);
        resp1_agent_ist =  resp1_agent:: type_id::create("resp1_agent_ist",this);
```

```
            resp2_agent_ist = resp2_agent::type_id::create("resp2_agent_ist",this);
            resp3_agent_ist = resp3_agent::type_id::create("resp3_agent_ist",this);
            dout_mon_ist  = dout_monitor::type_id::create("dout_mon_ist",this);
            resp_rm_ist   = resp_rm::type_id::create("resp_rm_ist",this);
            resp_sb       = resp_scoreboard::type_id::create("resp_sb",this);
            …
        endfunction
        …
endclass
```

（2）Monitor。此处仅给出监测 DUT 输出结果的 monitor。Monitor 部分代码如下。

```
class dout_monitor extends uvm_monitor;
    dout_trans   mon_tr;
    uvm_component_utils(dout_monitor)

    extern function new(string name = " ",uvm_component parent);
    extern virtual function void build_phase(uvm_phase phase);
    extern virtual task main_phase(uvm_phase phase);
endclass

function dout_monitor::new(string name  = " ",uvm_component parent);
   super.new(name,parent);
endfunction

function void dout_monitor::build_phase(uvm_phase phase);
   super.build_phase(phase);
      dout_ap = new("dout_ap",this);
      …
endfunction

task dout_monitor::main_phase(uvm_phase phase);
   super.main_phase(phase);
    …
   dout_ap.write(mon_tr);
endtask
```

（3）Reference model。是用于验证抢答器是否正确的参考模型。Reference model 部分代码如下。

```
class resp_rm extends uvm_component;
   `uvm_component_utils(resp_rm)
   uvm_analysis_port#(dout_trans) rm_scb;

   function new(string name,uvm_component partent);
   super.new(name,parent);
    …
   endfunction: new

   function void build_phase(uvm_phase phase);
   super. build-phase(phase);
```

```
    rm_scb = new("rm_scb",this);
    …
endfunction

task main_phase(uvm - phase phase);
    …
    rm_scb.write(dout_tr);
endtask

endclass
```

（4）Scoreboard。用于 DUT 和 Reference model 之间的对比输出。Scoreboard 部分代码如下。

```
`uvm_analysis_imp_decl(_rmdout)
`uvm_analysis_imp_decl(_mondout)
class resp_scoreboard extends uvm_scoreboard;

    dout_trans rm_dout_q[ $ ];
    dout_trans dout_tr;

    uvm_analysis_imp_mondout # (dout_trans,resp_scoreboard) mondout_ imp;
    uvm_analysis_imp_rmdout # (dout_trans,resp_scoreboard) rmdout_imp;

    `uvm_component_utils(resp_scoreboard);

    function new(string name = "resp_scoreboard",uvm_component parent);
        super·new(name,parent);
        mondout_imp = new("mondout_imp",this);
        rmdout_imp = new("rmdout_imp",this);
    endfunction

    function void write_mondout(input dout_trans mon_tr);
        compare_data_data(mon_tr);
    endfunction

    function void write_rmdout(input dout_trans dout_tr);
        rm_dout_q.push_back(dout_tr);
    endfunction

    function void compare_data_data(input dout_trans dout_tr);
        rm_tr = rm_dout_q.pop_front();
        …
    endfunction
endclass
```

（5）Agent。仅给出 1 个 agent1 的代码,其余 agent 类似。agent1 部分代码如下。

```
class resp1_agent extends uvm_agent;
    resp1_driver      resp1_drv;
    resp1_sequencer   resp1_sqr;
```

```
        respl_monitor         resp1_mon

  uvm_analysis_port # (resp1_trans) ap;

  `uvm_component_utils(resp1_agent)

  function   new(string name = "resp1_agent",uvm_component parent);
        super.new(name,parent);
        ap = new("ap",this);
  endfunction

  function void build_phase(uvm_phase phase);
        super.build_phase(phase);
            resp1_drv = resp1_driver::type_id::create("resp1_drv",this);
            resp1_sqr = resp1_sequencer::type_id::create("resp1_sqr",this);
  endfunction

  function void connect_phase(uvm_phase phase);
        super.connect_phase(phase);
        resp1_drv.seq_item_port.connect(resp1_sqr.seq_item_export);
        this.op = resp1_mon.resp1_ap;
  endfunctian
  endclass
```

（6）Driver。与 agent1 对应的 driver，其余 driver 类似。driver1 部分代码如下。

```
class resp1_drier extends uvm_driver # (resp1_trans);
      virtual respllif        resp1_intf;
      resp1_trans              resp1_tr;
      `uvm_component_utils_begin(resp1_driver)
      `uvm_field_object(resp1_tr,UVM_ALL_ON);
      `uvm_component_utils_end

      function new(string name = "resp1_driver",uvm_component parent);
          super.new(name,parent);

      endfunction
          …
      task main_phase(uvm_phase phase);
        super.main_phase(phase);
          while(1)begin
              seq_item_port.get_next_item(resp1_tr);
              send_ data(resp1_tr);
              seq_item_port.item_done();

            end
      endtask

      task send_data(resp1_trans resp1_tr);
        resp1_intf.req < = resp_tr.req;
          …
      endtask
endclass
```

习　题

1. 简述集成电路设计有哪些描述域？有哪些描述方式？
2. 集成电路设计的层次一般有哪些？各个层次的内容是什么？
3. 集成电路设计验证一般要完成什么工作？
4. 仿真与形式验证有什么不同？
5. 什么是逻辑仿真？
6. 静态时序分析起什么作用？其优点是什么？
7. 静态时序分析的时序路径分类有哪些？
8. 简述建立事件和保持事件的检查工作。
9. 数字集成电路仿真模型通常有哪几种类型？
10. 简述仿真中的事件处理过程。
11. 常用的逻辑仿真工具有哪些？
12. 什么是验证方法学？
13. UVM 验证平台主要由哪些部分构成？每个部分的主要作用是什么？

参 考 文 献

[1]　Himanshu Bhatnagar. 高级 ASIC 芯片设计[M]. 张文俊，译. 北京：清华大学出版社，2007.
[2]　边计年，薛宏熙，苏明，等. 数字系统设计自动化[M]. 2 版. 北京：清华大学出版社，2006.
[3]　金西. 数字集成电路设计[M]. 合肥：中国科学技术大学出版社，2013.
[4]　唐衫，徐强，王莉薇. 数字 IC 设计方法、技巧与实践[M]. 北京：机械工业出版社，2006.
[5]　周润德. 数字集成电路——电路、系统与设计[M]. 北京：电子工业出版社，2011.
[6]　Erik Brunvand. 数字 VLSI 芯片设计——使用 Cadence 和 Synopsys CAD 工具[M]. 周润德，译. 北京：电子工业出版社，2009.
[7]　潘中良. 数字电路的仿真与验证[M]. 北京：国防工业出版社，2006.
[8]　Universal Verification Methodology (UVM) 1.0 User's Guide，accellera.

第 4 章

数字集成电路设计综合

设计综合是现在数字集成电路设计中的一个重要步骤,综合的效率直接影响电路的性能及设计的复杂度。对于如今规模庞大的集成电路,综合都是借助于 EDA 工具进行的。本章主要讲述设计综合的一般概念,重点介绍逻辑综合与 Verilog HDL 编码风格的关系及设计约束的施加。最后对业界常用的 Synopsys 公司的 DC(Design Compiler)工具及其流程进行简单介绍。

4.1 设计综合概述

4.1.1 设计综合发展及分类

随着 Verilog HDL 硬件描述语言的出现,为了提高设计的效率,集成电路采用语言描述设计的改变,但语言是呈现不出一个具体的系统或电路结构的,因此出现了综合工具。综合工具最主要的目的就是将用语言描述的设计转化为电路结构的形式呈现出来,其最早的雏形是 20 世纪 60 年代,由 IBM 公司 T.J. Watson 研究中心开发的 ALERT 系统,将 RTL 算法描述转化为逻辑级结构实现。到了 20 世纪 70 年代,当时电路规模不是很大,因此综合工具主要致力于较低层次的逻辑综合与版图综合。综合工具真正的快速发展及应用是在 20 世纪 80 年代中期,由于 ASIC 设计与应用的发展,推动了从算法级设计描述向 RTL 级设计描述的转换,并由此产生了“高层次综合技术”。再后来,随着 SoC 的出现及大规模应用,20 世纪 90 年代后期,综合工具的功能日渐强大,可以实现将硬件和软件作为一体进行描述和综合,也更适用于 SoC 的高层次综合。到目前为止,电路综合的效率已成为设计成功与否的重要保证。

对于不同的设计层次来讲,综合就是实现设计在不同层次、不同描述方式之间的一种转化过程。在第 3 章中讲到,集成电路从高层次的设计描述逐级转换到最终物理实现且可制造出来,要经过 6 个层次:系统层、算法层、RTL 层、逻辑级、电路层和版图层,对于较高层次的设计描述,通过综合后可以转化为较低层次(或同一层次)的另一种描述形式,而对于同一层次的综合,则仅仅是实现行为级描述到结构级描述的实现。不同设计层次的设计综合划分如图 4.1 所示。

从图 4.1 中可以看出,设计的系统层描述到 RTL 层描述的实现是通过“高层次综合”过程实现的,其包括两个部分:系统综合和算法综合。“系统综合”是将用户的设计要求转化

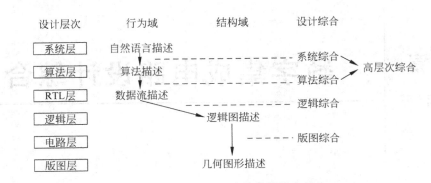

图 4.1   不同设计层次的设计综合划分

为设计技术规范,划分出软件部分和硬件部分,并对设计资源和指标进行折中与跟踪。"算法综合"主要是为硬件资源选择一种合适的 RTL 级的结构。

RTL 层描述到逻辑级描述的转化过程称为"逻辑综合",它是数字电路设计中最主要的综合过程,人们常说的综合主要就是指逻辑综合。目前在这个层次上已完成了大量的逻辑综合算法研究,也比较成熟。

逻辑层描述到版图级描述的转化过程称为"版图综合",经过这个转化后产生的数据可以提供给工艺厂家来进行最终的生产加工。其主要就是指设计过程中的布局/布线(Place & Route,P&R)工作,在此过程中将实现芯片面积、速度、功耗、时钟树等方面的优化综合工作。

4.1.2   集成电路高层次综合简述

高层次综合(也称"行为综合")的主要目的是将用自然语言描述的系统层的一些规格参数转化为数据流描述的寄存器传输层。寄存器传输层中会包括一些给定行为的硬件结构,而实现同一个行为会有多种多样的实现方案,如何根据系统的性能指标和面积、速度等指标在这些方案中选择出最优的硬件实现方案,即是高层次综合的主要目的。

以下通过例子对高层次综合对电路的面积、时序控制等方面的优化进行说明。

【例 4.1】   实现 $SUM1 = A + B + C$,$SUM2 = A + B + D$,$SUM3 = A + B + E$ 三个加法器,直接设计的电路图见图 4.2(a),高层次综合后的电路图如图 4.2(b)。很显然,图 4.2(b)中的电路面积要比未综合前小。

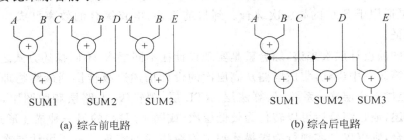

(a) 综合前电路   (b) 综合后电路

图 4.2   高层次综合面积优化举例

【例 4.2】   实现 $Z = A + B + C + D$。其中,A,B,C 同时到达,D 信号最晚到达。采用图 4.3(a)时,电路的对称性好,但由于信号不是同时到达的,会使得 I_2 门的输出晚于 I_1 门的输出，影响了最终 Z 信号的输出。而高层次综合时，对先到达的信号求值，将晚到达的信号放置于靠近输出端，减小延时，优化时序。

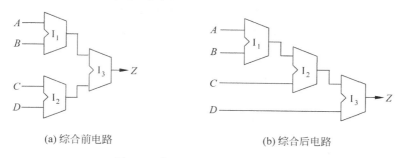

(a) 综合前电路　　　　　　　　　　(b) 综合后电路

图 4.3　高层次综合时序优化举例

【例 4.3】　实现 $F_0=ab+ac$，$F_1=b+c+d$，$F_2=\overline{b}\,\overline{c}\,e$，直接根据布尔逻辑表达式生成的逻辑电路图如图 4.4(a) 所示，但公式化简后可知 $F_0=a(b+c)$，$F_1=b+c+d$，$F_2=\overline{(b+c)}e$，3 个表达式中公用 $b+c$ 项，因此综合后生成的电路图如图 4.4(b) 所示。从图 4.4 中可知，综合后的电路图用的门数减小，同时，如果各个门的延时相同，则各个输出端的时序也更加匹配。

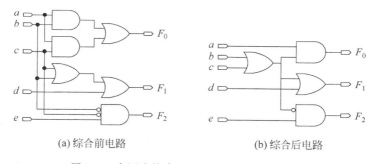

(a) 综合前电路　　　　　　　　　　(b) 综合后电路

图 4.4　高层次综合面积与时序同时优化举例

【例 4.4】　用图 4.5 实现一逻辑，经高层次综合后可用图 4.5(b) 实现，可看出对于综合后的电路而言，电路的面积会稍微增加，但时序匹配性会更好。

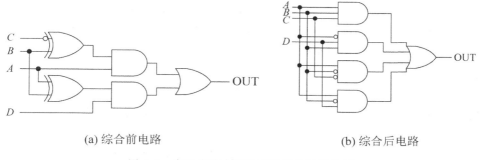

(a) 综合前电路　　　　　　　　　　(b) 综合后电路

图 4.5　高层次综合牺牲面积优化时序举例

从以上几个例子可以看出，高层次的综合可以将一个设计的行为描述直接转化为 RTL 的结构描述，这样对于目前超大规模的集成电路设计来讲，无疑会节省设计开发周期，缩短产品的上市时间。另外，高层次综合还可以根据设计者的要求，对实现同一设计不同方案的资源占用和时序等特性进行评判,以选择最佳的适用方案,避免在设计的后期(逻辑层、电路层、版图层)进行多次回溯。

高层次综合的对象是用硬件语言描述的算法层,经过翻译与优化、调度、分配、控制器综合等步骤后,生成一个 RTL 级的描述以用于后续的逻辑综合。高层次综合的主要步骤如图 4.6 所示。

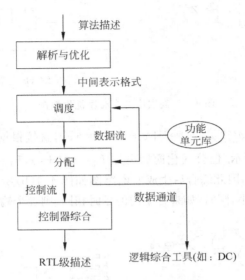

图 4.6　高层次综合的主要步骤

1. 翻译与优化

高层次综合的对象是设计的行为级描述,而行为级描述一般是将算法用硬件描述语言的形式实现,不包含任何的结构描述。因此,在进行高层次综合时,首先将综合对象经过解析转化成中间格式,中间格式一般包括数据流和控制流图。数据流图表示数据的相关性,而控制流图表示操作的控制相关性,目前最常用的是将这两种图合并产生。控制数据流图是基于编译器产生,用于高层次综合的、机器内部的表示格式,并非提供给设计者使用。

优化主要是指编译优化,例如常量代入、无用码删除、公共子表达式的提取与删除、代码移动、循环展开等。此外,还有些针对硬件的操作优化,如移动寄存器的移位操作、提高操作的并行性、实现流水线操作等。但因为高层次综合时给出的性能、面积等指标仅仅是一个粗略的估计,因此优化的效果如何很难估计。

2. 调度与分配

调度与分配是高层次综合中的两个重要任务。

调度是在时序上安排操作的执行顺序,决定每一个操作的时间,产生状态机。目的是使得高层次综合给定的延时、面积等尽量最小。

分配是在空间上完成操作和硬件资源分配。硬件资源分配包含 3 部分:功能单元分配、存储单元分配和数据传输通路分配。分配主要是以降低硬件资源为目的。

3. 控制器综合

经过调度和分配后产生的数据通道需要驱动信号控制其操作,这些驱动信号由一个控制器产生。控制器通常以有限状态机的形式描述,综合工具根据此状态机综合出的控制器产生所需的驱动信号,控制整个数据通道的操作。

　　高层次综合相比较逻辑综合,复杂性更高。虽然经过多年的研究,有了一些成果,但还存在不少问题需要解决。主要有:①设计空间的有效搜索方法与策略制定;②高层次综合过程中连线延时的考虑;③异步数字系统设计;④高层次综合的可测试性设计问题等。

4.1.3　集成电路版图综合简述

　　电路最终是以物理的形式呈现出来的,因此在高层次综合和逻辑综合后,需要对所生成的电路网表进行版图设计,而随着集成电路工艺的发展,物理因素对设计的成功与否所起的作用愈来愈大。首先,随着连线尺寸缩小,布线密度增加,集成规模增大,导致互连线延时已经对整个系统的性能起决定性作用;其次,电路规模的增大也提高了设计的逻辑层次与版图的物理层次之间的一致性。这些问题都使得对电路网表进行版图设计时,不再是简单地进行电路到物理的实现,更重要的是要以性能为目标进行版图设计,这个过程就称为"版图综合",如图4.7所示。

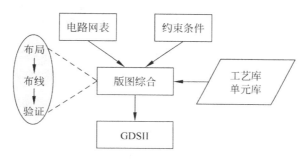

图 4.7　版图综合流程图

　　版图综合的对象是逻辑综合后的电路网表,包括电路各个模块、单元的连接关系及综合时的约束信息。版图综合的主要目的就是在这些约束信息的前提下,综合出面积尽可能小的芯片。版图综合包括以下工作。

　　(1)布局。主要是将设计中各个功能块合理地在芯片上进行规划,确定各自的放置位置。对于每个模块来讲,不仅要根据内部包含的门电路数量对其面积进行适当的预估,还要进行模块内部连线(如电源线、数据线、与芯片输入/输出端口的连接线等)的规划。版图布局的目的是在保证布线成功的基础上,使得芯片的面积尽可能小。此外,在深亚微米设计时,还需要考虑性能方面的布局要求,

　　(2)布线。主要进行模块间的互连工作,同时兼顾缩短连线延时,降低连线间的耦合效应以提高电性能等。连线的区域在布局时就要预留出来,目前多采用多层连线的方式降低连线所需面积。布线是个NP-hard问题,为了降低布线的难度,通常分两步完成:总体布线和详细布线。总体布线是较为粗放的,仅关注在划定的布线区域内连线可以布通,而对于连线的走线方向等则不予关注。详细布线则是最终确定某一布线区域内的连线具体方向长短、相互连接等。目前的走线方式中通常采用十字交叉的布线方式,即相邻两层的布线层分别采用水平走线和垂直走线方式,而层与层之间的连接则通过通孔进行。布线采用两步完成,可以合理分配布线区域,避免局部拥挤,不仅简化了布线问题本身,而且提高了布线成

功率。

（3）版图验证。即验证布局布线后的版图是否符合工艺厂家提供的规则。这些规则包括设计规则检查（DRC）、电学规则检查（ERC）、版图和电路图一致性检查（LVS）等。这部分内容在第 2 章已有介绍，在此不作赘述。经过版图验证后的版图才是最终设计的版图，才能提供给工艺厂进行制作。图 4.8 给出了一个实际的版图综合图。

当集成电路工艺进入深亚微米阶段后，SoC 大规模出现，集成电路的设计方法学也发生了一些变化，版图综合作为设计中必不可少的一部分，同样也发生了一些变化。首先，版图综合时 IP 核作为一个单元出现，其本身是一个具有一定规模的电路，因此，IP 核使得版图综合时将面对一个大规模的器件；其次，SoC 中的时钟往往也不是单一的，多时钟的出现将使得版图综合时的时序处理更为复杂；最后，正如前面所述，连线的延时、串扰及功耗等问题对版图综合也带来了很大的影响，高性能的设计要求更是需要反复对连线进行处理，而且往往会返回到逻辑综合阶段对时序约束进行调整，这样就使得整个集成电路设计过程反复迭代，前端设计与后端设计的紧密性也大为增强。

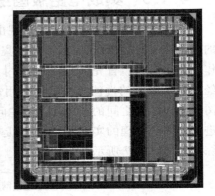

图 4.8　版图综合实例图

4.2　集成电路逻辑综合

逻辑综合是针对高层次综合后生成的 RTL 级描述进行的，是集成电路前端设计中的重要步骤。主要任务是：根据设计的逻辑功能和行为描述，在一定的约束条件（速度、功耗、成本、工艺等）下，利用 EDA 工具生成逻辑门电路，实现软件描述到硬件实现的转换。一个设计的综合效率直接影响着后端的布局布线质量，并对设计的性能有着至关重要的影响。但综合是基于代码进行的，基于设计的代码可以通过仿真来验证其是否符合设计要求，但并不是所有可以仿真的代码都可以综合出预期的逻辑门电路。本节将先对逻辑综合进行初步的概述，然后再通过实例详细介绍代码编写时经常要注意的一些问题。

4.2.1　概述

逻辑综合在整个集成电路设计中起着至关重要的位置，通过逻辑综合可以对一个用 Verilog HDL 语言描述的设计进行面积和时序方面的约束，并转化成硬件实现，让设计者从电路结构上对设计有直观的了解，并对电路结构进行分析，生成逻辑门级网表（Netlist），供后续的布局布线工作使用。图 4.9 为逻辑综合的示意图。

从图 4.9 中，可以看出逻辑综合主要包括 3 个步骤：①转化（Translate）。将语言描述的设计通过 EDA 工具（目前常用的是 Synopsys 公司的 Design Compiler 工具）转化为用布尔逻辑实现，并形成一个初步的网表。但这里的网表不包含任何时序和负载信息，仅仅是呈现输入/输出的关系。②优化（Optimize）。对转化后的布尔逻辑进行逻辑优化，使得实现设计的网表结构更为简化，同时也根据设计者在综合过程中加入的面积、时序等约束对门级电

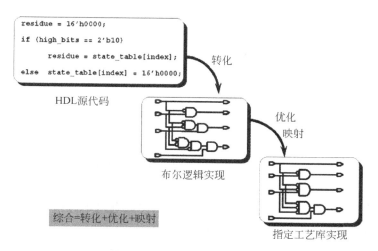

```
residue = 16'h0000;

if (high_bits == 2'b10)
        residue = state_table[index];

else  state_table[index] = 16'h0000;
```

HDL源代码　　　　　　　　转化

布尔逻辑实现　　　　　优化
　　　　　　　　　　　　映射

综合=转化+优化+映射

指定工艺库实现

图 4.9　逻辑综合示意图

路进行性能上的优化。③映射(Map)。主要是根据设计者指定的工艺库将初步产生的网表映射到某一工艺库上,这时产生的网表即是包含了实际逻辑门的门级网表。上述 3 个步骤中转化是相对独立的,也最方便。而优化和映射往往是结合在一起的,因为面积和时序等约束只有在门级网表时才产生作用。

4.2.2　HDL 编码风格与逻辑综合

正如前面所述,目前大多数设计都是基于代码进行的,代码与电路的关系是通过逻辑综合的转化及映射过程实现的。利用综合工具,经过转化及映射后即将一个 Verilog HDL 描述的设计与工艺库结合起来,产生一个包含实际门的门级网表。可见,好的设计希望经过综合后得到所需的电路结果,因此 Verilog HDL 编码风格对于综合的效率起着决定性的作用,同时也关系到综合后电路的性能。好的综合结果不仅可以减小芯片的最终面积,而且还有助于整个系统时序的实现。用 Verilog HDL 描述的设计如不能符合可综合的原则,那么即使功能仿真通过了,也综合不出所期望的门级网表。

通常,综合的一般原则为:①代码风格符合可综合性;②首选同步逻辑,如必须采用异步逻辑,则将同步逻辑和异步逻辑分开;③避免不必要的层次,尽量使用 RTL 级描述。

下面将主要通过实例介绍常用的 Verilog HDL 代码结构与门级网表(以下用电路图形式给出)之间的映射。

1. always 语句的综合

always 语句属于块语句,当事件列表中的条件具备时,执行块语句中的内容。在使用 always 语句时要注意:①每个 always 块只能有一个事件控制列表,而且要紧跟在 always 关键字后面;②不推荐用 always 语句表示电平敏感的透明锁存器,因为容易产生错误;③在 always 语句中的赋值信号都必须定义成 reg 型或整型;④always 语句中尽量避免组合反馈回路,否则综合器会因为无法判断组合逻辑电路中所有输入信号的值,最终导致综合不出纯组合逻辑电路。

【例 4.5】 用 always 语句实现一个纯组合逻辑的不正确实例。

```
input a, b, c;
reg e, d;
    always @ (a or b or c)
        begin
            e = d&a&b;
            d = e|c;
        end
```

上述程序的本意是生成一个纯组合逻辑电路,但因为 d 不在事件发生列表中,所以当 d 信号发生变化时,e 只有等 a 或者 b、c 变化时才能发生变化。也就是说,相当于需要一个电平敏感的锁存器将 d 信号的变化锁存起来。这样就使得电路不再是一个纯组合逻辑电路,综合工具会发出警告,提示电路中多了锁存器。

【例 4.6】 用 always 语句实现一个纯组合逻辑的正确实例。

```
input a, b, c, d;
output z;
reg z, temp1, temp2;
    always @ (a or b or c or d)
        begin
            temp1 = a&b;
            temp2 = c&d;
             z = temp1&temp2;
        end
```

此例中,块语句中的输入信号都在事件发生列表中,因此可以生成纯组合逻辑电路。综合后的电路结构如图 4.10 所示。

由上可以看出,使用 always 语句描述纯组合逻辑电路时,所对应的执行块语句中出现的所有输入变量必须全部出现在关键字后的事件列表中,否则综合后会产生不出所需的纯组合逻辑电路。

2. if 语句的综合

if 是一个条件语句,用来判定是否满足给定的条件,如满足则执行接下来的操作,如不满足则执行 else 后的操作。if 语句最常用的是描述二选一选择器,如例 4.7 所示,图 4.11 是例 4.7 综合出的电路图。

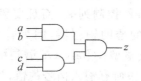

图 4.10 例 4.6 的综合结果

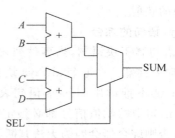

图 4.11 例 4.7 的综合结果

【例 4.7】

```
if(SEL = '1') then
    SUM < = A + B;
else
    SUM < = C + D;
end if;
```

在利用 if 语句时,如果没有将用于条件判断的所有情况都表示出来,则综合后的网表中会出现不希望有的锁存器,如例 4.8 所示。

【例 4.8】

```
module book1(A,B);
input[1:4] A;
output[0:1] B;
reg[0:1] B;
always @ (A)
if (A < 5)
    B = 1;
else
if((A > = 5)& A < 10))
B = 2;
endmodule
```

图 4.12 是例 4.8 经综合后产生的电路图,可以看出因为 if 语句中仅仅考虑了 $A < 10$ 的情况,而对于 $A \geqslant 10$ 的情况没有作出判断,因此当 $A \geqslant 10$ 时,电路中加入了锁存器保存的 A 变化以前 B 的值。

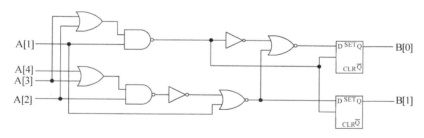

图 4.12　例 4.8 综合后的电路图

为了消除锁存器的存在,对例 4.8 代码改动如例 4.9 所示。

【例 4.9】

```
module book1(A,B);
input[1:4] A;
output[0:1] B;
reg[0:1] B;
always @ (A)
if (A < 5)
    B = 1;
else if((A > = 5) & (A < 10))
B = 2;
else
```

```
B = 3;
endmodule
```

经综合后,产生的电路图如图 4.13 所示。从图中可以看出,因为代码中的判断条件中加入了 $A \geqslant 10$,因此电路中消除了锁存器的存在。

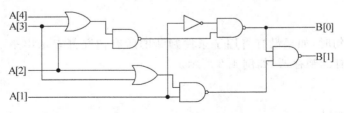

图 4.13　例 4.9 综合后的电路图

3. case 语句的综合

不同于 if 语句的只有两种选择,case 语句是一种多分支选择语句,主要包括控制表达式和分支项 2 部分。当控制表达式的值与分支表达式的值一致时,就执行分支表达式后面的语句。case 语句含 3 个关键字:case,casez,casex。其中 case 是最常用的,casez 是用来表述不用考虑高阻值 z 的情况,而 casex 则将高阻值 z 和不定值都视为可以忽略的情况。下面分别举例介绍使用 3 种语句进行综合时经常会遇到的问题。

【例 4.10】　使用 case 语句时,如没有写出控制表达式所有的情况,则综合出的电路中将会有锁存器。如例 4.10 中 sel 的可能取值有 4 种情况,但 case 语句中仅给出了 2 种情况。

```
module math(sel,a,b,z);
    input[0:1] sel;
    input[0:1] a,b;
    output[0:1] z;
    reg[0:1] z;
always @ (sel or a or b)
    case(sel)
        'b00: z = a + b;
        'b01: z = a − b;
    endcase
endmodule
```

【例 4.11】　改进后的代码如下:

```
module math(sel,a,b,z);
    input[0:1] sel;
    input[0:1] a,b;
    output[0:1] z;
    reg[0:1] z;
always @ (sel or a or b)
    case(sel)
        'b00: z = a + b;
        'b01: z = a − b;
        default: z = 1
```

```
  endcase
endmodule
```

对例 4.10 和例 4.11 分别进行综合,综合出的电路图如图 4.14 和图 4.15 所示。

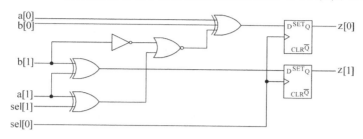

图 4.14 例 4.10 综合后的电路图

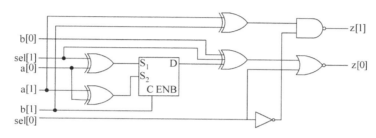

图 4.15 例 4.11 综合后的电路图

比较图 4.14 和图 4.15 可以看出,例 4.10 的代码中没有说明 sel 取 10 和 11 时 z 会被赋予什么值,所以当 sel 取这两个值时,代码执行结果默认 z 保持原值,因此在综合后的电路图 4.14 中会自动加入锁存器。而例 4.11 中用 default 项明确指明了在 sel 取除 00 和 01 之外的值时,应赋予 z 一个 1,因此综合后的电路图 4.15 中不会再有锁存器存在。

【例 4.12】 casez 和 casex 本质上是类似的,都是表示忽略某种情况(控制表达式为高阻或者不定值)。在综合时,如控制表达式中出现这些值,则不予考虑。标注中指出 x 代表的 0,1 情况全部列出。

```
module exam(a,b);
   input[2:0] a;
   output[2:0] b;
   reg[2:0] b;
always @ (a)
   casex (a)
   3'b00x: b = 3'b000;            3'b000: b=3b000;
                                  3'b001: b=3b000;
   3'b01x: b = 3'b001;
   3'b10x: b = 3'b010;
   3'b11x: b = 3'b100;
   endcase
endmodule
```

图 4.16 是例 4.12 综合后的电路图,从图 4.16 中可以看出,因为代码中将 a[0] 一直作为 x,因此在综合时对 a[0] 不予考虑。

例 4.10 说明,如没有列出控制表达式所有的情况时,综合出的电路中将会有锁存器。但在电路设计时控制表达式的某些情况是不会出现的,这时设计者既不希望电路中出现锁存器又不希望增加不会出现的值,那么可以采用在代码中加入综合指令——synopsys full_case 的方法将实际工作情况告知综合工具。综合指令的主要作用是负责向综合工具传递额外的信息,是以注释的形式存在于代码当中的,因此对代码所实现的功能没有任何影响。例 4.13 是对例 4.10 的改变,综合后的电路图如图 4.17 所示。

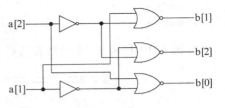

图 4.16　例 4.12 综合后的电路图

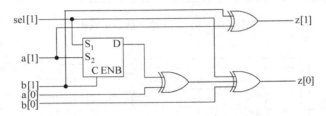

图 4.17　例 4.13 综合后的电路图

【例 4.13】　改进后的代码如下:

```
module math(sel,a,b,z);
  input[0:1] sel;
  input[0:1] a,b;
  output[0:1] z;
  reg[0:1] z;
always @ (sel or a or b)
  case(sel)                      //synopsys full_case
    'b00: z = a + b;
    'b01: z = a - b;
  endcase
endmodule
```

对比图 4.17 和图 4.14、图 4.15 可知,采用综合指令后不仅消除了电路中会出现的锁存器,而且也改善了因增加无关情况造成的电路面积浪费。但在综合时,推荐优先采用例 4.11 的方法,将 case 语句控制表达式中所有的可能情况列出,或者采用 default 项指明输出的状态。这是因为采用综合指令会使得代码的综合与综合工具息息相关,而直接改动代码则会使得二者之间变得无关,这样提高了代码的可移植性。

4. 寄存器综合

前面在讲 always 语句和 case 语句综合时都提到:条件不完整时将会综合出锁存器。锁存器是一个电平敏感的时序单元,控制电平有效时锁存器是透明的,这无疑会增加对电路静态时序分析的复杂性。因此,设计者对电路进行设计时,均不希望电路中出现锁存器,而且常用寄存器(也称为触发器)来实现时序单元中的存储单元。

寄存器是时钟边沿敏感的,当时钟的触发边沿有效时寄存器是透明的,它也是对设计进行静态时序分析时的关键部件。综合时,遇到 always 语句中的事件控制列表为时钟的上升沿或者下降沿时,综合工具就可以推断出一个寄存器。

在利用 always 语句生成寄存器时,要注意对不直接依赖时钟的变量赋值时,应该在单独的且其事件控制不含指定边沿的 always 语句中进行。

如寄存器中含有 reset 复位信号,则可以通过调整 reset 敏感信号在 always 语句中的位置实现异步复位或者同步复位。如例 4.14 中(1)是异步复位,(2)是同步复位。

【例 4.14】

(1) 异步复位寄存器实现两位加法器

```
module adder (clockA, reset, counter);
    input clockA, reset;
    output [1:0] counter;
    reg [1:0] counter;
always @ (posedge clockA or posedge reset)
    if (reset)
      counter <= 2'b00;
    else
      counter <= counter + 1;
endmodule
```

(2) 同步复位寄存器实现两位加法器

```
module adder (clockA, reset, counter);
    input clockA, reset;
    output [1:0] counter;
    reg [1:0] counter;
always @ (posedge clockA)
    if (reset)
      counter <= 2'b00;
    else
      counter <= counter + 1;
endmodule
```

图 4.18 和图 4.19 分别是例 4.14(1)、例 4.14(2)的综合后电路图。

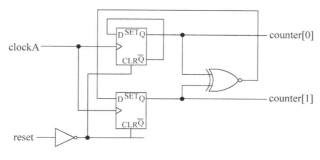

图 4.18　例 4.14(1)综合后的电路图

从图 4.18 和图 4.19 中可以看出,通过简单地将 reset 信号从事件控制列表中移除,即可以实现异步复位到同步复位的转变。在同步复位电路中,电路只在时钟的上升沿处进行复位操作和功能操作。在实际设计时,建议采用同步复位方式,这样有助于避免多时钟引起的时序不匹配问题,避免在物理设计时因为连线延迟引起的时钟偏差问题。

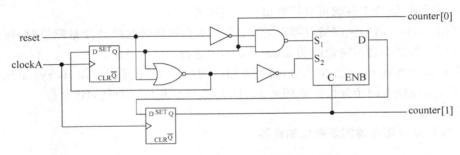

图 4.19 例 4.14(2)综合后的电路图

5. 综合时的优先级处理

如前所述,if 语句和 case 语句都属于根据事件控制条件来判断执行操作,即类似于多路选择器的操作。事件的控制条件有多种可能性,这些可能性之间可以是并行关系,也可能具有某种优先顺序。这种顺序关系是由代码来确定的,如使用 if 语句时,其是根据事件控制列表在代码中出现的先后顺序依次进行判断的,故多个条件之间是具有优先次序关系的。

【例 4.15】 if 语句生成具有优先级的电路。

```
module top (sel, A, B, Y);
    input A,B;
    input[1:0] sel;
    output Y;
    reg Y;
always @ (A or B or sel)
  begin
  if (sel[0])
    Y = A;
  else if (sel[1])
    Y = B;
  else
    Y = 0;
  end
endmodule
```

从图 4.20 中可以看出,sel 信号是一个 2 位的输入信号,sel[0]的优先级要高于 sel[1],只要 sel[0]=1,则输出 Y 不受 sel[1]和 B 的变化影响,只有当 sel[0]=0 时,电路才可能在 sel[1]的控制下将 B 信号的变化传输出去。

在利用 case 语句时则根据实际情况来判断电路是否具有优先级。一般常用的 case 语句中,各个控制表达式中的值是相互独立的,此时综合出的电路是不具有优先级的。

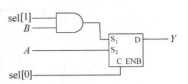

图 4.20 例 4.15 综合后的电路图

但如果控制表达式中的各个值具有相关性,则此时将会产生出带有优先级的电路来。

【例 4.16】 case 语句生成具有优先级的电路。

```
module exam(a,b);
input[2:0] a;
```

```
output[2:0] b;
reg[2:0] b;
always @ (a)          //synopsys parallel_case
casex (a)
3'bX0X: b = 3'b001;          //对应 a 为 000,001,100,101,
3'bXX0: b = 3'b010;          //对应 a 为 000,010,100,110,但实际仅是 a 为 010,110
3'b0XX: b = 3'b100;          //对应 a 为 000,001,010,011,但实际仅是 a 为 011
default: b = 3'b000;
endcase
endmodule
```

如例 4.16 所示,casex 中的三个分支语句是具有相关性的,从图 4.21 综合出的电路图中可以分析出,在 $a=000$ 时,输出 $b=001$,也即后两条分支语句中虽然包含了 $a=000$ 的情况,但实际上是不起作用的,也即例 4.16 表示的电路是具有优先级的。

例 4.16 的 casex 语句类似于以下的 if 语句。

```
if a[1] == 'b0
b = 3'b001;
else if a[0] == 'b0
b = 3'b010;
else if a[2] == 'b0
b = 3'b100;
else
b = 3'b000
```

在利用 casex 语句时,如果电路设计时设计者知晓控制表达式的所有情况是互斥的,这时候设计者不希望电路是带有优先级的,那么同样可以采用在代码中加入综合指令——synopsys parallel_case 的方法将实际工作情况告诉综合工具。综合指令加入的位置如例 4.16 中的标注所示。加入综合指令后综合出的电路图如图 4.22 所示,从图 4.22 中可以看出,因为控制表达式的所有情况是互斥的,因此只要 $a[1]=b0$,则 $a[0]$,$a[2]$ 只能为 1,因此保证了输出为 001。对比图 4.22 和图 4.21 可以看出,加入综合指令后的电路图是不带优先级的。

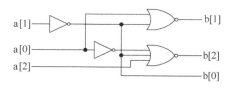

图 4.21 例 4.16 综合后的电路图

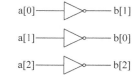

图 4.22 例 4.16 中加入综合指令
综合后的电路图

通过上述的一些例子可以看出,实现同一功能的不同代码经综合后产生的电路图是有所区别的。因此,设计者在进行最初的 RTL 级代码设计时,一定要根据设计的需求进行正确的代码设计,以降低后续的综合复杂性,尽可能提高电路的性能,给后端的布局、布线设计带来方便。

此外,并不是所有符合 Verilog HDL 语法的语句都是可综合的。表 4.1 中列出了 Verilog HDL 中常见的可综合及不可综合语法规则。

表 4.1 Verilog HDL 可综合与不可综合语句综合表

可综合	always, assign, begin, end, case, wire, tri, supply0, supply1, reg, integer, default, for, function, and, nand, or, nor, xor, xnor, buf, not, bufif1, bufif0, notif0, notif1, if, inout, input, instantitation, module, negedge, posedge, operators, output, parameter
部分工具 可综合	casex, casez, wand, triand, wor, trior, real, disable, forever, arrays, memories, repeat, task, while
不可综合	time, defparam, $ finish, fork, join, initial, delays, UDP, wait

注：在编写 Testbench 时，所有的 Verilog HDL 语句都可以使用。

综上所述，Verilog HDL 的编码风格对于最终实现的硬件电路有很大影响。一般而言，在利用 Verilog HDL 编写 RTL 代码时，需要遵循以下原则：

(1) 不使用不可综合的语句。

(2) 不使用延时（如♯5）。

(3) 不使用循环次数不确定的循环语句，如 forever、while 等。

(4) 不使用用户自定义原语（UDP 元件）。

(5) 尽量使用同步方式设计电路，降低后续的综合时序问题。

(6) 建议采用行为语句完成设计，除非是关键路径的设计，否则不推荐采用调用门级元件来描述设计。

(7) 使用 always 语句时，应列出敏感信号的所有可能情况。

(8) 所有的内部寄存器都应有复位功能。

(9) 对时序逻辑描述，尽量使用非阻塞赋值方式；对组合逻辑描述，既可以用阻塞赋值也可以用非阻塞赋值。但在同一过程块语句中尽量避免混用两种赋值方式。

(10) 对同一变量进行赋值只能在一个 always 语句中进行，且只能选用一种赋值方式。

(11) 在 if 和 case 语句中为避免生成不必要的锁存器，必须对敏感信号或控制表达式的所有情况都进行明确的赋值。

(12) 只能选用上升沿触发器和下降沿触发器中的一种。

(13) 同一变量的赋值不能受多个时钟控制，也不能受两种不同的时钟条件控制。

(14) 尽量避免在 case 语句中使用 x 或 z 值。

4.2.3 设计约束的施加

逻辑综合是一个多次迭代的过程，使其最终结果可以符合预期的时序、面积或功耗要求。设计本身是不知道这些要求的，仅仅是功能性的设计，因此需要设计者提供，这就是平常所讲的"设计约束"。这些约束条件通常由设计规范给出，它决定了 EDA 工具对设计的优化效率，没有好的约束条件，工具就不能对设计进行有效优化。因此，设计约束是逻辑综合的关键。

约束的条件直接决定了逻辑综合的效果，因此设计者必须对设计有个预判，尽量指定符合实际工作情况的约束条件。设计约束根据内容不同，主要分为两种：①环境约束。这是用来描述设计工作环境的，包括工艺参数、工作电压、工作温度、负载、最大扇入/扇出和驱动等。②优化约束。主要针对设计的面积和时序进行，这也是设计约束中最关键的信息，包括设计面积、时钟频率、接口时序/延时、关键路径时序/延时等。后续章节中为了更细致地分类，将面积约束和时序约束分开介绍。图 4.23 给出了一个设计约束的简单示例图。图 4.24

则详细给出了优化约束的主要内容。

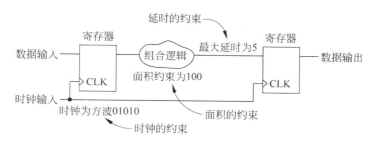

图 4.23　设计约束简单示例图

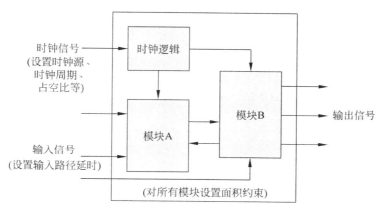

图 4.24　优化约束主要内容

1. 环境约束

环境约束是和工艺紧密相关的,因此一旦工艺选定后,环境约束内容必须与工艺库一致。在有些工艺库中自带了一些环境约束条件,为了能保证最终设计产品的可靠性,即使这些条件与优化约束条件(面积或延时等)有冲突,也不应违反这些条件。

环境约束的主要内容如图 4.25 所示,显而易见,环境约束主要是对待综合电路的外围电路参数(如驱动能力、负载等)进行设置,这些设置会影响到信号的转化时间(Transition Time)及延时时间,从而影响待综合电路的时序。

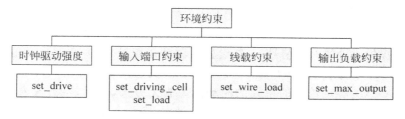

图 4.25　基本环境约束

工艺、电压、温度等工作条件对电路的性能会有很大影响,一旦这些参数发生了变化,电路的时序特性就会随之改变,图 4.26 给出了这 3 个条件对延时的影响。因此在进行各个环境约束条件设置前,首先要对整个待优化设计进行整体的工作条件(设计的工艺、电压、温度等)设置。DC 工具中使用 set_operating_conditions 命令指定特定的工艺库来实现工作条件的设置,通常工艺库中包含 WORST、TYPICAL、BEST 三种情况描述。

图 4.26　工作条件对延时的影响

下面是一个工艺库中工作条件的典型定义:

```
operating_conditions ( worst ) {
        process     : 1 ;
        voltage     : 1.62 ;
        temperature : 125 ;
}
operating_conditions ( typical ) {
        process     : 1 ;
        voltage     : 1.8 ;
        temperature : 25 ;
}
operating_conditions ( best ) {
        process     : 1 ;
        voltage     : 1.98 ;
        temperature : 0 ;
    }
```

WORST 代表了工艺最坏的工作条件,通常用于布局、布线前的综合,BEST 通常用于修正保持时间违例。TYPICAL 情况一般包含在 WORST 和 BEST 中,因此常被忽略,例如,set_operating_conditions WORST。有时候会同时用到 WORST 和 BEST 两种情况,此时需要在命令中使用-min 和-max 选项,如:

```
set_operating_conditions – min BEST – max WORST
```

设置好整体的工作条件后,就可以进行详细的环境约束设置。

(1) 输入端口约束。主要包括输入端口的驱动强度设置及输入端口的驱动单元设置。这些都是设计者根据待综合对象未来可能工作的情况进行估计而设定的,一般根据电路的最坏情况设定,因此假设输入端口的驱动能力较弱及限制每一个输入端内部的负载电容。但对于为全局提供时钟的时钟信号,一般设置其驱动强度最大(为 0 值)。输入驱动是通过 DC 的 set_drive 命令完成的。set_drive 主要用于模块建模或芯片端口外驱动电阻。在默认的情况下,DC 认为驱动输入的单元的驱动能力为无穷大,也就是说,输入的转化时间为 0。例如要将 CLK 和 RST 信号的驱动强度设为最大,则命令如下:

```
dc_shell – t > set_drive 0{CLK RST}
```

输入端口的驱动单元是通过 DC 的 set_driving_cell 命令完成的。set_driving_cell 是指定使用库中的某一个单元来驱动输入端口。该命令将驱动单元的名称作为参数并将驱动单元的所有设计规则约束应用于模块的输入端口,按照该单元的输出电阻来计算转化时间,从而计算输入端口到门单元电路的延迟。如要将待综合对象输入端口 IN1 的驱动单元设置

为工艺库中的 FD1,则命令如下:

```
dc_shell - t > set_driving_cell - lib_cell FD1 - pin Q [get_ports IN1]
```

实例图如图 4.27 所示,FD1 单元有 2 个输出端,命令指定了输入端口 IN1 连接 FD1 单元的 Q,如命令不指定连接哪个输出端,则 DC 工具会自动将输入端口连接到最先搜索到的输出端口。

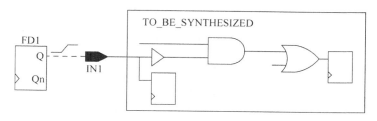

图 4.27　输入端口驱动单元设置实例

(2) 线载约束。主要用来估算设计中互连线的延时。线载模型由工艺库给定,为了使得工艺库有更广的适用性,在一个库中会包含适合不同设计规模的模型,这些模型中定义了电容、电阻、面积等寄生参数,同时给出了连线对应不同扇出时的线长估计。DC 在估计某条连线延时时,会先计算连线的扇出,从库中获取扇出数对应的线长度,再根据模型中给定的电容、电阻、面积等参数计算该连线的寄生参数。图 4.28 是一个线载模型的例子。

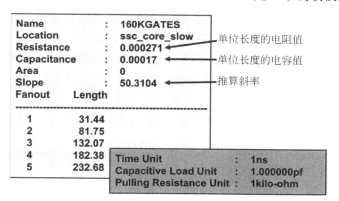

图 4.28　线载模型示例

这个例子可以通过命令 report_lib 得到,它是 ssc_core_slow 这个工作条件下的一个名为 160KGATES 的线载模型。其中时间单位为 1ns,电容负载单位为 1pF,电阻单位为 1kΩ。从图 4.28 中可以看出模型中给出了模型名称(160KGATES)、工作条件(ssc_core_slow)、单位长度的电阻值、电容值等,DC 在估算连线延时时,会先算出连线的扇出,然后根据扇出查表,得出长度,再在长度的基础上计算出它的电阻和电容的大小。若扇出值超出表中的值(假设为 7),那么 DC 就要根据扇出和长度的斜率(Slop)推算出此时的连线长度。

事实上,在每一种工作条件下都会有很多种线载模型,各种线载模型对应不同大小的模块的连线,图 4.28 中的模型近似认为是 160k 门大小的模块适用的。可以认为,模块越小,它的单位长度的电阻及电容值也越小,线载模型对应的参数也越小。

DC 中通过 set_wire_load_model 命令设置输入驱动。如设置一个模块的线载模型为

160KGATES,则命令如下:

```
dc_shell - t > set_wire_load_model - name 160KGATES
```

此外,DC 也可以根据综合出来的电路规模自动选择线载模型。如图 4.29 所示,利用 report_lib 命令可以查看 ssc_core_slow 这个工作条件下的所有线载模型,每种线载模型适合范围、名称从报告结果可以看出。因此,如综合出的电路规模为 86 956.00,则采用 10KGATES 模型;如为 151 234.00,则采用 20KGATES 模型。

dc_shell-t> report_lib ssc_core_slow

Selection min area	max area	Wire load name
0.00	43478.00	5KGATES
43478.00	86956.00	10KGATES
86956.00	173913.00	20KGATES
173913.00	347826.00	40KGATES
347826.00	695652.00	80KGATES

图 4.29　自动设置线载模型

此外,在设置线载模型时,还会用到一个命令:set_wire_mode。此命令定义了使用线载模型时不同的 3 种模式:top、enclosed 和 segmented。top 模式定义层次中的所有连线将继承和顶层模块同样的线载模型。如果后续设计时要打平子模块进行布图,则可选择此模式,如果设计采用自底向上的设计方法来综合,也可采用此模式。enclosed 模式指定所有子模块中的所有连线将继承完全包含子模块的上层模块所属线载模型。segmented 模式用于跨越层次边界的连线,依赖于特定连线段的线载模型,因此一般不使用。图 4.30 给出了常用的两种模式示例图,可以看出 B1 和 B2 两个模块由一根连线连接,并都位于 TOP 模块下的 SUB 子模块中,enclosed 模式是指 B1 和 B2 之间的线载模型用围绕这两个模块的线载模型代替,即用 SUB 子模块的线载模型;top 模式是指 B1 和 B2 之间的线载模型用顶层模块 top 的线载模型。

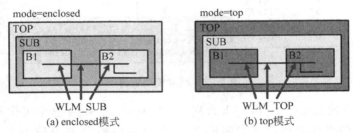

图 4.30　线载模型常用模式

如设置线载模型为 top 模式,则命令如下:

```
dc_shell - t > set_wire_load_mode top
```

(3) 输出端口约束。主要进行待综合电路的输出端所接负载设置。负载设置得过大,则会增加信号的转化时间,而设置得过小又不能反映实际的工作情况,因此具体的设置也是一个多次迭代的过程。与输入端口的驱动一样,DC 默认输出端负载为 0,即默认不接负载,这显然是太过于乐观的一种设置,与实际的综合结果时序误差很大。

输出端口的负载通过 DC 中的 set_load 命令完成。该命令将工艺库中定义的单位容性负载（单位通常为皮法,pF）设置到指定的连线或者端口。主要在布图前综合过程中设置电路输出端口的容性负载和往连线上设置布图后提取的电容信息。

设置负载时可以直接给输出端口赋值,也可以利用单元库中的信息指出负载相当于哪个单元的负载值或者与某个负载值的关系。如直接给输出端口 OUT1 设置 5 个单位的负载,则命令如下:

```
dc_shell-t> set_load 5 [get_ports OUT1]
```

如要将输出端口 OUT1 负载设置成与 my_lib 库中 and2a0 单元的 A 端口负载值一样,或设置成 3 倍于 my_lib 库中 inv1a0 单元的 A 端口负载值（如图 4.31 所示）,则命令分别如下:

```
dc_shell-t> set_load [load_of my_lib/and2a0/A] [get_ports OUT1]
dc_shell-t> set_load [expr [load_of my_lib/inv1a0/A] * 3] [get_ports OUT1]
```

图 4.31　输出端口负载设置

2. 面积约束

一片晶圆上可以制作的芯片越多,则单颗芯片的成本越低,因此芯片的面积大小与产品的价格息息相关。所以在进行设计时,都会要求芯片的面积尽量小,以降低成本。

在 DC 工具中,对面积的约束是通过 set_max_area 命令完成的,例如给 COUNT 模块约束 100 单位的面积,则命令如下:

```
dc_shell-t> current_design COUNT_TOP
dc_shell-t> set_max_area 100
```

这里的 100 单位面积不包含逻辑器件连线和期间间隔的面积等,而仅仅是一个目标值,实际综合结果可以偏离此值。此外,一般常用的面积单位有 3 种定义:①1 个二输入与非门的大小;②晶体管的数量;③平方微米。具体以什么为单位,要以工艺库中的规定为准。如不确定以什么为单位,可以先综合一个二输入的与非门,再利用 report_aera 命令查看此二输入与非门的面积结果,如结果为 1,则说明该工艺库的面积单位是 1 个二输入与非门的大小;如结果为 4,则说明该工艺库的面积单位是晶体管的数量;如为其他值,则以实际面积为单位。

3. 时序约束

目前集成电路设计已发展到纳米时代,对于时序的要求也越来越高,因此,时序约束是综合时的重点。DC 综合是以同步时序电路为前提,电路中所有的寄存器均受同一时钟控制,综合时的时序约束对象是电路中的所有时序路径。这些路径包括:输入到寄存器的数据传播路径（N）、不同寄存器间的数据传播路径（X）、寄存器到输出的传播路径（S）,如图 4.32 所示。

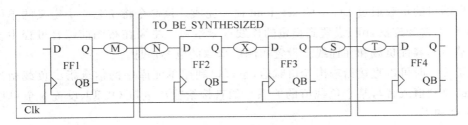

图 4.32　时序约束路径示意图

从图 4.32 中可以看出,要保证电路正常工作,则待综合电路中所有时序路径:N、X 和 S 必须满足以下要求:①保证 FF2 能接收到正确的数据;②FF3 中的数据输入端 D 在一个时钟周期后接收到 FF2 输出端来的信号;③保证 FF3 输出数据能正确地传输到下一个数据接收端。为满足这些要求,就需要设计者在进行电路综合时,给时序路径以时间约束。一般来讲,这些约束都是以时钟为基准来给定的,因此进行时序约束时,首先要进行的是时钟约束,然后再根据实际工作要求以时钟为基准对时序路径进行约束。

(1) 时钟约束

时钟关系到电路工作时能达到的性能,因此对于时钟的定义必须要准确。对时钟进行的约束主要是定义时钟的周期和波形,有些还须定义时钟偏差(clock skew)和时钟源。

在 DC 中对时钟的约束用 create_clock 命令完成,其中-period 用于定义时钟周期,-waveform 用于定义时钟的起始边沿,控制占空比。例如,定义一个时钟端口为 CLK,波形如图 4.33 所示,即周期为 20ns,时钟正边沿位于 0ns,下降沿位于 15ns 的时钟,则命令如下:

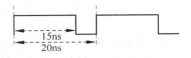

图 4.33　时钟约束示例

```
dc_shell – t > create_clock – period 20 – waveform [list 0 15] CLK
```

时钟源(也即时钟对象)可以是模块引脚也可以是端口,如一个时钟的占空比是 50%,则也可不用定义时钟起始边沿。例如,定义一个时钟端口为 CLK,占空比为 50%,周期为 20ns 的时钟,则可用命令:

```
dc_shell – t > create_clock – period 20 [get_ports CLK]
```

在电路设计时,为了更准确地对时钟网络进行处理,需要考虑连线的物理信息,而在布局、布线阶段,时钟树(Clock Tree)有不同于逻辑综合的方法,因此对时钟网络的综合多在布局布线时进行。但在进行逻辑综合时时钟信号是存在的,如果在对电路进行逻辑综合时不对时钟信号进行处理,则逻辑综合会根据时钟信号的负载自动对它产生缓冲器,这样不仅会增加电路面积,而且会增加后续的时钟树综合复杂度。DC 中为避免这一情况,提供了 set_dont_touch_network 命令,指定不需要综合的信号名,如 dc_shell-t>set_dont_touch_network [get_clocks CLK]。

此外,对于复位端也可使用 set_dont_touch_network 命令。注意,任何与 dont_touch 的对象相连接的门也将继承 dont_touch 属性。

为了更好地反映实际时钟的工作状态,还可以给时钟增加其他约束。如在布图阶段前估计时钟的插入延时,给时钟的建立时间、保持时间增加一定的余量。增加这些约束有助于

降低制造工艺偏差对芯片可能带来的影响。如在布图前估计时钟延迟为1ns,如图 4.34 所示,则命令为:

dc_shell－t＞set_clock_latency 1 [get_clocks CLK]

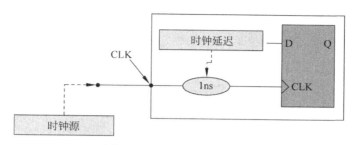

图 4.34　时钟延时约束示例

如给时钟定义扭斜(Skew)信息,规定建立时间增加 0.4ns 冗余时间,给保持时间增加 0.4ns 的余量,并规定时钟的转换时间为 0.25ns,如图 4.35 所示,则命令为

dc_shell－t＞set_clock_transition 0.25 [get_clocks CLK]
dc_shell－t＞set_clock_uncertainty － setup 0.4 － hold 0.4 [get_clocks CLK]

定义好时钟后,相应的图 4.34 中的 X 电路即被约束起来了,从而可以保证的 FF3 数据输入端 D 在一个时钟周期后接收到 FF2 输出端来的信号。但是如何保证 FF2 能接收到正确的数据和如何保证 FF3 输出数据能正确地传输到下一个数据接收端并没有被定义,因此还需要对相应的时序路径或时序电路进行约束。时钟扭斜约束示例见图 4.35。

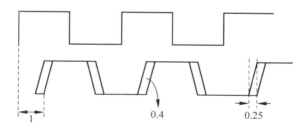

图 4.35　时钟扭斜约束示例

（2）输入路径约束

输入路径延时是指待综合对象前的寄存器触发信号在到达被综合对象之前经过的路径延时,如图 4.36 所示。

图 4.36 中 T_{Clk-q} 是待综合对象前寄存器的门延时,T_M 是待综合对象与其前面寄存器之间的组合逻辑电路延时,T_N 是待综合对象数据信号到达寄存器数据输入端时所经过的门电路延时,T_{SETUP} 是待综合对象的寄存器输入数据建立时间。根据输入路径延时定义可知,对于图 4.36 来讲,输入路径的延时等于 $T_{Clk-q}＋T_M$。

在时钟周期(T_{Clk})和待综合对象的寄存器输入数据建立时间(T_{SETUP})已确定的前提下,输入路径延时($T_{Clk-q}＋T_M$)确定后,根据图 4.36 中的波形图可以看出 T_N 的值也得到相应的确定,即 $T_N＝T_{Clk}－T_{SETUP}－(T_{Clk-q}＋T_M)$。

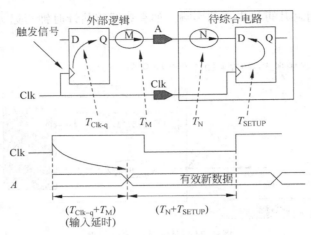

图 4.36　输入路径示意图

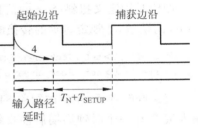

在 DC 综合工具中，输入路径延时可以利用 set_input_delay 命令完成。假设时钟信号 Clk 占空比为 50%，周期为 10ns，如要为图 4.36 中的 A 信号设置最大输入延时为 4ns（如图 4.37 所示），则命令如下：

```
dc_shell - t > set_input_delay - max 4 - clock Clk [get_ports A]
```

图 4.37　输入延时约束示意图

从图 4.37 中可以看出，如待综合对象的寄存器输入数据建立时间（T_{SETUP}）为 1ns，为保证待综合对象正常工作，则待综合对象数据信号到达寄存器数据输入端时所经过的门电路延时 $T_{\text{N}}=10-4-1=5\text{ns}$。命令中的-max 选项是表明为满足时序单元的建立时间而设置的输入延时最大值，另外还有一个为满足时序单元保持时间使用的-min 选项。

（3）输出路径约束

输出路径延时是指待综合对象的输出信号在到达下一个寄存器输入端之前经过的路径延时，如图 4.38 所示。

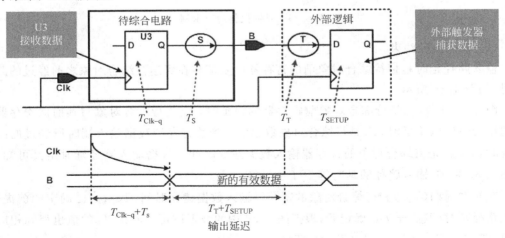

图 4.38　输出路径示意图

图 4.38 中 $T_{\text{Clk-q}}$ 是待综合对象中寄存器的门延时，T_S 是待综合对象中的寄存器输出端到达待综合对象输出端口所经过的门电路延时，T_T 是待综合对象输出端到达待综合对象下一个寄存器数据输入端时所经过的门电路延时，T_{SETUP} 是待综合对象下一个寄存器输入数据建立时间。根据输出路径延时定义可知，对于图 4.38 来讲，输出路径的延时等于 $T_\text{T}+T_{\text{SETUP}}$。

在时钟周期（T_{Clk}）和待综合对象中寄存器的门延时（$T_{\text{Clk-q}}$）已知的前提下，当输出路径延时（$T_\text{T}+T_{\text{SETUP}}$）确定后，根据图 4.38 中的波形图可以看出，$T_\text{S}$ 的值也得到相应的确定，即 $T_\text{S}=T_{\text{Clk}}-T_{\text{Clk-q}}-(T_\text{T}+T_{\text{SETUP}})$。

在 DC 综合工具中，输出路径延时可以利用 set_output_delay 命令完成。假设时钟信号 Clk 占空比为 50%，周期为 10ns，如要为图 4.38 中的 B 信号设置最大输出延时为 5.4ns（如图 4.39 所示），则命令如下：

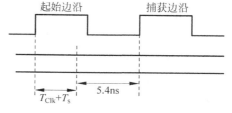

图 4.39 输出延时约束示意图

```
dc_shell - t > set_output_delay - max 5.4 - clock
Clk [get_ports B]
```

从图 4.39 中可以看出，如待综合对象的寄存器门延时时间（$T_{\text{Clk-q}}$）为 1ns，为保证待综合对象正常工作，则待综合对象中寄存器数据输出端到达待综合对象输出端时所经过的门电路延时 $T_\text{S}=10-5.4-1=3.6\text{ns}$。

4. 设计规则约束

设计规则约束通常是由工艺库决定，根据工艺库中的电容、转化时间和扇出参数确定有多少单元可以连接到另一个单元的输出。设计时为保证电路可以正常工作，不应违反这些约束条件。主要包括 set_max_transition、set_max_fanout 和 set_max_capacitance 三个命令。这些命令可以用于输入端口、输出端口或者当前正在综合的模块。

5. 其他约束

前面介绍了面积约束、时序约束等，都是常用的一些约束，在大规模的集成电路设计中，仅有这些是远远不够的，以下将描述一些额外的设计约束。

（1）虚假路径约束。在 DC 中有时会忽略某些路径的延时，不对这些路径进行优化或约束，这些路径就称为"虚假路径"。在作综合时，如果对这些虚假路径不进行额外的约束处理，则会使得 DC 对所有路径进行优化，从而影响关键路径的延时。DC 中利用 set_false_path 命令对虚假路径进行约束处理。利用此命令时必须指定路径的起点和终点，这些起点是输入端口或时序元件的时钟引脚，终点是输出端口或时序元件的数据引脚。例如：

```
set_false_path - from in1 - through U1/Z - to out1
```

（2）最大/最小路径延时。前面讲到的路径延时都是指的时序路径，而对于一些仅包含组合电路的路径，有时也需要给定延时，这可以用 DC 中的 set_max_delay 或者 set_min_delay 命令完成，其定义某一路径按照时间单位所需的最大/最小延时。例如：

```
set_max_delay 5 - from [all_inputs] - to [all_outputs]
```

（3）多周期路径约束。综合时，DC 工具默认所有的路径都是单时钟周期，同时不必为了获取时序而试图优化成多时钟周期。但在实际电路中往往可能存在超过一个时钟周期的路径,此时就需要对这部分电路加以约束,以告知综合工具。DC 中通过 set_multicycle_path 命令完成。例如,在 2 个寄存器 FF1 和 FF2 之间存在一个延时为 2 个时钟周期的组合逻辑,则命令如下:

```
set_multicycle_path 2 - setup - from [get_cells FF1] - to [get_cells FF2]
```

上述语句表明建立时间在 FF1 触发后的第 2 个时钟周期后检查。

4.2.4　设计约束的估算

前面讲设计约束的施加时提到,约束值要尽量符合实际工作情况。那么,这些值是如何确定下来的呢?一般而言,这些值是在设计规划时由规格制定者规定的,当他确定好整体设计结构,确定好各个子模块外围的时序和负载预算后,再由具体的子模块设计者完成模块的综合。下面将主要以实例的形式,介绍如何进行时序估算和负载估算。

1. 时序估算

假设有如图 4.40 所示的电路,其中 MY_BLOCK 是待综合模块,X_BLOCK 和 Y_BLOCK 是它外围的模块并都与之相邻,3 个模块是同步电路,时钟周期为 10ns。从图 4.40 中可以看出,相邻两个模块的 S 和 N 电路共享 1 个时钟周期的延时,假定处于两个模块相邻处的 S 和 N 电路只能分别占用 40% 的时钟周期,即所有的 S 和 N 电路延时分别为最大 4ns,则 $T_S+T_N=8$ns,比 1 个时钟周期要短,因此,留给电路 2ns 的时序冗余时间,如综合结果不满足时序要求,可以再将时序约束放宽松。

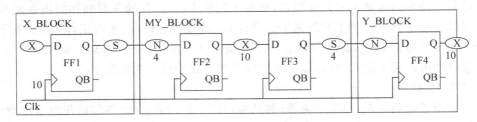

图 4.40　时序估算示例

根据以上的保守估计,可以给待综合电路 MY_BLOCK 模块施加以下约束:

```
create_clock - period 10 [get_ports CLK]
set_dont_touch_network [get_clocks CLK]

set_input_delay - max 6 - clock CLK [all inputs]
remove_input_delay [get_ports CLK]
set_output_delay - max 6 - clock CLK [all_outputs]
```

2. 负载估算

负载估算和时序估算一样,也是在实际进行模块综合前进行的,一般遵守以下几个原则:①假设驱动单元的驱动能力较弱;②限制每 1 个输入端内部的负载电容;③估算每 1 个输出端口最多可驱动几个相同模块。

如图 4.41 所示是一个负载估算的实例,在图 4.41 中可以看出驱动单元是由一个反相器来担当的,每个模块的输入端口负载最大是 10 个二输入与非门的负载大小,而模块的输

出端最大只能驱动 3 个同样大小的其他模块。因此,根据这些规定设置的约束如下:

```
set_driving_cell - lib_cell inv1a0 [all_inputs]
remove_driving_cell [get_ports Clk]

set MAX_INPUT_LOAD [expr [load_of tech_lib/and2a0/A] * 10]

set_max_capacitance $ MAX_INPUT_LOAD [all_inputs]
remove_attribute [get_ports Clk] max_capacitance

set_load [expr $ MAX_INPUT_LOAD * 3] [all_outputs]
```

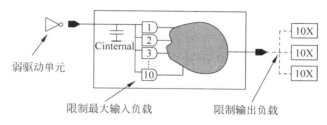

图 4.41　负载估算实例

4.2.5　高级时钟约束

在任何设计中,时钟都是综合时最关键的考虑部分。对于单一的最简单时钟约束,在 4.2.3 小节中已进行了简单的介绍。在大规模的电路中,时钟往往是以网络的形式出现,因此对于时钟网络的约束也要复杂很多,本小节将着重讨论几种不同时钟网络情况下的约束施加。

1. 同步多时钟网络

图 4.42 是一个同步多时钟网络的示例图,整个电路中存在 4 个不同工作频率的时钟,分别是 CLKA、CLKC、CLKD 和 CLKE,这 4 个时钟都是从同一个时钟源分频得来的,这样的时钟网络称为"同步多时钟网络"。

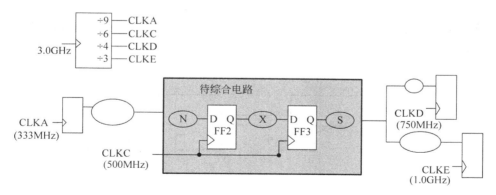

图 4.42　同步多时钟网络示例

从图 4.42 中可以看出,待综合电路的输入端口与两个不同工作频率的时钟(CLKA 和 CLKC)有关,因此由 CLKA 触发的信号何时到达 FF2 是不确定的。

对于这样的时钟网络,需要用到虚拟时钟的概念(Virtual Clock)。对图 4.42 要综合的模块而言,除了 CLKC 之外的其他时钟都可以称为虚拟时钟,它们有如下要求:①在顶层模块之内的其他模块内定义的时钟;②在当前的待综合电路(current_design)内不包含虚拟时钟驱动的触发器;③作为当前模块的输入输出延时参考。

定义虚拟时钟和定义时钟的命令类似,只是不要指定虚拟时钟的端口或者引脚,另外,必须指定时钟的名字。例如,图 4.42 中的 CLKA 相对于待综合电路来讲就是一个虚拟时钟。命令如下:

```
create_clock - period 3.0  - name CLKA
```

定义好虚拟时钟后,就可以进行电路的时序约束了。例如图 4.42 中,假设 IN1 端口的输入延时为 0.55ns,则约束为

```
create_clock -period 2.0 [get_ports CLKC]
set_input_delay 0.55 -clock CLKA -max [get_ports IN1]
```

相应的输入延时示意图如图 4.43 所示。

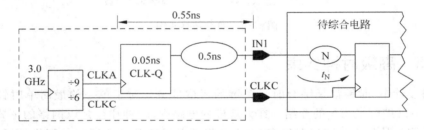

图 4.43　同步多时钟网络输入延时示意图

值得注意的是,先定义虚拟时钟 CLKA,然后在 set_input_delay 的驱动时钟开关中选择 CLKA。在设定完输入延时之后,设计编译器就会在 CLKA 和 CLKC 的所有情况中找到其中最短的周期,作为对这段路径的约束。

图 4.44 给出了最短周期的寻找示意图。过程如下:先计算 CLKA 和 CLKC 的最小公约数(3 和 2 的公约数)为 6ns,即两个 CLKA 的周期,然后分别以这两个上升沿为触发沿,计算此时的最短捕捉(被 CLKC 接收)时间,最后对比这两个时间,取其中最小的一个。如图 4.44 所示计算出的最短捕捉时间为 1ns,因此留下给路径 N 的延时为 $t_N < 1 - 0.55 - t_{setup}$。

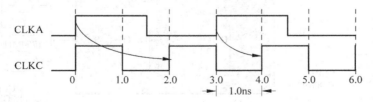

图 4.44　最短输入周期示意图

类似的,可以得到图 4.45 的输出路径延时图。

相应的输出路径延时约束命令如下:

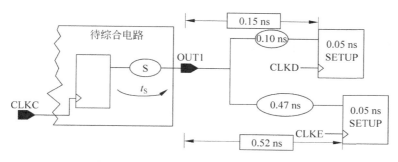

图 4.45 同步多时钟网络输出延时示意图

```
create_clock - period [expr 1000/750.0] - name CLKD
create_clock - period 1.0 - name CLKE
create_clock - period 2.0 [get_ports CLKC]
set_output_delay - max 0.15 - clock CLKD [get_ports OUT1]
set_output_delay - max 0.52 - clock CLKE - add_delay [get_ports OUT1]
```

注：①时钟周期要为实数，因为 DC 是在与各条时序路径有关的时钟周期公约数基础上计算路径延时；②如果没有-add_delay 选项，则会将第一句 set_output_delay 语句中的设置值覆盖。显然这样不足以为全部的输出路径进行时序约束，因为输出端连接 2 个时序路径。

最短输出周期示意图如图 4.46 所示。

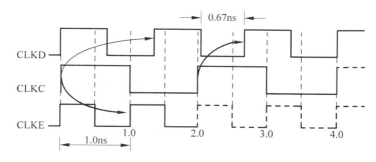

图 4.46 最短输出周期示意图

从图 4.46 的波形中可以看出，CLKC 到 CLKE 的最小捕捉时间为 1.0ns，而 CLKC 到 CLKD 的最小捕捉时间为 0.67ns，因此输出路径延时必须小于以下两个时间中的最小值时才能满足时序要求，即 $t_S < \min\{1.0-0.52, 0.67-0.15\}$。

2. 异步多时钟网络

前面提到的时钟都是同步的，并且 DC 也仅处理同步时序电路。但大规模电路中往往会出现来自于不同时钟源的时钟。如图 4.47 中的 CLKA～CLKD 来自于不同的时钟源，而不像图 4.42 中的所有时钟来自于同一个晶振的分频。

对于异步多时钟网络，如果不告知 DC，那么 DC 会认为所有时钟来自于同一个时钟源，从而按照同步多时钟网络的方法来对时序路径进行处理。这样不仅使得综合时花费的时间增加，而且也不符合设计要求。因此，设计者必须将时钟的异步信息告诉综合工具，使得综合工具忽略两个不同时钟路径的时序信息，这类似于处理虚假路径，因此 set_false_path 命

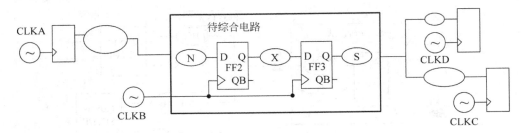

图 4.47　异步多时钟网络示例

令在处理异步多时钟网络时同样有效。例如,对于如图 4.48 所示的异步多时钟网络,其约束命令如下:

```
create_clock − period 5 [get_ports CLKA]
create_clock − period 5 [get_ports CLKB]
set_false_path − from [get_ports CLKA] − to [get_ports CLKB]
set_false_path − from [get_ports CLKB] − to [get_ports CLKA]
```

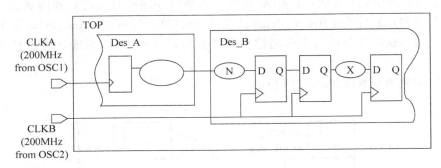

图 4.48　异步多时钟网络约束示意图

3. 多路径网络

前面无论是同步多时钟网络还是异步多时钟网络,它们的待综合模块中时序路径都是单输入/单输出的,但如果待综合电路如图 4.49 所示,那么可以看出路径 1 连接 S 电路及受时钟 CLK1 触发的寄存器,而路径 2 连接 T 电路及受时钟 CLK2 触发的寄存器,这样的网络称为"多路径网络"。对于多路径网络的处理,除了要对每条路径的时序路径加以约束以外,还要将不需要综合的路径信息(如 T 电路到 CLK1 触发的寄存器传输路径)告知综合工具。因此,对图 4.49 中电路施加的约束信息如下:

```
#设置时钟
create_clock − period 5.0 [get_ports CLK1]
create_clock − period 2.0 [get_ports CLK2]
#设置输出路径延时约束
set_output_delay − max .15 − clock CLK1 [get_ports OUT1]
set_output_delay − max .52 − clock CLK2 − add_delay [get_ports OUT1]
#设置虚假路径,使得综合工具忽略对这些路径的综合
set_false_path − from Sout − to [get_clocks CLK2]
set_false_path − from Tout − to [get_clocks CLK1]
```

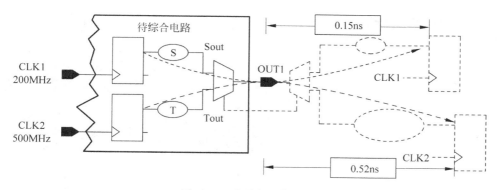

图 4.49　多路径网络示例

至此,本节对集成电路逻辑综合的主要内容都进行了浅显的介绍。对逻辑综合的理解仅靠这些介绍是远远不够的,还需要在实际的设计过程中积累经验,掌握更多逻辑综合优化的方法。

4.3　DC 工具使用流程

DC 是目前业界使用最为广泛的逻辑综合工具之一,有两种工作模式:一种是图形模式,一种是命令模式。图形模式比较直观,设计者在综合过程中可以看到综合出的电路结构,比较适合初学者。但对于已掌握 DC 命令的设计者来讲,人们更倾向于使用命令模式。此外,DC 也支持 TCL(Tool Command Language)语言,使得用户更加灵活方便地运用 TCL 命令对电路进行分析和优化。本节将以一个实例来介绍 DC 的使用流程。

4.3.1　DC 图形模式使用

图形模式是最为直观的方式。下面将按基本步骤对图形模式的使用流程进行简单介绍。

1. DC 图形模式的启动

打开一个终端窗口,写入命令 design_vision,按回车键,则 DC 图形模式启动,如图 4.50 所示。

该界面中,最上方为菜单项和工具栏,可满足设计过程的不同需求。工具栏下方是主窗口,显示各种不同的设计对象等。接着是 log 和 history 窗口,选择 log 时,窗口显示当前的操作响应;选择 history 时,窗口显示当前操作对应的命令,以方便初学者熟悉命令的使用。最下方是 design_vision-xg-t 栏,在框中可以直接输入 DC 命令。

图形模式启动后就可以进行综合工作了。

2. 设置库文件

设置库文件是设置综合初始化文件的一部分,因为工具的设置一般在安装工具时都已设置好,因此一般只要在这步进行库文件设置,指明设计所采用的工艺库。以下是示例中所用的库文件设置,可以看出设计所用的库文件为 csmc06core.db,库文件路径为/disk3/redhat_ws4/class15/15723350/work1/lib。

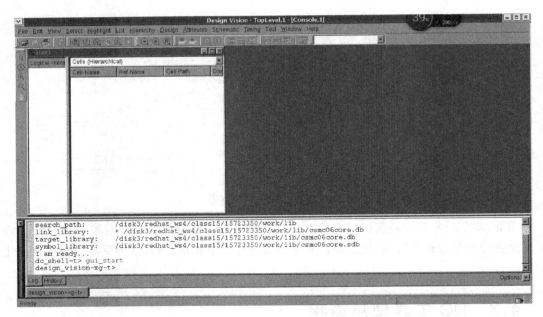

图 4.50　DC 图形模式界面

set search_path "/disk3/redhat_ws4/class15/15723350/work1/lib"
set target_library "/disk3/redhat_ws4/class15/15723350/work1/lib/csmc06core.db"
set link_library " * /disk3/redhat_ws4/class15/15723350/work1/lib/csmc06core.db"
set symbol_library "/disk3/redhat_ws4/class15/15723350/work1/lib/csmc06core.sdb"

选择菜单项 File→Setup,出现如图 4.51 所示窗口,在窗口中各栏填入相应内容即可。

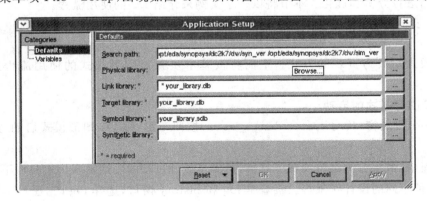

图 4.51　库文件设置窗口

3. 读入 Verilog 文件

完成初始的设置后,就要将设计读入,常用的设计是 Verilog 代码形式。在读入文件时,要注意将所有的设计文件读入,工具会将最后读入的设计作为当前设计,接下来的操作就会针对此当前设计进行。

选择 File→Read,在打开的文件对话框中选中要打开的文件,在示例中选中 myTOP. v,如图 4.52 所示。

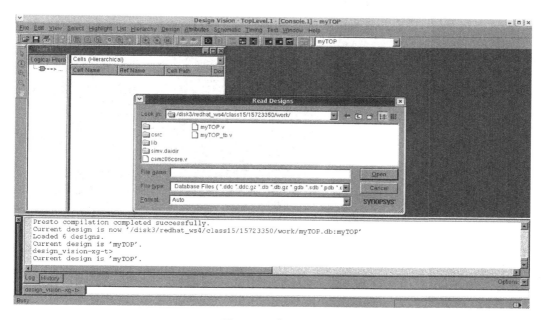

图 4.52 读入设计

完成当前设计读入后,还需要将设计和工艺库链接起来。选择 file→link design,单击 OK 按钮确认,如图 4.53 所示。

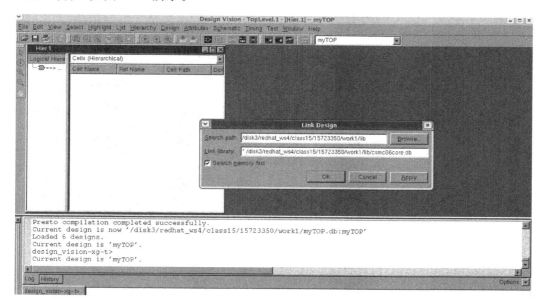

图 4.53 设计与工艺库链接

设计与工艺库链接后,就可以在主窗口中查看相应的设计电路结构。单击箭头所指的按钮可以查看该电路的 symbol 图,如图 4.54 所示。因为设计约束大多是针对设计的端口进行的,因此如果有 symbol 图形,操作起来比较容易。

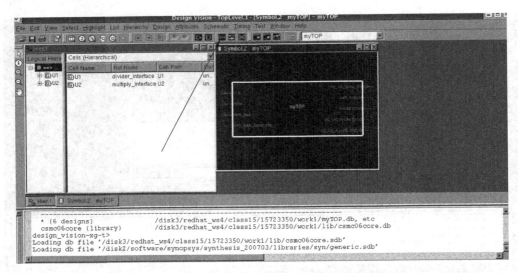

图 4.54　查看当前设计的 symbol 图

4. 设置约束条件

（1）设置时钟约束

在 symbol 图上选中 CLK 端口，然后选择 Attributes→Specify Clock，弹出如图 4.55 所示的对话框。在对话框中就可以进行时钟名称、时钟工作频率、时钟波形等的设置。此外，还可根据综合的需要将时钟网络设为"don't touch"。示例中设置时钟名称为 clock，周期 20ns，上升沿 0ns，下降沿 10ns。

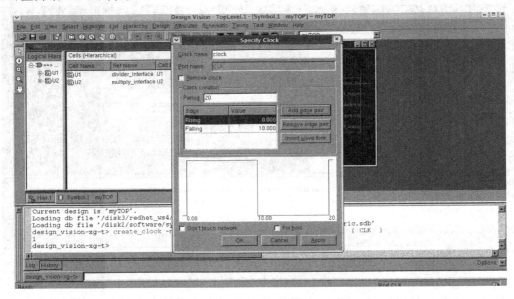

图 4.55　创建时钟 CLK

单击 OK 按钮，时钟约束设置完成。从 log 窗口中可以看出时钟创建相应命令为

create_clock − n clock ＄clk − period 20 − waveform ｛0 10｝

（2）设置复位信号约束

本示例中有复位端口，对于复位端口，综合时一般选为"don't touch"。在 symbol 图中选中 RSTn 端口，选择 Attributes → Optimization Directives → Input Port。弹出如图 4.56 所示窗口。勾选"Don't touch network"选项，单击 OK 按钮。相应命令为

set_dont_touch_network { RSTn }

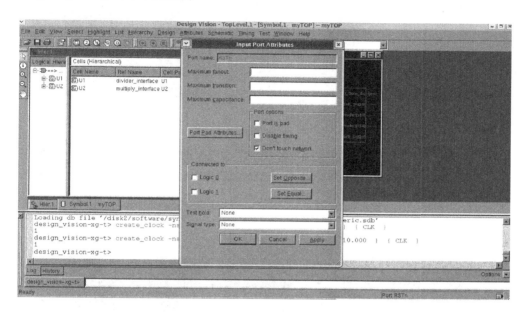

图 4.56　设置复位端口

（3）设置输入信号延迟约束

前节讲到，约束中时序约束很重要，因此设置好时钟后，就需要进行时序路径约束设置。首先进行输入延时（Input Delay）设置，此约束针对时钟信号，因此要选中那些与时钟有关的输入信号，示例中同时选中输入端口 Write_Req、FIFO_Write_Data。选择 Attributes→Operating Environment→Input Delay，弹出如图 4.57 所示窗口。根据设计要求填写相应的内容。示例中设置 Relative to clock 为 clock（即刚才加约束的时钟信号），并设置上升延时为 8ns（根据经验，该值是时钟周期的 40%，本例中设置时钟周期为 20ns，20×0.4=8ns）。

同样，log 窗口中显示相应命令为

set_input_delay - clock clock 8 $ general_inputs

（4）设置输出端口约束

完成输入延时之后进行输出延时（Output Delay）的设置，方法与设置输入延时类似。示例中，在 symbol 图上选中输出端口 Left_Sig、Product、SQ_U1_Done_Sig、SQ_U1_Product、SQ_U2_A_Left_Sig（这些输出端口与时钟有关）。选择 Attributes→Operating Environment→Output Delay，弹出如图 4.58 所示窗口。根据设计要求填写相应的内容，示例中设置输出延迟为 8ns。相应指令为

set_output_delay - clock clock 8 $ outputs

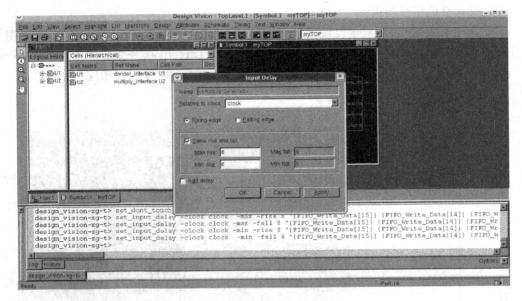

图 4.57　设置输入延时约束

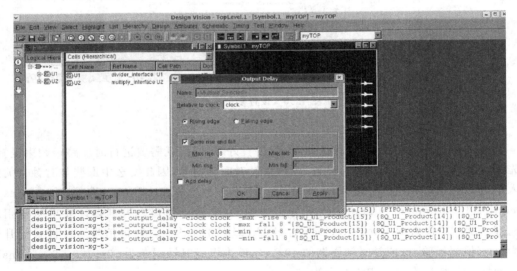

图 4.58　设置输出延时约束

（5）设置面积约束

面积关系到产品的成本，因此在设计时也是尤为关心的。设置时选择 Attributes→Optimization Constraints→Design Constraints，弹出如图 4.59 所示的窗口。根据设计要求填写相应的内容。示例中设置 Max area 的值为 0，表明让 DC 向电路面积为 0 的方向来优化电路，使面积最小。当然，面积为 0 是达不到的。同时设置 Max fanout 为 4，Max transition 为 0.5。相应命令为

```
set_max_area,set_max_fanout,set_max_transition
```

对于电路的约束还有很多，这里仅介绍了最基本的设置，其他类（如驱动、负载、线载模

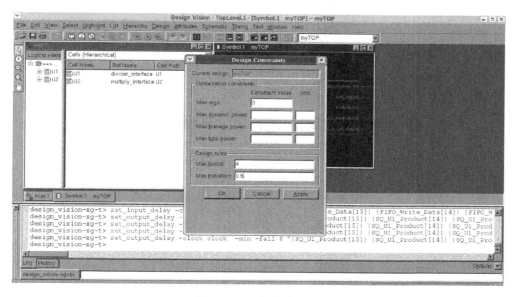

图 4.59 面积约束设置

型等)的设置方法可参照上述设置方法,查阅相关文献获得。

5. 综合优化

设计约束设置完后,就可以根据约束条件对设计进行综合了。选择 Design→Compile Design,出现如图 4.60 所示窗口,单击 OK 按钮开始进行综合。相应命令为 compile。

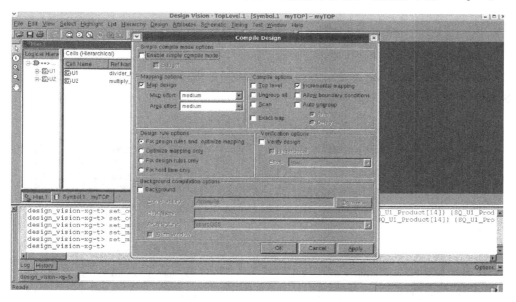

图 4.60 设计编译窗口

如果设计规模较大,则编译需要的时间会较长,直至在 Log 框中出现 Optimization Complete 字样,表明优化完成。

6. 保存文件

对设计的综合往往需要进行多次才能达到既定的设计要求。为了在综合过程中查找错误，或者方便查看不合适的约束设置，就需要查看各种综合结果报告并进行调试。选择 Design→Report Constraints，弹出如图 4.61 所示窗口。选中所希望查看的内容，单击 OK 按钮，即可看到生成的报告。

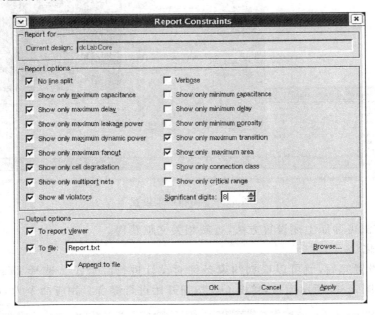

图 4.61　报告文件选择窗口

如报告文件无误，符合设计要求，则可以将设计保存。根据需要可以将设计保存成多种格式。选择 File→Save As，弹出如图 4.62 窗口，根据需要填写文件名称。如.db 文件、.v 文件（即网表文件）及为后续时序检查所生成的.sdf 文件。

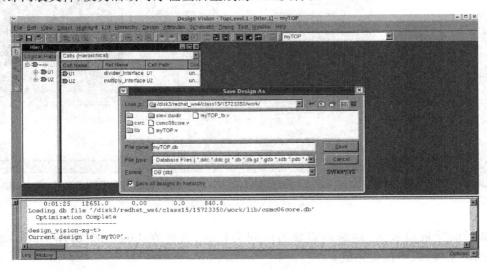

图 4.62　文件保存窗口

7. 退出 DC

至此,利用图形模式对一个设计进行综合的过程结束。选择 File→Exit 退出工具的使用。

4.3.2　DC 命令模式使用

对于一些熟练掌握 DC 命令的设计者来讲,更习惯用 DC 命令模式和 Tcl 模式进行综合。这种模式,可以将综合过程中的所有命令(包括库文件设置、设计读入、时钟设置、时序约束、环境约束等)放在一个文件(称为"脚本文件")中,综合时只要调用此脚本文件对设计进行综合就可以了,相对图形模式来讲,这种方式更加节省时间。如果在综合报告文件中发现错误,也仅需要修改脚本中的相应命令即可。

利用命令模式(或 Tcl 模式)的基本步骤如下。

(1) 设置在综合时将要用到的设计文件和工艺库文件;

(2) 读入设计;

(3) 读入设计约束文件;

(4) 对设计进行编译;

(5) 生成所需的报告文件;

(6) 将设计保存成各种需要的文件格式。

以下是示例中所用到的基本命令:

```
read_file – format verilog {/disk3/redhat_ws4/class15/15723350/work1/myTOP.v};    //读设计
Link
report_lib csmc06core
reset_design
source ./work.tcl;                                        //读入约束文件
compile – inc – map high;                                 //设计编译
report_timing > timing.rpt;                               //生成时序报告文件
write – f verilog – h – o myTOP_netlist.v;               //生成网表文件
write _sdf myTOP.sdf;                                     //生成.sdf 文件
```

以下是用到的约束文件:

```
reset_design
create_clock – period 4 [get_ports CLK]
set_clock_uncertainty – setup 0.15 [get_clocks CLK]
set_clock_uncertainty 0.2 [get_clocks CLK]
set all_in_ex_clk [remove_from_collection [all_inputs] [get_ports CLK]]
set_input_delay – max 1 – clock CLK $ all_in_ex_clk
set_input_delay 1 – min – clock CLK $ all_in_ex_clk
set_output_delay 1 – max – clock CLK [all_outputs]
set_operating_conditions – max BEST
set_driving_cell – lib_cell AN02D1 – library csmc06core $ all_in_ex_clk
set max_cap [expr [load_of csmc06core/AN02D1/A] * 5]
set_max_capacitance $ max_cap $ all_in_ex_clk
set_load [expr 3 * $ max_cap] [all_outputs]
set_max_transition 0.25 $ all_in_ex_clk
set_max_area 12000
set auto_wire_load_selection false
```

习　题

1. 简述集成电路设计综合的层次化划分方式。
2. 何谓高层次综合？简述高层次综合的意义。
3. 简述高层次综合的主要步骤。
4. 何谓版图综合？版图综合的目标是什么？
5. 逻辑综合的定义是什么？简述逻辑综合的一般步骤。
6. 逻辑综合的目标是什么？有哪些信息须输入逻辑综合工具以实现逻辑综合？
7. 简述使用 if 语句和 case 语句进行描述时，对应逻辑综合有哪些注意点？
8. 简述时序约束的主要内容。
9. 同步多时钟网络和异步多时钟网络的区别是什么？施加约束时有什么不同？

参 考 文 献

[1] 百度文库 http://wenku.baidu.com/view/2ded573aeefdc8d376ee32d2.html.
[2] Design Compiler Workshop (Student Guide). http://www.synopsys.com.
[3] Himanshu Bhatnagar. 高级 ASIC 芯片设计[M]. 张文俊，译. 北京：清华大学出版社，2007.
[4] 边计年，薛宏熙，苏明，等. 数字系统设计自动化[M]. 2 版. 北京：清华大学出版社，2006.
[5] 金西. 数字集成电路设计[M]. 合肥：中国科学技术大学出版社，2013.
[6] 唐杉，徐强，王莉薇. 数字 IC 设计方法、技巧与实践[M]. 北京：机械工业出版社，2006.
[7] 周润德. 数字集成电路——电路、系统与设计[M]. 北京：电子工业出版社，2011.

第 5 章

集成电路测试与

可测试性设计

集成电路测试是检验芯片好坏的关键工序,其在集成电路设计、制造产业链中占据非常重要的地位,并已成为提升集成电路产品质量与发展速度的核心因素。随着集成电路设计复杂度的不断增加,集成电路的测试难度与测试成本也在不断攀升。为降低测试复杂度,缩减测试成本,可测试性设计技术应运而生,旨在设计阶段为测试问题提供测试硬件和解决方案,将集成电路测试技术贯穿于集成电路设计验证到成品测试的全过程。

5.1 集成电路测试技术概述

集成电路测试是指在芯片制造之后通过自动测试设备(Automatic Test Equipment,ATE)对电路的电参数、功能、特性和老化等情况做测量和检验,得到的测试结果用于判断芯片完好与否,并指导芯片的再设计和再制造。芯片完好与否,不仅与测试技术、测试设备关系密切,还涉及集成电路设计、模拟、验证和制造的多个过程。随着集成电路设计和制造技术的不断进步,集成电路测试的复杂度和成本等也在发生巨大的变化,这主要体现在以下几个方面:

- 功能、速度和性能更高的集成电路要求自动测试设备与之相匹配,进而导致自动测试设备的投资成本大大提高。
- 集成电路速度、性能和复杂度的提高,导致其测试数据量剧增,测试时间越来越长,进而使集成电路测试成本随之大幅度提高。
- 集成电路的研发和制造周期越来越短,同时更短的上市时间对测试开发时间的要求更为苛刻。集成电路测试流程必须更加高效以满足不断缩短的上市时间。
- 功能强大的 SoC 成为集成电路发展的主流,这使得集成电路测试对象变得更为庞大,要涉及大量不同工艺、不同功能的 IP 核。因此,SoC 的测试不但要考虑系统级的测试方法,还要考虑不同类型单个 IP 核的测试方法,进而使测试难度大大增加。

随着集成电路测试难度与复杂度的剧增,传统的模拟、验证和测试方法难以在可接受的成本范围内全面验证集成电路设计与产品制造的正确性。因此,需要在集成电路设计阶段对测试方面的需求有所考虑,使集成电路在制造成产品后能较便捷地被测试。对应这一设计思想,一种集成电路可测试性设计(Design for Test,DFT)技术被提出,其在集成电路设计一开始就考虑后续的测试问题,并在设计环节有效提升被测电路的可测试性。目前,集成电路可测试性设计技术已在超大规模集成电路设计中广泛使用。

总之,集成电路测试技术研究的目的是,在预期的测试质量前提下,以尽可能低的成本对产品进行测试。从技术的角度来讲,预期的测试质量是指测试具备理想的故障覆盖率(Fault Coverage,FC),测试对产品的性能影响较小。尽可能低的成本是指测试数据量尽可能少,测试时间尽可能短,测试电路的硬件开销尽可能小。因此,理想的集成电路测试方法不仅要求测试电路的硬件开销尽可能小,故障覆盖率尽可能高,对原型设计的性能影响尽可能小,而且还要采取措施减少测试数据量、测试时间和测试功耗,这些都是当前的集成电路测试技术要解决的关键问题。

5.1.1 集成电路测试原理

从集成电路的制造过程来看,如果要得到合格的芯片产品,一般要经过两个测试过程:首先是晶圆测试,在这一测试过程中,将对硅晶圆片上的集成电路裸片进行测试,并将合格的裸片进行封装;其次是产品测试,在这一测试过程中,将对已经封装好的芯片进行基本功能测试和电气指标测试,以确保投放市场的每块芯片都质量合格。

狭义来说,集成电路测试是指功能测试。功能测试是指在被测电路(Circuit Under Test,CUT)的输入引脚施加一定的激励信号,并从输出引脚检测电路的响应,将检测到的输出引脚的响应与期望的测试响应进行比较,用以判断被测电路是否存在故障的过程。如图5.1所示为集成电路的功能测试原理。

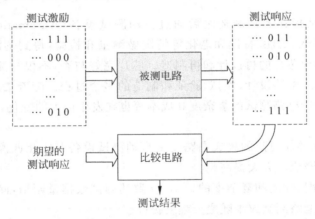

图 5.1 集成电路功能测试原理

在集成电路测试中,对被测电路产生测试数据的方法和过程叫作测试生成(Test Generation,TG),产生的测试激励信号和对应的正确测试响应信号叫作测试图形(Test Pattern,TP),把测试图形施加到被测电路的过程叫作测试施加(Test Application,TA),测试图形施加到被测电路并产生输出称为测试响应(Test Response,TR),检查电路实际的测试响应与理想的测试响应是否一致的过程称为测试分析(Test Response Analysis,TRA)。集成电路的测试分析过程用以上专业术语表达即为:先对被测电路的故障情况进行建模,然后生成测试图形,再进行测试施加,接着对测试响应进行分析,最后得知被测电路测试通过与否。测试分析过程如图5.2所示。

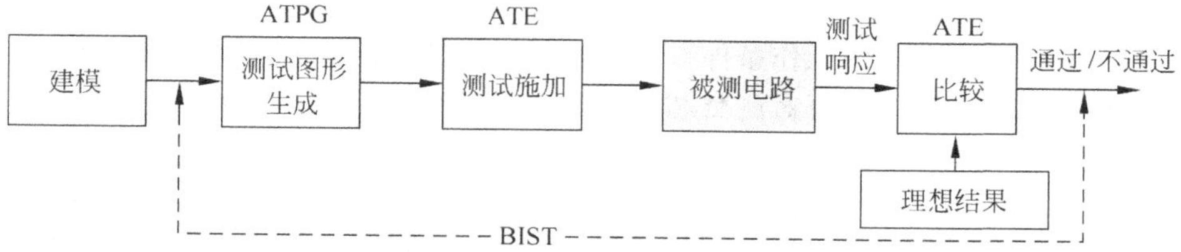

图 5.2 集成电路测试分析过程

集成电路测试分析过程如果是针对电路设计进行的,称之为设计验证,一般采用功能模型,常用的有功能模拟和时间模拟两种;如果是针对芯片进行的,则称之为产品测试,一般采用故障模型;如果测试施加、测试响应的获取,甚至测试生成和测试分析都是用专门的设备完成的,这样的设备就是 ATE。随着电路集成度和速度的提高,ATE 的速度和处理能力难以与芯片相匹配,图 5.2 中的测试图形生成、测试施加和比较都用硬件完成,并嵌于集成电路内部,成为集成电路设计的一部分,这称之为内建自测试(Built-in-Self-Test,BIST)。

在测试生成时,主要目标是满足给定的故障覆盖率。故障覆盖率是指在给定的故障模型之下,给定的测试图形所能检测到的该类故障的数目与电路中可能存在的所有该类故障的数目之比。故障覆盖率的计算公式如下:

$$故障覆盖率 = \frac{检测到该类型故障的数目}{电路中可能存在的该类型故障的数目} \tag{5-1}$$

若一个测试图形的故障覆盖率达到了 100%,则称这个测试图形为完备测试图形。由于测试矢量长度的限制、测试设备存储单元容量的限制以及测试时间的限制,加之大规模集成电路一般都包含非易测点,所以故障覆盖率一般不能达到 100%。另外需要注意的是,具有 100% 故障覆盖率的测试图形用来检验电路即使没有故障,也不代表电路完全没有故障,只能说针对指定的故障模型电路没有故障。

另外,集成电路功能测试与功能验证是两个不同的概念。集成电路功能测试是指通过对制造后的芯片进行功能测试来剔除生产过程中产生的废品。集成电路功能验证是指证明所设计的电路在性能上是否满足指标要求。功能验证的内容包括输入与输出信号间的逻辑关系、信号间的各种时序关系以及功耗等各种指标。功能验证是在设计阶段进行的,而功能测试是在产品阶段进行的。通过全面彻底的功能验证使制造出的产品没有缺陷是做不到的,所以功能验证和功能测试相辅相成,缺一不可。

5.1.2 集成电路测试的分类

根据测试的具体目的不同,可以把集成电路测试分为 4 种类型。

1. 验证测试(Verification Testing)和特性测试(Characterization Testing)

当一款新的芯片第一次被设计并生产出来之后,首先应接受验证测试,目的是验证设计的正确性,并且检验产品是否满足所有的需求规范。这一阶段,往往需要一些特殊的工具和方法,例如扫描电子显微镜(Scan Electron Microscope,SEM)、电子束测试仪、人工智能系统和重复性功能测试方法。通过验证测试,可以诊断和修改设计错误,为最终规范(产品手册)测量出芯片的各种电气参数,并开发出测试流程。

特性测试用来确定芯片的工作参数，一般是将被测芯片置于最坏工作情况下并做详细的测试分析，从而确定电路的工作条件。主要过程是：首先进行测试图形生成，然后按统计规律选取足够多的测试芯片，再对测试芯片在两个或更多环境参数的每一种组合下反复进行测试，最后把测试结果绘成 Shmoo 图。Shmoo 图可示出在不同环境条件下测试是否通过的信息，典型的环境条件是频率-电压曲线和电压-时间曲线。如图 5.3 所示为根据一批样品的供电电压（V_{CC}）和测试时间（t_{TOD}）的测试数据绘制出的 Shmoo 图，图中@表示不可接收数据，＊表示可接收数据。如果电路的 V_{CC}-t_{TOD} 曲线位于 ＊ 区域，则电路可以正常工作；如果位于@区域，则电路不能正常工作。特性测试并不关注测试时间，测试结果主要用于改进设计和工艺，以提高良率（Yield）。随着电路设计规模的提高和可编程器件的广泛应

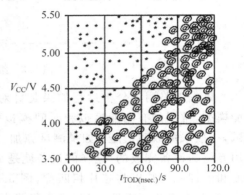

图 5.3　特性测试的 Shmoo 图

用，基于 CPLD/FPGA 的仿真方法正逐渐成为一种重要的验证测试方法。

2. 生产测试（Manufacturing Test）

当芯片通过了验证测试，进入量产阶段之后，将利用前一阶段调试好的流程进行生产测试。在这一阶段，测试的目的就是明确做出被测芯片"是"或"否"通过测试的判决。生产测试必须综合考虑故障覆盖率、测试时间和测试设备能力等因素来制定测试方案，力争以合理的成本测试芯片上每个元器件及其连接。生产测试的主要考虑因素是成本，所以要保证测试时间最短，这是降低成本的主要因素。

生产测试可分为晶圆测试和封装后的产品测试。

晶圆测试又称为探针测试（Wafer Probe），如图 5.4（a）所示。它是对芯片上的每个晶粒进行针测，在探测头上装上以金线制成的细如毛发的探针，与晶粒上的接点（Pad）接触，如图 5.4（b）所示，测试其电气特性。不合格的晶粒会被标记上记号，而后当芯片以晶粒为单位切割成独立的晶粒时，标有记号的不合格晶粒会被淘汰，不再进入下一个制程。探针测试要解决的关键问题是如何放置探针，使其能更好地贴近晶圆引脚。随着引脚数量增加，引脚间距离缩小，探针在引脚上的放置难度越来越大。探针卡的示意图如图 5.4（c）所示。

封装后的产品测试包括接触测试、电参数测试、老化测试和功能测试。

（1）接触测试（Contact Test）。在测试仪与芯片的引脚正确连接的情况下进行接触测试，接触测试主要测试与装配相关的错误。

（2）电参数测试（Electrical Test）。电参数测试不需要以对制造工艺和芯片版图的理解和分析，它主要是检测被测芯片的驱动能力，确定被测芯片引脚的电压、电流和延迟时间等是否在可接受的范围。电参数测试既有直流参数测试也有交流参数测试。

直流参数测试是利用欧姆定律确定芯片电参数的稳态测试方法。例如，漏电流测试就是在输入引脚施加电压，使输入引脚与电源或地之间的电阻上有电流通过，然后测量该引脚的电流；输出驱动电流测试是在输出引脚上施加一定的电流，然后测量该引脚与地或电源之间的电压差。通常的直流参数测试包括：接触测试（短路-开路）、漏电（IIL，IIH，IOZ）测试、转换电平测试、输出驱动电流（V_{OL}，V_{OH}，I_{OL}，I_{OH}）测试和电源消耗（I_{CC}，I_{DD}，I_{EE}）测试等。

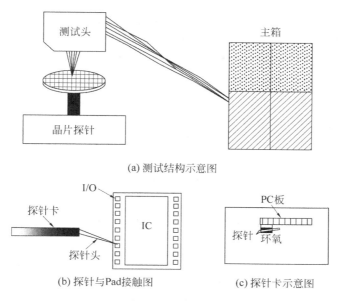

(a) 测试结构示意图

(b) 探针与Pad接触图　　　(c) 探针卡示意图

图 5.4　探针测试

交流参数测试是指测量芯片上晶体管转换状态时的时序关系。交流测试的目的是保证芯片在正确的时间发生状态转换，在输入端输入指定的输入边沿和特定的时间后在输出端检测预期的状态转换。常用的交流测试有传输延迟测试、建立和保持时间测试、频率测试等。

电参数测试是确定芯片引脚是否符合各种上升和下降时间、建立和保持时间、高低电压阈值和高低电流规范；功能测试是确定芯片内部数字逻辑和模拟子系统的行为是否符合期望。测试的主要成本是数字和模拟的功能测试，由于电参数测试的时间非常短，而测试成本与测试时间成正比，所以电参数测试只是测试成本中的很小一部分。

（3）老化测试（Burn-in Test）。通过生产测试的每一颗芯片并不完全相同，最典型的例子就是同一型号芯片的使用寿命不尽相同。新产品在开始使用的 20 周内，那些产品测试未检测出来的缺陷会导致许多芯片失效。在随后的 10～20 年内，产品的失效率会保持在一个相对稳定的水平，直到由于产品的超极限使用使得失效率呈指数规律增加。失效率和产品寿命的关系曲线如图 5.5 所示，称之为浴盆曲线。

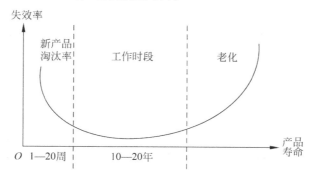

图 5.5　失效率和产品寿命的关系曲线

老化测试是通过一个长时间的连续或周期性的测试使不好的芯片失效,从而确保老化测试后芯片的可靠性。测试时通过调高供电电压、延长测试时间、提高温度等方式,将不合格的芯片(如会很快失效的芯片)淘汰出来。

老化过程中芯片内部的漏电流处于主导地位,有时要占到芯片总消耗电流的 98% 以上,结果有可能会形成破坏性的正反馈条件,使芯片本身升温过高,导致毁坏芯片和测试管座,所以如何控制老化过程中的功率,是老化测试要解决的主要问题。

(4) 功能测试(Function Test)。功能测试用于验证电路是否能完成设计所预期的功能。将逻辑 1/0 通过一定的方式在电路中传输,确保对每一个内部节点都进行工作正常与否的验证。功能测试有时也称之为时钟速率测试、节点测试或真值表测试。静态功能测试常用真值表测试的方法,以一定的图形方式验证电路功能,验证电路中是否存在固定 0 或固定 1 故障。动态功能测试是以接近电路工作频率的速度进行测试验证,所采用的测试图形与静态功能测试相同。

功能测试的基本过程是应用一组有序的或随机的组合测试图形,以电路规定的速率作用于被测电路,并比较电路的输出与预期图形数据,观察两者是否相同,以此判断该电路功能是否正常。功能测试关注的重点是测试图形产生的速率、边沿定时控制、输入/输出控制及屏蔽选择。功能测试非常耗时,不同的电路需要开发不同的功能测试图形,因此测试开支较大,是数字集成电路测试技术的重点研究内容。

功能测试涉及测试生成、测试施加和测试分析几个过程,因此可以按照这些过程来分类。按测试生成的方法来分类,可分为穷举测试(Exhaustive Test)、伪穷举测试(Pseudo-Exhaustive Test)、伪随机测试(Pseudo-Random Test)和确定性测试(Deterministic Test)。按照测试施加的方式来分类,可分为片外测试和片上测试。按照测试图形施加的时间来分类,可分为离线测试(Off-Line Test)和在线测试(On-Line Test)。如表 5.1 所示为各种测试方法的分类标准、测试术语和基本特征。

表 5.1 各种测试方法的分类标准、测试术语和相关特征

分类标准	测试术语	特 征
按测试实施时间分类	在线测试	电路在正常运行时进行测试
	离线测试	电路不运行时进行测试
按测试激励源的位置分类	自测试	嵌于电路内部
	外测试	由外部测试设备提供
按测试目的分类	验证测试	查找设计错误
	可接受测试	查找设计和制造错误
	老化测试	查找制造缺陷
	现场测试	查找早期物理失效
	维护测试	查找物理失效
按被测对象的物理实体分类	器件级测试	针对芯片
	板级测试	针对板级
	系统级测试	针对整个系统级
按测试激励和理想响应的产生方法分类	随机测试、伪随机测试	测试矢量按照随机规律生成
	穷举测试、伪穷举测试	穷举所有的测试输入矢量
	确定性测试	测试矢量是针对电路专门生成的

续表

分 类 标 准	测 试 术 语	特　　征
按测试激励施加的	DC 测试、AC 测试	比正常频率慢得多的条件下测试
快慢分类	高速测试	正常工作频率下测试
按测试存取 I/O 分类	引脚测试、探针测试	测试仅通过外部 I/O
	Bed-of-Nails 测试、电子显微镜测试、光离子检测、电子束测试、电路内测试、电路内仿真	测试不仅通过外部 I/O 也通过内部节点
按测试结果检查者分类	自测试	由被测对象本身检查测试结果
	外部测试	由外部测试设备检查测试结果

按测试图形施加的时间分为离线测试(Off-Line Test)和在线测试(On-Line Test)。在线测试是指测试实施时,电路仍然在正常工作。在线测试需要专门的代码、检验装置和复用技术,这种测试难度较大,但可以测试瞬时故障和间歇性故障。离线测试是指测试实施时电路不在工作状态,目前研究的测试技术主要是离线测试。

按测试施加的方式分为片外测试和片上测试。这是由于集成电路的集成度日趋加剧,每个芯片引脚背后的晶体管数目越来越多,测试的数据量越来越庞大,但是内部时钟频率与 I/O 的输出能力越来越不相称,表现为芯片的外部带宽(定义为 I/O 数目与 I/O 的切换速度的乘积)远低于内部带宽(定义为切换晶体管数目与内部时钟频率的乘积)。为保持合理的片上测试,可以降低对外部 ATE 的测试频率要求,因此把测试分为片上测试和片外测试,以达到测试的优化。如图 5.6 所示是对具有逻辑、存储和模拟的 SoC 进行片上测试和片外测试的示意图。可知,片外测试需要测试设备的测试频率和芯片内部测试频率相同,而使用片上测试时,外测试可以使用较内部更低的频率。

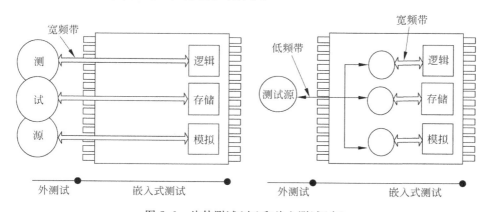

图 5.6　片外测试(左)和片上测试(右)

3. 接收测试(Acceptance Test,Incoming Inspection)

芯片送到用户手中后,用户将进行再一次的测试。如系统集成商在组装系统之前,会对买回的各个部件进行此项测试。接收测试可以与生产测试相似,或者比生产测试更全面一些,甚至可以在特定的应用系统中测试。接收测试也可以随机抽样进行,抽样的多少依据芯片的质量和系统的要求而定。接收测试最重要的目标是避免将有缺陷的芯片放入系统之中,否则诊断成本会远远超出接收测试的成本。

5.1.3 自动测试设备介绍

超大规模集成电路需要进行几百次电压/电流和时序的测试以及百万次的功能测试步骤以保证器件完全正确,要实现如此复杂的测试,靠手工是无法完成的,因此要用到自动测试设备 ATE。ATE 是一种由高性能计算机控制的测试仪器的集合体,计算机通过运行测试程序的指令来控制测试硬件。测试系统最基本的要求是可以快速且可靠地进行测试,兼具速度、可靠性和稳定性。集成电路技术的不断变革推动着现代 ATE 的发展,为芯片选择 ATE 必须考虑芯片的测试要求,首要因素是速度(芯片的时钟频率)、时钟精度和引脚数目等,其次是成本、可靠性、服务能力和易编程性等。

在使用 ATE 测试被测电路时,相当于对"暗箱"进行操作。被测电路相当于一个"神秘"不可及的"暗箱",不允许打开"暗箱",但又要了解"暗箱"中的情况。对"暗箱"的常用测试方法是:对"暗箱"施加一系列的激励,并根据"暗箱"输出的响应来分析和判断(或猜测)"暗箱"中的"秘密"。ATE 测试 CUT 的过程如下:首先,向 CUT 送出测试矢量,同时接收 CUT 在相应测试矢量下的响应;然后,根据测试矢量和测试响应之间的关系分析并"决策"下一个测试矢量;最后,根据测试矢量和测试响应来确定故障的类型和位置。使用 ATE 进行芯片测试的过程如图 5.7 所示。

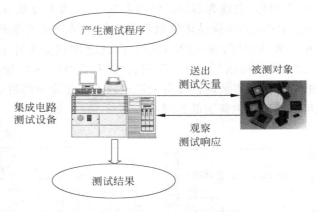

图 5.7 ATE 测试示意图

按照测试对象的不同,自动测试设备可进行逻辑测试、模拟测试和存储器测试三种测试。

测试存储器芯片时,几个被测部分的测试输入相同,可并行测试;而测试逻辑芯片时,需要每部分独立测试。存储器芯片由于结构的规律性,用算法较易生成测试数据,又由于密度比逻辑芯片要大,因此测试时会出现一些特殊问题,例如,芯片的信号耦合产生的噪声导致存储器件不可预料地改变存储值。存储器测试仪和逻辑测试仪并称为数字测试仪。

大多数芯片既有数字部分又有模拟部分,称之为混合信号芯片。测试模拟电路要用模拟电路测试仪,它与数字测试仪的最大不同在于测试仪引脚的构造。每个测试仪的数字引脚具有相同的电路结构,因此不同的引脚之间可以互换,而模拟引脚因用途不同使得其后的电路各不相同。要测试混合信号芯片,要将数/模信号隔离开,使用混合信号测试仪,这种测试仪每个引脚的价格远高于其他类型测试仪的引脚。

泰瑞达(Teradyne)是全球最大的半导体自动测试设备供应商,针对混合信号及 SoC 产品开发的测试平台有 FLEX、Tiger 和 Catalyst,针对 VLSI 和逻辑产品开发的测试平台有 J973EP 和 J750,各平台的测试能力也是相互交叉的,只是目标侧重点有所不同。测试产品覆盖半导体芯片,如处理器、微控制器、客户特殊逻辑、记忆体、混合信号 IC 及 SoC。这里以 Teradyne 公司的几款测试设备来说明 ATE 的发展现状。

如图 5.8 所示为泰瑞达(Teradyne)公司的 J750 测试仪,这款测试仪是半导体测试设备历史上最成功的机台之一,全球装配量超过 2500 台。J750 测试仪属于低成本、高性能的并行测试机,采用 Windows 操作系统,人机界面友好简单;基于板卡的硬件架构,维护性好;配备 MSO,基本能满足 SoC 的测试需求,有较高的测试性价比。

Catalyst 测试仪是泰瑞达(Teradyne)公司第一台也是迄今仍然领先的 SoC 高端测试机,号称全能的测试仪,全球装配量超过 1600 台,如图 5.9 所示。Catalyst 测试仪使用基于板卡的可配置硬件架构,支持并行测试。Catalyst 可提供全面测试、覆盖广泛的半导体应用产品,包括 xDSL、无线/射频、网络应用与电源管理等,与 Teradyne Tiger 测试系统一起,能测试更多的引脚和提供千兆赫的测试频率。

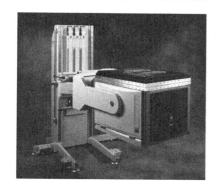

图 5.8　泰瑞达 J750 测试仪

图 5.9　泰瑞达 Catalyst 测试仪

泰瑞达(Teradyne)的 FLEX 系列测试系统提供低成本的生产测试,广泛应用于模拟、数字、混合信号以及 SoC 等广泛领域的器件,包括消费类电子器件、有线及无线通信产品、通信、汽车、宽带处理器、音频、视频器件等的测试。FLEX 系统包含了 FLEX 平台架构所提供的所有性能,主机内包含供电单元和时钟参考,机架空间支持第三方工具,并提供一个集成的机械装置,其风冷和测试设备都在测试头里,设计为生产测试提供了高效的性能。FLEX 测试仪如图 5.10 所示。

图 5.10　泰瑞达 FLEX 测试仪

除了泰瑞达(Teradyne)公司外,还有日本爱德万(Advantest)、新加坡惠瑞捷(Verigy)(已卖给 Advantest)、科利登(LTX-credence)等公司提供集成电路自动测试设备。其中爱德万(Advantest)提供的新型自动测试设备列表如表 5.2 所示。

表 5.2　Advantest 测试仪列表

测 试 对 象	测试仪型号
SoC Test Systems	T2000、V93000
LCD Driver Test Systems	T6373
Analog Test Systems	T7912、T7910
Advanced Mixed Signal Test System	T7723
Memory Test Systems	T5385/T5385ES、T5503、T5383、T5588、T5587、T5773/T5773ES、V6000 Memory、V93000 High Speed Memory、T5511、T5811

　　测试是为了保证芯片的质量,但在测试中将产生大量的费用。集成电路的测试成本包括 ATE 的成本(初始成本和运行成本)、测试开发成本(CAD 工具、测试矢量生成、测试程序等)和 DFT 成本。但从使用 ATE 进行测试来说,直接成本包括测试程序开发费、小批量测试分析费和租赁机时费。测试程序开发费指将测试图形转化成 ATE 的测试程序(Test Program)的费用,根据芯片种类不同,有不同的收费标准。另外,测试中使用的所有消耗材料、制作费用等都由用户承担,例如测试中用户自行承担 PCB 板、探针、SoCket 等的费用。

　　测试将花费很高的代价,因此要在测试前使用集成电路测试代价的评估模型来对测试费用进行预算。集成电路测试代价的评估模型分为直接代价(C_e)评估模型和整个 ASIC 的测试代价(C_{total})评估模型。直接代价 C_e 的计算公式如下:

$$C_e = (测试周数 \times 每周代价)/ASIC 单元数 \tag{5-2}$$

整个 AISC 的测试代价 C_{total} 的计算公式如下:

$$C_{total} = C_e + C_t + C_a + C_s \tag{5-3}$$

其中,C_e 为直接代价,C_t 为投入市场时间代价,C_a 为面积开销代价,C_s 为性能损耗代价。

　　为保证芯片的质量,需要尽可能多的测试费用,但芯片成本和产品存活周期却决定了测试方面的投资要尽可能少,这些属于测试经济学要研究的内容。为了研究产品质量,这里有两个质量控制的因素:良率和缺陷等级。芯片制造的良率定义为

$$Y = G/(G + B) \tag{5-4}$$

式中,G 为通过所有测试的芯片数目,B 为未通过部分测试的芯片数目。

　　影响良率的因素很多,主要是芯片面积、工艺水平和加工过程的步骤等。确定良率的数学模型很多,第一个被提出的数学模型计算公式如下:

$$Y = [(1 - e^{AD})/AD]^2 \tag{5-5}$$

式中,A、D 分别是管芯的面积和缺陷密度。

　　已经封装好且通过测试的芯片中,有一些也是有问题的,对这部分有问题的芯片的数量,常用每百万个芯片中有缺陷的芯片的个数(Defect Per Million,DPM)来表示所谓的缺陷等级(Defect Level,DL)。例如,缺陷等级是 0.1% 与 1000DPM 表达相同。

　　故障覆盖率、良率和缺陷等级之间具有一定的数学关系,Williams 于 1981 年提出的关系式为

$$DL = 1 - Y(1 - T) \tag{5-6}$$

式中,T 为故障覆盖率,Y 为良率,DL 为缺陷等级。

　　当 DL<1000DPM 时,式(5-6)可近似表达为

$$DL = TT(-\ln(Y)) \tag{5-7}$$

式中，TT$=(1-T)$，称为测试透明度，表示未检测到的故障的比率。

如图 5.11 所示，表示良率分别为 36%、60% 和 90% 时缺陷等级和测试透明度之间的关系曲线。从图中可知，要保证较低的缺陷等级，就必须降低测试透明度，也就是要提高故障覆盖率。

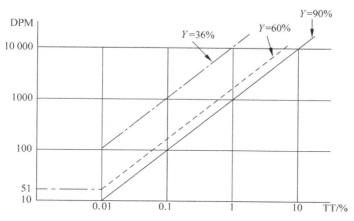

图 5.11　缺陷等级、测试透明度和良率之间的关系

5.2　数字集成电路中的故障模型

为了对数字集成电路进行测试，需要先掌握电路可能存在的故障情况，对这些故障情况进行建模，然后在一定的故障模型下生成测试图形，最后用测试图形来检查数字集成电路中故障的存在与否。

5.2.1　缺陷、失效和故障的概念和区别

先来看几个概念：缺陷、失效和故障。缺陷(Defect)是指电路因物质方面的原因改变了其本来的物质结构，这种特性称之为缺陷。缺陷是电路物理结构上的改变，例如引线的开路、短路等。物理缺陷在电路级的表达用失效(Failure)方式来描述。失效方式在逻辑级和行为级则可建模为故障(Fault)。把缺陷从物理域映射到逻辑域和行为域的过程实际上就是失效的检测过程。缺陷、失效和故障的概念对比如表 5.3 所示。

表 5.3　缺陷、失效和故障的概念

概　　念	特　　征
缺陷	电路物理结构上的改变
失效方式	失效机理在电路级的描述
故障	失效模型在逻辑级和行为级的描述，用它来描述缺陷

如图 5.12 所示的例子进一步给出了缺陷、失效和故障的对比关系。图 5.12(a)所示，在工艺过程中由于掺入颗粒导致两条导线连接，表现为物理缺陷。假定这种缺陷只影响到线 L1 和线 L2，如图 5.12(b)所示，这种表述即为失效方式。但这样的失效方式还不方便进行数学处理和检测，因此需要在逻辑级和行为级建立模型。根据两条导线之间的关系，在逻

辑级的建模可表述为 4 种可能的故障模型,如图 5.12(c)所示。在图 5.12(c)中,若一条导线为地线或电源线,则反向器的输出保持在低电平或者高电平,描述这样的失效方式就是固定 0 故障(s-a-0)或者固定 1(s-a-1)故障;如果短接的是两个门的输出,则用简单桥接故障来表述故障;如果短接的是一个门的输入和输出,则用反馈型桥接故障来表述故障。

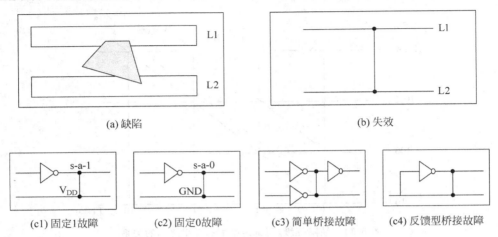

(a) 缺陷   (b) 失效

(c1) 固定1故障   (c2) 固定0故障   (c3) 简单桥接故障   (c4) 反馈型桥接故障

图 5.12   缺陷、失效和故障的映射

缺陷的形成与集成电路的制造工艺有关,例如薄膜淀积、导电、互连、隔离、氧化、曝光和刻蚀等过程中的问题会造成缺陷;缺陷的形成也与加工条件的不稳定有关,例如实际环境条件的波动、加热炉控制不准确、材料的参数改变等;人为失误也导致缺陷的形成,例如对晶片及设备的不良操作。几种常见的缺陷主要是:材料的丢失或过量、氧化击穿和电迁移。如图 5.13 所示是材料的过量引起的一种缺陷情况。

大多数的失效机理可以在电路级描述,其描述模型就是失效方式。最常见的失效方式是互连线开路、短路或参数的改变。

对电路的缺陷先建立失效方式,再映射到逻辑级和行为级上建立故障模型,这个过程就称之为故障建模。电路检测中使用故障模型而不是失效方式,有以下几个优点:

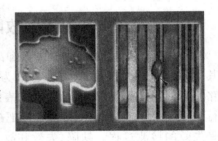

图 5.13   材料过量引起的缺陷

- 故障分析问题成为逻辑分析问题,而非物理分析问题,不同的失效方式可能建模为一个故障模型;
- 一些故障模型与工艺无关,因此同一个故障模型可能适用于多种工艺的测试生成;
- 对于逻辑行为难以分析的失效方式,基于故障的测试开发可能有效。

总之,以数学模型来模拟芯片制造过程中的物理缺陷,便于研究故障对电路或系统造成的影响,诊断故障的位置。对故障进行建模是集成电路测试技术的研究基础。使用故障模型来考虑集成电路的测试问题,可以抛开烦琐的工艺细节,只考虑特定故障模型下的测试问题,简化了测试难度。对数字集成电路故障模型的建立有两个基本要求:模型必须精确,即电路中实际可能出现的物理缺陷应该尽可能被模型表述;模型应容易处理,即模型应能用于大规模复杂系统。对数字集成电路而言,主要是将被测电路的物理缺陷进行逻辑等效。

要注意的是,缺陷和故障模型并非是一一对应的关系,一种缺陷情况可能表达了不同的故障模型,一种故障模型可能表达了不同的缺陷情况。

5.2.2 常用的几种故障模型

故障模型与电路的设计层次有关。行为级设计具有较少的实现细节,因此这个级别的故障模型可能与制造缺陷没有明显的联系,这种高级别的故障模型主要在基于模拟的设计验证中发挥作用,而在测试中的作用会相对较弱。对于 RTL 级或逻辑级的设计来说,电路由门的网表组成,固定故障是这个级别的数字电路测试中常用的故障模型,另外有桥接故障和延迟故障。晶体管和元件级别的故障包括晶体管的关断和导通等,这种晶体管级的故障模型通常在模拟电路测试中模拟。表 5.4 列出了数字集成电路中常用的故障模型。

表 5.4 数字集成电路中常用故障模型

故障模型名称		描 述
逻辑门故障	单固定故障 SSA	一根导线固定接在逻辑 0 或者逻辑 1
	多重故障 MSA	2 根或 2 根以上的导线固定接在逻辑 0 或者逻辑 1
	桥接故障	互不相连的 2 根或 2 根以上的导线连接
晶体管故障	桥接故障	互不相连的 2 根或 2 根以上的导线连接
	恒定开路故障	CMOS 电路中上拉或下拉 MOS 管失效(不导通)
	恒定通故障	CMOS 电路中 MOS 管恒定导通
性能故障	延迟故障	电路中 1 条或多条路径延迟造成的故障
	间歇故障	内部参数改变造成的故障
	瞬态故障	耦合干扰引起的瞬间信号值改变

1. 逻辑门层次的故障模型

数字集成电路制造过程中的大部分缺陷都可以在逻辑门级表述,逻辑门级的模型简单易用。对于复杂系统来说,使用布尔代数就可以将逻辑门层次的故障模型在理论上推导出故障检测所需要的许多结果;同时,逻辑门层次的故障模型可以应用于许多不同的工艺,比如 CMOS 工艺或双极性工艺,因此逻辑门层次的故障模型在数字集成电路中广泛使用。逻辑门层次的故障模型主要包括固定逻辑值故障模型、桥接故障模型。

(1) 固定逻辑值故障模型

固定逻辑值故障模型(Stuck-at Fault)是数字集成电路中使用最广泛的故障模型,它是指集成电路制造过程中的所有缺陷都表现为逻辑门层次上导线的逻辑值被固定在某一逻辑电平。固定 0 故障(Stuck-at-0),记为 s-a-0,是指导线的逻辑值被固定在 0 电平;固定 1 故障(Stuck-at-1),记为 s-a-1,是指导线的逻辑值被固定在 1 电平。固定逻辑值故障示例如图 5.14 所示。需要注意的是,s-a-1 和 s-a-0 故障是相对于电路的逻辑功能而言的,与具体的物理缺陷没有直接关系。电路作为固定逻辑值故障模型化时,需要以每一根导线为研究对

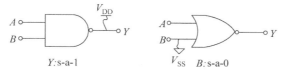

图 5.14 固定逻辑值故障示意图

象,而不是每一个节点。另外,固定逻辑值故障一般不会改变电路的拓扑结构,即不会使系统的基本功能发生根本性的变化。

对于一个系统而言,固定逻辑值故障又可分为两类:单固定故障(Single Stuck At,SSA)和多重故障(Multiple Stuck At,MSA)。单固定故障是指整个系统电路中仅有一个固定故障;多重故障是指整个系统电路中有多个固定故障。

单固定故障模型可以表达许多不同的失效方式,它是与工艺无关的故障模型。例如,导线与地或电源线的短路可用单固定故障表达;CMOS 电路中栅氧击穿造成的栅源阻性短接可以用输入端的固定 0 故障表达;CMOS 电路中多余的金属造成栅输出端与电源或地短接也可以用单固定故障表达。实践证明,基于单固定故障的测试图形可以检测许多其他类型的故障情况,同时单固定故障模型的数目比其他类型的故障模型的数目要少,而且通过故障化简的方法可进一步减少此数目。在做故障化简时使用如下两个不加证明的结论。

定理 5.1:对于无扇出的组合电路,能够检测电路中所有原始输入端 SSA 故障的测试集,也可以检测电路中所有导线的 SSA 故障。

定理 5.2:对于有扇出的组合电路,能够检测电路中所有原始输入端和扇出分支上 SSA 故障的测试集,也可以检测电路中所有导线的 SSA 故障。

通过定理 5.1 和 5.2,在对组合电路的单固定故障进行测试生成时,可以只考虑原始输入端和扇出分支的单固定故障情况,大大缩减了测试生成的工作量。

对于一个有 N 条导线的电路来说,若只出现 SSA 故障,则 SSA 故障的总数为 $2N$ 个,若出现 MSA 故障,则 m 重故障的总数为 $2^m C_N^m$,其中 $C_N^m = \dfrac{N!}{m!(N-m)!}$,$N$ 条导线中可能出现的多固定故障的总数为 $3^N - 1$。影响 MSA 故障测试的主要因素是原始输入端的个数和重聚的扇出分支的个数。一般来说,SSA 故障的测试图形能检测大部分的 MSA 故障,因此 MSA 故障分析时只需直接处理 SSA 故障的测试图形不能测试的故障即可。

分析组合电路单固定故障的测试图形按照以下步骤:首先,假设电路中各逻辑单元的输入和输出(系统中每一根导线)分别出现 s-a-1 和 s-a-0 两种固定逻辑值故障;其次,找出一组测试矢量,使得在这组测试矢量的激励下,有故障电路的输出值与无故障电路的输出值不同。则这组矢量是检测这个故障的测试图形。如图 5.15 所示,假设电路中或门输出端出现单固定逻辑 1 故障,则电路输入为 1100 时,正常电路的输出值和故障电路的输出值不同,因此 1100 即为检测该故障的测试图形。

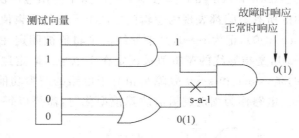

图 5.15 检测单固定故障的例子

固定逻辑值故障模型是应用最广泛的一种故障模型,一方面是由于针对门级固定型故障的测试生成容易实现,更主要的原因是,基于逻辑门级固定型故障产生的测试矢量可以有效地检测出实际电路中可能存在的各种物理缺陷。

（2）桥接故障

当缺陷使得 2 根或 2 根以上不相连的导线短接在一起时，用桥接故障（Bridge Fault）模型来表示。随着器件尺寸的减小和密度的增加，桥接故障上升为重要的故障类型之一。当桥接故障涉及的导线数大于 2 时，称为多重桥接故障，否则称为单桥接故障，一般在芯片的原始输入端较容易出现多重桥接故障。电路输入端的桥接故障可简单如图 5.16 所示表示。这种桥接故障的一般测试方法是，首先用线与（线或）运算建模，然后再用固定逻辑值故障模型对电路引入故障、设计测试矢量，并进行测试。

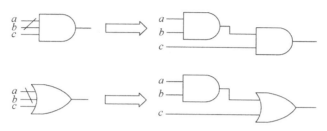

图 5.16 输入端桥接故障的线与建模

当电路输入端和输出端之间的桥接故障发生时，有可能改变电路拓扑结构，使得组合电路改成时序电路，甚至造成电路振荡而趋于不稳定。如图 5.17 所示，E/D 型 NMOS 电路正常时实现的函数是 $Y=\overline{AC+BD}$，桥接故障使得电路功能变为 $Y=\overline{(A+C)(B+D)}$。

为了便于系统化地研究桥接故障，分以下几种情况：当桥接故障发生在逻辑元件内部时，逻辑元件内部的一些节点并不能用布尔逻辑表达，因此只能在晶体管层次进行桥接故障研究；当桥接故障发生在逻辑元件的逻辑节点，且无反馈时，则只研究逻辑节点桥接的情况，因此可在逻辑门层次对桥接故障进行研究；当桥接故障发生在逻辑元件的逻辑节点，但有反馈时，反馈节点的逻辑值与其他节点的逻辑值有关，可能使得反馈节点的逻辑值不确定，这种情况比较复杂。

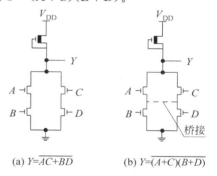

(a) $Y=\overline{AC+BD}$ (b) $Y=\overline{(A+C)(B+D)}$

图 5.17 桥接故障导致电路功能发生变化

研究证明，对任何能检测线与（线或）处理过的电路的单固定逻辑值故障的测试矢量，一定能够检测出原电路中的桥接故障。

逻辑门层次的故障模型简单易用，但是也存在一定的局限性。例如在电路层次或晶体管层次仍存在一些物理缺陷，不能用逻辑门层次的故障模型进行检测；在 MOS 工艺中，有一些电路模型不存在简单的逻辑门等效；在大规模系统中，故障的总数可能会变得很大等。所以虽然逻辑门层次的固定逻辑值故障模型包含了大部分晶体管层次及电路层次的故障，但仍存在一些给出的故障模型不能表述的故障。因此，需要使用更低层次的故障模型，即晶体管层次的故障模型。

2. 晶体管层次的故障模型

有些晶体管层次上出现的缺陷情况无法在逻辑级简单地用固定 0、固定 1 和桥接故障来描述,必须考虑晶体管层次的缺陷对电路造成的影响,分析缺陷情况进而建立失效方式和故障模型。MOS 电路常见的缺陷为晶体管短路或开路,栅极、源极或漏极的开路,栅与漏、源或者沟道之间的短路,这些缺陷都需要重新引入失效方式并建立晶体管层次的故障模型。

晶体管层次的故障模型主要包括晶体管层次上的电路短路和开路故障模型、晶体管固定关断和导通故障模型。

如图 5.18 所示为晶体管层次的开路故障示例,两输入或非门中出现了 2 处固定的开路故障,这种故障需要在晶体管层次建模。寻找一个测试码来检测这种故障,如一个测试码序列可检测电路的某个固定开路故障,则也可以检测相应的固定短路故障。反之并不成立。如图 5.19 所示为晶体管层次的短路和开路故障同时存在的例子。对于晶体管层次的固定开路和短路故障而言,有些可以用固定逻辑故障模型来等效,但大部分不能用逻辑门层次的故障模型等效,需要构造晶体管层次的故障模型。

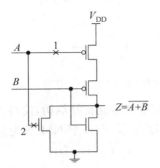

图 5.18 固定开路故障

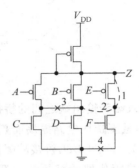

图 5.19 固定短路与开路故障

CMOS 电路中上举或下拉晶体管的开路缺陷用恒定开路故障(Stuck Open,SOp)描述。如图 5.20 所示,电路中 p_1 管存在 SOp 故障,当输入 $AB=\{10\}$ 时,输出正常为 $C=0$。但当输入 $AB=\{00\}$ 时,无故障电路输出为 1,有故障电路输出保持原来的逻辑值,电路表现为时序特性。SOp 故障的检测需要一个测试图形的序列,测试较为复杂。

晶体管源漏之间的短路缺陷用恒定通故障(Stuck On,SOn)描述。如图 5.21 所示,电路中 p_1 管存在 SOp 故障,当输入 $AB=\{10\}$ 时,无故障电路输出为 $C=0$,而有故障电路输出不确定。有故障时,p_2 管和 n_2 管仍然导通,V_{DD} 到地形成电流通路,可以通过观察电源电流来检测该故障。

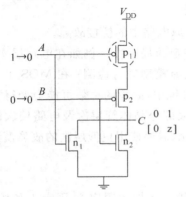

图 5.20 SOp 故障描述

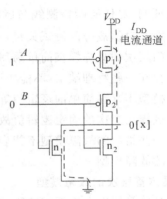

图 5.21 SOn 故障描述

晶体管层次的故障模型可以对物理缺陷更准确地表达,但提高了模型的复杂程度,同时测试图形生成难度较大,而且生成的测试图形较长,与工艺相关。

3. 延迟故障

电路设计完好且工艺上并无缺陷,但因信号传播的延时所导致的故障用延迟故障描述。

检测是否出现延迟故障其实就是检查电路在所设计的时钟频率下工作时,电路是否出现异常。因此检测延迟故障时先约定电路允许的延迟时间范围,一般定义为时钟周期长度与最长延迟路径的延迟之差,则无延迟故障的电路的延迟时间小于系统时钟间隔。

测试电路的延时故障其实就是寻找电路是否包含这样一条路径,当施加转换的测试图形时,沿这样的路径的延迟大于系统时钟间隔。检测延时故障需要一对测试向量:初始化向量 T_1 和转换向量 T_2。T_1 对要测试的故障导线或门赋值 V,T_2 对要测试的故障导线或门赋值 $\overline{V}$,同时要保证延时故障效应传播到任意一个原始输出。可知,当电路工作频率太低时无法检测到电路的延时故障。

延迟故障存在两种模型:一种是源于门的门延迟故障(Gate Delay Fault,GDF),另一种是源于路径的路径延迟故障(Path Delay Fault,PDF)。

假定延迟故障源于有故障的门,可分为变迁故障(Transition Fault)和小门延迟故障(Small Gate-Delay Fault)。小门延迟故障测试,一般是对最长的延迟路径进行测试,工业界应用很少。而变迁故障是假定门延迟聚于门的输入输出端,此类引起信号传播的额外延迟,其间隔大于额定的时间间隔(例如系统时钟间隔)。如图 5.22 所示是与非门的上升变迁延迟故障时序图,若上升沿在额定间隔内则不存在延迟故障,若在额定间隔之后才出现上升沿则出现了延迟故障。

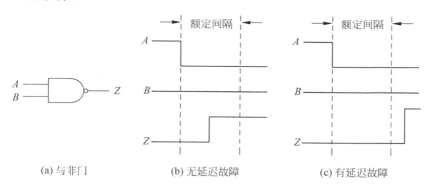

| (a) 与非门 | (b) 无延迟故障 | (c) 有延迟故障 |

图 5.22　与非门的变迁延迟故障时序图

GDF 模型的优点在于:模型简单,易于处理。缺点在于:未考虑其他门的延迟积累效应;忽略了连线的延迟;对于有故障的门的延迟可能会造成当前门的输出延迟而不影响整个电路的延迟的情况,也不能处理。如图 5.23 所示的多路选择器,假定无延迟的门 G_2,G_3 和 G_4 对上升信号或下降信号的延迟时间均为 δ,有延迟故障的门 G_1 对跳转信号的延迟时间为 3δ,用 x 表示在一段延迟时间 δ 内门输出为不确定状态。当 $A=B=1$ 且 S 从 0 翻转到 1 时,在多路选择器的输出端观察不到 G_1 的延迟故障效应,如图 5.23(a)所示。但当 $A=B=1$ 且 S 从 1 翻转到 0 时,可在多路选择器的输出端观察到 G_1 的延迟故障效应,如图 5.23(b)所示。因此,一对向量 ASB=｛111,101｝是检测门 G_1 下降延迟故障的测试图形。

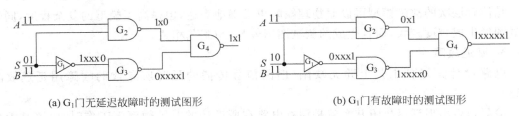

(a) G_1 门无延迟故障时的测试图形　　　　　　(b) G_1 门有故障时的测试图形

图 5.23　GDF 故障及其测试图形

信号传播路径上由于导通的晶体管、扩散造成的缺陷和互连线等导致信号延迟超出了额定时间间隔(例如系统时钟间隔),这种情况用 PDF 故障模型来表述。PDF 故障模型考虑了从原始输入端到原始输出端的积累延迟。PDF 故障分为上升慢路径故障(Slow-to-Rise Path)和下降慢路径故障(Slow-to-Fall Path),分别描述的是传播路径对原始输入端上升($0\uparrow1$)信号和下降($1\downarrow0$)信号的延迟时长。PDF 故障的测试方法是在设计的工作速度下施加初始化向量 T_1 和转换传播向量 T_2,然后观察输出端信号的状态转换。如图 5.24 所示。

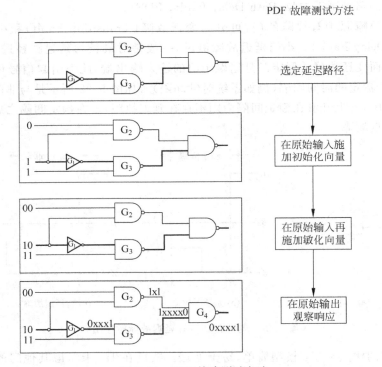

图 5.24　PDF 故障测试方法

5.2.3　故障的压缩和故障冗余

在对数字电路进行测试生成的时候,需要将对应电路的网表和故障表提供给测试工具。网表是指对电路结构所做的描述,故障表是指在一定的故障模型下给出的故障列表。如图 5.25 所示为一个五输入单输出的电路,对这个电路生成故障表,如表 5.5 所示。

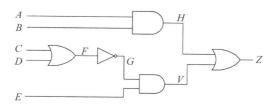

图 5.25　五输入单输出电路

表 5.5　五输入单输出电路的故障表

正常值		以下节点出现 s-a-0 故障时的 Z 值										以下节点出现 s-a-1 故障时的 Z 值									
ABCDE	Z	A	B	C	D	E	F	G	H	V	Z	A	B	C	D	E	F	G	H	V	Z
00000	0	0	0	0	0	0	0	0	0	0	0	0	0	0	0	1	0	0	1	1	1
00001	1	1	1	1	1	0	1	0	1	0	0	1	1	0	0	1	0	1	1	1	1
00010	0	0	0	0	0	0	0	0	0	0	0	0	0	0	0	0	0	0	1	1	1
00011	0	0	0	0	1	0	1	0	0	0	0	0	0	0	0	0	0	1	1	1	1
00100	0	0	0	0	0	0	0	0	0	0	0	0	0	0	0	0	0	0	1	1	1
00101	0	0	0	1	0	0	1	0	0	0	0	0	0	0	0	0	0	1	1	1	1
00110	0	0	0	0	0	0	0	0	0	0	0	0	0	0	0	0	0	0	1	1	1
00111	0	0	0	0	0	0	1	0	0	0	0	0	0	0	0	0	0	1	1	1	1
01000	0	0	0	0	0	0	0	0	0	0	0	1	0	0	0	1	0	0	1	1	1
01001	1	1	1	1	1	0	1	0	1	1	0	1	1	0	0	1	0	1	1	1	1
01010	0	0	0	0	0	0	0	0	0	0	0	1	0	0	0	0	0	0	1	1	1
01011	0	0	0	0	1	0	1	0	0	0	0	1	0	0	0	0	0	1	1	1	1
01100	0	0	0	0	0	0	0	0	0	0	0	1	0	0	0	0	0	0	1	1	1
01101	0	0	0	1	0	0	1	0	0	0	0	1	0	0	0	0	0	1	1	1	1
01110	0	0	0	0	0	0	0	0	0	0	0	1	0	0	0	0	0	0	1	1	1
01111	0	0	0	0	0	0	1	0	0	0	0	1	0	0	0	0	0	1	1	1	1
10000	0	0	0	0	0	0	0	0	0	0	0	0	1	0	0	1	0	0	1	1	1
10001	1	1	1	1	1	0	1	0	1	0	0	1	1	0	0	1	0	1	1	1	1
10010	0	0	0	0	0	0	0	0	0	0	0	0	1	0	0	0	0	0	1	1	1
10011	0	0	0	0	1	0	1	0	0	0	0	0	1	0	0	0	0	1	1	1	1
10100	0	0	0	0	0	0	0	0	0	0	0	0	1	0	0	0	0	0	1	1	1
10101	0	0	0	1	0	0	1	0	0	0	0	0	1	0	0	0	0	1	1	1	1
10110	0	0	0	0	0	0	0	0	0	0	0	0	1	0	0	0	0	0	1	1	1
10111	0	0	0	0	0	0	1	0	0	0	0	0	1	0	0	0	0	1	1	1	1
11000	1	0	0	1	1	1	1	1	0	1	0	1	1	1	1	1	1	1	1	1	1
11001	1	1	1	1	1	1	1	1	1	1	0	1	1	1	1	1	1	1	1	1	1
11010	1	0	0	1	1	1	1	1	0	1	0	1	1	1	1	1	1	1	1	1	1
11011	1	0	0	1	1	1	1	1	0	1	0	1	1	1	1	1	1	1	1	1	1
11100	1	0	0	1	1	1	1	1	0	1	0	1	1	1	1	1	1	1	1	1	1
11101	1	0	0	1	1	1	1	1	0	1	0	1	1	1	1	1	1	1	1	1	1
11110	1	0	0	1	1	1	1	1	0	1	0	1	1	1	1	1	1	1	1	1	1
11111	1	0	0	1	1	1	1	1	0	1	0	1	1	1	1	1	1	1	1	1	1

表 5.5 中第 1 列为 $ABCDE$ 的所有可能输入值,第 2 列为正常的 Z 输出值,第 3 列开始为节点出现 s-a-0 或者 s-a-1 故障时输出 Z 的值。图 5.25 所示的电路共有 10 个节点,则在单固定故障模型下,故障数为 20 个,在 2^5 个输入组合之下,共有 640 个输出值。将故障时的输出值与正常情况下的输出值相比较,若值不同,则说明相应的输入矢量即为测试这个故障的测试矢量。

大家知道,n 个节点的电路将可能有 $2n$ 个单固定故障,故障表的数据量将随着集成电路规模的扩大而剧增,但是可以利用故障之间的等效与支配关系缩减故障表,减少电路中的独立故障数和测试矢量。

1. 故障等效

故障等效是指,如果检测故障 f_1/f_2 的每一个测试图形都可以用来检测 f_2/f_1,则说明这两种故障等效。也就是说,故障 f_1 和 f_2 的测试集 T_1 和 T_2 完全相同,则 f_1 和 f_2 故障等效。

图 5.25 所示的电路中,对于 $A/0$、$B/0$ 和 $H/0$ 故障来说,检测它们的测试集均是 $ABCDE=\{11000,11010,11011,11100,11101,11110,11111\}$,所以故障 $A/0$、$B/0$ 和 $H/0$ 等效。对于 $C/1$、$D/1$ 和 $F/1$ 故障来说,检测它们的测试集均是 $ABCDE=\{00001,10001\}$,所以故障 $C/1$、$D/1$ 和 $F/1$ 等效。在进行测试生成时,只需考虑等效故障中的一种故障并进行测试生成即可。

可以看出 $A/0$、$B/0$ 和 $H/0$ 分别是两输入与门的输入和输出 s-a-0 故障,$C/1$、$D/1$ 和 $F/1$ 分别是两输入或门的输入和输出 s-a-1 故障。这不是特例,实际上这 2 个例子代表着一个结论,这里不加证明地给出:

n 输入与/与非门的所有输入端的 s-a-0 等效,也与输出端的 s-a-0/s-a-1 等效;n 输入或/或非门的所有输入的 s-a-1 等效,也与输出的 s-a-1/s-a-0 等效;对于非门而言,输入的 s-a-1/s-a-0 与输出的 s-a-0/s-a-1 等效。

由故障等效可知,n 输入简单门的故障情况可从 $2(n+1)$ 个缩减到 $n+2$ 个。

2. 故障支配

故障支配是指,如果检测故障 f_2 的测试集 T_2 是故障 f_1 的测试集 T_1 的子集,则说故障 f_2 支配故障 f_1。f_2 是支配故障,$f1$ 是被支配故障。在测试生成时,可简化掉被支配故障,只考虑支配故障的测试图形。故障支配与测试集的关系如图 5.26 所示,故障化简时可简化掉被支配故障 $f1$。

图 5.25 所示的电路中,故障 $F/0$ 的测试集为:$ABCDE=\{00011,00101,00111,01011,$ $01101,01111,10011,10101,10111\}$,而故障 $C/0$ 的测试集是:$ABCDE=\{00101,01101,10101\}$,可以看出后一个故障的测试集是前一个故障测试集的子集,所以故障 $C/0$ 支配故障 $F/0$,测试生成时将被支配故障 $F/0$ 简化掉,只考虑支配故障 $C/0$ 的测试图形即可,因为检测 $C/0$ 故障的任何一个测试图形都可以检测故障 $F/0$。

这里不加证明地给出如下结论:

n 输入与门/与非门的任意一个输入端的 s-a-1 故障支配输出端的 s-a-1/s-a-0 故障;n 输入或门/或非门的任意一个输入端的 s-a-0 故障支配输出端的 s-a-0/s-a-1 故障。

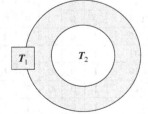

f_2（支配故障）的测试集：T_2
f_1（被支配故障）的测试集：T_1

图 5.26　故障支配与测试集的关系

由故障的等效和支配之后，n 输入简单门的故障表长度从 $2(n+1)$ 个简化到 $n+2$ 个，再简化到 $n+1$ 个。

3. 故障冗余

故障冗余是指，电路某个节点出现故障时的输出值和正常情况下的输出值相同，即故障的出现对电路输出逻辑值没有影响。

如图 5.27 所示为 1 个三输入单输出电路，电路中共有节点 11 个。当无故障时，电路的输出函数为 $f = x_1 x_2^- + x_1 x_2 x_3 = x_1 x_2^- + x_1 x_2$；当节点 8 出现 s-a-1 故障时，电路的输出函数为 $f^{8/1} = x_1 x_2^- + x_1 x_3$，即 $f = f^{8/1}$。这就是说，故障 8/1 产生的故障效应在输出端检测不到，或者说 8/1 故障效应被湮没了，这就是故障冗余。

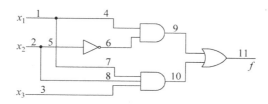

图 5.27　具有 1 根故障冗余线的电路

出现故障冗余的原因是信号沿 2 个方向传播，导致故障情况在门的输入端会聚并抵消，导致故障冗余的情况。会聚是指一个信号沿着多条路经传播后又同时作为一个逻辑门的输入端。对于组合电路而言，无扇出电路不会出现故障冗余，同样，无重聚的扇出电路也不会出现故障冗余，对于重聚的扇出电路则要考虑故障冗余的情况。

检测电路中某根导线是否是故障冗余导线的方法是：将这个导线从电路中去除，并用固定的 0 或者 1 取代，如果所实现的功能不变，则说明这根导线是故障冗余导线。对于组合电路而言，只要观察重聚的扇出分支和相关路径上的导线即可。

如图 5.28 电路所示，当导线 8 用固定 1 代替时，电路的功能没有改变；当导线 13 用固定 0 代替时，电路的功能也没有改变。所以导线 8 和导线 13 都称为电路的故障冗余线。

故障冗余使得电路中冗余线上的某些故障情况无法检测，对于测试生成来说很不利，但是有时需要专门将电路设计成具有冗余线的电路，以避免逻辑门输入端的竞争和冒险情况。

4. 故障化简

使用故障等效和故障支配的概念可以将冗长的故障表化简。如图 5.29 所示的三输入与门，共有单固定故障 8 个：$A/0$、$B/0$、$C/0$、$Y/0$、$A/1$、$B/1$、$C/1$ 和 $Y/1$，列出故障表如表 5.6 所示。

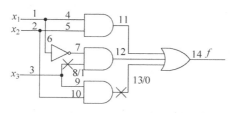

图 5.28　具有两根故障冗余线的电路

图 5.29　三输入与门

表 5.6　三输入与门的故障表

正常值		故障值(Y)							
ABC	Y	$A/0$	$B/0$	$C/0$	$Y/0$	$A/1$	$B/1$	$C/1$	$Y/1$
000	0	0	0	0	0	0	0	0	1
001	0	0	0	0	0	0	0	0	1
010	0	0	0	0	0	0	0	0	1
011	0	0	0	0	0	1	0	0	1
100	0	0	0	0	0	0	0	0	1
101	0	0	0	0	0	0	1	0	1
110	0	0	0	0	0	0	0	1	1
111	1	0	0	0	0	1	1	1	1

通过故障表可知,检测 $A/0$、$B/0$、$C/0$、$Y/0$ 的测试图形为 $ABC=\{111\}$,则这 4 种故障情况等效,测试生成时只保留其中任意一种故障情况即可。检测 $A/1$ 的测试图形是 $ABC=\{011\}$,检测 $B/1$ 的测试图形是 $\{101\}$,检测 $C/1$ 的测试图形是 $\{110\}$,而检测 $Y/1$ 的测试图形是 $\{000,001,010,011,100,101,110\}$,可知 $A/1$、$B/1$ 和 $C/1$ 故障都支配 $Y/1$ 故障,测试生成时只保留支配故障 $A/1$、$B/1$ 和 $C/1$ 即可。

通过故障等效和故障支配,得到压缩的故障为 $\{A/1$、$B/1$、$C/1$、$Y/0\}$(压缩后故障数从 8 个缩减到 4 个)。在测试生成时根据这 4 个故障情况生成 4 个测试图形 $\{111,011,101,110\}$,这 4 个测试图形即可以测试三输入与门的所有单固定故障。

对于图 5.25 所示的五输入单输出电路,共有 10 个节点、20 个单固定故障。等效的故障情况为:$\{A/0,B/0,H/0\}$、$\{C/1,D/1,F/1,G/0\}$、$\{E/0,G/0,V/0\}$、$\{H/1,V/1,Z/1\}$ 和 $\{F/0,G/1\}$。支配的故障情况为:$\{G/1$、$E/1$ 支配 $V/1\}$、$\{A/1$、$B/1$ 支配 $H/1\}$、$\{V/0$、$H/0$ 支配 $Z/0\}$、$\{C/0$、$D/0$ 支配 $F/0\}$。20 个单固定故障经过化简后得到 7 个单固定故障 $\{A/1,B/1,C/0,C/1,D/0,E/1,H/0\}$,对这 7 个故障进行测试生成得到测试集为 $\{01000,10000,00101,00001,00011,00000,11000\}$。由上可知,经过故障化简后进行测试生成大大降低了工作量。

5.3　逻辑模拟和故障模拟

数字电路在给定域(行为域、结构域和物理域)和给定级(行为级、逻辑级、RTL 级、电路级和门级)的设计过程都包含着验证过程,EDA 工具把设计从一个域/级映射到另外一个域/级也需要验证过程。模拟是当今使用最多的验证手段,一般是用模拟器来完成的。模拟器相当于一种程序,采用专门的技术对原型设计的信息进行准确的处理,采用有效的算法来加快模拟速度。

典型的模拟过程可用图 5.30 来表达。模拟电路需要有描述原型设计的模型、激励信号、元器件库,将这 3 种信息送入模拟器可以得到相应的模拟响应。

描述原型设计的模型与模拟时采用的抽象级别有关。在行为级,模拟模型是用电路逻辑函数表达的逻辑模型,只能对电路逻辑功能进行验证,无法得到电路的性能信息。在电路级,利用 SPICE 语言通过晶体管、基本电路元器件来进行集成电路的行为描述,采用通用电路模拟技术进行模拟,模拟精度高,但模拟速度慢,适用于中小规模的电路。在开关级,只用

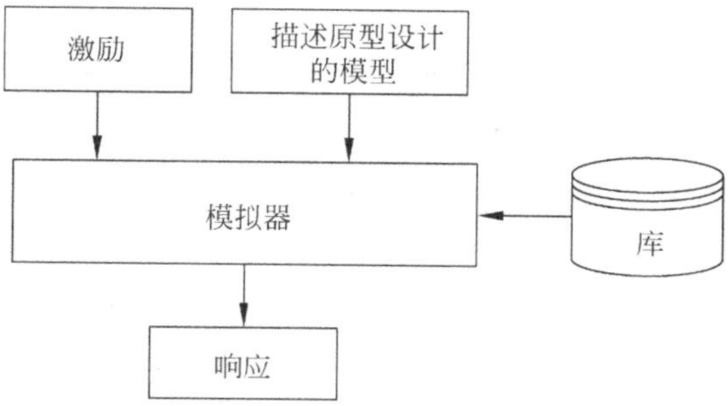

图 5.30 模拟过程描述

包含开和关两个状态的模型描述晶体管,模拟速度高。相应的激励信号有以下几种格式:逻辑值、波形图、伪随机测试图形或测试平台。不同的抽象层次使用的元件库也不同:功能模拟采用元器件的逻辑函数表达式,不需要元器件内部的详细结构信息;结构模拟采用的库包含了一系列标准单元,对每个单元的基本逻辑功能及其传播延迟都做了描述;晶体管级的模拟需要 Foundry 厂家提供单元库。

在电路设计时进行模拟主要有两个作用:一是用于验证设计的正确性,二是验证测试。第一种模拟称之为逻辑模拟,所使用的模拟器叫作真值模拟器;第二种模拟称之为故障模拟,所使用的模拟器是故障模拟器,主要用于制造测试的开发。故障模拟器中有许多真值模拟器的因素,可以在故障时模拟电路的响应。

5.3.1 逻辑模拟算法

逻辑模拟是对所设计的系统进行建模来达到验证测试的一种方式,逻辑模拟过程如图 5.31 所示,设计的起始点从技术说明开始,一方面根据技术说明对电路进行设计,并经过综合得到设计(网表);另一方面根据技术说明得到设计的输入激励;再者根据技术说明得到理想的响应。将设计的网表和输入激励送入真值模拟器,经过真值模拟器的模拟得到实际设计的电路的响应。该模拟响应跟理想响应相比较分析,得出设计需要做的改变。将设计进行相应的改变再次进行模拟,再次比较实际响应和理想响应,直到实际响应与理想响应一致为止。逻辑模拟时使用真值模拟器来检验设计的正确与否,真值模拟器的真值是指模拟器对给定的输入激励计算其响应,并不会在验证中考虑缺陷情况。

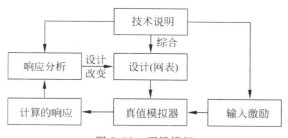

图 5.31 逻辑模拟

逻辑模拟有优点也有缺点,优点在于能模拟出电路的行为细节,例如逻辑、时序等;还在于层次化的使用,例如在高级行为层的模拟设计可用 C 语言来描述,并不需要使用网表,因此可以模拟验证非常大的电路系统。缺点在于对于模拟时的激励不能穷尽所有的可能性,激励的形成依赖于设计者的灵感。

如图 5.32 所示是 4 位逐位进位加法器的逻辑设计,其中图 5.32(a)是一位加法器的门级逻辑,图 5.32(b)是 4 位加法器的模块级互连。可以用两种不同的思路得到对电路进行逻辑模拟的输入激励。按照常规的方法,电路有 9 个输入端,为了完全验证逻辑的正确性,要模拟 2^9 个输入激励施加时输出逻辑的正确与否,这将是一个比较大的工作量。但如果从结构的角度考虑,电路由 4 个全加器模块级联构成,对每个全加器来说,输入端有 Cn、An、Bn 三位,则逻辑模拟时需要 2^3 个输入激励,则对 4 个全加器构成的加法器来说,只要保证每个加法器 2^3 个激励都得到模拟,即可验证 4 位全加器的所有功能。根据结构特点获得的逻辑模拟的输入激励如表 5.7 所示。由表 5.7 可知,这种规范形式的激励使得在模拟任意位数相同结构的加法器时,只需要扩展输入激励的宽度,而不用增加输入激励的数量,即可对整个电路实现完全的逻辑模拟。

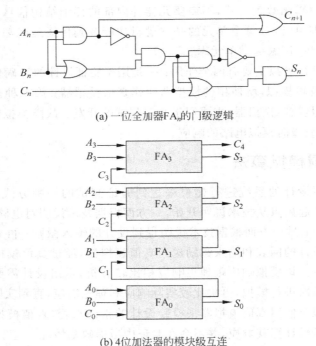

(a) 一位全加器FA$_n$的门级逻辑

(b) 4位加法器的模块级互连

图 5.32　4 位逐位进位加法器

表 5.7　4 位逐位进位加法器的模拟激励

激励数	位 $C_0 A_0 B_0 A_1 B_1 A_2 B_2 A_3 B_3$	输入 $C_n A_n B_n$ 到 FA$_n$
1	000000000	000 应用到所有的 FA
2	001010101	001 应用到所有的 FA
3	010101010	010 应用到所有的 FA
4	011001100	011 应用到所有的 FA$_0$ 和 FA$_2$,100 应用到所有的 FA$_1$ 和 FA$_3$
5	100110011	100 应用到所有的 FA$_0$ 和 FA$_2$,011 应用到所有的 FA$_1$ 和 FA$_3$
6	101010101	101 应用到所有的 FA
7	110101010	110 应用到所有的 FA
8	111111111	111 应用到所有的 FA

由上可知,对 4 位逐位进位加法器进行逻辑模拟时,使用穷举激励的方法需要 2^9 个输入激励,使用结构分析的方法需要 2^3 个激励,充分说明了逻辑模拟时输入激励的形成有赖于设计者的灵感。

逻辑模拟时,真值模拟器可选择的算法有很多种,常用的有两类:编译模拟(Compiled Simulation)和事件驱动模拟(Event-Driven Simulation)。

1. 编译模拟

在编译模拟中,模拟器把电路的网表转换成机器指令码序列,这些序列完成电路的各种逻辑和算法功能,称之为编译码模型。每次模拟时,模拟器先从验证激励文件读入原始输入值,然后根据编译码模型按级计算电路中每个元件的逻辑值。如图 5.33 所示电路,电路从输入到输出共分为 4 级,原始输入和反馈线都划分到 0 级,高一级元件的输入都来自于较低的一级。

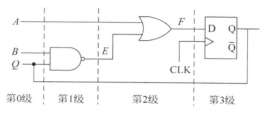

图 5.33　电路的层次化

图 5.33 所示电路的编译模拟模型可描述如下:

```
LDA    B  (读指令)
AND    Q  (逻辑与)
INV       (逻辑非)
STA    E  (写指令)
OR     A  (逻辑或)
STA    F  (写指令)
STA    Q  (写指令)
```

编译模拟时,每个测试图形都要根据编译模拟模型按级计算出电路每个元件的逻辑值。该算法简单,速度较快,但是当电路部分改变时仍需要对整个电路重新编译,主要适用于对竞争冒险现象不敏感的无延迟组合电路和同步时间电路。

2. 事件驱动模拟

事件驱动模拟相较于编译模拟,不会每次施加测试图形时都对电路的每个元件进行模拟,它只模拟信号发生改变的元件,并将事件沿着电路传播到输出端。事件是指导线上逻辑值的改变。当一个元件的某个输入端发生了事件时,则激活了该元件。因此,有事件时模拟器才分析激活元件,并确定产生的新事件并激活新元件,这就是事件驱动的含义。

如图 5.34 所示,电路共有 d,e,f,g 四个元件。当原始输入端 b 从 1 变为 0 时,该事件将激活 d,e,f,g 四个门,并且在分析时加上每个元件的时延,得到输出端 g 随时间变化的取值。按照时延可知,激活每个元件的时间是不同的,按时间列出事件名称,并列出事件激发的门,可模拟出输出端取值的变化,如表 5.8 所示为时间堆栈表。

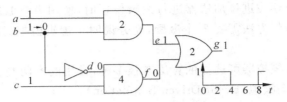

图 5.34　事件驱动模拟示意图

表 5.8　时间堆栈表

时间	事件	激活的元件
$t=0$	b=0	d,e
1	—	
2	d=1,e=0	f,g
3	—	
4	g=0	
5	—	
6	f=1	g
7	—	
8	g=1	—

5.3.2　故障模拟算法

故障模拟是采用故障模拟器对有故障出现的设计模型施加测试激励,进行模拟,分析有故障和无故障时设计模型的响应。故障模拟通常在设计验证之后进行,这时电路网表已得到逻辑验证,同时具有可用的验证矢量。将网表、验证矢量和故障模型列表送入故障模拟器,故障模拟器将完成两个功能:对给定的一组输入矢量集,确定它对给定故障模型的故障覆盖率情况;按故障覆盖率要求生成所需要的测试矢量集。故障模拟过程如图 5.35 所示。

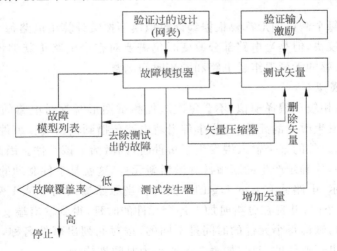

图 5.35　故障模拟

若没有提供故障模型列表给故障模拟器，故障模拟器将对特定的故障模型生成一个故障列表，然后用一开始提供的验证矢量作为测试矢量对设计网表进行故障模拟。模拟后获得每个矢量能够检测的故障情况，被检测的故障从故障表中删除，一旦达到指定的足够高的故障覆盖率，模拟就停止。如果所有的验证矢量使用结束仍然达不到指定的故障覆盖率，将使用测试发生器生成测试矢量，继续对设计网表进行模拟，直到达到指定的故障覆盖率为止。

对图 5.32 所示的 4 位逐位进位加法器电路进行故障模拟，该电路包含 4 个全加器模块，共有 36 个逻辑门、9 个输入和 5 个输出，则单固定故障的数目是 186 个，经过故障化简可将故障压缩到 114 个。故障模拟情况如表 5.9 所示，当施加到第 6 个矢量时即可发现全部 186 个故障，达到 100% 的故障覆盖率。因此可知，对 4 位逐位进位加法器进行单固定故障测试的测试矢量仅为 6 个。

表 5.9 4 位行波进位加法器的故障模拟

矢量数	186 个未压缩故障		114 个压缩故障	
	发现故障数	故障覆盖率/%	发现故障数	故障覆盖率/%
1	61	33	37	32
2	113	61	65	57
3	125	67	77	68
4	143	77	89	78
5	162	87	102	89
6	186	100	114	100
7	186	100	114	100
8	186	100	114	100

使用故障模拟器进行故障模拟有很多算法，常用的有串行故障模拟、并行故障模拟、演译故障模拟、并发故障模拟。

1. 串行故障模拟

串行故障模拟过程如图 5.36 所示，进行故障模拟时，先模拟正常电路，给出输出响应，再一个故障接一个故障地模拟故障电路。也就是说，把故障注入后，观察故障发生时电路的输出响应，最后将原始输出端的正常值和故障值相比较就可以知道哪些故障是可以测试的。串行故障模拟重复使用真值模拟器，实现很简单。它可以模拟任何可引入电路描述的故障，比如模拟固定开路、固定短路、桥接、延迟和模拟故障等。缺点是运行时间长，要求较大的存储空间。

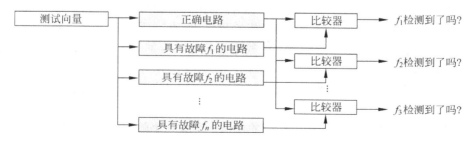

图 5.36 串行故障模拟过程

2. 并行故障模拟

并行故障模拟充分利用计算机字长中按位逻辑运算的能力进行逻辑门运算的模拟。例如,计算机字长为 8 位,那么就可以同时处理 8 种相同结构的电路:用 1 位代表正常电路,另外 7 位代表 7 种故障电路,实现了故障注入和处理的并行进行。假设要模拟组合电路的单固定故障,则使用并行故障模拟算法最有效。

【例 5.1】 如图 5.37 所示,电路中可能存在 c:s-a-0 和 f:s-a-1 两种单固定故障,对电路进行并行故障模拟。

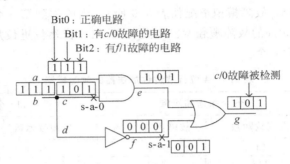

图 5.37 并行故障模拟示例

解:模拟时,每根导线用 1 个 3 位的逻辑值表示:最高位代表无故障时本导线的逻辑值;中间位代表出现 c:s-a-0 单固定故障时本导线的逻辑值;最低位代表出现 f:s-a-0 单固定故障时本导线的逻辑值。当电路的输入激励为 $ab=\{11\}$ 时,则 $a=[111]$,$b=[111]$,经过故障注入和逻辑运算得到 $c=[101]$,$d=[111]$,$e=[101]$,$f=[001]$ 和 $g=[101]$。由于 $g=[101]$,可知中间位与最高位不同,最低位与最高位相同,则说明 $ab=\{11\}$ 时,可检测电路的 c:s-a-0 故障。

当计算机字长为 w 时,并行故障模拟一次可以处理 $w-1$ 个故障。如果要模拟 n 个故障,则串行故障模拟需要模拟 $(n+1)$ 次,并行故障模拟需要模拟 $n/(w-1)$ 次,则并行故障模拟比串行故障模拟快 $(n+1)(w-1)/n$ 倍。但是对于超大规模集成电路来说,故障数远超过计算机字长,并不能有效节约模拟时间,因此需要寻求更有效的故障模拟算法。

3. 演绎故障模拟

对于小于 500 门的电路,使用并行故障模拟较为有效,但是对于 500 门以上的电路,演绎故障模拟比并行故障模拟速度更快。

演绎故障模拟要用到故障表的概念,这里的故障表是指电路中导线上的故障表,每条导线都有自己的故障表。导线 L 的故障表是指,对给定的输入矢量 T 和电路的指定故障集 F,能够将故障效应传播到导线 L 上的那些故障的集合。演绎故障模拟是指从电路的原始输入端开始逐级向前(向着输出端的方向)传播故障表,直到原始输出端。最后原始输出端上的故障表即为输入矢量 T 所能检测到的故障集 F 中的全部故障。

在故障表的传播过程中,遵循故障效应的传播定理。

- 当某个故障的故障效应传播到电路的扇出源时,必定可以传播到它的扇出分支。
- 当某个故障的故障效应传播到逻辑门的一个或几个输入端时:若这个逻辑门没有控制输入端,则故障效应传播到门的任何一个或几个输入端时,都能传播到输出端;若这个逻辑门有控制输入端,当且仅当故障效应传播到每个控制输入端时,才能传播到输出端。

这里的控制输入端是指,当门的某一输入端取值 x(x 为 0 或 1)后,不论其他输入端如何取值,都可唯一确定该逻辑门的输出值,那么这个输入端称为控制输入端,所取的值为控制值,否则为非控制输入端和非控制值。例如,与门/与非门取 0 的输入端为控制输入端;或门/或非门取 1 的输入端为控制输入端;非门的输入端不管取何值都是控制输入端;异或/同或门的任一个输入端都不是控制输入端。

按照故障效应的传播定理,得到二输入逻辑门输出端的故障表如表 5.10 所示。其他 n 输入逻辑门输出端的故障表可按照简单逻辑门的故障表扩展得到。

表 5.10　演绎故障模拟中基本逻辑门的故障表传播

逻辑门类型	输入 a	输入 b	输出 c	输出故障表
与门	0	0	0	$L_c = \{c_1 \bigcup (L_a \bigcap L_b)\}$
	0	1	0	$L_c = \{c_1 \bigcup (L_a \bigcap \overline{L_b})\}$
	1	0	0	$L_c = \{c_1 \bigcup (\overline{L_a} \bigcap L_b)\}$
	1	1	1	$L_c = \{c_0 \bigcup (L_a \bigcup L_b)\}$
或门	0	0	0	$L_c = \{c_1 \bigcup (L_a \bigcup L_b)\}$
	0	1	1	$L_c = \{c_0 \bigcup (\overline{L_a} \bigcap L_b)\}$
	1	0	1	$L_c = \{c_0 \bigcup (L_a \bigcap \overline{L_b})\}$
	1	1	1	$L_c = \{c_0 \bigcup (L_a \bigcap L_b)\}$
非门	0	—	1	$L_c = \{c_0 \bigcup L_a\}$
	1	—	0	$L_c = \{c_1 \bigcup L_a\}$

【例 5.2】　如图 5.38 所示电路,输入激励为 $ab=\{11\}$,用演绎故障模拟算法求可测故障。

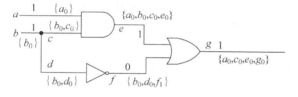

图 5.38　演绎故障模拟示例

解:导线 a 的故障表为 $L_a = \{a_0\}$;

b 的故障表为 $L_b = \{b_0\}$;

c 的故障表为 $L_c = \{b_0, c_0\}$;

d 的故障表为 $L_d = \{b_0, d_0\}$;

e 的故障表为 $L_e = L_a \bigcup L_c \bigcup \{e_0\} = \{a_0, b_0, c_0, e_0\}$;

f 的故障表为 $L_f = L_d \bigcup \{f_1\} = \{b_0, d_0, f_1\}$;

g 的故障表为 $L_g = (L_e \bigcap \overline{L_f}) \bigcup \{g_0\} = (L_e - L_f) \bigcup \{g_0\} = \{a_0, c_0, e_0, g_0\}$。

则传播到原始输出端 g 的故障表即为输入激励 $ab=\{11\}$ 可检测到的电路中的故障。

4. 并发故障模拟

并发故障模拟算法也是只用一个遍历来完成模拟(正常电路的模拟和故障电路的模拟是在同一遍模拟中同时进行的),它也采用故障表的概念,但它的故障表与演绎故障模拟的故障表不同,它包含更多信息,因此在进行故障表的传输时工作量较小。并发故障模拟算法是故障模拟最通用的方法,它能处理各种电路模型、故障、信号状态和时序模型,以最有效的方式从根本上将事件驱动模拟方法扩展到故障模拟算法中。

讲述并发故障模拟之前,先介绍几个概念。

- 事件:电路中某根导线逻辑值的改变称为事件。
- 良性事件:无故障电路中某根导线逻辑值的改变。用导线名称、变化类型和变化时间三个属性来指定良性事件。
- 故障事件:有故障电路中某根导线逻辑值的改变。用导线名称、变化类型、变化时间和故障名称(位置和类型)4个属性来指定故障事件。
- 良性门:无故障电路中的门称之为良性门。
- 不良门:在故障电路中,某个门的输入、输出或故障名称有任何一个与良性门不同,则这个门称之为不良门。不良门本身不是有故障的,而是被某些故障影响的。

在并发故障模拟中遵循如下规则:

- 所有的良性事件和故障事件都可以激活良性门并给予赋值。
- 良性事件也能激活不良门并给予赋值,然而,带有某个故障名称的故障事件只激活带有同样故障名称的不良门。
- 良性事件激活良性门才能生成良性事件。
- 所有的故障事件或良性事件激活不良门所生成的事件均为故障事件。
- 当任何不良门的信号变得与相应良性门的信号一致时,这个不良门称之为收敛到良性门,则这个不良门可以从故障表中删除;故障点被激活,或者故障事件引起的良性门赋值而生成新的不良门的情况称之为发散。
- 传播到电路原始输出端的不良门中,输出值与原始输出值不同,则这些不良门的故障情况即为输入激励能够测试的故障。

【例 5.3】 如图 5.39 所示电路,当输入激励 $ab=\{11,10\}$ 时,使用并发故障模拟算法求出可测故障。

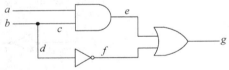

图 5.39 并发故障模拟示例

解:首先,当输入 $ab=\{11\}$ 时,在电路的良性门附近列出电路出现故障情况时的不良门。逻辑门 e 针对 a_0、b_0、c_0 和 e_0 四种故障情况有 4 个不良门,逻辑门 f 针对 b_0、d_0 和 f_1 三种故障情况有 3 个不良门,逻辑门 g 针对 a_0、b_0、c_0、d_0、e_0、f_1 和 g_0 七个故障有 7 个不良门,如图 5.40 所示。

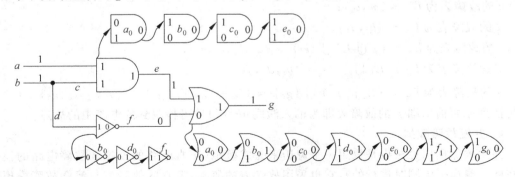

图 5.40 并发故障模拟第一步:列出不良门

　　然后,当发生 a 从 1 变化到 0 的良性事件时,将收敛的不良门从故障表中删除,如图 5.41 所示。

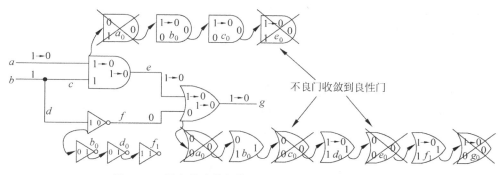

图 5.41　并发故障模拟第二步:将收敛的不良门删除

最后,在每个逻辑门的故障表上增加新故障情况下发散的不良门,如图 5.42 所示。

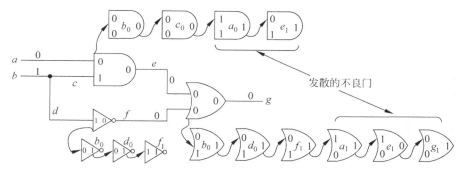

图 5.42　并发故障模拟第三步:增加新的不良门

　　由图 5.40,从良性门 g 对应的 7 个不良门中删去与良性门 g 输出值相同的不良门可得,$ab=\{11\}$ 时电路可测故障为 $\{a_0, c_0, e_0, g_0\}$。由图 5.42,从良性门 g 对应的 6 个不良门可得,$ab=\{01\}$ 时电路可测故障为 $\{b_0, d_0, f_1, a_1, e_1, g_1\}$。

　　由演绎故障模拟和并发故障模拟的比较可知,演绎故障模拟中,故障列表仅针对单个导线,只包含影响这根导线的故障。而在并发故障模拟中,故障列表是针对单个门,只要是影响这个门的输入的故障就包含在列表里。虽然并发故障模拟的故障列表相对较长,但是在模拟复杂的功能模块(存储器、RTL 或行为模块时)时优点显著。

5.4　组合电路测试生成

　　测试生成是指对被测电路的给定故障设计和产生测试图形的过程。测试生成必须在一定的故障模型下进行,并满足一定的故障覆盖率要求。针对数字集成电路而言,测试生成一般使用逻辑门层次的单固定逻辑值故障模型。

　　一个有效的测试图形要符合两个条件:一是当施加这个测试图形时,能保证故障情况在故障源处再现,也就是说故障导线上正常值和故障值不同,故障被激发;二是故障源处的故障必须能够沿着某条路径传播到某个原始输出端。

　　测试生成的方法很多,分为确定性测试生成和非确定性测试生成。确定性测试生成是指采用某种计算方法,由计算机自动生成测试图形,也称之为 ATPG(Automatic Test Pattern Generation)。非确定性测试生成有两种情况:一种是根据被测电路的特点和测试的经验选择一定的方法生成测试图形,测试图形由集成电路设计者或测试者手工写出,这种方法不能够通用在其他电路上。另一种是通过软件或硬件产生随机或伪随机的测试图形对被测电路进行穷举或伪穷举测试,这种方法生成的测试图形相对较易,但是测试图形不够精简,测试时时间成本较高。

确定性测试生成常用的方法是代数法和算法,代数法是根据被测电路的布尔函数来求解测试图形,典型的有异或法、布尔差分法和布尔微分法。代数法原理简单,但是进行测试生成时占用的存储空间大,而且对于复杂电路甚至无法求解到布尔等式。算法是按照故障在源处再现、输出可观的原则来生成测试图形的。著名的算法有 D 算法、PODEM 算法、FAN 算法和 SoCRATES 算法等。所有的算法都遵循 4 个操作步骤:激活(Excitation)、敏化(Sensitization)、确认(Justification)和蕴含(Implication)。确定性测试生成方法是数字集成电路测试技术研究的重点,也是 ATE 使用的主要测试生成方法。

虽然测试生成的方法很多,但应用时都是有局限的,测试生成过程是集成电路整个测试过程中的一个瓶颈。本章讨论的测试生成方法仅针对组合电路,组合电路的测试生成是一个 NP-完全问题,算法的执行时间与电路中门的个数的平方成正比。而时序电路,由于输出响应不仅与电路的当前输入有关,还与电路的内部状态和历史状态有关,因此测试生成方法远比组合电路复杂,对时序电路一般使用可测试性设计技术。

5.4.1 代数法

1. 异或法

异或法是指根据电路的输出函数求解测试图形的一种代数方法。对于有 n 个原始输入端 $T_i = x_i (1 \leqslant i \leqslant n)$ 的电路,无故障时电路的输出函数为 $f(x_i)(1 \leqslant i \leqslant n)$,当有故障 p/d 时(p 端的 d 故障),输出函数为 $f^{p/d}(x_1, \cdots, x_i, \cdots, x_n)$,那么检测故障 p/d 的测试图形满足

$$f(x_i) = \overline{f^{p/d}(x_i)}(1 \leqslant i \leqslant n) \tag{5-8}$$

也即

$$f(\boldsymbol{T}_i) \oplus f^{p/d}(\boldsymbol{T}_i) = 1 \tag{5-9}$$

因此,符合式(5-9)的输入矢量 $\boldsymbol{T}_i$ 即为检测故障 p/d 的测试矢量。

【例 5.4】 如图 5.43 所示电路,当电路有 6/0 故障和 10/1 故障时,使用异或法进行测试生成。

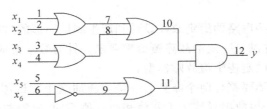

图 5.43 异或法测试生成电路示例

解：电路无故障时输出函数为 $y=(x_1+x_2+x_3+x_4)(x_5+\overline{x_6})$；

电路存在 6/0 故障时输出函数为 $y^{6/0}=x_1+x_2+x_3+x_4$；

电路存在 10/1 故障时输出函数为 $y^{10/1}=x_5+\overline{x_6}$。

则检测 6/0 故障的测试矢量满足

$$y \oplus y^{6/0} = 1$$
$$\Rightarrow [(x_1+x_2+x_3+x_4)(x_5+\overline{x_6})] \oplus (x_1+x_2+x_3+x_4) = 1$$
$$\Rightarrow x_1\,\overline{x_5}x_6 + x_2\,\overline{x_5}x_6 + x_3\,\overline{x_5}x_6 + x_4\,\overline{x_5}x_6 = 1$$

则检测 6/0 故障的测试图形为 $x_1x_2x_3x_4x_5x_6 = \{1xxx01, x1xx01, xx1x01, xxx101\}$。

检测 10/1 故障的测试矢量满足

$$y \oplus y^{10/1} = 1$$
$$\Rightarrow [(x_1+x_2+x_3+x_4)(x_5+\overline{x_6})] \oplus (x_5+\overline{x_6}) = 1$$
$$\Rightarrow \overline{x_1}\,\overline{x_2}\,\overline{x_3}\,\overline{x_4}x_5 + \overline{x_1}\,\overline{x_2}\,\overline{x_3}\,\overline{x_4}\,\overline{x_6} = 1$$

则检测 10/1 故障的测试图形为 $x_1x_2x_3x_4x_5x_6 = \{00001x, 0000x0\}$。

从使用异或法对电路进行测试生成的过程看出，测试生成过程非常直观，但是计算过程较为冗长，对于重聚的扇出电路使用异或法有可能找不到测试图形，而且许多电路是无法写出输出函数的，所以实际应用中异或法只能用作验证手段。

2. 布尔差分法

在异或法中，为了在输出端观察到故障效应，电路无故障时的输出函数和有故障时的输出函数应该不同，即

$$f(x_1,\cdots,x_i,\cdots,x_n) \oplus f^{p/d}(x_1,\cdots,x_i,\cdots,x_n) = 1 \qquad (5\text{-}10)$$

若故障出现在输入节点 x_i 处，则无故障和有故障时 x_i 的取值必不同，上式可写为

$$f(x_1,\cdots,x_i=0,\cdots,x_n) \oplus f(x_1,\cdots,x_i=1,\cdots,x_n) = 1 \qquad (5\text{-}11)$$

式(5-11)表示的意思是：当 x_i 变化时，输出函数异或为 1，即输出函数能反映 x_i 的变化，则 x_i 处的故障是可测的。式(5-11)的左侧即为函数 $f(x_1,\cdots,x_i,\cdots,x_n)$ 对 x_i 的布尔差分表达式。

为研究问题方便，我们对布尔函数的特殊形式-开关函数有

$$F(\vec{x}) = f(x_1,\cdots,x_i,\cdots,x_n)$$
$$F(x_i) = f(x_1,\cdots,x_i,\cdots,x_n)$$
$$F(\overline{x_i}) = f(x_1,\cdots,\overline{x_i},\cdots,x_n) \qquad (5\text{-}12)$$

则定义布尔函数 $F(\vec{x}) = f(x_1,\cdots,x_i,\cdots,x_n)$ 对 x_i 的布尔差分为

$$\frac{\mathrm{d}F(\vec{x})}{\mathrm{d}x_i} = F(x_i) \oplus F(\overline{x_i}) \qquad (5\text{-}13)$$

对于原始输入节点 x_i 的 s-a-0/s-a-1 故障，激活故障的条件是 $x_i=1/x_i=0$，那么检测故障的测试图形满足

$$x_i \frac{\mathrm{d}F(\vec{x})}{\mathrm{d}x_i} = 1 \quad (\text{s-a-0}) \qquad (5\text{-}14)$$

$$\overline{x_i} \frac{\mathrm{d}F(\vec{x})}{\mathrm{d}x_i} = 1 \quad (\text{s-a-1}) \qquad (5\text{-}15)$$

式(5-14)和式(5-15)即为布尔差分法对电路输入节点的固定故障进行测试生成的等式。

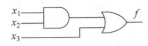

图 5.44　布尔差分法举例

【例 5.5】　如图 5.44 所示，使用布尔差分法对图中三输入单输出电路的输入节点的 $x_2/0$ 和 $x_2/1$ 故障进行测试生成，得到的测试图形是什么？

解：电路的输出函数为 $F(\vec{x})=x_1x_2+x_3$，根据式(5-13)可知，输入节点 x_2 的布尔差分为

$$\frac{\mathrm{d}F(\vec{x})}{\mathrm{d}x_2}=F(x_2)\oplus F(\overline{x_2})=(x_1x_2+x_3)\oplus(x_1\overline{x_2}+x_3)=x_3\oplus(x_1+x_3)=x_1\overline{x_3}$$

对于输入节点的 $x_2/0$ 和 $x_2/1$ 故障，测试图形满足式(5-14)和式(5-15)，如下：

$$x_2\frac{\mathrm{d}F(\vec{x})}{\mathrm{d}x_2}=x_1x_2\overline{x_3}=1\quad(x_2:\text{s-a-0})$$

$$\overline{x_2}\frac{\mathrm{d}F(\vec{x})}{\mathrm{d}x_2}=x_1\overline{x_2}\,\overline{x_3}=1\quad(x_2:\text{s-a-1})$$

则检测 $x_2/0$ 故障的测试图形为 $x_1x_2x_3=\{110\}$，检测 $x_2/1$ 的测试图形为 $x_1x_2x_3=\{100\}$。

对于电路内部节点的单固定故障同样可以使用布尔差分法进行测试生成。

假设电路的输出函数为 $F(\vec{x})=f(x_1,x_2,\cdots,x_n)$，在电路内部节点 k 处生成的函数为 $f_k(\vec{x})=f_k(x_1,x_2,\cdots,x_n)$，则输出函数可表达为 $F(\vec{x},f_k)$ 的形式，内部节点 k 处的故障传播至电路原始输出端的条件是

$$\frac{\mathrm{d}F(\vec{x},f_k)}{\mathrm{d}f_k}=1 \tag{5-16}$$

因此，检测电路内部节点 k 处的 s-a-0 故障满足

$$f_k(\vec{x})\frac{\mathrm{d}F(\vec{x},f_k)}{\mathrm{d}f_k}=1 \tag{5-17}$$

检测电路内部节点 k 处的 s-a-1 故障满足

$$\overline{f_k(\vec{x})}\frac{\mathrm{d}F(\vec{x},f_k)}{\mathrm{d}f_k}=1 \tag{5-18}$$

【例 5.6】　如图 5.45 所示电路，使用布尔差分法求解原始输入节点 $x_3/0$ 和内部节点 $k/0$ 的测试图形。

解：电路的输出函数为 $F(\vec{x})=(x_1+x_2)x_3+\overline{x_3}x_4=(x_1+x_2)x_3+f_k$，内部节点 k 处的输出函数为 $f_k(\vec{x})=\overline{x_3}x_4$。

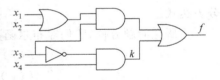

图 5.45　布尔差分法举例

输入节点 x_3 的布尔差分为

$$\frac{\mathrm{d}F(\vec{x})}{\mathrm{d}x_3}=F(x_3)\oplus F(\overline{x_3})=x_4\oplus(x_1+x_2)=x_1\overline{x_4}+x_2\overline{x_4}+\overline{x_1}\,\overline{x_2}x_4$$

则检测 $x_3/0$ 故障的测试图形满足

$$x_3\frac{\mathrm{d}F(\vec{x})}{\mathrm{d}x_3}=1\Rightarrow x_1x_3\overline{x_4}+x_2x_3\overline{x_4}+\overline{x_1}\,\overline{x_2}x_3x_4=1$$

即故障 $x_3/0$ 的测试图形为 $x_1x_2x_3x_4=\{1x10,x110,0011\}$。

内部节点 k 的布尔差分为

$$\frac{\mathrm{d}F(\vec{x})}{\mathrm{d}f_k}=F(f_k)\oplus F(\overline{f_k})=(x_1+x_2)x_3\oplus 1=\overline{(x_1+x_2)x_3}$$

则检测 $k/0$ 故障的测试图形满足

$$f_k \frac{\mathrm{d}F(\vec{x})}{\mathrm{d}f_k} = 1 \Rightarrow \overline{x_3}x_4\,\overline{(x_1+x_2)x_3} = 1 \Rightarrow \overline{x_1}\,\overline{x_2}\,\overline{x_3}x_4 + \overline{x_3}x_4 = 1$$

即故障 $k/0$ 的测试图形为 $x_1x_2x_3x_4 = \{0001,0101,1001,1101\}$。

用布尔差分法进行测试生成不仅适用于单固定故障,也适用于多重故障。它的描述严格而简洁,物理意义清晰,但是局限性是计算复杂,而且对内存的需求量大。

代数法进行测试生成是理论研究的必要工具和基础,在测试理论中占有重要地位。但是代数法占用存储空间大,当电路复杂时,不存在或者很难求解布尔等式,因此对于大规模集成电路难以奏效。而算法是根据电路机理进行故障激活、路径敏化,然后把故障效应传播到电路的原始输出端,最后给原始输入端分配能够激活故障并且传播故障的测试矢量。算法在超大规模集成电路测试生成中占有重要地位。

5.4.2　路径敏化法

路径敏化法是一种确定性算法,它的原理是:从故障源处到原始输出端之间寻找一条路径(敏化路径),沿着这条路径,故障效应可以从故障源处传播到原始输出端,从而实现故障的源处再现,输出可观。

路径敏化法的测试生成步骤如下。

第一步:激活故障,使故障在源处再现。例如,对于导线的 s-a-1 故障,为使故障再现,则导线处取值为逻辑 0。

第二步:敏化传播。选择一条路径,沿此路径可把故障效应传播到电路原始输出端。

第三步:敏化路径上的线值确认。根据敏化路径上元器件的输入/输出逻辑关系,对敏化路径上的其他导线赋值。

第四步:非敏化路径上的线值蕴涵。通过已确认的导线逻辑值,确定非敏化路径上元器件的输入端值或输出端值。

第五步:一致性检查。检查导线后来要赋的值与先前已赋的值是否矛盾。若有矛盾则重新处理。

实际上,敏化、确认和蕴涵过程都是在多个选择中确定一个的过程,测试生成中一般先排除不能通过一致性检查的那种选择,在选择过程中经常需要回溯以便做重新选择,如何有效进行选择是测试生成算法需要研究的主要问题。

【例 5.7】　如图 5.46 所示电路,使用敏化路径法对故障 $f_4/1$ 进行测试生成。

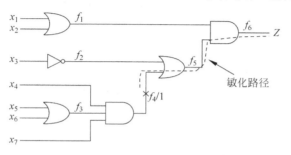

图 5.46　敏化路径法进行测试生成

解：激活故障 $f_4/1$ 的条件是 $f_4=0$，即 $f_4=x_4(x_5+x_6)x_7=0$。

敏化路径只有一条：$f_4 \to f_5 \to f_6$。

敏化路径上的线值可以确认为：$f_2=0, f_1=1$。

非敏化路径上线值蕴涵可得到：$x_1+x_2=1, x_3=1$。

总结得到，要检测故障 $f_4/1$ 时测试图形同时满足下述 3 个条件：
$$x_1+x_2=1, \quad x_3=1, \quad x_4(x_5+x_6)x_7=0$$

满足上述 3 个条件的每个解都是检测故障 $f_4/1$ 的测试图形。例如，其中一个测试图形为 $x_1 x_2 x_3 x_4 x_5 x_6 x_7=\{101011\}$，将测试图形施加于电路，检验可知故障在源处再现，输出可观。

例 5.7 中的敏化路径只有一条，但是对于有扇出分支的电路来说，敏化路径也许会有很多条，如图 5.47 所示。有扇出的电路对路径敏化的影响有 3 种情况：单路径或多路径均可产生测试图形；只有单路径可以产生测试图形；只有多路径可以产生测试图形。对有扇出的电路进行测试生成时要注意：先试用单路径敏化法推导测试图形，若无，则用多路径推导测试图形。总之，需要选择敏化路径试用，直到生成测试图形为止。对于图 5.47 所示电路，单路径敏化不能找到测试图形，需要双路径敏化确认测试图形。

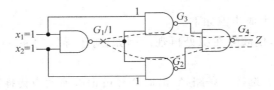

图 5.47　多路径敏化电路举例

以路径敏化算法为基本思想发展出许多计算机上可以实现的算法。第一个也是最基本的算法是 Roth 提出的 D 算法，它采用 D 立方建立 ATPG 的运算和算法；然后发展的是 Goel 提出的 PODEM 算法，它采用路径传播约束有效地限制了 ATPG 算法的搜索空间，并且引入了回溯的概念；第三个重要发展的是 Fujiwara 和 Shimono 提出的 FAN 算法，它有效地限制了回溯，从而加快了搜索的速度，并且利用信号信息来限制搜索空间。

5.4.3　D 算法

D 算法是 Roth 在 1966 年提出的，它基于路径敏化算法思想，是关于非冗余组合电路的第一个测试算法。D 算法除了使用路径敏化算法的基本思想，还发展出一系列独特的术语。

1. 奇异立方

所谓的奇异立方，是指逻辑函数真值表的压缩表示法。任何一个逻辑函数都可以表示为奇异立方的形式。为了表示奇异立方，要用到 0、1 和 x 三个变量，这里的 x 表示变量可以是 0 或者 1。将真值表表示为奇异立方是为了在 D 算法的线值确认过程中使用。

如图 5.48 所示是两输入门的奇异立方表示。正常的真值表是 4 条数据，经过压缩后是 3 条数据。如图 5.49 所示是三输入单输出电路中每个门的奇异立方表示。

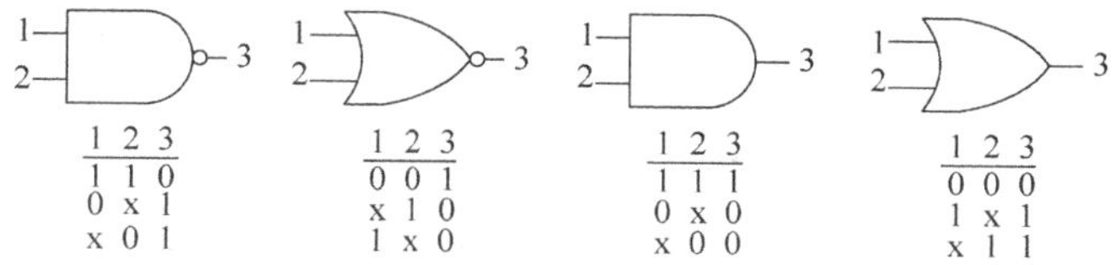

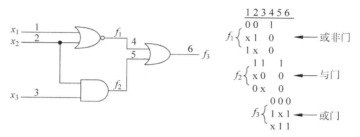

1 2 3	1 2 3	1 2 3	1 2 3
1 1 0	0 0 1	1 1 1	0 0 0
0 x 1	x 1 0	0 x 0	1 x 1
x 0 1	1 x 0	x 0 0	x 1 1

(a) 二输入与非门　(b) 二输入或非门　(c) 二输入与门　(d) 二输入或门
奇异立方表示　　　奇异立方表示　　奇异立方表示　　奇异立方表示

图 5.48　二输入门的奇异立方表示

图 5.49　三输入电路的奇异立方表示

2. D 立方

D 立方是由 2 个奇异立方的相交运算得到的。相交运算的规律如表 5.11 所示。

表 5.11　奇异立方相交运算规律

$0 \cap 0 = 0$	$0 \cap 1 = \overline{D}$	$0 \cap x = 0$
$1 \cap 0 = D$	$1 \cap 1 = 1$	$1 \cap x = 1$
$x \cap 0 = 0$	$x \cap 1 = 1$	$x \cap x = x$

如图 5.48(a)所示的两输入与非门,其中的两个奇异立方分别为

$$C_1 = \frac{123}{110}, C_2 = \frac{123}{0x1}$$

则经过相交运算得到 D 立方为 $C_1 \cap C_2 = \dfrac{123}{D1\overline{D}}$。

3. 故障的原始 D 立方

假定 β 表示正常电路的奇异立方,α 表示故障电路的奇异立方,α 和 β 的下标 1 或 0 分别表示电路的输出为 1 或 0,则定义故障的原始 D 立方为

$$T_D = \beta_1 \cap \alpha_0$$
$$T_{\overline{D}} = \beta_0 \cap \alpha_1$$

(5-19)

如图 5.50 所示的两输入与非门,给出了奇异立方、故障 3/0 的奇异立方和故障 3/1 的奇异立方,则正常值的奇异立方与故障值的奇异立方相交运算即为故障的原始 D 立方。

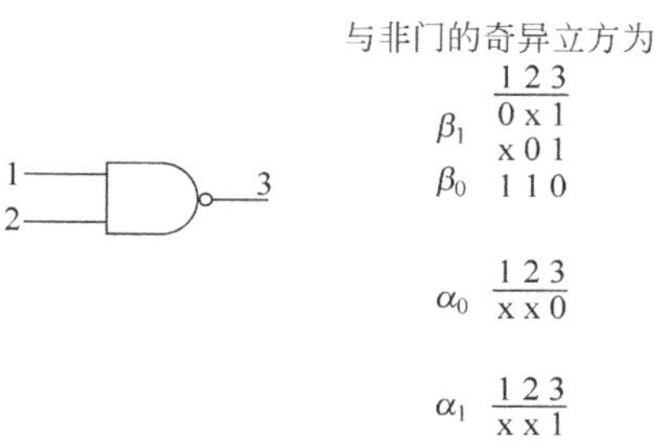

与非门的奇异立方为

$$\beta_1 \quad \frac{1\ 2\ 3}{\begin{matrix}0\ x\ 1\\x\ 0\ 1\end{matrix}}$$

$$\beta_0 \quad 1\ 1\ 0$$

$$\alpha_0 \quad \frac{1\ 2\ 3}{x\ x\ 0}$$

$$\alpha_1 \quad \frac{1\ 2\ 3}{x\ x\ 1}$$

故障 3/0 的原始 D 立方为

$$T_D = \beta_1 \cap \alpha_0 = \begin{bmatrix} 0 & x & 1 \\ x & 0 & 1 \end{bmatrix} \cap (x \quad x \quad 0)$$

$$= \begin{bmatrix} 0 & x & D \\ x & 0 & D \end{bmatrix}$$

图 5.50　两输入与非门故障的
原始 D 立方举例

可知,若使输出端故障激活(正常时为 1,故障时为 0),则对输入的要求是任何一个输入端取 0 即可。

故障 3/1 的原始 D 立方为

$$T_{\bar{D}} = \beta_0 \bigcap \alpha_1 = (1\ \ 1\ \ 0) \bigcap (x\ \ x\ \ 1) = (1\ \ 1\ \ \bar{D})$$

可知,若使输出端故障激活(正常时为 0,故障时为 1),则对输入的要求是全为 1。

故障的原始 D 立方是激活故障的条件,包含两方面的内容:

(1) 确定其他相关导线的值,使得故障不仅在源处激活,还能使故障信号传播;

(2) 故障点处应出现 D 或者 $\bar{D}$ 信号。对于单固定故障来说,其他导线不应出现 D 或者 $\bar{D}$ 信号。D 表示故障点正常值为 1,故障值为 0;$\bar{D}$ 表示故障点正常值为 0,故障值为 1。

4. 故障的传播 D 立方

故障的传播 D 立方是指把电路输入端的故障效应传播到电路输出端的最小输入条件。

如图 5.51 所示两输入或门,导线 x_2 有 s-a-1 故障时,故障的传播 D 立方可通过将 x_2 为 1 的 β 值与 x_2 为 0 的 β 值相交得到:

$$\beta \mid_{x_2=1} \bigcap \beta \mid_{x_2=0} = (x\ \ 1\ \ 1) \bigcap (0\ \ 0\ \ 0) = (0\ \ D\ \ D)$$

从中看出,故障传播 D 立方的含义是:当 x_2 出现故障时,x_1 取值为 0 时可以将故障效应传播到输出端。在故障端正常为 1、故障为 0,在输出端仍然是正常为 1、故障为 0,称之为同向传播 $D \rightarrow D$。另一种同向传播为 $\bar{D} \rightarrow \bar{D}$,是指在故障端正常为 0、故障为 1,在输出端也是正常为 0、故障为 1。反向传播用 $D \rightarrow \bar{D}$ 或者 $\bar{D} \rightarrow D$ 表示,是指在故障端正常为 1、故障为 0,传播到输出端正常为 0、故障为 1,或者在故障端正常为 0、故障为 1,传播到输出端正常为 1、故障为 0。

对于导线(定义为 L)上的传播 D 立方,可以用以下步骤求解。

(1) 把导线 L 为 0 时元件的奇异立方 β_0 和导线 L 为 1 时元件的奇异立方 β_1 相交:$T[D(\bar{D}) \rightarrow D(\bar{D})] = \beta_0 \mid_{L=0} \bigcap \beta_1 \mid_{L=1}$,运算后的结果是同向传播 D 立方。

(2) 把导线 L 为 1 时元件的奇异立方 β_0 和导线 L 为 0 时元件的奇异立方 β_1 相交:$T[D(\bar{D}) \rightarrow \bar{D}(D)] = \beta_0 \mid_{L=1} \bigcap \beta_1 \mid_{L=0}$,运算后的结果是反向传播 D 立方。

传播 D 立方中,D 与 $\bar{D}$ 成对出现,能够做 $D \rightarrow D$ 传播的必可做 $\bar{D} \rightarrow \bar{D}$ 传播,能够做 $D \rightarrow \bar{D}$ 传播的必可做 $\bar{D} \rightarrow D$ 传播。

基本两输入门电路输入端出现故障时的传播 D 立方如图 5.52 所示。

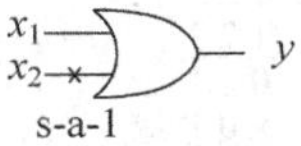

或门的奇异立方为:

x_1	x_2	y
β_1 1	x	1
x	1	1
β_0 0	0	0

图 5.51 两输入或门的传播 D 立方举例

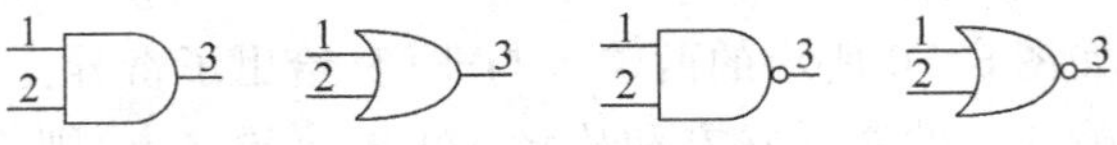

图 5.52 基本门电路的传播 D 立方

5. D 驱赶

D 驱赶是指逐级将故障信号 $D/\bar{D}$ 从故障点敏化到原始输出端的过程。D 驱赶的具体做法是将输入端有 $D/\bar{D}$ 信号而输出值尚不确定的元件的传播 D 立方与元件自身的奇异立方相交,使该元件的输出端出现 $D/\overline{D}$ 信号。若该次运算结果中出现了 $D/\overline{D}$ 信号,则本次 D 驱赶成功,否则不成功。D 驱赶过程中的求交运算遵照表 5.12 规则进行。其中 Φ 表示相交为空。

表 5.12 D 驱赶过程中的求交运算

D 立方 ＼ 奇导立方	0	1	x	D	$\overline{D}$
0	0	Φ	0	Φ	Φ
1	Φ	1	1	Φ	Φ
x	0	1	x	D	$\overline{D}$
D	Φ	Φ	D	D	Φ
$\overline{D}$	Φ	Φ	$\overline{D}$	Φ	$\overline{D}$

6. D 算法过程和举例

根据给出的有关 D 算法的术语:奇异立方、D 立方、故障的原始 D 立方、故障的传播 D 立方和 D 驱赶,给出使用 D 算法进行测试生成的过程如下。

(1) 建立故障的原始 D 立方,激活故障。

(2) 选择敏化路径。

(3) 沿着敏化路径,建立故障的传播 D 立方。

(4) 进行 D 驱赶,若 D 或 $\overline{D}$ 出现在原始输出端,则驱赶成功。

(5) 一致性检查,若导线前后赋值一致,则成功得到测试图形;否则回到第一步,重新做选择并回溯,直到找到测试图形为止。

【例 5.8】 如图 5.53 所示电路,使用 D 算法对 6/0 故障进行测试生成。

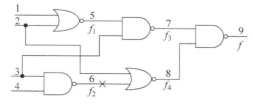

图 5.53 D 算法电路举例

解:首先,对电路的所有节点赋初值 x:

$$
\begin{array}{r|ccccccccc}
 & 1 & 2 & 3 & 4 & 5 & 6 & 7 & 8 & 9 \\
\hline
c_0 = & x & x & x & x & x & x & x & x & x
\end{array}
$$

然后,根据故障点和电路结构选择敏化路径:

$$f_2 \rightarrow f_4 \rightarrow f$$

接着,为激活故障,建立故障 6/0 的原始 D 立方(针对逻辑门 f_2);为传播故障,建立敏化路径上逻辑门的传播 D 立方(针对逻辑门 f_4 和 f);为进行 D 驱赶和线值确认,建立非敏化路径上逻辑门的奇异立方(针对逻辑门 f_1 和 f_3):

$$
\begin{array}{ccccc}
f_1 & f_2 & f_3 & f_4 & f \\
125 & 346 & 357 & 268 & 789 \\
x10 & x0D & 0x1 & 0D\overline{D} & 1\overline{D}D \\
1x0 & 0xD & x01 & D0\overline{D} & \overline{D}1D \\
001 & 11\overline{D} & 110 & DD\overline{D} & \overline{DDD}
\end{array}
$$

对 f_2 门选择故障的原始 D 立方 $\left(\dfrac{346}{10D}\right)$ 与 c_0 相交,得到 c_1:

$$
\begin{array}{c|ccccccccc}
 & 1 & 2 & 3 & 4 & 5 & 6 & 7 & 8 & 9 \\
\hline
c_1 = & x & x & 1 & 0 & x & D & x & x & x
\end{array}
$$

对 f_4 门选择故障的传播 D 立方 $\left(\dfrac{268}{0D\overline{D}}\right)$ 与 c_1 相交,得到 c_2:

$$
\begin{array}{c|ccccccccc}
 & 1 & 2 & 3 & 4 & 5 & 6 & 7 & 8 & 9 \\
\hline
c_2 = & x & 0 & 1 & 0 & x & D & x & \overline{D} & x
\end{array}
$$

对 f 门选择故障的传播 D 立方 $\left(\dfrac{789}{1\overline{D}D}\right)$ 与 c_2 相交,得到 c_3:

$$
\begin{array}{c|ccccccccc}
 & 1 & 2 & 3 & 4 & 5 & 6 & 7 & 8 & 9 \\
\hline
c_3 = & x & 0 & 1 & 0 & x & D & 1 & \overline{D} & D
\end{array}
$$

将 c_3 与 f_3 的奇异立方 $\dfrac{357}{x01}$ 相交,得到 c_4:

$$
\begin{array}{c|ccccccccc}
 & 1 & 2 & 3 & 4 & 5 & 6 & 7 & 8 & 9 \\
\hline
c_4 = & x & 0 & 1 & 0 & 0 & D & 1 & \overline{D} & D
\end{array}
$$

将 c_4 与 f_1 的奇异立方 $\dfrac{125}{1x0}$ 相交,得到 c_5:

$$
\begin{array}{c|ccccccccc}
 & 1 & 2 & 3 & 4 & 5 & 6 & 7 & 8 & 9 \\
\hline
c_5 = & 1 & 0 & 1 & 0 & 0 & D & 1 & \overline{D} & D
\end{array}
$$

由 c_5 可知,故障从节点 6 传播到节点 8,继而传播到原始输出端 9,其他节点的值也经过确认,没有冲突,因此 D 驱赶成功,故障 6/0 的测试图形为 $x_1 x_2 x_3 x_4 = \{1010\}$。

由本例可知,只要 D 驱赶成功就结束算法。其实还可以找到其他测试矢量,但是对于测试生成来说并不需要。本例是一次成功的情况,如果选择不同的原始 D 立方、传播 D 立方和奇异立方导致后面无法 D 驱赶成功,则需要回溯,重新进行选择。

经典的 D 算法能够对非冗余组合逻辑电路的故障找到测试图形,但对于有重聚扇出的电路,例如奇偶校验电路和表决电路等很难适用。主要原因是 D 驱赶和线值确认过程中存在多个选择,有的选择可能导致对同一个门的同一个输入赋值相悖,这种情况下必须要返回原来的判断点,重新进行路径敏化和重新赋值。

5.4.4 组合电路测试生成算法总结

20 世纪 60 年代提出的 D 算法对任意非冗余组合电路均可找到任意故障的测试矢量。但在敏化路径选择时随意性太大,考虑的情况太多,而真正有效的选择往往较少,因此在具体应用中,针对大型电路的计算量很大。20 世纪 80 年代提出的 PODEM(Path-Oriented

Decision Making)算法,采用分支限界法来搜索输入向量空间,相对于 D 算法而言大大提高了搜索速度。PODEM 算法实际是一个程序,它吸收了穷举法的优点,对 D 算法进行了有益的改进,具有一定的实用意义。由于 PODEM 算法减少了返回操作的次数,生成测试向量的速度比 D 算法要高得多,但它不能及早发现不存在解的情况,因此无效的选择和返回次数还是很多,而且它的"最容易"和"最困难"控制的定义只是控制路径的长度。日本 Fujiwara 和 Shimono 于 1983 年针对上述问题,提出了 FAN 算法。FAN(Fanout-Oriented TG)算法成功扩展了 PODEM 算法,引入"头线(Head Line)"和"多路回退(Multiple Backtrace)"的概念来加速搜索过程,其效率相对 PODEM 算法又大大提高,FAN 算法也因此成为国际上公认的比较有效的测试生成算法。

虽然组合电路测试生成的方法很多,但应用时都有局限,归根于无理论可判别故障激活和故障传播的条件,测试生成中都会遇到赋值相矛盾而回溯的过程。

对于时序电路,由于时序电路的输出不仅取决于当前的输入信号,还取决于存储器的状态,因此使故障测试更困难。目前单纯的时序电路测试生成方法已很少研究,但也有一些方法,例如同步时序电路的测试生成、异步时序电路的测试生成和九值算法等。时序电路可测试性设计研究的开展,使时序电路的测试工作在某种程度上反而比组合电路更加简单。

5.5　可测试性设计

随着芯片集成度提高,集成电路测试面临更加严峻的挑战,例如,测试时间越来越长,百万门级 SoC 测试可能需要几个月甚至更长的时间;测试矢量数目越来越多,但测试覆盖率却难以提高;测试设备的使用成本越来越高,直接影响到芯片的成本。为了解决这些测试问题,可测试性设计的概念被提了出来。可测试性设计是指在设计集成电路系统的同时,考虑测试要求,通过在芯片原始设计中插入各种用于提高芯片可测性的硬件,使芯片变得容易测试,大幅度降低芯片测试的成本,从而获得最大可测性的设计过程。简单来说,可测试性设计即是为了达到故障检测目的所做的辅助性设计。如图 5.54 所示为传统设计测试流程与可测试性设计流程的示意图。传统设计测试流程中,测试程序可以提前编写,但是测试必

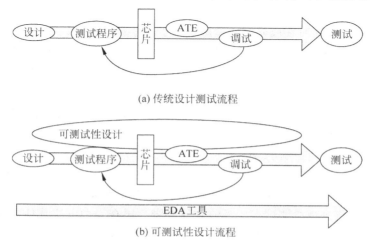

(a) 传统设计测试流程

(b) 可测试性设计流程

图 5.54　传统设计测试与可测试性设计流程示意图比较

须在芯片成为成品之后才能测试,根据调试情况再来修改测试程序;而现代的可测试性设计技术通过 EDA 工具的全程应用,使得设计和测试合为一体,芯片成为成品后可通过 ATE 进行测试,也可以通过自身的可测试硬件进行自我测试。

可测试性设计有两种方法。一种是专用技术,采用迭代的方法对局部电路进行修改,以提高可测试性。例如,在电路内部设置观察点和控制点、电路分块和时序电路测试前的初始化等。另一种是系统化技术,是从设计一开始就建立测试结构,每个子电路都具有嵌入式测试的特征。目前比较成熟的系统化可测试性设计技术主要有扫描设计、边界扫描设计、内建自测试等。由于可测试性设计在设计中增加了硬件开销,会在不同程度上影响系统的性能,因此必须慎重考虑可测试性设计方案。可测试性设计技术的目标与重点在于:测试矢量生成容易;测试矢量数量尽可能少;测试矢量生成时间尽可能少;对原始电路其他性能影响最小。

5.5.1　专用可测试性设计技术

可测性是影响测试难易程度的一种描述。可测性分析时使用可观性和可控性来表达可测性。可观性是指电路中任意导线值在原始输出端可观察的难易程度,可控性是指把电路中节点置为预定逻辑值的难易程度。好的可测试性设计应该使电路中的元器件容易隔离和置于理想状态,故障效应容易传播,也应该使得电路的状态容易观察。

专用可测试性设计技术就是通过改善可观性和可控性来提高电路的可测性。主要有两种方法:插入测试点和电路分块法。

1. 插入测试点

测试点有两类:控制点(Control Point,CP)和观察点(Observe Point,OP)。CP 是用于改善电路可控性的新增输入点,OP 是用于改善电路可观性的新增输出点。通过插入测试点可更好地将电路内导线置为预期的值或者将电路内导线值引到输出端,因而使得测试更加容易。

如图 5.55 所示为插入测试点的电路。图 5.55(a)中,或非门 G 位于一个庞大的电路中,连接了模块 M1 和 M2。图 5.55(b)中,给门 G 增加一个新的控制点 CP,构成了门 G^*。如果 CP=0,则 G^*=G,且电路在正常状态下工作;如果 CP=1,则 G^*=1,也就是强制将或非门的输出置为 1。同时在或非门的输出引入了一个观察点 OP,通过 OP 可以直接观察信号 G^*。图 5.54(c)中,通过加入一个控制点 CP1 修改或非门 G 为 G^*,同时在电路中引入了新的门 G'。如果 CP1=CP2=0,则 G^* 和 G' 构成的电路组合与 G 相同,表明电路在正常状态下工作。如果 CP1=1,它阻止了正常信号进入门 G^*,即设置了 G^*=0。因此 G'=CP2。通过 CP2 可以很容易将 G' 设置为 0 或者 1。图 5.55(d)中,在门 G 后面增加了多路选择器 G',CP2 为选择线,可选择 M2 的输入是 G 的输出值,也可以选择 M2 的输入是 CP1,因此 CP1 是控制点,控制了 M2 输入端的取值。

采用测试点的主要限制在于需要增加很多引脚。一般来说,如果要减少输出引脚,可以使用多路复用器。如果要减少输入引脚,可以使用多路分离器。另外,也可以使用分时共享正常电路的 I/O 引脚来减少测试点所需的额外引脚。还有一种方法是使用移位寄存器、多路复用器和多路分离器一起来减少 I/O 开销。

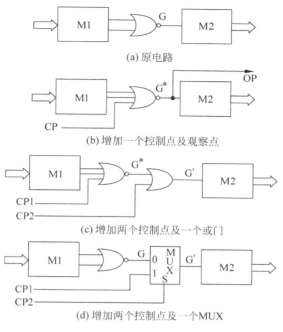

(a) 原电路

(b) 增加一个控制点及观察点

(c) 增加两个控制点及一个或门

(d) 增加两个控制点及一个MUX

图 5.55　插入测试点的电路

基于实践经验选择改造哪些导线来提高可测性？一般适合作为控制点的导线有：三态设备的控制线；总线结构设计中的控制、地址和数据总线；微处理器的启用/保持信号输入；存储器设备的启用和读写输入信号；存储器设备的时钟和复位/清除输入信号以及多路复用器和多路分离器的数据选择输入等。一般适合作为观察点的信号有：具有很高扇出的导线；全局反馈通路；冗余的导线；带有很多输入的逻辑设备的输出，如多路复用器和奇偶产生器；状态设备的输出及地址、控制和数据总线等。

2. 电路分块法

穷举法是一种简单的通用型测试方法，主要问题在于测试集矢量数目太大。为有效减少测试矢量数目，可对电路做分块处理，增加对内部模块的可控性和可观性，从而有效减少测试矢量数目。

电路分块的第一种常用方法是硬件分块法。如图 5.56(a)所示，将电路分为两个模块 G1 和 G2。采用多个多路选择器将模块 G1 和 G2 的非独立部分隔离，可改善模块的可控性和可观性。电路正常工作时，附加的多路选择器是透明的，如图 5.56(b)所示。假设对模块 G1 测试，则 G2 的输出作为 G1 的输入，这些输入是控制点，如图 5.56(c)所示。

电路分块的第二种方法是对测试矢量敏化，即敏化分块法。如图 5.57 所示八输入的电路，若穷举测试，需要的测试矢量数目是 256 个。将电路分为 α,β 和 γ 三个模块，则 α 模块的穷举测试矢量是 8 个(3 个输入引脚)，β 模块的穷举测试矢量是 8 个(3 个输入引脚)，γ 模块的穷举测试矢量是 16 个(4 个输入引脚)，整个电路总计测试矢量是 32 个，远小于分块前的测试矢量数目。

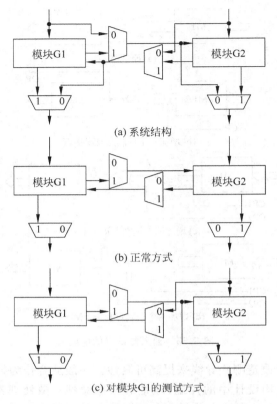

(a) 系统结构

(b) 正常方式

(c) 对模块G1的测试方式

图 5.56　硬件分块法

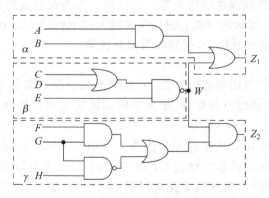

图 5.57　敏化分块法

电路分块的第三种方法是使用系统化的方法将电路的模块级联或并联,并增加多路选择器及测试输入、测试输出和测试控制信号,实现每个模块的可控和客观,如图 5.58 所示。

对于组合电路而言,除了运用上面介绍的插入测试点和电路分块法进行可测试性设计之外,还可以将电路重新设计,使得电路的结构完全改变,但是电路功能函数保持完全不变,从而实现以更加精简的测试矢量来完全测试电路。常用的设计方法有 Reed-Muller 模式设计组合电路和异或门插入法改造组合电路等,这里不再赘述。

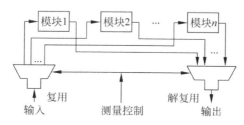

(a) 级联的电路分块可测试性设计

(b) 并联的电路分块可测试性设计

图 5.58 系统化电路分块

专用可测试性设计技术针对每一个具体电路,根据可测试性设计原则进行可测试性设计。这种方法的优点是:增加的附加测试电路通常较少,对电路工作速度的影响较小。缺点是:规律性较差,对设计者的经验要求较高,设计工作量较大。因此需要寻求更加结构化的可测试性设计技术,并使用便利的 EDA 工具来实现通用的可测试性设计方法。

5.5.2 扫描路径法

上述的可测试性设计方法主要是针对组合电路,一般不适用于时序电路。对于时序电路而言,电路内部的状态很多,将电路置为某个状态并不容易,内部的状态也不容易观察到,生成的测试图形将会非常多,测试施加的时间也相应非常长,因此对时序电路的测试生成是件很复杂的事情,而扫描路径法是针对时序电路的一种应用较广的结构化可测试性设计方法。

如图 5.59(a) 所示,时序电路可简单模型化为组合逻辑和记忆元件(触发器)的连接,记忆元件的取值体现了电路的状态。但由于很难控制或观测记忆元件的取值,所以对时序电路产生测试很困难。如图 5.59(b) 所示,将记忆元件修改为扫描触发器,在多路选择器的选择下,记忆元件可以正常工作,也可以通过 Scan-In 引脚输入数据,Scan-Out 引脚输出数据,实现记忆元件的完全可控和可观。如图 5.59(c) 所示,将电路中所有的记忆元件都连接成扫描链的形式(相当于可以移位的寄存器),扫描链的输入可控,输出可观,从而达到对记忆元件的取值进行控制和观测的目的。在 Scan-Enable 的控制下,通过 Scan-In 引脚把需要的数据串行地移位到扫描链中相应的单元,实现串行控制;同样,通过 Scan-Out 引脚实现串行观测。这样一来,所有被扫描的记忆单元既可以看作测试数据的输入(称为伪输入),也可以看作测试响应的输出(称为伪输出),进行内部扫描设计后的时序电路的测试可以参照组合电路测试的方式来进行。

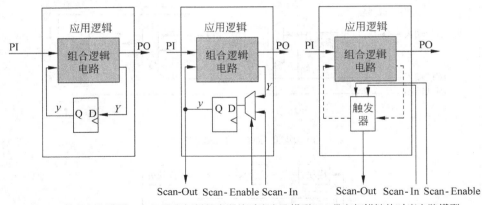

(a) 时序电路模型　　(b) 带有扫描触发器的时序电路模型　(c) 带有扫描链的时序电路模型

图 5.59　扫描路径法的基本原理

　　扫描路径法的主要思路是将电路中的组合电路部分和时序电路部分分开,针对组合电路用组合电路的测试方法来测试,时序电路串接成移位寄存器,以便把测试信号移入时序元件内,也便于将时序元件的状态移出来。与原型设计相比,扫描路径法增加了 3 个 I/O,每个触发器通过辅助电路来完成正常方式和测试方式之间的切换。

　　扫描路径法的工作过程为如下。

　　第 1 步,通过 Scan-Enable 将电路置于测试方式,扫描触发器链上所有触发器都与组合逻辑电路断开,形成移位寄存器结构,时序电路中所有移位触发器的输出变成组合逻辑电路的伪原始输入,这种方式下用多个时钟移入数据对触发器初始化或施加测试图形。

　　第 2 步,初始化完成后,通过 Scan-Enable 把电路置于正常工作方式,测试图形加到电路的原始输入,测试响应锁存到触发器。

　　第 3 步,通过 Scan-Enable 把电路置于测试方式,并用足够的时钟周期串行移出测试响应。

　　考虑到硬件代价,根据触发器是否被全部替换成扫描触发器,扫描路径法的电路形式有全局扫描设计(Full-Scan)和部分扫描设计(Partial-Scan)。全局扫描的缺点是电路硬件增加较多,扫描路径长,因而测试时间和路径延迟都增加得比较多。而部分扫描设计可以将部分关键时序元件置于扫描链上,仅对这些元件进行扫描链连接和测试。如何选择扫描路径上的触发器呢? 优化的选择方案应该是使 DFT 结构的成本最小,主要有以下几点:未接入扫描链的触发器电路进行确定性测试相对较易;电路面积增加的尽可能少;扫描链上的互连尽可能少,延迟尽可能小。除了将关键时序元件置于扫描链上进行部分扫描设计外,还有一种部分扫描设计方法是将所有的触发器置换为扫描触发器,并且分布在不同的扫描链上。这种方法可以减少测试时间和路径延迟,并且多个扫描链可以使用相同的测试图形,缺点就是 I/O 引脚相对增加。如图 5.60 所示是部分扫描电路的示意图,图 5.60(a)是具有多条扫描链的电路示意图,图 5.60(b)是仅有部分触发器接入扫描链的电路示意图。

　　扫描路径上触发器的选择是扫描路径设计中的一个重点内容,另外一个重要内容是如何设计扫描单元。对扫描单元设计最基本也是最重要的要求是:触发器能够在正常方式下独立工作,能够在测试模式下构成移位寄存器。

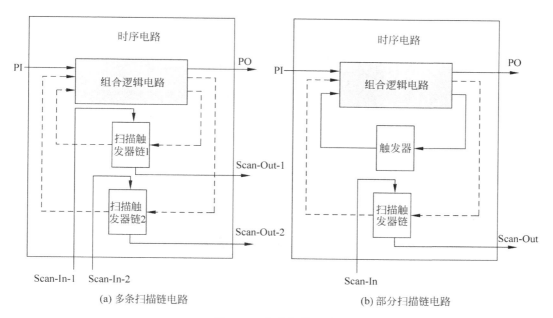

图 5.60　部分扫描设计

　　最基本的扫描触发器由一个 D 触发器和一个多路选择器 MUX 组成,也就是对被扫描的触发器之前添加一个多路选择器,以及相应的扫描输入信号 Scan-In 和扫描使能信号 Scan-Enable,如图 5.59(b)所示。当 Scan-Enable＝0 时,电路工作在正常模式下,原来的数据输入 Y 被存入 D 触发器;当 Scan-Enable＝1 时,电路工作在扫描模式下,扫描输入 Scan-In 被存入 D 触发器。

　　除了 D 触发器形式的扫描触发器外,常用的还有 D 时钟锁存器。使用 D 时钟锁存器可构成双端口双时钟触发器(2P-FF)、多路数据移位寄存锁存器(MD-SRL)、双端口的移位寄存锁存器(2P-SRL)等,这些扫描单元的结构如图 5.61 所示。其中双端口的移位寄存器(图 5.61(d))对瞬态特性(如上升沿、下降沿和最小电路延迟)都不敏感,是一种成功的扫描路径设计单元。使用 2P-SRL 扫描单元进行扫描设计的电路结构如图 5.62 所示,称之为电平敏感扫描设计(Level-Sensitive Scan Design,LSSD),正常方式时 A/B 为主/从方式,测试组合电路部分时,组合电路的测试图形在时钟 A 和 B 的作用下逐步移入 SRL,测试响应出现在 L1 锁存的输入上,然后可与理想响应相比较。测试 SRL 本身时,移入或移出含有 0 与 1 的测试序列。

　　现有的 EDA 工具可完全实现扫描路径设计的自动化,并可对扫描后的设计自动生成测试图形。典型的扫描设计流程如图 5.63 所示。经过 RTL 设计的 RTL 级网表文件在 EDA 工具中被综合为门级网表,然后进行扫描测试规则检查,看电路是否具备扫描测试插入的条件。如检查通过,则对电路的所有触发器进行扫描链的替换,得到带扫描链的网表文件,然后进行扫描链的优化得到更新后的网表文件,最后使用 ATPG 对电路生成测试矢量,检查测试矢量的故障覆盖率情况,并进行测试矢量的仿真。

　　扫描路径法有效地改善了时序电路的可控性和可观性,并易于集成。但扫描路径法对原型电路有一些影响:对电路速度及芯片面积的影响都比较大,通常需要用掉 4%～20% 的

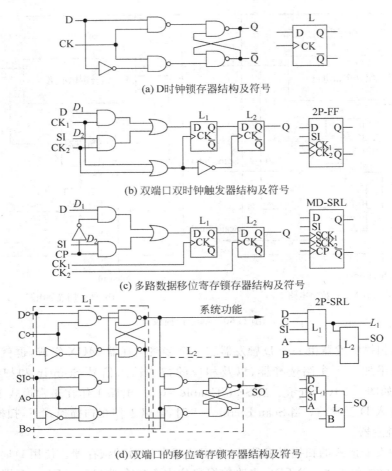

(a) D时钟锁存器结构及符号

(b) 双端口双时钟触发器结构及符号

(c) 多路数据移位寄存锁存器结构及符号

(d) 双端口的移位寄存锁存器结构及符号

图 5.61　扫描单元设计

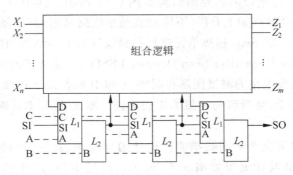

图 5.62　电平敏感扫描设计(LSSD)

芯片面积;测试时间比较长;有些时序故障不一定能精确测出;对被测电路限制比较大,不是所有电路都可设计成扫描电路。但是由于测试过程简单,故障定位方便,故障覆盖率很高,因此在目前的数字集成电路的设计中普遍使用。

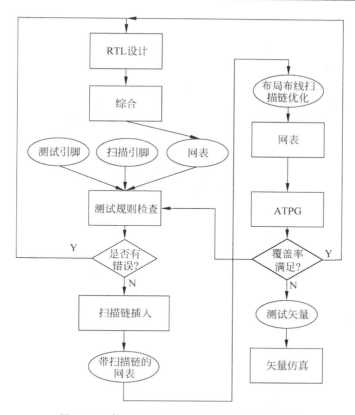

图 5.63　使用 EDA 工具的扫描路径设计流程

5.5.3　边界扫描法

将扫描路径法进一步扩展到板级和系统级的测试方法称之为边界扫描法(Boundry Scan Design,BSD)。边界扫描是对芯片引脚与核心逻辑之间的连接进行扫描(指串行移位进行控制或观测)。边界扫描的目的在于支持在电路板一级对芯片或板上的逻辑与连接进行测试、复位和系统调试。在电路板一级,一般不能对芯片的引脚直接进行控制或观测,所以要方便存取只有通过扫描的方法。

20 世纪 80 年代初,边界扫描法的研究起步,并于 1985 年成立了 JETAG(Joint European Test Action Group)组织,1986 年 JETAG 命名为 JTAG(Joint Test Action Group)。1988 年颁布边界扫描标准化的标准 JTAG 2.0,1991 年 JTAG 2.0 方案被 IEEE 批准为 IEEE 1149.1。2001 年 IEEE 批准了 IEEE 1149.1 的再次修订版,称之为 IEEE 1149.1-2001。IEEE 1149.1 是为支持板上芯片或逻辑的测试而定义的一种国际上通用的芯片边界扫描结构及其测试访问端口规范,目前已成为使用 EDA 工具进行芯片设计的一个重要结构特征。

图 5.64 是 IEEE 1149.1 边界扫描设计的结构示意图。边界扫描测试逻辑主要包括 TAP 控制器(Test Access Port Controller)、指令寄存器(Instruction Register)、旁路寄存器(Bypass Register)以及边界扫描单元(Boundary-Scan Register)构成的边界扫描链等。通过在电路边缘增加寄存器链可实现 3 种基本测试,分别是核心逻辑测试、核心逻辑间连线的

测试、由多个核心逻辑组成的芯片的测试。

测试访问端口的信号线有测试数据输入(Test Data In,TDI)、测试数据输出(Test Data Out,TDO)、测试模式选择(Test Mode Select,TMS)、测试时钟(Test Clock,TCK)和可选的测试复位(Test Reset,TRST)。其中,TCK提供测试时钟,测试逻辑在TCK的上升沿或者下降沿完成;TMS用来传送测试控制信息,由于仅用一根输入线控制,所以必须使用一个输入序列来确定测试方式;TDI和TDO以串行方式提供数据的输入和输出,数据有两种:一种是供指令寄存器译码的指令数据,另一种是传输到测试数据寄存器的测试数据;TRST是可选的输入信号"测试系统复位",控制TAP控制器异步初始化。

边界扫描寄存器由边界扫描单元组成,基本的边界扫描单元(Boundry Scan Cell,BSC)如图5.65所示。根据多路选择器M1上的控制信号ShiftDR,可以选择是正常逻辑的信号送入本单元还是扫描输入信号送入本单元;根据多路选择器M2上的控制信号Mode,可以选择是正常逻辑的信号送出本单元还是扫描输出信号送出本单元。R1和R2寄存器用来存储输入信号或者扫描信号。时钟UpdateDR控制的触发器不是必需的,它的作用在于,若在BSC信号发送过程中出现了时钟ClockDR把新的数据移入到BSC中,由UpdateDR控制的触发器可以保持原先的数据。

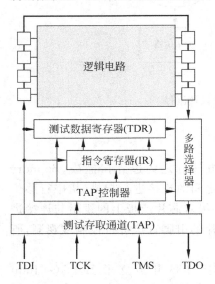

图5.64　边界扫描设计基本结构

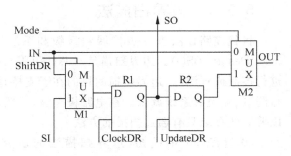

图5.65　基本的边界扫描单元

为芯片的引脚所设计的边界扫描单元BSC相互连接,形成了围绕原型设计的一个移位寄存器链,通过对这个路径提供串行输入和输出、时钟以及控制信号,实现对原型设计的测试。单条边界扫描链的边界扫描测试结构在系统级电路上的实现方法如图5.66所示。

边界扫描测试逻辑在TAP控制器的控制下进行。TAP控制器是个同步状态机,在TCK时钟信号下把接收到的TMS信号译码,产生操作控制序列,控制电路进入相应的测试方式。如图5.67为TAP控制器的状态图(箭头上的数字1或者0表示TMS在TCK上升沿的值)。

不管TAP控制器原先的状态如何,只要TMS在5个或5个以上的TCK上升沿保持

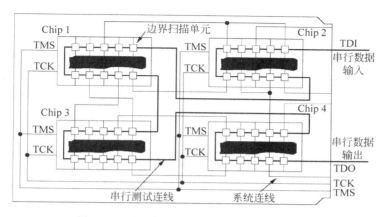

图 5.66　边界扫描链在系统级电路上的表示

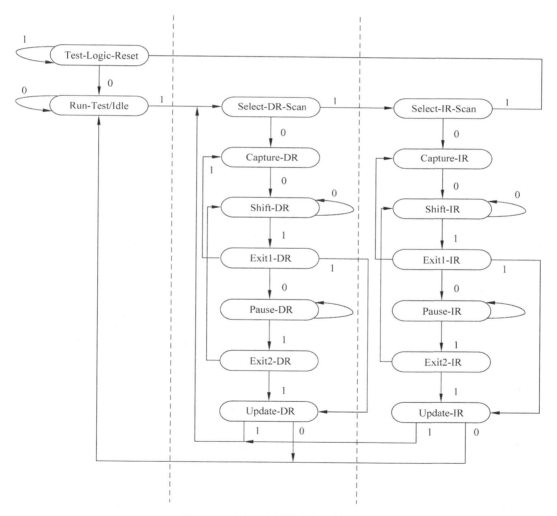

图 5.67　TAP 控制器的状态转换图

高电平,TAP 控制器就会进入到 Test-Logic-Reset 状态。如果由于某种原因,TCK 在上升沿时 TMS 为低电平,那么 TAP 控制器就会离开 Test-Logic-Reset 进入 Run-Test/Idle 状态。当 TAP 控制器处于 Run-Test/Idle 时,只有出现指令时才有选择测试逻辑的操作。指令的操作可以对数据寄存器执行数据流程,也可以对指令寄存器执行指令流程。

带有边界扫描结构的电路正常操作时,边界扫描寄存器 BSC 是透明的,允许输入和输出信号自由地通过测试单元,数据流如图 5.68 所示。在测试状态操作时,可实现外测试操作(测试器件之间的互连)、内部逻辑测试和执行内建自测试操作。用外测试方式进行操作时,器件内部逻辑与器件输入引脚和输出引脚互相隔离,如图 5.69 所示。

图 5.68　正常操作时的数据流

图 5.69　外测试方式操作时的数据流

边界扫描测试标准支持使用 ATE 的外部测试,也支持在内建自测试中将边界扫描链重新配置成测试矢量生成器和响应压缩器,它已成为 EDA 工具的基本功能,设计者可以自由地互连和测试不同厂家制造的包含 JTAG 端口和总线的器件。

5.5.4　内建自测试法

内建自测试 BIST 是指在电路内部建立测试生成、测试施加、测试分析和测试控制结构以实现电路自测试的一种可测试性设计方法。从某种意义上说,BIST 是把"测试仪"嵌入电路内部,因为它既要对 DUT 提供测试输入向量,又要对其响应特征与期望特征进行比较以给出测试通过与否的结果。与 ATE 不同的是,嵌入电路内部的"测试仪"专门为这个 DUT 工作,功能单一固定,例如,它的测试向量产生器(Pattern Generator,PG)只能提供预先设计好的测试向量序列(比如用伪随机序列发生器产生伪随机的测试向量序列)。外部测试设备的测试速度以每年 12% 的幅度增长,而内部芯片速度以每年 30% 的幅度增长,这一矛盾使得与性能相关的测试越来越困难,内建自测试越来越重要。BIST 减少了测试流程对 ATE 的依赖性,可以为高速电路提供在电路工作时钟频率下的测试,称为全速测试(at-Speed Testing),甚至还支持在线测试,这些特征降低了测试成本,使得更复杂的测试成为可能,并且能帮助提高系统的可靠性和可用性。内建自测试是节省芯片测试时间和测试成本的有效手段,面积开销、性能代价和对调试的支持是 BIST 设计要考虑的关键问题。

内建自测试电路一般包括测试向量产生器 PG、数据压缩器、响应分析仪（Response Analyzer，RA）、理想结果存储电路（ROM）和内建自测试控制电路，如图 5.70 所示。

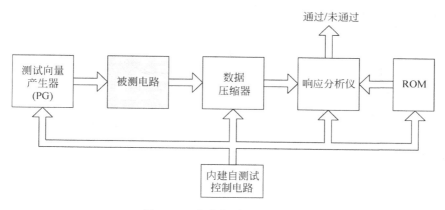

图 5.70　内建自测试电路结构

BIST 所用的 PG 是一个自动有限状态机，它除了时钟输入以外没有其他外部输入。典型的 PG 是一个无外加输入的自动线性反馈移位寄存器（Automatic Linear Feedback Shift Register，ALFSR），如图 5.71 所示，或者一个细胞自动机（Cellular Automata，CA），如图 5.72 所示。PG 遍历的状态序列提供给内部电路作为伪随机测试向量，当无法在期望的测试序列长度下获得期望的故障覆盖率时，需要对被测电路加入测试点（可控制点和可观测点），或者定制 PG 产生更适合的测试向量。与 ALFSR 所生成的伪随机序列相比较，细胞自动机生成的测试图形的随机分布特性更好。

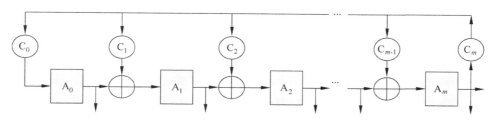

图 5.71　线性反馈移位寄存器（ALFSR）

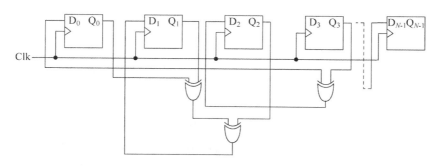

图 5.72　N 位细胞自动机

使用 PG 产生测试序列并送入被测电路后,很显然,一位一位比较期望的输出响应需要使用大量的片内存储单元,这是不切实际的。因此,需要对被测电路的响应进行大幅度地压缩,得到一个称为特征(Signature)的值,然后把它与无故障电路的响应压缩值进行比较。

测试响应数据压缩的方法主要有奇偶压缩(原理图如图 5.73)、"1"计数压缩(原理图和示例如图 5.74)和跳变次数压缩(原理图和示例如图 5.75),这些压缩方法可能会导致较多的故障没有被检测到,此时有故障电路的特征符号可能与无故障电路的特征符号相同,称之为混淆(Aliasing)。另外还有症候群计算和特征分析的测试压缩方法,症候群计算用输出中 1 出现的个数与可能的测试图形中 1 的个数之比作为特征符号,进而进行分析。

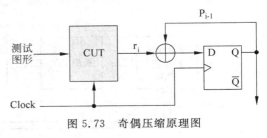

图 5.73 奇偶压缩原理图

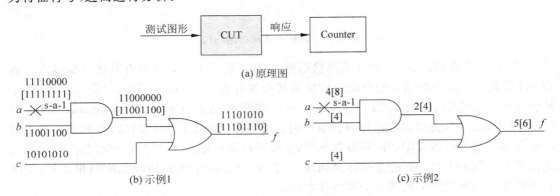

图 5.74 "1"计数压缩原理图和举例

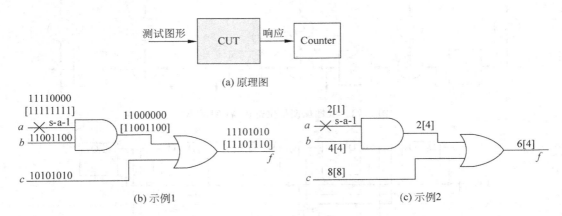

图 5.75 跳变次数压缩原理和举例

特征分析法是最常用的测试响应数据压缩方法,采用具有最大周期的线性反馈移位寄存器(Linear Feedback Shift Register,LFSR)作为压缩、特征分析电路,如图 5.76 所示。LFSR 作为压缩电路时,对其施加来自 CUT 的测试响应 $M(t)$,当响应数据序列到达时,LFSR 串行实现多项式除法,测试施加完毕,LFSR 的内容即为特征符号。

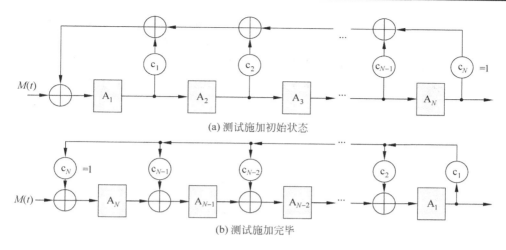

(a) 测试施加初始状态

(b) 测试施加完毕

图 5.76　特征分析电路

BIST 方法可以分成两类：test-per-clock BIST 和 test-per-scan BIST。test-per-clock BIST 使用并发的 PG，每个时钟周期可以施加一个测试向量，因此能够实现全速测试，但它通常需要使用内建逻辑块观测器（Built-in Logic-Block Observer，BILBO）寄存器来替换核心电路的触发器，有较大的硬件开销和面积开销。test-per-scan BIST 与扫描设计结合在一起，成为 Scan BIST，它的硬件开销和性能开销都比使用 BILBO 寄存器要少，但不支持全速测试。内建逻辑块观测器是指对电路中只完成逻辑功能的寄存器进行再设计，使得具有测试生成和特征符号分析功能。一个 4 位的 BILBO 寄存器如图 5.77 所示，有控制线 B_1 和 B_2、并行输入线 $I_1 \sim I_4$、电路有输出 $F_1 \sim F_4$，工作方式如表 5.13 所示。

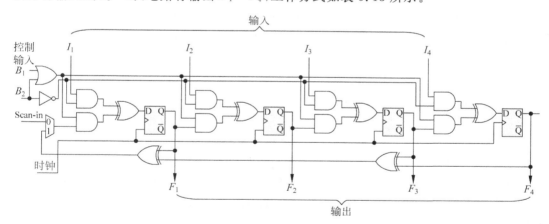

图 5.77　内建逻辑块观测器

表 5.13　BILBO 工作方式

$B_1 B_2$	输入选择	D_i	功　　能	测试功能
00	扫描输入	I_i	寄存器并行加载	正常方式
01	扫描输出	F_{i-1}	线性反馈移位寄存器	扫描路径方式
10	反馈	$I_i \oplus F_{i-1}$	MISR	特征分析
11	反馈	F_{i-1}	ALFSR	测试图形生成

正常工作时,BILBO 的输入是组合电路的二次输出,组合电路的二次输入则是 BILBO 的输出;测试方式时,BILBO 使用移位寄存器方式进行扫描输入和扫描输出,使用 ALFSR 方式进行测试图形生成,使用多输入特征寄存器(Multiple Input Signature Register,MISR)方式进行测试响应信号捕获及特征符号分析。采用 BILBO 电路进行内建自测试的电路,如图 5.78 所示。

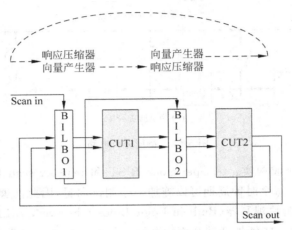

图 5.78　使用 BILBO 进行内建自测试

根据需要,BIST 测试的电路可以是一个随机逻辑电路(这时 BIST 称为逻辑 BIST),也可以是存储器(这时 BIST 称为存储器 BIST)或其他模拟电路,而且 BIST 测试可以基于固定型故障,也可以基于时延故障和其他故障类型。

随着技术进展,BIST 的硬件开销显著降低,特别是对于存储器 BIST 更是如此,另外 BIST 允许对超大规模集成电路中的测试问题进行划分,因此已经广泛使用于超深亚微米电路,成为插入可测试性设计的重要方法。

5.6　SoC 测试技术

随着集成电路特征尺寸不断降低,芯片密度显著增加,集成一个复杂的系统到芯片上已经成为现实。将模拟模块和数字模块集成到一个芯片上,既降低了成本,又提高了速度;基于 IP 核复用的设计方法使得超大规模集成电路的设计周期越来越短,功能越来越庞大。这都促使系统级集成电路(SoC)设计成为未来集成电路设计的发展主流。SoC 的测试目标是利用最少的测试矢量来检测 SoC 中所有 IP 可能出现的故障。SoC 包括处理器核、存储器核、接口核和 ADC/DAC 等模拟核,需要不同的测试矢量对不同的 IP 核进行测试,而且对 IP 核的测试要求也不同。对数字电路部分而言,要考虑固定型故障、桥接型故障和短路故障;对模拟电路部分来说,要考虑噪声和测试精度;对存储器部分来说,要考虑存储器本身的故障情况。各个模块的组合构成系统芯片,各个模块的测试也是系统级测试的雏形,再加上一定的控制结构才能形成完整的系统级测试和可测试性设计。

5.6.1　基于核的 SoC 测试的基本问题

构成 SoC 的关键成分是 IP 核,IP 核从设计流程上可分为 3 类:软核(Soft IP)、固核(Firm IP)和硬核(Hard IP)。软核是可综合的高层或行为描述,缺少实现的细节;固核是指在结构上已经优化了的网表;硬核是提供版图的完全实现的电路。典型情况下,硬核的提供者也提供了专门的测试集用于核的测试;而软核和固核的测试集则由系统集成者(即 SoC 设计人员)自己开发。这种基于核的设计方法大大提高了复杂数字集成电路设计的效率,但是对 SoC 核的测试不是简单对这些不同类型 IP 核的 ASIC 测试方法的组合。当核被集成到系统内部后,很难通过系统的输入对内部的核施加有效的测试数据,并从系统的输出捕获内部核的响应。设计复用使芯片设计的效率大为提高,为了跟上设计的步伐,测试也必须采用类似的复用技术,但测试复用是个难题。IP 核提供者无法知晓 IP 核的最终使用场合,IP 核的可控性和可观性也不清楚,因此开发核测试策略时,此策略对芯片集成时的存取、控制和观察的约束应该尽可能小。

核的测试集成也是个难题。对于未综合的软核,较容易修改核测试甚至插入 DFT/BIST,因此由核集成者来完成软核测试,核提供者只需提供一些简单的测试规则。对于硬核来说,核设计已经固定,因此由核提供者提供硬核的测试集,核集成者在不完全了解核测试的操作/执行的情况下,如果将核测试在芯片级集成,则需要考虑核测试时的隔离、测试存取机构、测试控制和测试观察机构等问题。

核之间的连接和 glue 逻辑的测试是 SoC 测试的另一个难题。即使核已经具有 BIST 测试或者其他测试结构,核的使用者也应该完成互联逻辑和互连线的测试生成。

另外,SoC 的整体测试策略不仅是对系统进行可测性分析/可测试性设计以改善可测性和可观性,更应该是对测试策略和调度进行开发,在系统的面积、速度、功耗、性能和测试时间等方面加以分析和平衡。

为研究 SoC 测试,发展了一些基本术语:存取(Access)、控制(Control)和隔离(Isolation)。存取是指在核的输入施加设计好的激励信号,在核的输出获取测试响应。从某种意义上说,存取完成了传统意义上的可观性和可控性。测试控制是指启动和停止测试功能模式等操作。例如,如果一个核具有内建自测试功能,测试控制可确定该核某一时刻是处于内建自测试方式还是正常工作方式。实现测试控制的软硬件逻辑就是控制机构,一般控制协议由核集成者制定。如图 5.79 所示的系统,每个核都有 BIST,通过边界扫描测试存取端口(TAP)来控制各个模块是 BIST 方式还是正常工作方式。隔离是指把核的输入、输出端口与连接到这些端口的其他逻辑(或核)进行电分离。隔离是双方面的,是在电气上将核的输入和输出端口与连接这些端口的芯片逻辑电路分离,以避免测试对相邻电路产生负面影响。根据 SoC 的结构,隔离可以对输入、输出隔离,或者输入/输出同时隔离。如图 5.80 所示电路,采用多路选择器实现 CPU 核与周边逻辑的隔离,粗线所示为测试 CPU 核的路径。

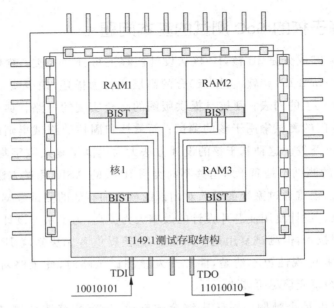

图 5.79　通过边界扫描测试存取端口控制测试

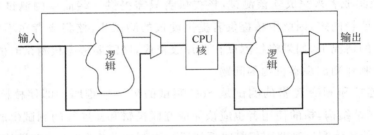

图 5.80　采用多路选择器实现核的隔离

5.6.2　SoC 测试结构

对每个要测试的核,首先建立类似于 ASIC 测试那样的测试激励和输出响应集,称之为测试源(Test Source)和测试集(Test Sink)。然后建立测试机构和测试策略实现对 SoC 芯片内单个核的测试,也就是说要建立测试存取,在核的输入端确认测试图形,并从核的输出端传播测试响应,这样的核测试机构称之为测试存取机构(Test Access Mechanism,TAM)。最后,建立核与核周边电路的接口,称之为测试隔离逻辑(Test Wrapper)。测试存取机构和 IC 的其他部分如果要访问核的内部,必须通过测试隔离逻辑。如图 5.81 所示为SoC 的核测试结构组成。

由于 SoC 电路存在不同类型的 IP 核,不同类型的 IP 核故障情况也不同,因此测试也不同,需要有不同类型的测试源生成激励和不同的测试集来比较响应。单对逻辑核而言,典型的测试源是附加的内建自测试电路或者共享其他核的测试源。

测试存取机构 TAM 的作用是传输测试数据,有两部分组成:一部分是实际的测试数据传送;另一部分是对测试数据传送的控制。设计 TAM 的成本和代价主要取决于测试数据的宽度和长度。宽度是指测试存取机构传输数据的能力,最低限度应该满足被测核的数

图 5.81　核的测试结构组成

据吞吐率,最大带宽可根据测试源和测试集的宽来确定。长度是指测试存取机构连接测试源/测试集和核之间的物理距离。测试存取机构的选择要在传输的测试数据的带宽、附加的硬件开销和测试施加时间上加以权衡。

　　当实现一个内核测试存取机制时,有以下几种选择:一是测试存取机制可复用已有的功能来传递测试向量,或采用专门的测试访问硬件完成;二是测试存取机制可通过其他模块实现,包括其他内核或旁路其他内核;三是每个内核可以有一个独立的测试存取机制,或与多个内核共享一个测试存取机制;四是测试存取机制可以是简单的信号传输媒体,也可能包含智能测试控制功能。几种测试存取机构和测试隔离逻辑如图 5.82 所示。图 5.82(a)是最简单的测试存取机构,使用直接访问测试总线;图 5.82(b)是边界扫描的串行测试存取

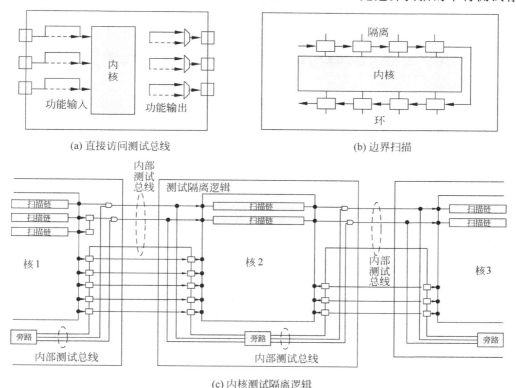

图 5.82　几种测试存取机构和测试隔离逻辑

机构,核的每一个I/O附有一个触发器;图5.82(c)是结合了并行测试存取和串行边界扫描的测试存取机构,测试路径的宽度为3,用来连接各个核的I/O。

测试隔离逻辑起到核与测试存取机构和其他电路的切换作用。IEEE P1500对测试隔离逻辑有以下的定义:测试隔离逻辑的功能是通过提供测试、诊断和正常几种功能方式的切换,实施核测试、互联测试和隔离功能。最简单的隔离逻辑由共享寄存器和多路选择器构成,如图5.83所示。这些寄存器原本是核的接口逻辑的一部分,测试时,隔离逻辑上的寄存器独立组成1条或者多条扫描链,正常工作时数据走正常路径,扫描模式下隔离逻辑将电路分为两个扫描域。

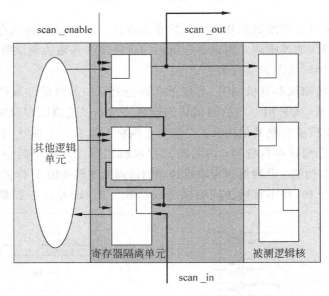

图5.83 测试隔离逻辑

符合标准的测试隔离逻辑必须有以下强制性操作方式:

(1) 正常模式。此模式下,当核与其他电路相互作用时,测试隔离逻辑是透明的。

(2) 内部测试模式。此模式下,测试隔离逻辑起到了连接测试存取机构和核的作用,用于传输测试数据。

(3) 外部测试模式。此模式下,测试存取机构提供测试数据,用于测试用户自定义逻辑和核之间的互连。

5.6.3 IEEE P1500标准

IEEE P1500是专注于解决复杂复用设计带来的测试问题和关于不同内核提供者的内核测试标准。1995年9月,IEEE计算机协会的测试技术委员会(Test Technology Technical Council,TTTC)成立了一个嵌入式内核测试的技术行动委员会,目的是研究嵌入式核测试领域内的共同要求。1997年6月IEEE Standard Board批准了嵌入式核测试领域的标准化活动,这是IEEE P1500的正式启动。

IEEE P1500标准的两个主要内容是核测试语言和核测试结构。

IEEE P1500标准的核测试语言简称CTL,已发展成为一个IEEE标准语言——IEEE

Std.1450。CTL 描述 3 种类型的信息：①测试数据。一种是数据的特征,如类型、传输速率和值的稳定性等;另一种是与测试方法学相关的信息。②核的不同构成信息。包括测试方式信息和属性、协议的关联信息。③系统集成信息。

核测试结构主要包括 3 部分：嵌入式核测试隔离逻辑(Core Test Wrapper)、测试访问机制(TAM)和测试控制机制(Test Control Mechanism,TCM)。回到根源,测试嵌入式核的问题就是解决控制、访问和隔离的问题,IEEE P1500 的结构如图 5.84 所示。

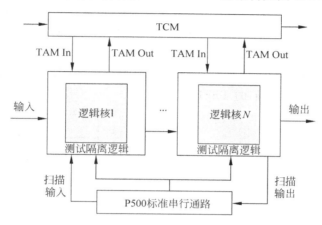

图 5.84 IEEE P1500 的结构

典型的 IEEE P1500 测试隔离逻辑如图 5.85 所示,图中的串行输入和串行输出是必要的,因为测试隔离逻辑具有连接一位测试存取机构的操作方式,而测试存取机构是强制的。

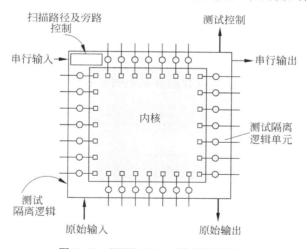

图 5.85 IEEE P1500 测试隔离逻辑

5.6.4 SoC 的测试策略

选择 SoC 测试方案时不仅要满足 SoC 本身的测试要求,还要综合各种因素,包括面积、功率、速度、测试施加时间和故障覆盖率等方面的要求。例如,边界扫描是标准化的测试方法,但在 SoC 中,是否每个核都要设计成边界扫描呢? 不一定。要考虑到边界扫描结构会增加过多的面积,边界扫描有扫描深度的影响,难以实现高速测试,有些核也许需要并行测试存取等,因此需要综合考虑以决定是否需要对每个核进行边界扫描。SoC 测试策略就是综合考虑各种因素,确定电路设计和测试方案。SoC 的测试策略主要有以下几种。

1. 直接访问测试策略

直接存取测试机理(Direct Access Test Scheme,DATS)是 Intel 80C186 和 80C51 作为嵌入式内核用于测试 ASIC 设计的一种方法。这种方法在可访问的芯片外将内核的输入、输出和双向端口映射到芯片的引脚上。通过这种改造,可独立隔离、模拟和测试芯片的嵌入式核,而不受芯片上其他电路的影响,也可以施加测试图形检测芯片各组成部分之间的互连。如图 5.86 所示是 DATS 的端口修改方案。TMODE 和 TSEL 是给芯片增加的两个控制端,当 TMODE=1 和 TSEL=1 时,被测试模块(内核或 UDL)处于测试模式下,此时,所有其他模块是非激活状态,它们的 TSEL=0。

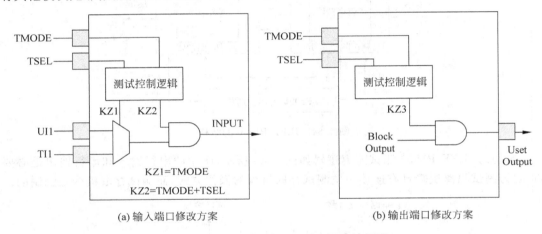

(a) 输入端口修改方案   (b) 输出端口修改方案

图 5.86　直接存取测试机理(DATS)结构图

用户自定义逻辑 UDL 的直接测试存取方案如图 5.87 所示,仅需要修改嵌入式 I/O,而不涉及直接连接到芯片的原始引脚。

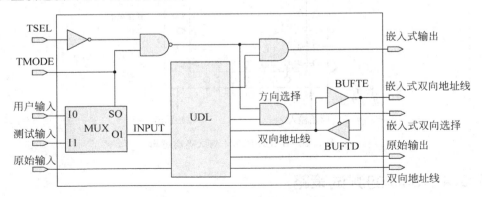

图 5.87　用户自定义逻辑(UDL)的直接访问测试方案

2. 边界扫描测试策略

IEEE 1149.1 提供了一种边界扫描测试结构,它集成了对内扫描、边界扫描、内建自测试和仿真特征等结构的存取功能。如果把 SoC 的核测试结构按照边界扫描方式设计,使得每一个核都具备一个局部的边界扫描和 TAP 控制,则系统级的核的集成和测试就会很简单。通过芯片级的主 TAP 控制器控制各个核的 TAP,则整个 SoC 的各个核都得到了测试控制。图 5.88 为基于边界扫描测试 SoC 的一种方法。这个 SoC 包含有一部分具备 TAP 控制器的内核和一部分不具备 TAP 控制器的内核,测试数据输入和测试数据输出通过所有的 TAP 连接起来。通过附加电路——TAP 连接模块,所有 TAP 的行为可以等效为一个 TAP 的行为。

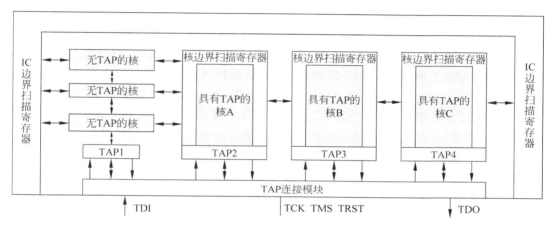

图 5.88　包含四个 TAP 的边界扫描测试策略 SoC

3. 扫描路径测试策略

扫描路径测试策略的目的是使除了被测试的内核以外的其他内核都是透明的,采用扫描路径可在芯片的输入和输出之间传输数据。若每个内核都包含 IEEE P1500 的测试隔离逻辑,则测试数据可采用串行方式或者并行方式由 TAM 输入。此外,测试向量可同时提供给多个内核电路进行测试,以减少测试时间,不过这种方式需要考虑 TAM 的宽度和功耗问题。各个内核的扫描链具有 3 种主要连接方式,如图 5.89 所示。第一种,如图 5.89(a)所示,为多路选择型测试结构。若 TAM 的宽度不够同时测试所有内核,则在输出增加多路器

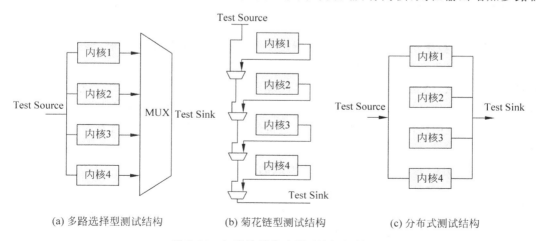

(a) 多路选择型测试结构　　(b) 菊花链型测试结构　　(c) 分布式测试结构

图 5.89　扫描路径作为测试访问机制

MUX 来决定输出哪一个内核的测试结果,其 TAM 宽度必须取所有内核测试引脚的最大值。这种方式实际上等效于直接访问机制,一次仅测试一个内核。第二种,如图 5.89(b)所示,为菊花链型测试结构。在所有的内核之间加入多路器 MUX,类似于旁路的方法。为减少测试应用时间,每个链的交叉处放置旁路触发器。通过多路选择扫描链和旁路触发器的输出来控制内核是旁路模式还是扫描模式。第三种,如图 5.89(c)所示,为分布式测试结构。这种 TAM 设计简单,若同时测试所有的内核,TAM 宽度必须足够大。需要注意的是,多路选择型与菊花链型的测试功率是每个内核都同时在消耗的,若要只驱动一个内核,则需要加入门控时钟或其他的机制。

虽然已经制定了关于 SoC 测试的国际标准 IEEE P1500,但 SoC 测试技术仍处于研究发展阶段,关于 SoC 测试的许多问题还没有涉及或者标准化。例如,测试源和测试集是 SoC 测试需要解决的问题之一,IEEE P1500 对测试源和测试集并未标准化;优化的 DFT/BIST 设计特征的结合也是 SoC 测试需要解决的问题;测试复用时需要考虑 TAM 构成策略的研发问题;SoC 测试的集成和优化也是挑战性的课题等。这些都有待于 IC 设计者、EDA 工具开发者、ATE 设备制造商和研究开发机构进行系统的研究和实践应用。

5.7　纳米技术时代测试技术展望

随着 IC 芯片的日益复杂和性能的提高,芯片的测试速度和引脚数目都在不断攀升,对测试的要求也向着高速的数/模混合测试方向发展。特别是 IC 工作频率、封装密度的提高及高性能 SoC 的大量涌现,对高速、高密度、低功耗、高性价比测试系统的需求不断提高,对被测芯片与测试仪的可靠性连接技术提出了新的挑战。同时,随着 IC 测试设备测试能力的提高,测试速度越来越快,测试精度越来越高,测试设备与被测芯片的可靠性连接也越来越重要。

近年来我国集成电路产业蓬勃发展,与设计密切相关的测试技术日益受到国人重视。国际上著名的测试仪厂商 Agilent、Schlumberger、Teradyne 等的主流测试仪已经被国内引进,提供测试支持的企业和公司也逐渐多了起来。如今集成电路的设计和制造人员都深刻感受到:在芯片设计、验证和投入市场等各个阶段,测试发挥着关键性的、必不可少的作用。

VLSI 测试技术的发展必须适应不断发展的设计和制造技术的要求,电子测试领域的专家学者每年都要举办一些规模相当大的国际会议以及为数众多的研讨会,探讨随着集成电路工艺的发展,测试技术所面临的关键问题和新的挑战。如今,VLSI 工艺日趋复杂,人们已经能够将 1 亿晶体管放在一个芯片上,并且力图使片上的时钟频率超过 1GHz。这些趋势对芯片测试的成本和难度都产生了深远的影响。从以下几个方面看看 VLSI/SoC 测试的前景。

1. 指数上升的芯片时钟频率对芯片测试的影响

研究表明,全速测试远比在较慢的时钟频率下进行的测试有效得多。对于高速电路,全速测试或者基于时延故障模型的测试将越来越重要。要实施全速测试,ATE 必须能够以不低于被测电路的时钟频率工作,然而高速的 ATE 非常昂贵,根据 2000 年的数据,一台能以 1GHz 的频率施加测试激励的 ATE,每增加一个测试引脚其价格就上升 3000 美元。因此,用这样的测试仪进行高速测试的费用也很高。因此,半导体工业面临两个矛盾的问题。一方面,世界上大多数厂家的测试能力仍然只允许进行 100MHz 左右的时钟频率测试;另一方面,许多需要测试的芯片的时钟频率已经达到或超过 1GHz。

此外,在高时钟频率下,导线的电感开始活跃起来,电磁干扰测试是高速芯片对测试的另一个需求。需要定义、考虑电磁作用的、包括软错误模型在内的新的故障模型以及测试方法。

2. 不断增加的晶体管密度对芯片测试的影响

VLSI 芯片晶体管的特征尺寸大约以每年 10.5% 的速度缩小,导致晶体管的密度大约以每年 22.1% 的速度增加。由于芯片 I/O 引脚的物理特性必须维持在宏观级别上,以确保芯片的连接和电路板的制作;而硅片的特征尺寸已经迅速从微米级升级到纳米级。换句话说,芯片 I/O 和板级接口的规模升级与内部电路不一致,导致晶体管数与引脚数的比值飞速增长,使得从芯片的引脚来控制芯片内部的晶体管变得越来越困难,这种有限的访问内部晶体管的能力给芯片测试带来了极大的复杂度。

晶体管密度的增加也带来了单位面积功耗的增加。首先,芯片设计时就要考虑功耗的验证测试;其次,施加测试时必须小心调整测试向量,避免过大的测试功耗将芯片烧坏;最后,可能需要降低晶体管的阈值电压来降低功耗,随之带来的漏电流的增加会使得 IDDQ 测试的有效性降低。

3. 模拟和数字设备集成到一个芯片上对测试的影响

通过将模拟和数字设备集成到一个芯片上构成 SoC,提高了系统的性能,但也带来了片上混合信号电路测试的新课题。SoC 对测试的影响主要体现在下面几个方面。

(1) 需要了解和分析穿过工艺边界(数字和模拟之间、光和射频电路之间等)的工艺过程变化(Process Variation)和制造引起的缺陷。

(2) 需要研究 SoC 的高层抽象模型,以获得可以接受的模拟速度和模拟精度,需要在非常高的抽象层次捕获模拟电磁效应。

(3) 系统芯片上互连线将成为影响芯片延迟性能的主要成分。互连线延迟比逻辑门的延迟更重要,并且将变得日益重要。

(4) 需要研究数字、模拟、微机电系统(Micro-Electro-Mechanical Systems,MEMS)和光学系统的有效行为模型,发明针对光学、化学和微机电系统故障的新的诊断技术。

人们需要新的测试激励产生算法,为 SoC 芯片产生低成本、高覆盖率的数字和模拟测试激励和波形。简单的故障模型(即目前最受欢迎的固定型故障模型)已经远不能覆盖现实的物理缺陷,必须辅助以时延故障模型、IDDQ 提升的电流故障模型以及其他各种不同的模型,实施多样化的测试。未来数字集成电路设计面临扩展的 DFT 和 BIST、性能验证、调试和早期芯片原型通过 DFT 和 BIST 的诊断等诸多技术挑战,为降低测试成本所做的各种努力将持续成为未来集成电路测试的重要课题。

习　　题

1. 什么是集成电路测试?集成电路测试复杂度日益提高的原因是什么?
2. 集成电路功能测试与功能验证有何不同?

3. 什么是集成电路测试中的故障覆盖率？故障覆盖率较难达到 100％的原因是什么？故障覆盖率达到 100％就说明集成电路完全没故障了吗？

4. 集成电路功能测试的基本原理是什么？

5. 按照集成电路测试的目的,可以将集成电路测试分为哪几类？

6. 请描述 Shmoo 图和浴盆曲线代表的含义。

7. 若集成电路良率为 90％,要想把缺陷等级从 1000DPM 降低到 100DPM,那么故障覆盖率要提高多少？

8. 集成电路缺陷、失效和故障的区别是什么？集成电路缺陷和故障模型是一一对应的关系吗？

9. 在集成电路测试中,使用故障模型而非失效方式的原因在哪里？

10. 什么是集成电路单固定故障,如何表示？什么是集成电路桥接故障？所有的桥接故障都有统一的故障模型吗？

11. 对于与门和与非门,哪些故障是等效关系？哪些故障是支配和被支配关系？对于或门和或非门,哪些故障是等效关系？哪些故障是支配和被支配关系？支配和被支配关系中的哪种故障情况可以被化简掉？

12. 什么是集成电路故障冗余？如何查找集成电路故障冗余导线？

13. 集成电路逻辑模拟和故障模拟所需要的几个要素是什么？

14. 什么是事件驱动模拟,它的原理是什么？

15. 集成电路故障模拟的功能是什么？

16. 假定计算机为 4 位机器字长,对图 5.90 所示电路进行并行故障模拟,故障表为

(1) b：s-a-1；

(2) d：s-a-1；

(3) e：s-a-1。

当 $abc=\{101\}$ 时可检测哪些故障？

17. 使用演绎故障模拟对图 5.91 电路进行故障模拟,当 $T=\{0111\}$ 时可测电路哪些故障？

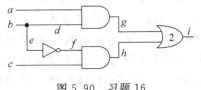

图 5.90　习题 16

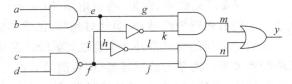

图 5.91　习题 17

18. 使用并发故障模拟算法模拟图 5.92 中的电路,当测试码为 $\{1011\}$ 时,可测电路哪些故障？

19. 输入为 x_1、x_2 和 x_3,输出为 f 的电路如图 5.93 所示,当分别出现 $x_1/0$ 和 $x_3/0$ 故障时,使用异或法求解测试图形。

20. 如图 5.94 所示,当分别出现 $f_2/0$ 和 $f_2/1$ 故障时,使用布尔差分法求解测试图形。

21. 当 $A=[1x0]$,$B=[x00]$,$C=[xx1]$ 时,求 $A\cap B$ 的 D 立方,$A\cap C$ 的 D 立方。

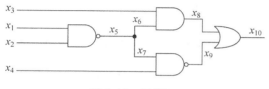

图 5.92 习题 18

图 5.93 习题 19

22. 求 $f=\overline{x_1}x_3+x_1x_2$ 在 x_3 上出现故障的传播 D 立方。

23. 求 $f=\overline{x_1\oplus x_2}$ 电路在输入端 x_1 出现故障的传播 D 立方。

24. 用 D 算法求如图 5.95 所示电路中导线 5/1 故障时的测试矢量。

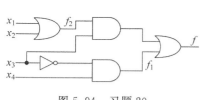

图 5.94 习题 20

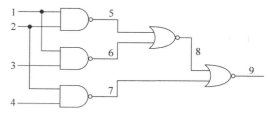

图 5.95 习题 24 图

25. 简述扫描路径法的基本思路。

26. 给出几种扫描单元的设计。

27. 简述边界扫描设计电路的基本构成。

28. 画出基本的边界扫描单元。

29. 画出内建自测试的电路结构图。

30. 给出几种测试响应数据压缩的方法。

31. SoC 测试中,存取、控制和隔离的基本概念是什么?

32. SoC 的核测试结构组成包含几部分? 每部分的功能是什么?

33. IEEE P1500 标准的主要内容是什么?

34. SoC 的测试策略有哪几种? 各自的特点是什么?

参 考 文 献

[1] 雷绍充,邵志标,梁峰. 超大规模集成电路测试[M]. 北京:电子工业出版社,2008.

[2] Michael L Bushnell, Vishwani D Agrawal. 超大规模集成电路测试——数字、存储器和混合信号系统[M]. 蒋安平,冯建华,王新安,译. 北京:电子工业出版社,2005.

[3] 杨士元. 数字系统的故障诊断与可靠性设计[M]. 北京:清华大学出版社,2000.

[4] Miron Abramovici, Melvin A Breuer. 数字系统测试与可测试设计[M]. 李华伟,鲁巍,译. 北京:机械工业出版社,2006.

[5] 《现代集成电路测试技术》编写组. 现代集成电路测试技术[M]. 北京:化学工业出版社,2006.

[6] International Technology Roadmap for Semiconductors. Semiconductor Industry AsSoC[EB/OL]. [2016-08-20]. http://public.itrs.net/files/1999_SIA_Roadmap/Home.htm.1999.

[7] 李晓维,胡瑜,张磊,等. 数字集成电路容错设计——容缺陷/故障、容参数偏差、容软错误[M]. 北京:科学出版社,2011.

[8]   潘中良. 系统芯片 SoC 的设计与测试[M]. 北京：科学出版社，2009.

[9]   郭炜，魏继增，郭筝，等. SoC 设计方法与实现[M]. 北京：电子工业出版社，2011.

[10]   Louis Scheffer，Luciano Lavagno，Grant Martin. 集成电路系统设计、验证与测试[M]. 陈力颖，王猛，译. 北京：科学出版社，2008.

[11]   Laung-Terng Wang，Wu Chengwen，Wen Xiaoqing. VLSI TEST PRINCIPLES AND ARCHITECTURES：DESIGN FOR TESTABILITY [M]. Burlington，Massachusetts：Morgan Kaufmann，2006.

[12]   李华伟. VLSI 测试综述[EB/OL]. [2016-08-20]. http://wenku. baidu. com/view/489b28270722192-e4536f688. html.

第6章 Verilog HDL 数字系统设计

CHAPTER 6

Verilog HDL 是一种使用范围很广的硬件描述语言,其诞生于 20 世纪 80 年代初期。在当今的数字集成电路设计流程中,可以毫不夸张地讲,从系统功能规范、RTL 设计建模、功能仿真、逻辑综合、时序分析、功率优化、版图设计至版图验证等各个设计环节都会使用到 Verilog HDL。1996 年 8 月美国国家标准协会(American National Standards Institute, ANSI)将 Verilog HDL 确定为一种 IEEE 标准,即 IEEE Standard Hardware Description Language Based on the Verilog Hardware Description Language,简称为 IEEE Std 1364—1995。

6.1 Verilog HDL 入门知识

6.1.1 Verilog HDL 概述

在硬件描述语言的大家族中,Verilog HDL 并非是最早出现的一种。但从使用范围和使用者数量上来看,其可算得上一名佼佼者。Verilog HDL 从 1983 年诞生至今,已走过了 30 多年的历程,相对于一般的硬件描述语言或计算机语言,其可谓是一种长寿的语言。这不仅与其所适用的、正处于蓬勃发展的集成电路领域有关,也与其好学易懂、灵活性与适应性强的特点息息相关。

1. Verilog HDL 发展历史

Verilog HDL 是由 Automated Integrated Design Systems 公司(1985 年改名为 Gateway Design Automation)的 Philip Moorby 于 1983 年冬季设计出来,其最初的设计用途主要是针对于验证与仿真 EDA 工具。1984—1986 年期间,Philip Moorby 提出一种提升逻辑门级仿真速度的 XL 算法,并完成了基于 Verilog HDL 的仿真 EDA 工具——Verilog-XL。由于 Verilog-XL 市场反应相当好,获得很大的成功,进而也使 Verilog HDL 得到了迅速的推广。1987 年 Synonsys 公司开始使用 Verilog HDL 作为其综合工具的输入语言。1989 年 Cadence 公司收购了 Gateway Design Automation 公司,Verilog HDL 也成为 Cadence 公司的私有财产。

1990 年,Cadence 公司公开了 Verilog HDL,并成立了开放 Verilog 国际组织(Open Verilog International, OVI)以求进一步推广与促进 Verilog HDL 的发展。当时,全球各大 EDA 工具供应商纷纷开始支持 Verilog HDL,Verilog-XL 被认为是最好的仿真 EDA 工具。1992 年,OVI 组织推出 2.0 版本的 Verilog HDL 规范,同时,开始致力于将 Verilog HDL

建立成为一种 IEEE 标准的工作。1993 年,第一个 IEEE 相关的工作组成立,接收了将 Verilog HDL 2.0 作为 IEEE 标准的提案。经过 18 个月的努力,至 1995 年 Verilog HDL 被 IEEE 确定为 IEEE Std 1364—1995 标准,次年 8 月由美国国家标准协会正式发布。

Verilog HDL 虽然为一种独立风格的硬件描述语言,但是使用者都会发现其与常用的高级程序语言风格很接近,只不过加上了一些较为特殊的使用规则而言。从某种角度来说,其就是在高级程序语言的基础上发展起来的。在经过一段时间的使用后,IEEE Std 1364—1995 标准 Verilog HDL 版本有些问题被发现。Verilog HDL IEEE 工作组于 1997 年开始对这些问题进行了修正和扩展,并于 2001 年 9 月发布了 IEEE Std 1364—2001 标准的 Verilog HDL 版本。这个版本增加了一些新的使用功能,如多维数组、命名端口连接、敏感列表、生成语句块等。Verilog HDL 2001 版本已成为目前 Verilog 最主流的版本,并被大多数集成电路设计或电子设计 EDA 工具软件包支持。本章内容参照此版本。

2003 年,Verilog HDL IEEE 工作组对 IEEE Std 1364—2001 标准进行了局部修改,提出了 IEEE Std 1364—2001 标准的 C 版本。2005 年,Verilog HDL 进一步修正,并形成 IEEE Std 1364—2005 标准的 Verilog HDL 版本。此版本增加了对集成的模拟和混合信号系统进行建模等功能。2009 年,IEEE Std 1364—2005 标准和 IEEE Std 1800—2005 标准(SystemVerilog 硬件验证语言标准)合并,形成一种新的 SystemVerilog 硬件描述验证语言(Hardware Description and Verification Language,HDVL)标准,即 IEEE Std 1800—2009 标准。另外,从 Verilog HDL 相关主要网站 http://www.verilog.com 和 http://www.accellera.org 上可发现,Verilog HDL 的使用规则至今仍在不断地被修正、优化与扩充。

但是,需要注意的是,目前真正广泛使用的 Verilog HDL 主流版本是 IEEE Std 1364—2001 标准版本。

2. Verilog HDL 的特点

Verilog HDL 已是一种应用相当广泛的硬件描述语言,其大量的语句风格、基本语法与 C 语言很相似。一般具有一定 C 语言设计基础的设计人员都能在 1~2 周的时间内学会和掌握 Verilog HDL。这也是为什么 Verilog HDL 能如此普及的一个重要原因。当然,Verilog HDL 还有以下一些自身的特点。

- 将传统的硬件电路设计转化为较为抽象的程序编程设计,使电路结构与行为变成了形式化的程序代码。
- 一个电路可以被设计表述为不同抽象层次的对象,或在不同设计层次上进行设计,如算法级、行为级、RTL 级、门级或开关级等。
- 通过在电路设计中使用条件语句、选择语句、循环语句及任务与函数等高级程序语言所具备的设计语句,使 Verilog HDL 对电路的设计工作变得相对简单。同时,电路设计规模也无须过多地考虑太多的约束与限制,进而使超大规模集成电路的设计得以实现。
- 层次化设计模式使设计复用与设计嵌套变得轻而易举。Verilog HDL 具有内置的基本逻辑门、开关级结构模型等,设计者可以直接调用。另外,以前电路设计也可作为实例化模块在新设计中任意调用。
- 虽然使用 Verilog HDL 设计的集成电路规模在不断增大,但其却与集成电路制造工艺无关联性。这使得基于 Verilog HDL 设计的电路在逻辑综合前具有更好的使用灵活性和使用范围。

- Verilog HDL 不仅可以用于电路设计,也可以用于电路仿真,如编写电路仿真激励程序、编写电路仿真响应比较判断程序、编写测试的验证约束条件、建立电路仿真/监控环境等。

- Verilog HDL 还为用户提供了自定义元件的方法,即用户自定义元件(User Defined Primitives,UDP)。其通过真值表形式来设计元件,既可以设计组合逻辑 UDP 元件,也可以设计时序逻辑 UDP 元件。这样大大方便了 Verilog HDL 电路仿真工作。

- 由于 Verilog HDL 具有自己的 IEEE 标准,得到了众多集成电路设计 EDA 工具的支持。因此进而确保了集成电路设计可以在相对抽象的程序编程设计阶段完成大量的电路功能验证工作,大大降低了流片费用的投入。

- Verilog HDL 与 C 语言有编程语言接口(Program Language Interface,PLI),进而可有效完善 Verilog HDL 内部数据结构,并进一步扩展语言功能。

1997 年 1 月开始的 Verilog HDL IEEE 1364—2001 标准化工作,设立了 3 个主要目标:①增强与完善 Verilog HDL,使其能更好地适用于深亚微米工艺集成电路设计和 IP 核设计;②确保所有改进的实用性与可用性,以促进 Verilog HDL 2001 版本能有效地应用于仿真与综合 EDA 工具产品中;③改正 Verilog HDL 1995 版本中所有勘误表或模棱两可的地方。正是因为标准化工作的完善,使得 Verilog HDL 成为一种正式的集成电路设计语言,可作为集成电路设计 EDA 工具和设计者之间的交互语言,并且是一种人类与机器均能读懂的语言。在如今的数字集成电路设计流程中,Verilog HDL 已可支持系统功能规范、RTL 设计建模、功能仿真、逻辑综合、时序分析、功率优化、版图设计至版图验证等各个设计环节的工作,几乎达到了全流程覆盖。

6.1.2　Verilog HDL 设计方法

Verilog HDL 是一种简单、直观和高效的硬件描述语言。针对集成电路设计,其可在多个抽象层次进行标准化文本性设计描述,同时,还支持仿真验证、时序分析、测试分析和综合等功能。在具体进行集成电路设计中,较常使用的 Verilog HDL 设计方法主要有两种,即自底向上设计方法和自顶向下设计方法。这两种设计方法可以单独使用,也可以混合使用。特别是在进行超大规模以上集成电路或 SoC 设计中,将两种设计方法混合使用的情况更普遍,这一现象与本书第 1 章中所提及的常用集成电路设计方法基本相符。

1. Verilog HDL 自底向上设计方法

与集成电路自底向上设计方法相似,Verilog HDL 自底向上设计方法的设计理念和设计流程也是传承了电路系统设计的惯性思维,其对应的设计流程图如图 6.1 所示。Verilog HDL 自底向上设计方法首先依据集成电路设计要求建立技术规范;其次,根据技术规范明确电路中待处理信息的处理方式、传递流程和控制模式等,并就此将整个电路进行功能模块或子电路的划分;接着,细化各功能模块或子电路的设计规范;然后,进行各功能模块或子电路的 Verilog HDL 程序编程设计及仿真验证;最后,将各功能模块或子电路进行整合与联调,完成整个电路的设计工作。

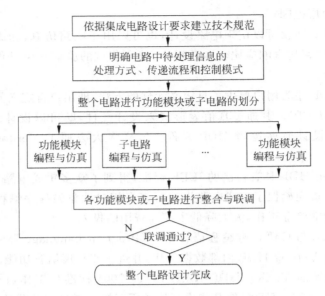

图 6.1 Verilog HDL 自底向上设计方法流程图

  与集成电路自底向上设计方法在 20 世纪 90 年代后被渐渐忽略的情况有所不同的是，Verilog HDL 自底向上设计方法一直处于较为活跃的应用状态。一般设计者都习惯用这种设计方法进行集成电路最底层的程序编程设计。同时，由于最先需要进行 Verilog HDL 程序编程设计的对象为功能模块或子电路，其一般规模都较小，对应的代码量也较少，仿真验证也较容易控制与发现问题。特别是在程序代码修正时，不会牵涉太多的变化量，比较容易驾驭，出错的概率较低。当然，由于 Verilog HDL 自底向上设计方法遵循先完成各功能模块或子电路程序编程设计再进行整个电路整合的基本原则，故这种设计方法在具体应用过程中势必存在一些难以避免的缺点，如整个电路的整合、联调、仿真与验证等工作都要在设计流程的最后阶段才进行，相关结论性数据由于获得的较晚，故使前期设计工作较难对整个电路的功能与技术指标做到全面兼顾与把握。另外，若在整个电路联调中发现问题，则程序编程设计工作将被迫返回至功能模块或子电路的 Verilog HDL 程序编程设计及仿真验证阶段，进而使设计的反复性和工作量大为增加，并导致整个设计周期变得冗长而又难以控制。从实际的 Verilog HDL 自底向上设计方法的使用情况来看，其针对大规模或超大规模以上的集成电路，一次设计成功率均较低。

  但是，Verilog HDL 自底向上设计方法所存在的不足并不能掩盖其良好的实际应用价值。在数字集成电路设计过程中，当 Verilog HDL 自底向上设计方法与逻辑综合中的自底向上综合策略相配合时，就具备了较为广泛和灵活的实用价值。一般如无特殊设计要求，其可以适用于任何规模集成电路的设计，并在综合耗时和综合资源利用方面存在较大的优势。

2. Verilog HDL 自顶向下设计方法

  自从 20 世纪 90 年代中期 Verilog HDL 成为一种标准化硬件描述语言以来，其大大促进了集成电路设计能力与产业规模的发展。但是，伴随集成电路产品的需求种类日益增多，设计规模不断增大，复杂度日趋增升，市场与客户对集成电路的设计周期与更替周期要求却变得越来越短,这就对 Verilog HDL 设计方法提出了更高的要求。至此,与集成电路自顶向下设计方法相对应的 Verilog HDL 自顶向下设计方法应运而生,并迅速得到推广与发展,成为一种主流的 Verilog HDL 设计方法。Verilog HDL 自顶向下设计方法的核心思想是:通过将已经验证过的 IP 核与基本逻辑单元作为被设计集成电路的底层器件或基本元件,实施 IP 核与基本逻辑单元的复用技术,调用其实现集成电路的整体设计;同时,将整个集成电路的仿真验证工作置于顶层设计来进行与完成,以有效提高集成电路的一次设计成功率,进而有效控制集成电路产品的设计周期与应市时间。典型的 Verilog HDL 自顶向下设计方法流程如图 6.2 所示。

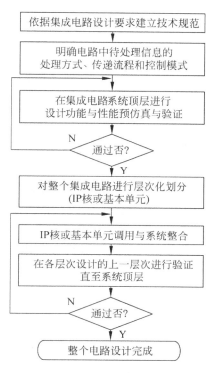

图 6.2　Verilog HDL 自顶向下设计方法流程图

在 Verilog HDL 自顶向下设计流程中,一般对所需设计的集成电路并不能做到用一个层次的划分就能达到 IP 核或基本单元,为此,通常会形成多个设计层次,如图 6.3 所示。这里需要注意的是,在多层次的设计中,设计验证工作并非如 Verilog HDL 自底向上设计方法那样在本层次完成,其通常都是在上一个层次完成;然后,基于验证的结果来调整下一层次的设计方案与具体设计工作。这也是为何将本设计方法称为自顶向下设计的缘由。

由于 Verilog HDL 自顶向下设计方法所进行的设计工作通常是将已验证合格的 IP 核与基本逻辑单元复用整合,所以底层原创性 Verilog HDL 程序编程设计工作相对有限,这为整个集成电路系统在较短时间内成功设计奠定了扎实的基础。同时,由于设计的验证工作都是在较高层次完成,故设计上的错误或不合理的地方能较早被发现,可有效引导下层设计少走弯路,避免无谓的重复设计和修改,进而使设计时间、设计资源、设计开销得到合理的控制与压缩。另外,由于 Verilog HDL 自顶向下设计方法使集成电路系统在设计顶层就

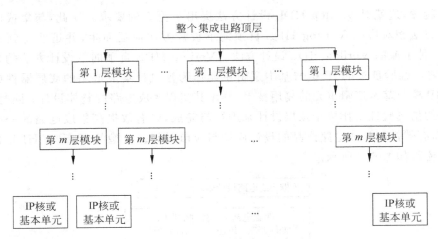

图 6.3　集成电路层次化结构图

能较为精确地预见整个设计的成功与否,为相关管理者与设计者提供了较充分的判断依据,进而使更大规模的集成电路设计变得可控,摆脱了使用 Verilog HDL 自底向上设计方法时所须面对的不确定性与设计多反复性,确保更大规模的集成电路一次设计成功率大大提高。

　　同样需要注意的是,由于集成电路存在复杂的多样性,并非所有的集成电路都能划分到或复用到所需的、已经过验证的 IP 核或基本单元。目前,在实际集成电路设计中,往往会遇到市场上无理想的 IP 核或基本单元,或者其购买价格大大超出企业与客户所能承受范围的情况。此时,集成电路设计公司往往会要求设计者自行设计这些 IP 核或基本单元。这样,Verilog HDL 自底向上设计方法所面临的设计反复性、设计周期冗长、设计性能难以控制和一次设计成功率较低等问题就会出现。

　　为此,在目前大量的超大规模、巨大规模或 SoC 集成电路设计中,大量集成电路设计公司普遍将 Verilog HDL 自顶向下设计方法和 Verilog HDL 自底向上设计方法混合使用,充分发挥两种方法的长处与优势,有效确保相关集成电路在较短的设计时间周期中达到所需的性能指标与功能指标,以满足客户的需求和市场的需求。

6.1.3　Verilog HDL 中的模块

　　模块(Module)是使用 Verilog HDL 进行集成电路设计时,被设计对象的基本组成结构体。一个模块的规模可大可小,可以是包含上百万个逻辑门的超大规模集成电路,也可以是只包含 1 个逻辑或 1 个 MOS 管的小规模集成电路。为此,充分了解与掌握模块的结构形式、描述方式和验证流程是学习 Verilog HDL 的重要环节。本节将对这 3 方面的基本内容逐一进行介绍。

1. Verilog HDL 模块的结构

　　由于用 Verilog HDL 模块描述的是一个电路,那电路包含的最基本要素有:信号的输入/输出端口(I/O 口)和电路要完成的功能。为此,Verilog HDL 模块中也必须包含这些基本要素。

【例 6.1】　如图 6.4 所示二输入与门的 Verilog HDL 程序代码。

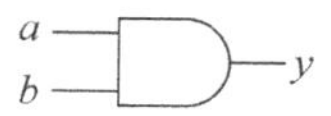

```
module NAND_21 (a, b, y) ;      //模块名与端口信息
input a, b;                     //输入端口说明
output y;                       //输出端口说明
assign y = a && b;              //逻辑功能描述
endmodule
```

图 6.4　二输入与门

从例 6.1 的程序代码中可以发现，Verilog HDL 可以很容易地通过软件编程的方式实现我们通常所述的硬件电路。其中，module 和 endmodule 为 Verilog HDL 内部保留的关键词，设计者不允许在程序编程设计时再定义这些关键词，这两个关键词中间包含的程序代码为相应被设计模块的设计内容。一般硬件电路的名称可用作模块的名称，如例 6.1 中用 NAND_21 表征二输入与门的名称。NAND_21 后续(a, b, y)括号中罗列了相应模块中的输入/输出端口名，这些端口的具体属性在模块的内部加以明确说明。如 input 为模块输入端口说明关键词，这里用于说明 a，b 为二输入与门的输入端口；output 为模块输出端口说明关键词，这里用于说明 y 为二输入与门的输出端口。assign 为指令符，其也是 Verilog HDL 内部的关键词，引导一条连续赋值语句，即 y= a & b。在 y = a & b 语句中，& 为"按位与"运算符，一旦模块输入端口 a 和 b 的逻辑值发生变化，assign 连续赋值语句将 a 和 b 的与运算结果赋值给等号左边的 y，并由 y 输出端口输出，进而完成二输入与门的逻辑功能。

Verilog HDL 这些特性不仅让设计者能够继续保持较为传统的硬件电路设计思维方式，而且对设计者来说，能在很快理解 Verilog HDL 设计方式的基础上拓展出更宽广的设计想象力。

2. Verilog HDL 模块的描述

Verilog HDL 模块的描述方式实际也是集成电路前端设计方式的重要表征。目前较为主流的有两种，即行为描述方式(也称作行为建模方式)和结构描述方式(也称作结构建模方式)。

（1）行为描述方式

Verilog HDL 模块使用行为描述方式时，侧重于对集成电路功能行为的描述。此时，被描述的对象不再是传统硬件电路设计中的基本元器件、逻辑单元、小功能模块或它们之间的连接关系。行为描述方式将从信息在电路输入/输出端口之间的传递形成、信息在传递过程中须完成何种算法处理或功能行为、信息之间的转换关系、信息表述形式等角度展开程序代码的设计描述。设计描述中采用较多的是高级程序指令、任务、函数、算术运算、关系运算和时序控制等语句。

【例 6.2】　使用行为描述方式设计如图 6.5 所示二选一选择器的 Verilog HDL 程序代码。

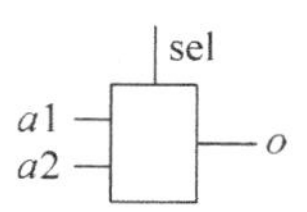

注：sel = 0 时，o = a1；

sel = 1 时，o = a2。

图 6.5　二选一选择器

```
module MUX21_1 (o, a1, a2, sel);    // 模块名与端口信息
input a1, a2, sel;                  // 输入端口说明
output o;                           // 输出端口说明
```

```
reg o;                          // 数据类型声明
always @ (a1 or a2 or sel)      // 过程块
begin
    if (sel = = 0)              // 分支语句
        o = a1;                 // 阻塞赋值
    else
        o = a2;
end
endmodule
```

分析例 6.2 的程序代码可以发现,行为描述方式在设计二选一选择器时,并未从二选一选择器由哪些逻辑单元组成及各逻辑单元以怎样的方式进行连接的角度展开设计工作。程序代码中使用了高级程序指令中经常出现的 if-else 语句来描述二选一的选择行为或功能。使用行为描述方式时,设计者并未被要求一定要知道或明确电路最终是由哪些基本元器件、逻辑单元或小功能模块来组成,以及它们之间是以何种方式连接的。

将使用行为描述方式设计完成的较为抽象化的程序代码转化为实际可运行电路的工作将由逻辑综合 EDA 工具来完成。从行为描述方式的描述特性来看,例 6.1 采用的也是此种描述方式。

(2) 结构描述方式

Verilog HDL 模块使用结构描述方式时,侧重于对集成电路组成方式的描述。通常其有两类描述形式:一类是基于层次化设计理念,在较高设计层次的模块设计中调用低设计层次的设计模块,如用户自行设计的模块、购买的 IP 核等;另一类是直接使用 Verilog HDL 内部的基本元器件、逻辑单元等来构成一个相对复杂的电路。在具体使用结构描述方式时,设计者将可充分沿用传统硬件电路的设计理念,首先通过明确电路中输入/输出端口之间信息的传递形成、信息在传递过程中须完成何种算法处理或功能行为、信息之间的转换关系、信息表述形式等技术要求,形成一套完整的层次化电路组成结构图和各层次的基本元器件、逻辑单元、IP 核或用户自行设计模块的子电路组成结构及其连接关系原理图;然后,主要采用模块调用语句来进行程序编程设计。

【例 6.3】 使用结构描述方式设计如图 6.6 所示二选一选择器的 Verilog HDL 程序代码。

注:sel = 0 时,o = a1;

sel = 1 时,o = a2。

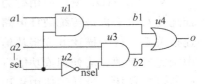

图 6.6 二选一选择器

```
module MUX21_2 (o, a1, a2, sel);    // 模块名与端口信息
input a1, a2, sel;                  // 输入端口说明
output o;                           // 输出端口说明
wire b1, b2, nsel;                  // 模块内部连线声明
wire o;                             // 数据类型声明
and u1 (b1, a1, sel);
not u2 (nsel, sel);
and u3 (b2, a2, nsel);
or u4 (o, b1, b2);
endmodule
```

逻辑门名 [(驱动强度)] [# 延迟时间] 逻辑门实例名 (端口连接列表);

由例 6.3 的程序代码不难发现,结构描述方式在设计二选一选择器时,是依据先前设计好的由 Verilog HDL 内置基本逻辑门连接组成的电路原理图来展开程序编程设计工作。程序代码中使用了 4 条模块实例化语句来完成 Verilog HDL 内置基本逻辑门的调用,其中,and、not 和 or 均为 Verilog HDL 内置基本逻辑门名,同时是关键词,分别表示"与门"、"非门"和"或门";u1,u2,u3,u4 为模块门实例名,其由设计者任意设定,与电路原理图中逻辑门单元的序列号对应。在每条逻辑门调用语句的括号中为不同逻辑门的输入/输出端口连接表,这里第 1 位是输出端口,后续为输入端口,通过这些端口名称可以分析出不同逻辑门的连接关系,如"or u4(o, b1, b2);"语句表示或门的两个输入端口和 u1 与门的输出端口 b1,u2 与门的输出端口 b2 相连,其输出端口为 o。这里需要说明的是:b1,b2,nsel 并非被设计二选一选择器的输入/输出端口,其只是代表电路内部逻辑门之间的连线,是设计者为了设计方便而自行定义的连线型数据标识符,这些标识符名称可任意变化。

使用结构描述方式设计完成的程序代码一般较容易由逻辑综合 EDA 工具转化为实际可运行的电路。其可综合性通常优于使用行为描述方式所设计的较为抽象化的 Verilog HDL 模块。

Verilog HDL 模块在具体被设计描述时,到底是选择行为描述方式还是结构描述方式,通常与被设计集成电路的规模和逻辑综合 EDA 工具的性能密切相关。其中,由于行为描述方式具有一定的抽象化设计因素,故更依赖于逻辑综合 EDA 工具综合能力。这两种描述方式在目前的超大规模集成电路或 SoC 设计中,常常被混合使用。如在较低的设计层次中可以使用抽象化程度较高的行为描述方式,使设计者能够将设计重心放在对电路功能行为的描述与完善上,而无须过多地拘泥于电路到底以何种器件、何种形式进行组合与连接。在较高的设计层次中,可以使用电路组成方式较清晰的结构描述方式,这使设计者在进行超大规模集成电路或 SoC 设计时,实际只需面对数量有限的用户自行设计模块和 IP 核,设计重心集中于对整个电路的验证、优化与完善。

3. Verilog HDL 模块的验证

如前文所述,Verilog HDL 不仅可以用于电路设计,也可以用于电路仿真。例 6.4 为验证例 6.2 和例 6.3 所描述二选一选择器好坏的仿真程序(也可称为仿真模块)。

【例 6.4】　二选一选择器的 Verilog HDL 仿真程序代码。

```
module MUX21_tb              // 仿真模块名
reg a1, a2, sel;             // 被仿真模块输入端口仿真数据类型声明
wire o;                      // 被仿真模块输出端口仿真数据类型声明
MUX21_1 mymux21 (o, a1, a2, sel);   // 调用被仿真模块
initial
begin
      a1 = 0; a2 = 0; sel = 0;   // 仿真激励信号定义
   #10 a1 = 0; a2 = 1; sel = 0;
   #10 a1 = 1; a2 = 0; sel = 0;
   #10 a1 = 1; a2 = 1; sel = 0;
   #10 a1 = 0; a2 = 0; sel = 1;
   #10 a1 = 0; a2 = 1; sel = 1;
   #10 a1 = 1; a2 = 0; sel = 1;
```

```
    #10 a1 = 1; a2 = 1; sel = 1;
end
initial                              // 实时观测仿真结果
    $ monitor ("Time = %o a1 = %b a2 = %b sel = %b o = %b", $time, a1, a2, sel, o);
endmodule
```

在例 6.4 中,被仿真模块是通过类似结构描述方式中常用的模块实例化语句调入的。对应语句为"MUX21_1 mymux21 (o, a1, a2, sel);",此时将对例 6.2 使用行为描述方式设计的二选一选择器进行仿真。如果要对例 6.3 使用结构描述方式设计的二选一选择器进行仿真,只需将这条语句改为"MUX21_2 mymux21 (o, a1, a2, sel);"即可。另外,从例 6.4 中可发现,仿真程序代码也与 Verilog HDL 电路功能型模块设计相类似,以关键词 module 和 endmodule 来规定程序代码的范围。但需要注意的是,其模块名后面并没有"端口列表"。这主要是因为其只是仿真模块,只用于进行仿真验证,不用于生成电路或被其他模块设计调用。由于仿真模块没有端口列表,其内部也无须对端口进行说明,但是为了对被仿真模块进行仿真激励施加/赋值,须对被仿真模块相关端口的数据类型进行声明,如"reg a1, a2, sel;"和"wire o;"。在例 6.4 中,以被仿真二选一选择器 3 个输入端口逻辑真值表的变化规律为例,从 0 时刻开始,每过 10 单位时间改变一次赋值内容,并使用 Verilog HDL 连续监视系统任务 $monitor 观测每一次输入赋值变化后被仿真二选一选择器输出端口的输出情况,进而实现对被仿真二选一选择器的功能仿真与验证。

综上所述,Verilog HDL 模块的定义范畴是较广的,不仅包含集成电路功能型模块,还包括其对应的电路仿真模块。两者均使用 Verilog HDL 程序编程设计,确保了设计与仿真的无缝衔接。同时,从例 6.1~例 6.4 这几个 Verilog HDL 程序代码案例来看,初学者虽然还未真正了解与熟练掌握 Verilog HDL 相关的指令、语句、符号、属性、定义等各种关键信息,但对 Verilog HDL 程序代码还是基本能够看懂的,其与人们常用的 C 语言的程序编程格式与风格很接近。也正是这些缘故,Verilog HDL 较容易被广大集成电路设计者所接受。当然,要真正掌握 Verilog HDL,还是需要中规中矩、扎扎实实地认真学习。

6.1.4 Verilog HDL 中对所用词的约定法则

在正式的 Verilog HDL IEEE Std 1364—2001 标准中,用词约定法则遵循巴科斯范式(Backus-Naur Form,BNF)。目前,许多国外的编程语言书籍都会部分或全部使用巴科斯范式来定义编程语言的用词约定法则。本书也以此为参照,除了不使用黑体字、粗体字、斜体字定义以外,其他基本一样。这主要是为了更符合国人的阅读习惯及与实际编程保持一致。

Verilog HDL 程序代码通常是由大量的词法符号(Lexical Tokens)所组成。一个词法符号一般由 1 个或多个字符组成。在 Verilog HDL 程序中,较为典型的词法符号包括:空白符(White space)、注释符(Comment)、运算符(Operator)、数(Number)、字符串(String)、标识符(Identifier)、关键词(Keyword)、系统名(System names)和属性(Attributes)等。本小节只对其中的空白符、注释符、字符串、标识符、关键词等做介绍,其余词法符号将在后续相关章节用到之处做对应的介绍。

1. 空白符

空白符(White Space)主要包括空格符、制表符、换行符和换页符。通常空白符并不表示什么含义,只是为了在程序代码编写时,在大量的词法符号中起到分割作用,进而使程序代码文本排列得清晰整齐,更有利于程序代码的可读性。但是,当空格、制表符在字符串中出现时则是有意义的。具体可参见例 6.5 所示。

【例 6.5】 空白符的应用实例。

```
module MUX21_tb                            // 模块名与端口信息
reg        a1, a2, sel;                    // 被仿真模块输入端口仿真数据类型声明
wire    o;                                 // 被仿真模块输出端口仿真数据类型声明
   MUX21_1 mymux21 (o, a1, a2, sel);       // 调用被仿真模块
initial
begin
        a1 = 0; a2 = 0; sel = 0;           // 仿真激励信号定义
   ♯10 a1 = 0; a2 = 1; sel = 0;
   ♯10 a1 = 1; a2 = 0; sel = 0;
    ⋮
end
initial                                    // 实时观测仿真结果
   $ monitor ("Time = %0 a1 = %b a2 = %b sel = %b o = %b", $ time, a1, a2, sel, o);
endmodule
```

例 6.5 为例 6.4 的简化版。从例 6.5 中可看到,在"reg a1, a2, sel;"和"wire o;"中分别在关键词"reg"、"wire"与后续端口名"a1, a2, sel"、"o"之间加入了 3 与 2 个空格符;在"MUX21_2 mymux21 (o, a1, a2, sel);"和 begin 语句中都用了制表符实现句首缩进的撰写排版方式。这些空白符的使用实际并不包含什么意义,只是为了使程序代码排版整齐清晰,进而提升程序代码的可读性。但是,在" $ monitor ("Time = %0 a1 = %b a2 = %b sel = %b o = %b", $ time, a1, a2, sel, o);"语句内,双引号所包含字符串"Time = %0 a1 = %b a2 = %b sel = %b o = %b"中出现的空格符将起作用,即在该串字符被显示出来时,空格符也将作为有效字符逐一显示。

2. 注释符

Verilog HDL 有两种形式的注释符(Comment)。一种为单行注释符,其以"//"表示注释部分的开始,以换行表示注释部分的结束,实际使用案例参见例 6.6;另一种为块注释符,其以"/＊"表示注释部分的开始,以"＊/"表示注释部分的结束,实际使用案例参见例 6.7。需注意的是:块注释符引导的注释部分可以是多行,也可以是单行,但其不支持嵌套;同时,单行注释符"//"在块注释中没什么特殊意义。

【例 6.6】 单行注释符的应用实例。

```
module MUX21_2 (o, a1, a2, sel);           // 模块名与端口信息
input a1, a2, sel;                         // 输入端口说明
output o;                                  // 输出端口说明
wire b1, b2, nsel;                         // 模块内部连线声明
reg o;                                     // 数据类型声明
```

【例 6.7】 块注释符的应用实例。

```
/＊ 以被仿真二选一选择器 3 个输入端口逻辑真值表的变化规律为例,从 0 时刻开始,每过 10 单位
时间改变一次赋值内容 ＊/
begin
```

```
      a1 = 0; a2 = 0; sel = 0;
  #10 a1 = 0; a2 = 1; sel = 0;
  #10 a1 = 1; a2 = 0; sel = 0;
  #10 a1 = 1; a2 = 1; sel = 0;
  #10 a1 = 0; a2 = 0; sel = 1;
  #10 a1 = 0; a2 = 1; sel = 1;
  #10 a1 = 1; a2 = 0; sel = 1;
  #10 a1 = 1; a2 = 1; sel = 1;
end
```

以块注释符"/＊　＊/"引导的块注释在程序中的放置位置并没有太特殊的规定。但是,实际编程时,通常是放在程序的开始部分或程序的段落之间。前者用于说明程序设计的电路功能、设计者、设计时间、修改时间、修改原因、修改位置等信息,后者用于说明下一程序段落的功能、设计思想或运行注意点等。

3. 字符串

在 Verilog HDL 程序代码中用双引号包含着的处于同一行中的字符部分组成 1 个字符串(String)。当字符串在表达式和赋值语句中作为操作数时,相当于无符号的整型常量,即 1 个字符为 1 个 8 位的 ASCII 码值,字符串为 8 位 ASCII 码值的序列。字符串既可以直接使用,也可以用作变量。在 Verilog HDL 程序代码中,字符串较常用的方式与使用中的注意点如下。

(1) 字符串变量声明

字符串变量是一种寄存器型(reg)变量,字符串变量的宽度等于字符串中字符数量乘以8,具体可参见例 6.8。

【例 6.8】 储存由 13 个字符组成的字符串"Good morning!"需要一个 8×13 或 104 位宽的寄存器型(reg)变量。

```
reg [8 * 13 : 1] string_1;          // 数据类型声明
initial
begin
  #10 string_1 = "Good morning!";    // 字符串变量赋值
end
```

(2) 字符串操作

字符串也可以参与 Verilog HDL 运算符所指定的运算操作。此时,字符串相当于 8 位 ASCII 码值序列。

【例 6.9】 字符串操作的应用实例。

```
module string_try;
reg [8 * 14 : 1] string_2;          // 数据类型声明
initial
begin
  string_2 = "Hello world";         // 字符串变量赋值
   $ display(" % s is stored as % h", string_2, string_2);
  string_3 = {string_2, "!!!"};
   $ display(" % s is stored as % h", string_3, string_3);
end
```

```
endmodule
```

本程序运行显示结果为

```
Hello world is stored as 00000048656c6c6f20776f726c64
Hello world!!! is stored as 48656c6c6f20776f726c64212121
```

这里需要注意的是,当字符串变量定义的位数大于实际字符串位数时,此变量赋值时在左侧多余位上填充0,这不影响字符串的值;当一个字符串位数大于字符串变量定义的位数时,则此变量赋值时将删减左侧多出的位,这会使字符串丢失左侧的字符。

(3) 字符串中的特殊字符

Verilog HDL 字符串中除了包含有明确的字符外,也可以像许多高级程序语言一样,使用转义字符(Escape Character,Backslash Character)"\"(也称反斜杠字符)来引导特殊字符。表 6.1 列出了这些特殊字符及其具体使用含义。

表 6.1　Verilog HDL 字符串中的特殊字符

特殊字符	含　义
\n	换行符
\t	Tab 符或制表符
\\	\
\"	"
\ddd	用 1~3 位八进制数表示的一个字符($0 \leqslant d \leqslant 7$)

4. 标识符

Verilog HDL 中的标识符(Identifier)用于给一个客体或对象一个唯一的命名,其由设计者自己设定。Verilog HDL 有简单标识符(Simple Identifier)和转义标识符(Escaped Identifier)两种。

(1) 简单标识符(Simple identifier)

简单标识符一般由字母、数字、$、_(下画线)组合。简单标识符的第一个字符必须是字母或下画线,不能是数字或 $。标识符最多包含字符数的上限为 1024 个字符,超出将出错。同时,标识符是字母大小写敏感的。

【例 6.10】　简单标识符的应用实例。

```
string_2
arm_index
circuit_1
CIRCUIT_1                            // 与 circuit_1 不一样
_net_w
m $ ott386
string_try;
```

(2) 转义标识符

转义标识符(Escaped Identifier)用反斜杠字符"\"作为起始,以空白符(空格符、制表符、换行符)作为结束,内部可包含任何可打印字符。去除引导的反斜杠字符和终止白色符,转义标识符中余下部分为标识符的实体,即转义标识符"\circuit_1"与"circuit_1"相同。

【例 6.11】 转义标识符的应用实例。

```
\string_2
\arm－index
\circuit＋1
\CIRCUIT_1
\_net/\/\w
\＊＊＊m$ott386???
\string＊(try)};
```

5. 关键词

在 Verilog HDL 中预先保留了一批关键词(Keyword),其属于非转义标识符,是程序代码撰写中的固定保留字,具有各自特定的含义,不允许篡改或变换定义。所有关键词均只使用小写字母。表 6.2 列出了 Verilog HDL 中的主要关键词,其各自含义将在本书后续的各相关章节中逐一表述。

表 6.2　Verilog HDL 中的主要关键词

always	endgenerate	join	pullup	task
and	endmodule	large	pulsestyle_onevent	time
assign	endprimitive	liblist	pulsestyle_ondetect	tran
automatic	endspecify	library	rcmos	tranif0
begin	endtable	localparam	real	tranif1
buf	endtask	macromodule	realtime	tri
bufif0	event	medium	reg	tri0
bufif1	for	module	release	tri1
case	force	nand	repeat	triand
casex	forever	negedge	rnmos	trior
casez	fork	nmos	rpmos	trireg
cell	function	nor	rtran	unsigned
cmos	generate	noshowcancelled	rtranif0	use
config	genvar	not	rtranif1	vectored
deassign	highz0	notif0	scalared	wait
default	highz1	notif1	showcancelled	wand
defparam	if	or	signed	weak0
design	ifnone	output	small	weak1
disable	incdir	parameter	specify	while
edge	include	pmos	specparam	wire
else	initial	posedge	strong0	wor
end	inout	primitive	strong1	xnor
endcase	input	pull0	supply0	xor
endconfig	instance	pull1	supply1	
endfunction	integer	pulldown	table	

6.1.5　数、数据类型与变量

Verilog HDL 虽然是一种以描述硬件为主的语言,但其整体语言风格还是保留了大量高级程序语言的特性与要素,其中对数、数据类型与变量都有较为丰富的定义与格式。只有充分掌握这些,才能真正达到灵活应用 Verilog HDL 的境界。

1. 数(Numbers)

Verilog HDL 中的数主要指常数,其分为整型常数(Integer Constants)和实常数(Real Constants)。

(1)整型常数

整型常数(Integer Constants)可以用二进制、八进制、十进制和十六进制 4 种来表示,具体有两种表达形式。

一种为简单十进制形式,其直接使用 0~9 来组成,并可使用"+"或"-"符号来表示数的正负。

【例 6.12】 整型常数的简单十进制形式应用实例。

```
365
+1024
-2048
```

另一种整型常数表达形式则较为复杂,其包含了数的位宽、数的进制与数的大小,基本格式如下:

```
[数的位宽] '<数的进制> <数的大小>
```

其中,"数的位宽"以二进制的位为标准单位,用非 0 十进制数表示,用于表示后续数位数,为一个可选项。如果 1 个数由 4 个二进制数组成,则对应数的位宽为 4;如果一个数由 2 个十六进制数组成,则对应的数的位宽为 8,因为单个十六进制数为 4 位二进制数所组成。当"数的位宽"设定值大于后续数的实际位数,则后续数的高位将执行一个填补规则,即对一般数高位填补 0;如此时后续数的高位为不确定值 x / X 或高阻值 z / Z,则后续数对应性地用 x / X 或 z / Z 进行填补。如果"数的位宽"项缺省,且后续数的高位也可以执行上述填补规则,只是最大扩展位数至少为 32 位。

"数的进制"用于说明后续数的进制,其使用规定的字符来表示,二进制为 b 或 B、八进制为 o 或 O、十进制为 d 或 D、十六进制为 h 或 H。这些字符与不确定值 x 或 X、高阻值 z 或 Z 一样,不分大小写。

需注意的是,在数的进制字符前必须加一个单引号',其与数的进制字符间不能加入任何用于分隔的空白符。

"数的大小"是根据"数的进制"要求表述的一般无符号数,其与数的进制字符间可以加入空白符,但不能加入+、-(正负)号,后者为非法的。+、-(正负)号一般可加在"数的位宽"前;同时,负数也用二进制补码表示。十六进制中的 a ~ f 也是大小写不分的。

另外,为了增加数的可读性,IEEE Std 1364—2001 标准 Verilog HDL 版本还规定:高阻值 z 字符可以用? 代替;在数中,除第 1 位以外的任何位置均可插入下画线"_"字符,其对实际数的大小无影响。

【例 6.13】 整型常数的多进制形式应用实例。

```
'h 836F88                            // 缺省"数的位宽"的十六进制数
```

```
33dd                        // 非法的十六进制数,缺少了"数的进制"字符 'h
'o3653                      // 默认"数的位宽"的八进制数
4 'd 7                      // 4 位十进制数
8 'b1110_1001               // 8 位二进制数,并增加可读性的"_"
5'B1_zx01                   // 含 1 位不确定值 x、1 为高阻值 z 的二进制数
10 'h x                     // 10 位不确定值数
```

（2）实常数

实常数（Real Constants）的表达形式遵循 IEEE Std 754—1985 标准,此标准主要针对双精度浮点数。实常数具体也有两种表达形式：一种为十进制形式,一种为科学计数法。

【例 6.14】 实常数的应用实例。

```
3.65
0.02
3.5E10                      // 指数符号使用 e 或 E 均可
345_204_875.3               // 下画线是忽略的
.58                         // 无效数,小数点两侧必须至少有一个数
5.e75                       // 无效数,小数点两侧必须至少有一个数
0.95e - 77
18E - 6
```

另外,实常数可以转换为整型常数,转换时遵循四舍五入的规则。

【例 6.15】 实常数转换为整型常数的应用实例。

```
36.5 => 37
-1.2 => -1
-1.7 => -2
3.3 => 3
```

2. 逻辑值

Verilog HDL 中对逻辑值有 4 种设定,即

（1）0 ——表示一个逻辑 0 或状态假；

（2）1 ——表示一个逻辑 1 或状态真；

（3）x 或 X ——表示一个逻辑不确定值；

（4）z 或 Z ——表示一个高阻值。

在实际的硬件电路设计时,高阻值 z 如果出现在逻辑门的输入端口或在逻辑表达式中,其影响力与逻辑不确定值 x 一样。除了事件型数据外,在 Verilog HDL 中基本都使用这 4 种逻辑值。在矢量中,所有位都可以是这 4 种逻辑值中的一种。另外,在连线型变量使用时,所赋逻辑值还可以附加强度信息,这在后续章节中将提及。

3. 连线型（Net）数据与变量

Verilog HDL 为一种硬件描述语言,在进行集成电路设计时,除了要全力描述电路中的基本元器件、逻辑单元、IP 核或用户自行设计模块等核心硬件以外,还要描述核心硬件之间的连接线。IEEE Std 1364—2001 标准针对这些连接线提供了一种连线型数据。连线通常不能保存或储存逻辑信号值（trireg 除外）。连线上的逻辑信号值一般通过连续赋值语句或逻辑门等驱动者获得。如果没有驱动者连接到连线上,连线将呈现为高阻状态 z。

针对不同的连线工作模式,Verilog HDL 连线型数据还对应 11 种基本类型,其具体作用如表 6.3 所示。本节侧重介绍其中最基本的 wire 型与 tri 型。

表 6.3 **Verilog HDL 连线型数据对应的 11 种基本类型**

连线型数据基本类型	作　用
wire	单一驱动连线
wand	多驱动时,具有线与功能的连线
wor	多驱动时,具有线或功能的连线
tri	多驱动连线
triand	多驱动时,具有线与功能的连线
trior	多驱动时,具有线或功能的连线
tri0	带下拉电阻的连线
tri1	带上拉电阻的连线
trireg	具有电荷保存功能的连线
supply0	逻辑低电源线
supply1	逻辑高电源线

　　wire 型是连线型数据中较常用的一种类型,其声明对象为由单一逻辑门或连续赋值语句驱动的连线。这种连线方式通常也是集成电路中最普遍的连线方式。

　　wire 型变量声明基本格式如下:

> wire [数的位宽范围]连线型标识符[= 常数|常数_表达式] {,连线型标识符[= 常数|常数_表达式] };

　　注:(1) 连线型标识符在 IEEE Std 1364—2001 标准中也称为连线型变量,故本书统一称为连线型变量(包含 wire 型变量)。只是读者必须清楚连线型变量不具有逻辑信号保持或保存能力,这有别于本书后续章节中提及的寄存器型变量与其他数据类型变量的特性。

　　(2) "数的位宽范围"说明项为用于确定 wire 型变量所赋 wire 型数据的位宽范围,也可称为 wire 型变量的位宽范围。

　　(3) 关于"数的位宽范围"说明项的具体描述与使用规则将在本小节"矢量与数组"中介绍。

　　在 wire 型变量声明语句中,新声明标识符不能与已声明过的其他连线、参数型数据和变量重名,那是不符合标准的。另外,在 wire 型变量声明语句中,可以对多个标识符进行声明,它们之间用逗号分开;标识符等号右侧可以是常数或运算结果为常数的表达式(常数_表达式);常数_表达式中可包含已被前期声明过的连线型变量。连线型变量所赋数据值统称为连线型数据。

　　另外,须重点说明的是,IEEE Std 1364—2001 标准规定端口说明中出现的标识符,如不加其他数据类型的特别声明,那么其隐含的数据类型为 wire 型。

　　【例 6.16】 wire 型数据与变量的应用实例。

```
input a, b;              // 输入端口说明,端口 a, b 隐含的数据类型为 wire 型
output y;                // 输出端口说明,端口 y 隐含的数据类型为 wire 型
reg y;                   // 这里特别声明端口 y 为寄存器型(reg 型)
wire [5:0] w_a = 6 'b111101; // 声明一个 6 位的 wire 型变量,并赋值 'b111101
wire w_x, w_y, w_z;      // 可在一条语句中声明多个 wire 型变量,用逗号分隔
wire [3:0] r_a, r_b, r_c, r_d; // 在一条语句中声明多个带"数的位宽范围"说明项的 wire 型变量
```

tri 型是连线型数据中另一种较常用的类型,其声明对象为多驱动连线。

tri 型变量声明基本格式如下:

> tri [数的位宽范围]连线型标识符[= 常数|常数_表达式]{,连线型标识符[= 常数|常数_表达式]};

注:(1)与 wire 型变量同理,tri 型变量也归属于连线型变量。

(2)"数的位宽范围"说明项为用于确定 tri 型变量所赋 tri 型数据的位宽范围,也可称为 tri 型变量的位宽范围。

(3)关于"数的位宽范围"说明项的具体描述与使用规则将在本小节"矢量与数组"中介绍。

tri 型变量声明方式与 wire 型变量声明方式在具体使用时的注意项基本相同,这里就不再赘述了。

当 wire 型变量和 tri 型变量所声明的电路连线受到相同强度多驱动源驱动时,会产生逻辑竞争。表 6.4 列出了两个相同强度驱动源驱动时,wire 型变量和 tri 型变量对应的逻辑真值表。

表 6.4　两个相同强度驱动源驱动时,wire 型变量和 tri 型变量对应的逻辑真值表

wire/tri	0	1	x	z
0	0	x	x	0
1	x	1	x	1
x	x	x	x	x
z	0	1	x	z

4. 寄存器型数据与变量

寄存器型(register)数据与寄存器型变量两者之间表述的对象是同类型的,只是变量可看作一种抽象化的数据存储单元(连线型变量除外)。通过赋值语句可以实现对寄存器型变量的赋值,其所赋的值即为寄存器型数据。其中,赋值语句则扮演着触发这个抽象化数据存储单元内数据值发生变化的角色。寄存器型变量在其未被赋值时,其初始值为不确定值 x。

在 Verilog HDL 中,寄存器型数据与寄存器型变量表征的对象具有物理意义,通常对应具有保持数据值功能的寄存器类硬件电路或元器件,如边沿敏感的触发器、电平敏感的RS 触发器与锁存器等。当然,寄存器型数据或寄存器型变量也可用于组合逻辑电路的描述。在对寄存器型变量的两次赋值期间,寄存器型变量将一直保持或保存第一次所赋的寄存器型数据值,直至第二次赋值操作的执行。

寄存器型变量声明基本格式如下:

> reg [数的位宽范围]变量标识符[= 常数|常数_表达式]{,变量标识符[= 常数|常数_表达式]};

注:(1)"数的位宽范围"说明项为用于确定寄存器型变量所赋寄存器型数据的位宽范围,也可称为寄存器型变量的位宽范围。

（2）关于"数的位宽范围"说明项的具体描述与使用规则将在本小节"矢量与数组"中介绍。

寄存器型变量声明方式与连线型变量的声明方式基本相同，仅是具体对应的赋值数据类型各有不同。但是，在实际的 Verilog HDL 程序代码编写时，并不要过多地计较哪个数据是寄存器型数据，哪个数据是连线型数据。因为从寄存器型变量声明基本格式与连线型变量声明基本格式中可发现，两种"标识符"最终被赋予的均是常数。常数在本小节"数"中已有较为明确的定义。关于这方面的规定下文不再过多重复，均以此为准。

【例 6.17】　寄存器型数据与变量的应用实例一。

```
reg [7:0] r_a = 8 'b1110_1001;      // 声明一个 8 位的寄存器型变量，并赋值 'b1110_1001
reg o;                              // 声明一个 1 位的寄存器型变量
reg [3:0] r_a, r_b, r_c, r_d;       // 可在一条语句中声明多个寄存器型变量，用逗号分隔
```

【例 6.18】　寄存器型数据与变量的应用实例二。

设计一个如图 6.7 所示的带异步清 0、异步置 1 的 D 触发器 ASDFF。

图 6.7　带异步清 0、异步置 1 的 D 触发器

```
module ASDFF (q, d, clk, clr, set);
input d, clk, clr, set;    // 输入端口说明
output q;                  // 输出端口说明
reg q;                     // 触发器输出端口声明为寄存器型变量
always @(posedge clk or negedge clr or negedge set)    // 过程块
begin
    if (!clr)
    begin
        q <= 0;            // 给触发器输出端口赋 1 位位宽的寄存器型数据，并保存到下一次赋值
    end
    else if (!set)
    begin
        q <= 1;        // 同上
    end
    else
    begin
        q <= d;        // 同上
    end
end
endmodule
```

分析例 6.18 中的程序代码可发现，q 不仅要在"output q;"语句中被说明为输出端口，还在要"reg q;"语句中再次被声明为寄存器型变量。这是因为 q 不仅是一个输出端口，更是一个触发器的输出端口，必须进行两次说明与声明。这是 IEEE Std 1364—2001 标准的规定。

5. 其他数据类型与变量

在 Verilog HDL 中，除了有上述与硬件电路密切相关的连线型数据/变量和寄存器型数据/变量外，还有一些为了便于编程描述的数据类型与对应的变量，本小节主要介绍其中较为常用的 3 种：整数型（integer）数据与变量、时间型（time）数据与变量、实数型（real）数

据与变量。

(1) 整数型(integer)数据与变量

整数型数据一般不能直接用于描述硬件电路,其在实际电路模块程序代码编写时通常用于高级循环语句中的循环次数定义。另外,在仿真程序代码编写时,除用于循环次数定义外,还较多地用于对一些变量初始值的设定。在程序代码运行中,整数型数据是赋值给整数型变量,其赋值方式与寄存器型变量相似,并通过赋值来改变其具体数值。整数型数据的位宽为 32 位,其初始值为不确定值 x。

整数型变量声明基本格式如下:

```
integer 变量标识符[ = 常数|常数_表达式] { ,变量标识符[ = 常数|常数_表达式] };
```

【例 6.19】 整数型数据与变量的应用实例。

```
integer a_a, a_b, a_c;                  //可在一条语句中声明多个整数型变量,用逗号分隔
integer big_small, big_number = 58;     //可在声明语句中对整数型变量赋值
```

(2) 时间型(time)数据与变量

时间型数据主要用于 Verilog HDL 程序代码的仿真环节,针对于有时间检查需求的程序代码诊断与调试,其通常与 Verilog HDL 系统函数 $time 一起联用。在程序代码运行中,时间型变量的赋值方式和整数型变量赋值方式一样,也与寄存器型变量相似,并通过赋值来改变其具体数值。时间型数据的位宽为 64 位,其初始值为不确定值 x。

时间型变量声明基本格式如下:

```
time 变量标识符[ = 常数|常数_表达式] { ,变量标识符[ = 常数|常数_表达式] };
```

【例 6.20】 时间型数据与变量的应用实例。

```
time long_time, short_time, middle_time;    //可在一条语句中声明多个时间型变量,用逗号分隔
time hour_clock = 24, minute_clock = 60;    //可在声明语句中对时间型变量赋值
```

(3) 实数型(real)数据与变量

除了整数型数据和时间型数据,Verilog HDL 还支持实数型数据及对应的实数型变量。实数型数据主要用于 Verilog HDL 程序代码仿真环节的时间控制,如延迟时间计算等。须注意的是,实数型变量在声明中一般不能包含"数的位宽范围"说明项;同时,Verilog HDL 中并非所有的运算符都支持实数型数据,如关系运算符。除这些限制外,实数型变量的声明方式与整数型变量和时间型变量基本相同。实数型数据的初始值为 0.0。

实数型变量声明基本格式如下:

```
real 实数型标识符[ = 常数|常数_表达式] { ,实数型标识符[ = 常数|常数_表达式] };
```

注:实数型标识符在 IEEE Std 1364—2001 标准中也称为实数型变量,故本书统一称为实数型变量。

【例 6.21】 实数型数据与变量的应用实例

```
real r_a, r_b, r_c;              //可在一条语句中声明多个实数型变量,用逗号分隔
real rx = 0.5, ry = 12;          //可在声明语句中对实数型变量赋值
```

正如前文所述,在 Verilog HDL 中,变量可看作一种抽象化的数据存储单元,不同类型的数据赋值给各自对应的变量。在本小节中,整数型数据与整数型变量对应,时间型数据与时间型变量对应,实数型数据与实数型变量对应。理论上两者之间表述的对象是相同的。另外,还须注意的是,已被其他连线型数据、参数型数据或变量等命名过的标识符不能再用作新的整数型变量、时间型变量或实数型变量。

6. 矢量(vector)与数组(array)

如果在连线型变量或寄存器型变量声明语句中不包含"数的位宽范围"说明项,则这些变量所赋值的连线型数据或寄存器型数据将被看作 1 位位宽的标量。多位位宽的连线型数据或寄存器型数据通过在声明语句中加入"数的位宽范围"说明项来确定,其就是矢量(vector)。下文将多位位宽的连线型数据和寄存器型数据分别称为连线型矢量和寄存器型矢量。

在不同数据类型声明语句中,"数的位宽范围"说明项的基本格式是相同的,其出现的位置位于不同数据类型声明关键词与标识符之间,具体格式如下:

```
[ msb : lsb ]
```

其中,msb 为数的位宽范围的最高有效位,lsb 为数的位宽范围的最低有效位,两者之间用":"分割。msb 和 lsb 对应数值均可以是常数或常数_表达式;msb 和 lsb 对应数值均可以是正数、负数或 0。lsb 对应数值可以是大于、等于或小于 msb 对应的数值。矢量的"数的位宽范围"一般不宜超过 65 536(2^{16})。

一般情况下,连线型矢量和寄存器型矢量为无符号数,除非其对应的连线型数据或寄存器型数据已被声明为有符号数或其连接到的端口已被声明为有符号。

【例 6.22】 矢量的应用实例

```
reg [5:0] v_a;                   //声明 1 个 6 位的寄存器型矢量
reg [3:0] v_a, v_b, v_c, v_d;    //声明 4 个 4 位的寄存器型矢量
reg [-2:2] v_try_5;              //声明 1 个 5 位的寄存器型矢量
tri [31:0] data_bus;             //声明 1 条 32 位的三态总线
reg s_a, s_b, s_c;               //声明 3 个 1 位的寄存器型标量
wire w_a, w_b, w_c;              //声明 3 个 1 位的连线型标量
```

在 Verilog HDL 中还规定,一个矢量根据其数的位宽范围可以分解成对应数量的标量。如例 6.22 中"reg [5:0] v_a;"语句声明的一个 6 位的寄存器型矢量可以分解成对应 v_a[5]、v_a[4]、v_a[3]、v_a[2]、v_a[1] 和 v_a[0] 6 个标量。矢量的"数的位宽范围"相当于为每个标量设定了一个对应的地址。

另外,Verilog HDL 对矢量或标量都提供了一种数组声明的方式。通过例 6.23 来基本了解数组声明的具体方式。

【例6.23】 数组的应用实例。

```
reg [5:0] arr_v_a [0:127];      //声明1个含128个元素的一维寄存器型数组,每个元素位宽为6
reg arr_b [15:0] [255:0];       //声明1个二维寄存器型数组,每个元素位宽为1
wire  arr_w [0:2];              //声明1个一维连线型数组,每个元素位宽为1
time arr_t [0:78];              //声明1个一维时间型数组,可包含79个时间值
integer arr_int [100:1];        //声明1个一维整数型数组,可包含100个整数值
```

分析例6.23的程序代码可以发现,Verilog HDL允许将相同类型的数据元素组成一维或多维数组。数组"元素范围"说明项出现在被声明变量标识符的右侧。如是多维数组,则对应每一维都要有"元素范围"说明项。数组"元素范围"说明项的基本格式与矢量"数的位宽范围"说明项是相同的,只是出现的位置不同,具体格式如下:

```
[ msb : lsb ]
```

其中,msb为元素范围的最高有效位,lsb为元素范围的最低有效位,两者之间也用":"分割。msb和lsb对应数值均可以是常数或常数_表达式;msb和lsb对应数值均可以是正整数、负整数或0。lsb对应数值可以是大于、等于或小于msb对应的数值。数组的"元素范围"一般不宜超过16 777 216(2^{24})。

数组不仅可以用于连线型变量与寄存器型变量的声明语句,也可以用于其他数据类型变量的声明语句,如整数型变量、时间型变量和实数型变量等。

这里需要重点说明的是,在数组的实际运用中,一维寄存器型数组用于对存储器的描述。存储器的种类可包括只读式存储器(Read-only Memories, ROM)、随机存取存储器(Random Access Memory, RAM)和寄存器文件。数组中的每个元素对应一个存储器单元。与矢量的"数的位宽范围"一样,数组的"元素范围"也相当于为每个存储器单元设定了一个对应的地址;同时,"元素范围"内数值的变化相当于各存储器单元的地址指针变化。一般情况下,n位的寄存器型变量可以在一条赋值语句中完成赋值工作,但对于用一维寄存器型数组描述的存储器则做不到。通常只能对地址指针所指向的单个存储器单元进行赋值。所幸的是,地址指针可以是一个表达式,Verilog HDL程序编程设计者可以通过循环指令或程序计数器等来改变地址指针表达式的计算结果,进而完成对整个存储器中各个单元的赋值。

【例6.24】 用一维寄存器型数组描述存储器的应用实例。

```
reg [5:0] arr_v_a [ 0:127];     // 声明1个含128个单元组成的存储器,每个单元位宽为6
arr_v_a [7] = 0;                // 对arr_v_a的第8个存储器单元赋值0
arr_v_a = 0;                    // 不能对整个数组(存储器)赋值,这是违反Verilog HDL语法的
```

【例6.25】 避免1个含n个单元(每个单元位宽为1)的存储器与1个n位寄存器型矢量声明方式混淆的应用实例。

```
reg mem_a [1: n];               //声明1个含n个单元组成的存储器,每个单元位宽为1
reg [1: n] r_v_a;               //声明1个含n位的寄存器型矢量
```

7. 参数型数据

与大多数高级程序语言一样,在Verilog HDL中,也可以将一个标识符声明为一个常

数,这就是参数型(parameter)数据。参数型数据声明基本格式如下:

> parameter 标识符 = 常数|常数_表达式{ ,标识符 = 常数|常数_表达式};

参数型数据不是变量,是常数。Verilog HDL 有两种形式的参数型数据:模块参数型数据和说明参数型数据。说明参数型数据主要用于对时间和延迟常数的说明,本书后续有关章节中会用到。本小节侧重于对模块参数型数据进行介绍。

首先,在 parameter 声明语句中,新声明标识符不能与已声明过的连线、参数型数据和变量重名,那是不符合标准的。其次,在 parameter 声明语句中,可以对多个标识符进行声明,它们之间用逗号分开;标识符等号右侧可以是常数或常数_表达式;常数_表达式中可包含已被前期声明过的参数型数据标识符。另外,须注意的是,在 Verilog HDL 程序运行时,已被声明过的参数型数据值不能再被修改,但是如果用 defparam 语句则可例外(defparam 语句格式与使用方式将在后续章节中介绍)。

【例 6.26】 参数型数据的应用实例

```
parameter a_a = 36, a_b = 78, a_c = 28;   // 可在一条语句中对多个标识符进行声明,用逗号分隔
parameter big_number = 836953;            // 声明标识符 big_number 为常数 836 953
parameter am_r = 8.9, g_r = 15.7;         // 标识符可以声明为实数
parameter user_1 = 8 'b1110_1001;
parameter [5:0] dec_const = 3'b101;
parameter para = 0.02;
parameter bit_width = 8;
parameter num_width = bit_width + 6;      //常数_表达式中可包含已声明过的参数型数据标识符
```

参数型数据的使用不仅可以大大增强 Verilog HDL 程序代码的可读性与可理解性,同时也方便程序代码的修改性。例如,在一个程序代码中,有一个固定常数会被使用几十或几百次,其分布于程序代码的各个不同位置;在调试中发现此固定常数值要做一定的修改,如果本程序代码中未对此固定常数进行参数型数据声明,则程序编程设计者将花费大量的时间去查出几十或几百条包含有此固定常数的语句并进行修改,其修改出错或漏改的概率都很高。如果程序编程设计者在本程序代码中对此固定常数已进行了参数型数据声明,那只须在相应的 parameter 语句中将对应标识符等号右侧的常数或常数_表达式做简单修改即可,并不需要考虑程序代码中到底有几十条、几百条或几千条使用到此固定常数的语句在哪里。parameter 语句通常编写在 Verilog HDL 程序代码的开始部分,以便于查找与修改。

6.1.6 运算表达式中的运算符与操作数

使用 Verilog HDL 进行集成电路设计,如果仅停留在只对电路中基本元器件、逻辑单元、IP 核、用户自行设计模块及它们之间连接线的描述层面,那么其作为集成电路设计工具的优越性并不明显。除了已具备这些基本能力外,Verilog HDL 更重要的能力是能对较为抽象的算术运算、关系运算与逻辑运算等进行描述。本小节侧重于对这些运算表达式中的运算符与操作数进行介绍。

1. 运算符概述

Verilog HDL 中的运算符符号与 C 语言中的很相似,这很有利于初学者的记忆和运用。表 6.5 列出了 Verilog HDL 中的运算符,主要可分为 10 类(本书对事件运算符不做介绍)。配合运算符进行运算的操作数可以是整型数,也可以是实数。但是,须注意的是,Verilog HDL 对各种运算表达式中的操作数是否允许为实数(实操作数)是有规定的,具体如表 6.5 所示。

表 6.5　Verilog HDL 中的运算符

序号	运算符分类	运算符符号	基本运算功能	操作数类型
1	并置运算符	{ }	位并置运算	不可用实操作数
		{{ }}	重复位并置运算	
2	算术运算符	+、−、*、/、**	算术运算	可用实操作数
		%	求模	不可用实操作数
3	关系运算符	>、>=、<、<=	关系运算	可用实操作数
4	逻辑运算符	!	逻辑取反	
		&&	逻辑与	
		||	逻辑或	
5	等式运算符	==	逻辑等	可用实操作数
		! =	逻辑不等	
		===	Case 等	
		! ==	Case 不等	
6	按位运算符	~	按位取反	不可用实操作数
		&	按位与	
		|	按位或	
		^	按位异或	
		^~ or ~^	按位同或	
7	缩减运算符	&	缩减与	
		~&	缩减与非	
		|	缩减或	
		~|	缩减或非	
		^	缩减异或	
		~^ or ^~	缩减同或	
8	移位运算符	<<	逻辑左移	
		>>	逻辑右移	
		<<<	算术左移	
		>>>	算术右移	
9	条件运算符	? :	条件运算	可用实操作数
10	事件运算符	or	事件或	

注:有些运算符完全一样,但归属于不同的运算类型,要注意。

与大部分高级程序语言一样,Verilog HDL 中的运算符也有优先级,具体如表 6.6 所示。其中,同一行运算符的优先级是相同的。

表 6.6　Verilog HDL 运算符的优先级

运算符	优先级
＋－！～（单目操作数）	最低优先级
**	
* / %	
＋－（双目操作数）	
<< >> <<< >>>	
< <= > >=	
== ！= === ！==	
& ~&	
^^~ ~^	
| ~|	
&&	
||	
？：（条件运算符）	最高优先级

一般情况下,除条件运算符以外,Verilog HDL 运算符都是对其左右两侧的操作数进行运算。如果在一个运算表达式中,运算符的优先级是相同的,则按从左到右的顺序进行运算。如例 6.27 所示,先运算 o_a－o_b,其运算结果再加 o_c。

【例 6.27】 相同优先级运算符的应用实例。

o_a－o_b+o_c;

如果在一个运算表达式中,运算符的优先级不相同,则先进行优先级高的运算,再逐级完成优先级低的运算。如例 6.28 所示,先运算 o_b * o_c,其运算结果再加 o_a。

【例 6.28】 不相同优先级运算符的应用实例。

o_a+ o_b * o_c;

当然,与传统的运算规则相似,如果在一个运算表达式中使用括号,则运算符的优先级将发生改变。一般先进行括号内的运算,然后再遵循优先级由高至低的运算原则。当然,如在括号中也有多个运算符,那也需要遵循优先级由高至低的运算原则。如例 6.29 所示,先运算括号中的 o_a－o_b,其运算结果再乘 o_c。

【例 6.29】 括号与不相同优先级运算符的应用实例。

(o_a－o_b) * o_c;

2. 主要运算符基本特性

这里主要介绍并置运算符、算术运算符、关系运算符、逻辑运算符、按位运算符、缩减运算符和条件运算符 7 种运算符的基本特性。

（1）并置运算符

Verilog HDL 中并置运算符主要有 2 种：{ }（位并置运算）和{{ }}（重复位并置运算）。并置运算是硬件设计中较为实用的一种运算,其可以实现将并置运算符中的多个用逗号分隔的独立操作数合并为一个。须注意的是,数的位宽不确定的操作数不能进行并置运算。另外,重复位并置运算可以将内部大括号中的操作数重复合并多次。

【例 6.30】 并置运算符的应用实例。

```
{2'b10, z[2:0], u, 3'b110}    // 结果合并为"1 0 z[2] z[1] z[0] u 1 1 0",其中 u 是 1 位数据
{5{x}}                        // 相当于 {x, x, x, x, x}
```

(2) 算术运算符

Verilog HDL 中算术运算符主要有 6 种：＋（加）、－（减）、＊（乘）、/（除）、＊＊（求幂）和％（求模），为双目操作数运算符。这些运算与通常数学或其他高级程序语言中基本一致。只是因为 Verilog HDL 是一种硬件描述语言，有一些较特殊的地方须注意：除法运算时，如操作数为整数，则商的小数部分要采用四舍五入原则简化为 0；除法与求模运算时，如运算符右侧操作数为 0，则运算结果为不确定值 x；求模运算时，运算结果的符号以运算符左侧操作数为准；任何算术运算时，如操作数中有不确定值 x 或高阻值 z，则运算结果为不确定值 x。另外，一般寄存器数据看作无符号数（除特别说明），整数变量看作有符号数。

【例 6.31】 求模运算符的应用实例。

```
12 % 5      // 结果为 2, 12÷5 的余数为 2
12 % 4      // 结果为 0, 12÷4 的余数为 0
13 % 4      // 结果为 1, 13÷4 的余数为 1
- 11 % 3    // 结果为 - 2, 11÷3 的余数为 2,运算结果的符号以运算符左侧操作数为准
13 % - 3    // 结果为 1, 13÷3 的余数为 1,运算结果的符号以运算符左侧操作数为准
```

(3) 关系运算符

Verilog HDL 中关系运算符主要有 4 种：＞（左侧操作数大于右侧操作数）、＞＝（左侧操作数大于等于右侧操作数）、＜（左侧操作数小于右侧操作数）和＜＝（左侧操作数小于等于右侧操作数），均为双目操作数运算符。

在运算表达式中运用这些关系运算符时，如关系运算符左侧操作数与右侧操作数的关系成立，则运算结果为一个标量 1；如关系运算符左侧操作数与右侧操作数的关系不成立，则运算结果为一个标量 0；如关系运算符左侧操作数或右侧操作数中有不确定值 x 或高阻值 z，则运算结果为不确定值 x；如两个操作数的位宽不一致，则位宽小的操作数左侧添加 0，直至两个操作数的位宽一致。

【例 6.32】 关系运算符的应用实例。

二输入比较器（如图 6.8 所示）的 Verilog HDL 程序代码。

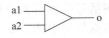

图 6.8 二输入比较器

```
module COM2_1 (o, a1, a2);
input a1, a2;
output o;
reg o;
always @ (a1 or a2)
begin
    if (a1 > a2)            // 关系运算
        o = a1;            // a1 > a2 运算表达式成立
    else if (a1 < a2)      // 关系运算
        o = a2;            // a1 < a2 运算表达式成立
    else
        o = 0;             // a1 > a2,a1 < a2 运算表达式均不成立
end
```

```
endmodule
```

（4）逻辑运算符

Verilog HDL 中逻辑运算符主要有 3 种：！（逻辑取反）、&&（逻辑与）和||（逻辑或）。其中，！为单目操作数运算符，其他 2 个为双目操作数运算符。这 3 个运算符的优先级是不一致的，其中！的优先级最高，||的优先级最低。

在运算表达式中运用这些逻辑运算符时，操作数值或运算结果为 1 表示逻辑真，0 表示逻辑假，x 表示不确定值。

【例 6.33】 逻辑运算符的应用实例。

```
a = 237;
b = 0;
logic_x = a && b;          // logic_x 为 0
logic_y = a || b;          // logic_y 为 1
```

（5）按位运算符

Verilog HDL 中按位运算符主要有 5 种：～（按位取反）、&（按位与）、|（按位或）、^（按位异或）、^～或～^（按位同或）。其中，～为单目操作数运算符，其他 4 个为双目操作数运算符。这些运算符的优先级是不一致的，具体可参见表 6.6。

在运算表达式中运用这些按位运算符时，针对双目操作数的按位运算将严格按照操作数的位来进行。如两个操作数的位宽不一致，则位宽小的操作数左侧添加 0，直至两个操作数的位宽一致。按位运算符对应的具体运算规则如表 6.7～表 6.11 所示。

表 6.7　按位取反运算规则

～	
1	0
0	1
x	x
z	x

表 6.8　按位与运算规则

&	0	1	x	z
0	0	0	0	0
1	0	1	x	x
x	0	x	x	x
z	0	x	x	x

表 6.9　按位或运算规则

|	0	1	x	z
0	0	1	x	x
1	1	1	1	1
x	x	1	x	x
z	x	1	x	x

表 6.10　按位异或运算规则

^	0	1	x	z
0	0	1	x	x
1	1	0	x	x
x	x	x	x	x
z	x	x	x	x

表 6.11　按位同或运算规则

^∼ or ∼^	0	1	x	z
0	1	0	x	x
1	0	1	x	x
x	x	x	x	x
z	x	x	x	x

【例 6.34】　按位运算符的应用实例。

```
x = 8 'b11101001; y = 5 'b11010;
bit_w_a = x & y;           // y 左侧添加 3 个 0,达到 8 位位宽,运算结果为 8 'b00001000
bit_w_b = x | y;           // y 左侧添加 3 个 0,达到 8 位位宽,运算结果为 8 'b11111011
bit_w_c = x ^ y;           // y 左侧添加 3 个 0,达到 8 位位宽,运算结果为 8 'b11110011
bit_w_d = x ∼^ y;          // y 左侧添加 3 个 0,达到 8 位位宽,运算结果为 8 'b00001100
bit_w_e = ∼ bit_w_b;       // 运算结果为 8 'b00000100
```

（6）缩减运算符

Verilog HDL 中缩减运算符主要有 6 种：&（缩减与）、∼&（缩减与非）、|（缩减或）、∼|（缩减或非）、^（缩减异或）、^∼或∼^（缩减同或），均为单目操作数运算符。这些运算符的优先级是不一致的,具体可参见表 6.6。

缩减运算符所进行的运算较为特殊,其首先将操作数的第 1 位与第 2 位进行运算,获得 1 位运算结果；然后,将此位结果与操作数的第 3 位（如存在）进行运算,再获得新的 1 位运算结果；以此类推,直至操作数的最后一位。缩减运算最后获得的结果为 1 位数据。缩减运算符所对应的具体运算规则和按位运算规则基本一致,具体可参见表 6.7～表 6.11。

【例 6.35】　缩减运算符的应用实例。

操作数 ＼ 运算符	&	∼&	|	∼|	^	^∼or∼^
4 'b0000	0	1	0	1	0	1
4 'b1111	1	0	1	0	1	1
5 'b00000	0	1	0	1	0	0
5 'b11111	1	0	1	0	1	1
4 'b0110	0	1	1	0	0	1

（7）条件运算符

条件运算符"？:"是 Verilog HDL 中唯一的三目运算符,即其可以有 3 个操作数。这 3 个操作数也可以是 3 个表达式。具体格式如下：

```
操作数 1?操作数 2:操作数 3
或    运算表达式 1?运算表达式 2:运算表达式 3
```

在运用条件运算符时,如果操作数 1 为真（逻辑 1）,则操作数 2 用作运算结果；如果操作数 1 为假（逻辑 0）,则操作数 3 用作运算结果；如果操作数 1 为不确定值 x 或高阻值 z,则操作数 2 与操作数 3 将遵循表 6.12 所示规则按位组合,以产生运算结果。(此时,若操作数 2 或操作数 3 的位宽不一致,则位宽小的操作数左侧添加 0,直至 2 个操作数的位宽一致; 若操作数 2 或操作数 3 为实数,则运算结果直接为 0。)

表 6.12　操作数 1 为不确定值 x 或高阻值 z 情况下的条件运算符按位运算规则

? :	0	1	x	z
0	0	x	x	x
1	x	1	x	x
x	x	x	x	x
z	x	x	x	x

3. 操作数

Verilog HDL 中能参与运算的操作数的表示形式可以是直接数据、变量或表达式等,其具体对应的数据类型有:

- 连线型数据、寄存器型数据、整数型数据、时间型数据和实数型数据等;
- 上述数据类型对应的变量;
- 上述数据类型对应矢量中的单个位选择数据;
- 上述数据类型对应矢量中的部分位选择数据;
- 数组。

在矢量中选择单个位或部分位以形成一个新的操作数是较为符合实际硬件电路设计的。通常一个矢量根据其"数的位宽范围"可以分解成对应数量的标量。矢量的"数的位宽范围"也相当于为每个标量设定了一个对应的地址。根据这一地址值,可以较容易地在一个矢量中选择出单个位的操作数。但须注意的是,选择地址值不能超出矢量定义时设定的"数的位宽范围"或是不确定值 x 和高阻值 z,这些会使操作数变为不确定值 x。对于在矢量中选择部分位以形成一个新的操作数,Verilog HDL 提供了两种方式:常数部分选择方式和索引部分选择方式。

常数部分选择方式的具体使用格式如下:

```
矢量名[ msb_表达式: lsb_表达式]
```

msb_表达式和 lsb_表达式均为常数_表达式。这些表达式所对应的地址值既不能超出矢量定义时设定的"数的位宽范围",也不能是不确定值 x 和高阻值 z,否则会使操作数变为不确定值 x。

索引部分选择方式的具体使用格式如下:

```
矢量名_1[ msb_基地址_表达式- :宽度_表达式]
矢量名_1[ lsb_基地址_表达式 + :宽度_表达式]
矢量名_2[ msb_基地址_表达式 + :宽度_表达式]矢量名_2[ lsb_基地址_表达式- :宽度_表达式]
```

注:(1) 在矢量名_1[msb : lsb]中 msb 对应数值大于 lsb 对应数值;

(2) 在矢量名_2[msb : lsb]中 msb 对应数值小于 lsb 对应数值。

msb_基地址_表达式、lsb_基地址_表达式和宽度_表达式均为常数_表达式。msb_基地址_表达式和 lsb_基地址_表达式为在矢量中选择部分位的起始地址,宽度_表达式为部分位的选择宽度。这些表达式所对应的起始地址值或部分位选择宽度也不能超出矢量定义时设定的"数的位宽范围",或使用不确定值 x 和高阻值 z。

【例 6.36】 索引部分选择方式的应用实例。

```
module INDEX_test;
reg [16:0] vect_1;
reg [0:15] vect_2;
reg [63:0] dword;
integer sel;
initial
begin
  vect_1 [15 - : 8] = 8 'b00110110;    // 实际对应 vect_1 [15 : 8] = 8 'b00110110
  vect_1 [0 + : 8] = 8 'b11101101;     // 实际对应 vect_1 [7 : 0] = 8 'b11101101
  vect_2 [0 + : 8] = 8 'b10001000;     // 实际对应 vect_2 [0 : 7] = 8 'b10001000
  vect_2 [15 - : 8] = 8 'b10101101;    // 实际对应 vect_2 [8 : 15] = 8 'b10101101
end
endmodule
```

另外,字符串也可以用作操作数,其相当于由多个 8 位 ASCII 码值序列组成的常数。具体在前文"字符串"小节中已有介绍。这里要提醒的是,空字符串("")等效于 ASCII 码 NULL("\0"),其值为 0。这与字符串"0"是不一样的。

6.2　Verilog HDL 行为描述与建模

运用 Verilog HDL 进行集成电路设计时,通过逻辑门调用与连续赋值语句来构建电路模块能起到较为直观的作用,并保持较为传统的硬件电路设计理念。但是,其不能有效地支持相对抽象的高层次复杂电路或系统的设计。正如前文所述,Verilog HDL 模块使用行为描述方式时,可以不再以传统硬件电路设计中的基本元器件、逻辑单元或小功能模块及它们之间的连接关系为主体,其更侧重于对集成电路功能行为的抽象化描述,更适用于对高层次复杂电路或系统的设计。同时,用行为描述方式进行建模,不仅适用于电路模块的设计,还可以进行电路仿真模块的设计。本节将对 Verilog HDL 行为描述与建模中的基本程序架构、块结构、块结构中的常用程序语句、赋值语句、块结构中的时间控制、任务与函数等进行较为详细的介绍。

6.2.1　行为建模的基本程序架构

在 Verilog HDL 行为建模基本程序架构中,通常包含管理不同类型变量赋值、控制仿真流程等程序语句,其格式如下:

```
module 模块名 ( 端口列表 );
端口说明;                    // input,output,inout …
数据类型声明;                 // wire,tri,reg,integer,time,real …
参数型数据声明;               // parameter 语句
```

```
块结构                          // always 块和 initial 块
连续赋值语句;                    // assign 语句
任务声明                         // task
函数声明                         // function
endmodule
```

注：有些书籍中"块结构"项和"连续赋值语句"项的放置位置顺序与此基本程序架构的格式正好颠倒。这也是允许的。因为行为建模基本程序架构中的各项是并行执行的。

在集成电路设计的具体行为建模过程中,并非此基本程序架构内的每一项都有包含,除第一行与最后行的 module 和 endmodule 项外,其余各项可视实际模块的设计要求而定。如例 6.37 所示,由于该电路模块很小,程序中仅用到了端口说明和连续赋值语句(assign 语句)两项。

【例 6.37】 如图 6.9 所示二输入或门的 Verilog HDL 程序代码。

```
module NOR_21 (a, b, y) ;       // 模块名与端口信息
input a, b;                     // 输入端口说明
output y;                       // 输出端口说明
assign y = a || b;              // 逻辑功能描述
endmodule
```

图 6.9　二输入或门

当然,实际集成电路的规模通常不会这么小,行为建模基本程序架构内的较多项将会被包含。本章 6.1 节中已对"端口说明"、"数据类型声明"和"参数型数据声明"等项做过介绍,本节侧重于对后续各项的介绍。其中,"块结构"项是行为描述中较为重要的部分,主要包括 always 块和 initial 块两种,initial 块只出现在仿真模块中;"连续赋值语句"项主要指 assign 语句,其主要是对连线型(net)变量进行赋值,以实现相对简单的逻辑功能,本项也是行为描述中较为重要的部分;"任务声明(task)"项和"函数声明(function)"项均为可选项,其主要是提供两种重复简便利用一些特定功能程序的能力,从而可大大降低程序代码编写的复杂度,以提高程序代码的可读性与可调试性。

另外,须着重注意的是,Verilog HDL 作为一种硬件描述语言,由其编制而成的程序代码是并行执行的。可以这样来理解,用 Verilog HDL 所编制的程序代码实际对应为一种集成电路或电路模块,当电路接通电源时,电路中的每一个器件理论上将同时开始工作。所以,在 Verilog HDL 行为建模基本程序架构中,除 module 和 endmodule 项外,其余各项的描述顺序理论上是没有前后之分的,可以较为随意的安排。这一特性在 Verilog HDL 结构建模基本程序架构中也同样存在。但是,从程序代码的可读性与可理解性的角度来考虑,建议广大 Verilog HDL 程序编程设计者或初学者还是依据上述 Verilog HDL 行为建模基本程序架构格式中的顺序来进行程序代码编写。更何况 Verilog HDL 程序代码将可作为一种 IP 软核进行商品交易,因而更要为提高未来的顾客对程序代码的理解能力着想。

6.2.2　块结构

块结构是 Verilog HDL 行为描述与建模中较为重要的部分,其主要包括 always 块和 initial。要充分了解与掌握这两种块结构,首先必须对块语句有所了解。

1. 块语句

Verilog HDL 中的"块"是由两条或更多条常规语句组成的。在语句结构上,一个块可看作一条语句,故又称为块语句。依据块语句中常规语句的执行顺序方式,Verilog HDL 块语句又可分为顺序块语句和并行块语句。

(1) 顺序块语句

顺序块语句通过关键词 begin 和 end 来界定一个块所包含的语句,为此也称为 begin-end 块,其块中各语句以编写顺序来执行,而非以并行方式来执行。这是 Verilog HDL 中较特殊的部分。顺序块语句的格式如下:

```
begin [ 块名 ]
  块内局部变量类型声明;
    ♯ 延迟时间_1  行为语句_1;
          ...
    ♯ 延迟时间_m  行为语句_m;
end
```

顺序块语句具有这样一些特性:是否起"块名"是一个可选项,"块名"有助于在整个程序代码中对不同块内局部变量加以区分;块中各语句以顺序方式执行,一句语句执行完成后执行下一条语句;每一条语句的延迟时间是一个相对时间,即在仿真过程中本语句要相对于前一条语句执行完成后再等待一段"延迟时间"才真正执行;顺序块语句以块中第一条语句执行为块语句开始执行时间,以块中最后一条语句执行完成为块语句执行结束时间。

【例 6.38】 顺序块语句的应用实例一。

```
begin
x = y;
z = x;                  // 本语句执行后,z 将保存 y 的值
♯ 10 q = z;             // 在"z = x;"语句执行完成后,再延迟 10 个单位时间,本语句执行
                        // 本语句执行后,q 也将保存 y 的值
end
```

【例 6.39】 顺序块语句的应用实例二。

```
module wave_begin_end;
reg a, b;
initial
  begin
    a = 0;
    b = 0;
  end
always @ (posedge clk)
begin
  ♯2 a = 1;
  ♯1 b = a;
endendmodule
```

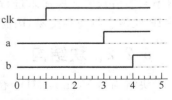

图 6.10 例 6.39 程序代码运行后的信号波形示意图

例 6.39 程序代码运行后的信号波形示意图如图 6.10 所示。顺序块语句不仅会出现在 always 块和 initial 块中,也会出现在条件语句、选择语句和循环语句等常用程序语

句或特定功能程序语句中。

（2）并行块语句

并行块语句通过关键词 fork 和 join 来界定一个块所包含的语句，为此也称为 fork-join 块，其块中各语句并不以编写顺序来执行，而是以并行方式来执行。并行块语句的格式如下：

```
fork [ 块名 ]
   块内局部变量类型声明;
   ♯ 延迟时间_1   行为语句_1;
            …
   ♯ 延迟时间_n   行为语句_n;
join
```

并行块语句具有这样一些特性：是否起"块名"是一个可选项，"块名"有助于在整个程序代码中对不同块内局部变量加以区分；块中各语句以并行方式执行；每一条语句的延迟时间也是一个相对时间，但此时其相对的是整个块语句的执行起始时间，即在仿真过程中块内所有语句的"延迟时间"都从本并行块语句的执行时刻开始计算，而不再是顺序块语句中的相对于前一条语句执行完成后再等待一段"延迟时间"；并行块语句以块中所有语句执行为块语句开始执行时间，以块中最后执行完成语句的时间为块语句执行结束时间。

【例 6.40】　并行块语句的应用实例。

```
module wave_fork_join;
reg a, b;
initial
begin
  a = 0;
  b = 0;
end
  always @ (posedge clk)
fork
  ♯2 a = 1;
  ♯1 b = a;
join
endmodule
```

例 6.40 程序代码运行后的信号波形示意图如图 6.11 所示。由图 6.11 可看到，b 端口信号在初始赋值 0 后没有再发生变化，那程序代码中"♯1　b = a;"语句是否执行了呢？实际这条语句肯定是执行的，只是其包含在一个并行块语句(fork-join 块)中，块中两条语句是并行执行的，其各自的"延迟时间"都是从本并行块语句的执行时刻开始计算。这样，"♯1　b = a;"语句将先于"♯2　a = 1;"语句1个单位时间执行。而此时，a 端口信号仍为初始赋值 0，故

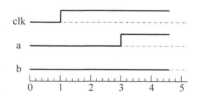

图 6.11　例 6.40 程序代码运行后的信号波形示意图

其赋值给 b 端口后，b 端口信号为 0，故在图 6.11 中 b 端口信号波形保持不变，一直为 0。

另须注意的是，在 IEEE Std 1364—2001 标准 Verilog HDL 版本中，允许顺序块语句和并行块语句嵌套使用。这就对延迟时间的控制提出了更高的要求，故建议初学者暂时不要

使用此方法。

2. initial 块

initial 块主要应用于仿真模块中。在一个仿真模块中,可以有多个 initial 块,但每个 initial 块只能执行一次。同时,initial 块并不能逻辑综合为有效电路。

initial 块的基本格式如下:

```
initial
单一语句;或块语句
```

【例 6.41】 只包含单一语句的 initial 块应用实例。

```
initial
sim_input_signal = 5 'b10110;        // 整个 initial 块仅是对 sim_input_signal 赋个初值
```

【例 6.42】 包含块语句的 initial 块应用实例。

```
initial
begin
  clk = 0;
  x = 0;
  y = 1;                // 对一些信号变量赋予不同的初值
  # 10 x = 1;           // 或在特定的时刻改变信号变量的赋值,以实现对应信号电平的变化
                        // 运用这一方法也能设计出信号电平受控的仿真激励
  #25 $ finish;         // 整个仿真流程将维持 35 个单位时间,到时将停止所有仿真进程
end
```

3. always 块

always 块既可应用于仿真模块中,也可应用于电路模块中。在一个模块中,可以包含多个 always 块。与 initial 块只能执行一次不同的是,always 块可以重复执行。在仿真模块中,只有到仿真流程结束时,always 块才会停止执行。在电路模块中,always 块将一直处于可执行状态。另外,电路模块中的 always 块可逻辑综合为有效电路。

always 块的基本格式如下:

```
always [ @(敏感事件列表)]
单一语句;或块语句
```

always 块的敏感事件列表是由一个或多个事件表达式构成的。在多事件时,只要有一个事件发生变化,就将启动"always"块中单一语句或块语句的执行。执行完成后,always 块将处于等待状态,等待敏感事件列表中再次发生变化,进而再次执行 always 块中单一语句或块语句……

如果关键词 always 后面没有敏感事件列表或敏感事件极易发生,则 always 块将不断地被触发执行,进而出现一种假死循环的现象。这种现象通常在电路模块或仿真模块中均不应该出现。如实在无法避免(经常是在仿真模块中用没有敏感事件的 always 块产生时钟信号),则需要在 always 块中或其他程序代码中加入一定的控制机制。这点很重要。

【例 6.43】 只包含单一语句的 always 块应用实例。

```
initial
begin
  clk = 0;              // clk 信号的初值为 0
  #25 $finish;          // 整个仿真流程将维持 25 个单位时间,到时将停止所有仿真进程
end

always
  #5 clk = ~clk;        // clk 信号每过 5 个单位时间取反,以产生一个周期为 10 个单位时间
                        // 的方波时钟信号(见图 6.12)
                        // 如果没有"#25 $finish;"语句,clk 信号将无限制地生成下去
```

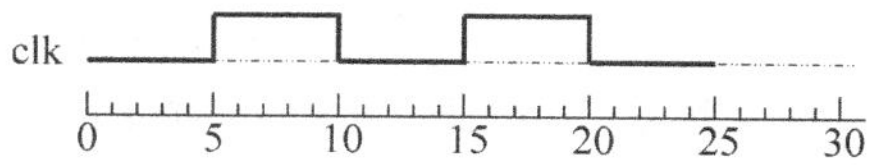

图 6.12　例 6.43 程序代码运行后所产生的时钟信号波形示意图

【例 6.44】　包含块语句的 always 块应用实例。

```
module top_level ( f1, f2, a, b, c );
output f1, f2;                // f1, f2 为电路模块的输出端口
input a, b, c;                // a,b,c 为电路模块的输入端口
reg f1, f2;                   // 在 always 块被赋值的变量应声明为寄存器型
always @ (a or b or c)        // 将电路模块的输入端口作为敏感事件或敏感信号
begin                         // 一旦 a,b,c 中任意一个或多个发生信号值变化
  f1 = a & b & c;             // always 块中的块语句将执行一次
  f2 = a | b | c;             // 这完全符合组合逻辑电路的功能特性
end
endmodule
```

　　一般在一个模块中可以包含任意多个 initial 块或 always 块,但其不可以嵌套。在 Verilog HDL 行为建模基本程序架构中,所有 initial 块和 always 块均可看作是并行执行的,无须顾及 initial 块一定要先执行。当然,always 块的执行通常是由敏感事件列表来决定的。

6.2.3　块结构中的常用程序语句

　　Verilog HDL 不仅在语句风格、基本语法等方面与其他高级程序语言有很多相似的地方,Verilog HDL 更在块结构中提供了 3 种其他高级程序语言普遍使用的常用程序语句:条件语句、选择语句和循环语句。

1. 条件语句

　　条件语句也称 if-else 语句,主要是通过对特定条件的判断来确定哪些程序代码可执行,其基本格式有两种,其中格式一如下:

```
格式一:
if (条件_表达式)
  单一语句_1; 或 begin - end 块_1
else
  单一语句_2; 或 begin - end 块_2 或 NULL
```

格式一是最为典型的条件语句格式,其条件_表达式一般涉及关系运算、逻辑运算和等式运算等。如果条件_表达式的运算结果为真,则执行"单一语句_1"或"begin-end 块_1";如果条件_表达式的运算结果为假,则执行"单一语句_2"或"begin-end 块_2"或 NULL。NULL 在这里表示没有。这是条件语句格式一的一个特例,即整个条件语句中只有 if 部分,没有 else 的部分。这种情况在一般高级程序语言中通常是被允许的,但在 Verilog HDL 中,理论上可行,但实际并不希望这样使用。因为 Verilog HDL 为一种硬件描述语言,其最终的设计目标或对象是集成电路或电路模块,如在抽象化的行为描述与建模过程中使用了仅含 if 部分的条件语句,将无意识地引入不确定因素,即会在 RTL 程序代码逻辑综合至门级网表(Netlist)的环节中产生意想不到的异步锁存器,这是在一般的同步时序集成电路设计中所不允许的(目前大量的数字集成电路都采用同步时序的工作方式)。

【例 6.45】 条件_表达式等价的应用实例。

```
if ( con_exp )
if ( con_exp == 1 )
if ( con_exp != 0 )          // 这 3 个条件_表达式是等价的,都是以 con_exp 等于 1 代表真
```

Verilog HDL 允许条件语句嵌套使用。在嵌套使用过程中,else 部分规定与最邻近的 if 部分配对,这是设计者在程序代码编写时需要注意的。不然会引起程序功能的混乱。例 6.46 与例 6.47 将说明这一问题。

【例 6.46】 条件语句嵌套使用的应用实例一。

```
if ( con_exp != 1 )
  if ( a <= b )
    result = a + b;
  else                       // 这个 else 与最邻近的 if ( a <= b )配对
    result = a - b;
```

【例 6.47】 条件语句嵌套使用的应用实例二。

```
if ( con_exp != 1 )          // 这里使用 begin - end 块,将 if ( a <= b )部分仅归属于
begin                        // con_exp != 1 的部分
  if ( a <= b )
    result = a + b;
end
else                         // 由于使用了 begin - end 块,这个 else 与 if ( con_exp != 1)配对
  result = a * b;
```

条件语句格式二是一种多选择条件语句格式,也称为 if-else-if 语句格式。这种条件语句具有多个用作选择判断的条件_表达式,这些条件_表达式遵循自上而下的判断顺序。如果其中一个条件_表达式的运算结果为真,则执行相应的"单一语句_i"或"begin-end 块_i";如果所有条件_表达式的运算结果均为假,则执行"单一语句_$k+1$"或"begin-end 块_$k+1$"或 NULL。NULL 与条件语句格式一同理,即在 Verilog HDL 中,理论上可以没有 else 的部分,而实际并不希望出现这种情况。

条件语句格式二如下:

```
格式二:
if (条件_表达式_1)
    单一语句_1;或 begin-end 块_1
else if(条件_表达式_2)
    单一语句_2;或 begin-end 块_2
        …
else if(条件_表达式_k)
    单一语句_k;或 begin-end 块_k
else
    单一语句_k + 1;或 begin-end 块_k + 1    或 NULL
```

【例 6.48】 多选择条件语句的应用实例。

```
module operators_circuit ( result, a, b, sel );
input [7:0] a;
input [7:0] b;
input [1:0] sel;
output [15:0] result;
reg [15:0] result;
always @ ( a or b or sel )
begin
  if ( sel == 2 'b01)
    result = a + b;
  else if ( sel == 2 'b10)
    result = a − b;
  else if ( sel == 2 'b11)
    result = a ∗ b;
  else
    result = a / b;
end
endmodule
```

2. 选择语句

选择语句也称 case 语句,也是一种多选择语句。选择语句基本格式如下:

```
case (选择_表达式)
    分支选择项_表达式_1 :单一语句_1;或 begin-end 块_1
    分支选择项_表达式_2 :单一语句_2;或 begin-end 块_2
                …
    分支选择项_表达式_k :单一语句_k;或 begin-end 块_k
    default :单一语句_k + 1;或 begin-end 块_k + 1    或 NULL
endcase
```

选择_表达式与分支选择项_表达式均要求为常数_表达式,一般涉及逻辑运算和算术运算等。如果选择_表达式的运算结果与某个分支选择项_表达式的运算结果一致,则执行相应的"单一语句_i"或"begin-end 块_i";如果选择_表达式的运算结果与所有分支选择项_表达式的运算结果均不一致,则执行 default 所对应的"单一语句_$k+1$"或"begin-end 块_$k+1$"或 NULL。NULL 与条件语句中没有 else 部分情况同理,即在 Verilog HDL 中,理论上选择语句可以没有 default 的部分,而实际并不希望出现这种情况。

与多选择条件语句的多条件_表达式情况相比,选择语句真正主导选择判断的表达式只有一个选择_表达式。其他众多的分支选择项_表达式只是用于求解出一个能够落入选择_表达式运算结果集中的常数。另外,选择语句众多的分支选择项_表达式是同时进行判断的,这好于多选择条件语句自上而下的判断方式,其可有效控制选择的时间。图 6.13 给出了两种语句对应的电路形式。

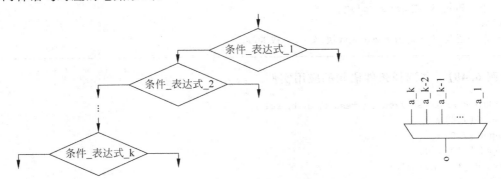

(a) 多选择条件语句的电路示意图　　　　　　(b) 选择语句的电路示意图

图 6.13　多选择条件语句与选择语句电路示意图比较

【例 6.49】　选择语句的应用实例。

```verilog
module operators_circuit ( result, a, b, sel );
input [7:0] a;
input [7:0] b;
input [1:0] sel;
output [15:0] result;
reg [15:0] result;
always @ ( a or b or sel )
begin
  case(sel)
    2'b01: result = a + b;
    2'b10: result = a - b;
    2'b11: result = a * b;
    default: result = a / b;
  endcase
end
endmodule
```

另外,选择语句可以将逻辑 0、逻辑 1、不确定值 x 和高阻值 z 都看作合法的选择_表达式与分支选择项_表达式的比较值,这大大拓展了选择的精确度。须注意的是,不确定值 x 和高阻值 z 在条件语句中是不作为条件判据的。

【例 6.50】　逻辑 0、逻辑 1、不确定值 x 和高阻值 z 用于选择语句的应用实例。

```verilog
always @ (a or b or c or d or sel)
case (sel)
  1'b0 : y = a;
```

```
    1'b1 : y = b;
    1'bx : y = c;
    1'bz : y = d;
    default : $ display("Error in SEL");
  endcase
```

在 Verilog HDL 中,除了上述常规的 case 语句以外,还有两种选择语句,即 casex 语句和 casez 语句。casex 语句在执行过程中不考虑对选择_表达式与分支选择项_表达式中那些处于不确定值 x 与高阻值 z 位进行比较。casez 语句在执行过程中仅不考虑对选择_表达式与分支选择项_表达式中那些处于高阻值 z 位进行比较。在这些选择语句中可以用问号?来代替高阻值 z。

3. 循环语句

Verilog HDL 有 4 种循环语句,即 forever 语句、repeat 语句、while 语句和 for 语句。这些循环语句在 Verilog HDL 行为建模过程中占据非常重要的地位。

（1）forever 语句

forever 语句是一种无限循环语句,其基本格式如下:

```
forever
单一语句;或 begin-end 块
```

forever 语句不需要任何触发条件就可以将后续单一语句或 begin-end 块无限次地重复执行。这就会出现类似前文提及的没有敏感事件列表 always 块的假死循环现象,这种现象通常在电路模块或仿真模块中也均不应该出现。可以设想一下,如在集成电路的程序代码编写过程中针对某一基本逻辑单元使用了 forever 语句,那在其 RTL 程序代码逻辑综合至门级网表的环节中将无休无止地复制出这一基本逻辑单元的电路,进而使相关集成电路的硬件面积变得无限庞大无法控制。理论上,此时的逻辑综合工作也将根本无法终止或结束。为此,也需要在 forever 语句中加入一定的控制机制。

【例 6.51】　用 forever 语句产生时钟信号的应用实例。

```
module clkwave;
reg clk;
initial
fork
  clk = 1;
  ♯25 $ finish;                // 整个仿真流程将维持 25 个单位时间,到时将停止所有仿真进程
  forever
    ♯5 clk = ～clk;           // clk 信号每过 5 个单位时间取反,以产生一个周期为 10 个单位时间
                               // 的方波时钟信号
                               // 如果没有"♯25 $ finish;"语句,clk 信号将无限制地生成下去
join
endmodule
```

【例 6.52】　用 disable 块语句的方法对 forever 语句进行控制的应用实例。

```
begin : forever_block        // forever_block 是块名
forever
```

```
begin
  #5 clk = ~clk;
  num = num - 1;              // num 是一个在 forever_block 块语句外已赋值的计数变量
  if ( num <= 0 )
    disable forever_block;   // 当 num 计数变量为 0 时,则以终止"forever_block"块语句
  end                         // 执行的方式终止 forever 语句中 begin - end 块的执行
end
```

如图 6.14 所示为用 forever 语句产生的时钟信号波形示意图。

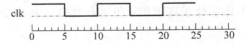

图 6.14　用 forever 语句产生的时钟信号波形示意图

(2) repeat 语句

repeat 语句是一种可执行固定次数循环的循环语句,其基本格式如下:

```
repeat (循环次数_表达式)
单一语句;或 begin-end 块
```

循环次数_表达式用于运算后续单一语句或 begin-end 块重复执行的次数,其可以是正整数,但不能是不确定值 x 或高阻值 z。如是不确定值 x 或高阻值 z,则循环次数相当于 0,后续单一语句或 begin-end 块将不执行。

【例 6.53】　用 repeat 语句的应用实例一。

```
initial
begin
  x = 0;
  repeat ( 16 )                 // 后续 begin - end 块重复执行次数为 16 次
  begin
    #2 $ display ("x = ", x);
    x = x + 1;
  end
end
```

【例 6.54】　repeat 语句的应用实例二。

```
parameter num_1 = 8, num_2 = 16;
reg [num_1:1] m_a, m_b;
reg [num_2:1] m_out;
reg [num_2:1] s_m_a, s_m_b;
initial
begin
  s_m_a = m_a;
  s_m_b = m_b;
  m_out = 0;
  repeat (num_1)
  begin
    if (s_m_b[1])
```

```
begin
  m_out = m_out + s_m_a;
end
s_m_a = s_m_a << 1;
s_m_b = s_m_b >> 1;        // 实现一个乘法器
  end
end
```

（3）while 语句

while 语句是一种带有条件判断功能的循环语句,其基本格式如下:

```
while (条件_表达式)
单一语句;或 begin-end 块
```

当条件_表达式的运算结果为真时(即条件满足),其后续单一语句或 begin-end 块将一直重复执行,当条件_表达式的运算结果为假时(即条件不满足),其后续单一语句或 begin-end 块将停止执行。

【例 6.55】 while 语句的应用实例。

```
initial
begin
  x = 0;
  while ( x < 16 )              // 后续 begin-end 块重复执行次数为 16 次,与例 6.53 相似
  begin
    #2 $display ("x= ", x);
    x = x + 1;
  end
end
```

（4）for 语句

for 语句也是一种带有条件判断功能的循环语句,其基本格式如下:

```
for (条件变量赋初值;条件_表达式;条件变量赋步进值)
单一语句;或 begin-end 块
```

for 语句根据条件_表达式运算结果的真伪来控制后续单一语句或 begin-end 块的执行与执行次数,其主要有 3 个步骤。步骤1:给条件变量赋初值,并判断条件_表达式的运算结果是否为真(即条件满足);如是,则将后续单一语句或 begin-end 块执行一次。步骤2:给条件变量赋步进值,并判断条件_表达式的运算结果是否为真(即条件满足);如是,则将后续单一语句或 begin-end 块执行一次。步骤3:根据步进值,再次改变条件变量当前值,并判断条件_表达式的运算结果是否为真;如是,则将后续单一语句或 begin-end 块执行一次。如此往复直至条件_表达式的运算结果为假时,停止 for 语句的执行。

【例 6.56】 for 语句的应用实例一。

```
for ( i = 0; i <= 10; i = i + 1 )
begin
  mem[i] = 0;
```

```
end
```

例 6.56 虽然较为简单,但基本能说明 for 语句的 3 个运行步骤。其中 i 是条件变量, i = 0 是为条件变量赋初值,i <= 10 是条件_表达式,i=i+1 是为条件变量赋步进值,+1 是步进值(即每一次循环加 1)。故本 for 语句条件变量 i 从 0 开始,每执行一次"mem[i] = 0;"语句,条件变量 i 增加 1;执行 11 次"mem[i] = 0;"语句后,条件变量 i 递增至 11。这将使 i <= 10 条件_表达式的运算结果为假,则本 for 语句停止执行。

【例 6.57】 for 语句的应用实例二。

```
initial
begin
   for ( x = 0; x < 16; x = x + 1 ) // 后续 begin-end 块重复执行次数为 16 次,与例 6.53、6.55 相似
   begin
      #2 $ display ("x = ", x);
   end
end
```

6.2.4 赋值语句

在 Verilog HDL 中,赋值语句是实现将数值赋予连线型变量或其他类型变量的最基本语句,其有两种基本形式,即用于连线型变量赋值的连续赋值语句和用于其他类型变量赋值的过程赋值语句。前者一般在块结构外使用,后者则在块结构中使用。

另外,还有两种附加的赋值语句形式,即 assign / deassign 和 force / release,可称其为过程连续赋值语句。它们也通常在块结构中使用(由于篇幅关系,本书对其不做介绍)。

1. 块结构外使用的连续赋值语句(assign)

在 Verilog HDL 行为描述与建模过程中,连续赋值语句与块结构具有相等的程序代码地位。这一点从行为建模的基本程序架构中已较为清晰地体现出来。依据此架构,连续赋值语句是独立于块结构以外进行运行的,其语句的基本格式如下:

```
assign [(驱动强度)]   [#延迟时间]   连线型变量 = 表达式;
```

连续赋值语句也称 assign 语句。在关键词 assign 后面主要有两个关键部分,即连线型变量和表达式,两者用等号=分开。在程序代码执行过程中,只要等号右侧表达式中的任一操作数有所变化,都将执行表达式运算,并将新的运算结果赋值给等号左侧的连线型变量。这如同前文所介绍的 always 块的执行方式。assign 语句等号右侧表达式中的操作数相当于敏感事件,只要其发生变化,就将启动 always 块中单一语句或块语句的执行。连续赋值语句主要适用于组合逻辑电路的行为描述与模块设计。另外,在连续赋值语句中还有 2 个可选项部分,以及"驱动强度"项和"延迟时间"项。

(1) 驱动强度

Verilog HDL 是一种硬件描述语言,其对连线型数据变量的赋值过程,在物理上或电路层面可看作对硬件元器件之间的连接线或电路端口(前文已说明在未特别声明的情况下,电路端口隐含为 wire 型)施加一个驱动。在关键词 assign 后面紧跟着的"驱动强度"项就是用来说明这个驱动的强弱。"驱动强度"项由两个驱动强度值组成,格式如下:

（对逻辑 1 的驱动强度值，对逻辑 0 的驱动强度值）

无论是对逻辑 1 的驱动强度值，还是对逻辑 0 的驱动强度值，都有 5 种驱动强度值，具体参见表 6.13 所示。

表 6.13　对逻辑 1 和逻辑 0 的驱动强度值

逻辑 1 的驱动强度值	逻辑 0 的驱动强度值
supply1	supply0
strong1	strong0
pull1	pull0
weak1	weak0
highz1	highz0

【例 6.58】　assign 语句的应用实例。

```
parameter para_a = 1;                    // 声明 1 个参数型数据
parameter para_b = 0;                    // 声明 1 个参数型数据
wire z;                                  // 声明 1 个 1 位的 wire 型变量
assign (strong1, weak0) z = para_a + para_b;  // 将 2 个参数型数据进行运算,结果赋值给 z
```

例 6.58 的 assign 语句中带有"驱动强度"项（strong1，weak0），这表明在本连线赋值语句执行过程中，wire 型变量 z 赋值为逻辑 1 时，驱动强度为强（strong）；wire 型变量 z 赋值为逻辑 0 时，驱动强度为弱（weak）。

Verilog HDL 规定了可在连续赋值语句中选用"驱动强度"项的连线型变量类型，具体如表 6.14 所示。同时，"驱动强度"项不允许为（highz1，highz0）或（highz0，highz1）。当连续赋值语句中缺省了"驱动强度"项，则默认为（strong1，strong0）。

表 6.14　在连续赋值语句中可选用"驱动强度"项的连线型变量类型

连线型数据基本类型	作　　用
wire	单一驱动连线
wand	多驱动时,具有线与功能的连线
wor	多驱动时,具有线或功能的连线
tri	多驱动连线
triand	多驱动时,具有线与功能的连线
trior	多驱动时,具有线或功能的连线
tri0	带下拉电阻的连线
tri1	带上拉电阻的连线
trireg	具有电荷保存功能的连线

（2）延迟时间

连续赋值语句中的"延迟时间"项用于说明需延迟多长时间才能真正执行将等号右侧表达式新的运算结果赋值给等号左侧的连线型变量。其基本格式如下：

```
# 延迟时间值
```

【例 6.59】 带有门延迟的二输入与门 Verilog HDL 程序代码。

```
module NAND_21 (a, b, y);          // 模块名与端口信息
input a, b;                        // 输入端口说明
output y;                          // 输出端口说明
assign # 10 y = a & b;             // 本二输入与门带有 10 个单位时间的门延迟
endmodule
```

在例 6.59 中,连续赋值语句"assign ＃10 y = a & b;"中的表达式 a & b 只要 a 或 b 任一个有变化,就重新运算一次;然后等待 10 个单位时间,再将表达式新的运算结果传递给 y。

另外,在实际程序代码执行过程中,如果连续赋值语句等号右侧表达式中的操作数有所变化,而此时前一次表达式运算结果由于延迟时间还未赋值给等号左侧连线型变量。遇到此状况,应执行以下的步骤。

- 连续赋值语句等号右侧表达式执行运算。
- 如果连续赋值语句等号右侧表达式新的运算结果与现行正要赋值给等号左侧连线型变量的值不等,则放弃现行的赋值事件。
- 如果连续赋值语句等号右侧表达式新的运算结果等于现行等号左侧连线型变量的原有值,则不再执行赋值事件。
- 如果连续赋值语句等号右侧表达式新的运算结果不等于现行等号左侧连线型变量的原有值,则在现行赋值事件完成后,再延迟"延迟时间"项规定的时间,然后执行新运算结果的赋值。

连续赋值语句除了具有 assign 语句形式外,还有另一种连续赋值语句的形式(也有教材称为隐形连续赋值语句)。其是在连线型变量声明语句中完成赋值操作,语句基本格式在本书 6.1.5 小节已有说明,格式如下:

> 连线型变量类型[驱动强度] [数的位宽范围] [＃延迟时间]连线型变量 = 表达式{,连线型变量 = 表达式]};

这种连续赋值语句形式可以看作是将连线型变量声明语句和 assign 语句合二为一,在对连线型变量进行类型说明的同时实现赋值。但是,须注意的是,由于通常在一个完整的 Verilog HDL 程序代码中连线型变量只能被声明一次,所以对一个明确的连线型变量也只能进行一次这种在连线型变量声明语句中完成赋值操作的方式。如果直接使用连续赋值语句的 assign 语句形式,则在一个完整的 Verilog HDL 程序代码中可对同一连线型变量进行多次赋值。这也是两种连续赋值语句形式的主要区别。

【例 6.60】 在连线型变量声明语句中完成赋值操作的应用实例。

```
wire [5:0] w_a = 6 'b111101;            // 声明一个 6 位的 wire 型变量,并赋值 'b111101
wire (weak1, strong0) z = para_a & para_b;   // 将两个参数型数据进行运算,结果赋值给 z
                                        // 赋逻辑 1 时的驱动强度为弱(weak)
                                        // 赋逻辑 0 时的驱动强度为强(strong)
```

【例 6.61】 连续赋值语句两种形式混合的应用实例。

```
module assigns (o1, o2, eq, AND, OR, even, odd, one, SUM, COUT, a, b, in, sel, A, B, CIN);
output [7: 0] o1, o2;
output [31: 0] SUM;
output eq, AND, OR, even, odd, one, COUT;
input a, b, CIN;
input [1: 0] sel;
input [7: 0] in;
input [31: 0] A, B;
wire [7: 0] #3 o2;                       // 定义中带有延迟时间
tri AND = a& b, OR = a| b;               // 在变量声明语句中对2个连线型变量的赋值
wire #10 eq = (a & b);                   // 在变量声明语句中对连线型变量赋值,并带延迟时间
wire (strong1, weak0) [7: 0] #(3, 5, 2) o1 = in;   // 在变量声明语句中对连线型变量赋值,
                                         // 格式较为完整,带有信号驱动强度和延
                                         // 迟时间信息
assign o2[ 7: 4] = in[ 3: 0], o2[ 3: 0] = in[ 7: 4];  // assign 语句对连线型变量(对应为矢
                                         // 量)中不同部分进行赋值
tri #5 even = ~^in, odd = ^in;           // 在变量声明语句中对2个连线型变量赋值,并带延迟时间
wire one = 1'b1;                         // 在变量声明语句中直接对连线型变量赋值常数
assign {COUT, SUM} = A + B + CIN ;       // 对用并置运算符连接的连线型变量赋值
endmodule
```

2. 块结构内使用的过程赋值语句

连续赋值语句是独立于块结构以外对连线型变量进行赋值的。本小节将介绍的过程赋值语句主要是在块结构内对除连线型变量以外的其他类型的变量进行赋值。过程赋值语句具体适用范围和被赋值变量的种类如表 6.15 所示。

表 6.15　过程赋值语句具体适用范围和被赋值变量种类

对　　象	范　　围
适用范围	always 块、initial 块、task(任务)、function(函数)
被赋值变量种类	reg 型、integer 型、time 型、real 型、realtime 型和 memory data 型

与连续赋值语句近似,对组合逻辑门电路驱动行为的描述不同,过程赋值语句赋值于变量。此变量将保持这个值直至下一(或另一条)过程赋值语句对其赋值,这近似于触发式的赋值。触发控制一般可以通过条件语句、选择语句、循环语句、延迟时间控制和事件控制等来实现。

Verilog HDL 中有两种形式的过程赋值语句,即阻塞型过程赋值语句和非阻塞型过程赋值语句。这两种语句在 begin-end 块(顺序块语句)中有不同的执行流程。

(1) 阻塞型过程赋值语句

阻塞型过程赋值语句在 begin-end 块中依据语句顺序执行原则,一般会比其后续的语句先执行。但在 fork-join 块中,由于所有语句均遵循并行执行的原则,故其不能被保证会先于后续的语句而执行。

阻塞型过程赋值语句的基本格式如下:

变量 = [#延迟时间或@事件控制]表达式;

在此格式中,变量是被赋值对象;＝是阻塞型过程赋值语句的赋值符;"延迟时间"项用于说明等号右侧表达式运算获得新的结果后,须延迟多长时间才能真正赋值给等号左侧的变量,其是可选项;"事件控制"项用于说明等号右侧表达式运算获得新的结果后,须依据何种触发事件才能真正赋值给等号左侧的变量,其也是可选项。一般触发事件包括信号的上升沿(posedge)和下降沿(negedge)等。

如果在阻塞型过程赋值语句中缺省了"延迟时间"项和"事件控制"项,则语句中等号右侧表达式一旦获得运算结果后将立即赋值给等号左侧的变量。

【**例 6.62**】 阻塞型过程赋值语句的应用实例一。

```
r_a = 0;                        // 将寄存器型矢量作为变量并进行赋值
v_b[3] = 1;                     // 在寄存器型矢量中选择单个位作为变量并进行赋值
v_c[3:5] = 6;                   // 在寄存器型矢量中选择部分位作为变量并进行赋值
mem_a[address] = 8'hff;         // 将数组中的元素作为变量并进行赋值
{con_1, con_2} = r_a + r_b;     // 对并置运算形成的变量进行赋值
r_c = #5 0;                     // 延迟 5 个单位时间后进行赋值
r_d = @(posedge clk) 1;         // 在 clk 时钟的上升沿进行赋值
```

【**例 6.63**】 阻塞型过程赋值语句的应用实例二。

```
module adder (out, a, b, cin);        // 一个半加器模块
input a, b, cin;
output [1: 0] out;
wire a, b, cin;
reg half_sum, half_carry;
reg [1: 0] out;
always @ ( a or b or cin )
begin
  half_sum = a ^ b ^ cin;
  half_carry = a & b | a & !b & cin| !a & b & cin;
  out = {half_carry, half_sum};     // 半加和与进位
end
endmodule
```

【**例 6.64**】 在变量声明语句中执行阻塞型过程赋值语句的应用实例一。

```
reg[5:1] x = 4'b01100;
```

等价于如下程序:

```
reg[5:1] x;
initial
x = 4'b01100;
```

【**例 6.65**】 在变量声明语句中执行阻塞型过程赋值语句的应用实例二。

```
integer i = 1, j = 0;
time k = 25;
real q = 2.5, y = 300;
```

须说明的是,在变量声明语句中执行阻塞型过程赋值语句的形式不适用于数组型变量。

【例 6.66】　在变量声明语句中执行阻塞型过程赋值语句的非法应用实例。

```
reg [1:8] arr_1 [5:0] = 0;
```

在实际电路模块程序代码编写时,阻塞型过程赋值语句一般用于组合电路模块的设计。

(2) 非阻塞型过程赋值语句

非阻塞型过程赋值语句在 begin-end 块中并不遵循语句顺序执行原则来执行。在 begin-end 块中无论有多少条非阻塞型过程赋值语句,其均将在 begin-end 块结束执行的时刻同时执行,而无须顾及各条非阻塞型过程赋值语句孰前孰后。可能也正是这个较为特殊的执行方式,这种赋值语句被称之为非阻塞型过程赋值语句,即其在遵循语句顺序执行原则的 begin-end 块中,不会阻塞后续语句的执行。

非阻塞型过程赋值语句的基本格式如下:

变量 <= [♯ 延迟时间 或 @ 事件控制] 表达式;

在此格式中,变量是被赋值对象;<＝是非阻塞型过程赋值语句的赋值符;"延迟时间"项是一个可选项,其用于说明等号右侧表达式运算获得新的结果后,须延迟多长时间才能真正赋值给等号左侧的变量,延迟起始时刻与本 begin-end 块所有非阻塞型过程赋值语句一样,皆以本 begin-end 块结束执行时刻为准;"事件控制"项也是一个可选项,其用于说明等号右侧表达式运算获得新的结果后,须依据何种触发事件才能真正赋值给等号左侧的变量,而触发事件的作用时刻与本 begin-end 块中其他所有非阻塞型过程赋值语句一样,也均是以本 begin-end 块结束执行时刻为准。一般触发事件包括信号的上升沿(posedge)和下降沿(negedge)等。

如果在非阻塞型过程赋值语句中缺省了"延迟时间"项和"事件控制"项,则语句中等号右侧表达式一旦获得运算结果后将立即赋值给等号左侧的变量。当然,这个赋值过程会在 begin-end 块结束时刻执行。

【例 6.67】　非阻塞型过程赋值语句的应用实例一。

```
module exchange_sim;
reg a, b, clk;
initial                    // 初始化程序代码
begin
  a = 1;
  b = 0;
  clk = 0;
  ♯30 $finish;            // 整个仿真流程将维持 30 个单位时间,到时将停止所有仿真进程
end
always
  ♯6 clk = ~clk;          // 产生一个周期为 12 个单位时间的方波时钟信号
always @ ( posedge clk)    // 以 clk 时钟的上升沿为敏感事件触发本 always 块的执行
begin
  a <= b;                  // 非阻塞型过程赋值语句,将在 begin-end 块结束执行的时刻同时执行
  b <= a;                  // 第一次执行后,a = 0,b = 1,实际是进行 a 和 b 值的交换
end
```

【例 6.68】 非阻塞型过程赋值语句的应用实例二。

```
module non_ block1;
reg a, b, c, d, e, f;
initial
begin
  #10 a = 1;
  #2 b = 0;
  #4 c = 1;                    // 3 条阻塞型过程赋值语句
end
initial
begin
  d <= #10 1;
  e <= #2 0;
  f <= #4 1;                   // 3 条非阻塞型过程赋值语句
end
endmodule
```

例 6.68 程序代码对应的赋值时间示意图如图 6.15 所示。

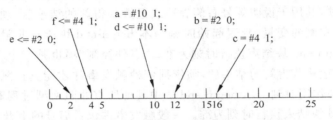

图 6.15 例 6.68 程序代码对应的赋值时间示意图

在实际电路模块程序代码编写时,非阻塞型过程赋值语句一般可用于时序电路模块的设计。

6.2.5 块结构中的时间控制

在使用 Verilog HDL 行为描述方式进行块结构描述时,相应程序代码内加入时间控制不仅能更准确地反映电路的性能,还可以较精确地实现对电路功能和时序特性的仿真。Verilog HDL 有两种形式的时间控制,即延迟时间和事件控制。

- 延迟时间:用于说明相关语句在程序代码执行流程中,从"遇到"至"真正执行"间等待的时间。
- 事件控制:用于说明相关语句在程序代码执行流程中,被允许执行的触发条件。

1. 延迟时间

在 Verilog HDL 语句中规定无论是表达式还是数字,要作为延迟时间,则其前面必须加一个"#"标识符。其基本使用格式如下:

```
# 立即数 语句; 或 NULL
或 #(时间_表达式) 语句; 或 NULL
或 过程赋值语句;("# 立即数"或"#(时间_表达式)"出现在语句内部)
```

　　从延迟时间基本使用格式可知,在实际的程序代码设计中,延迟时间运用方式是较丰富的。其既可以是一个简单的立即数,也可以是一个动态变化的时间_表达式;既可以独立于相关语句之外,也可以融入语句之中。但真正使用最多的是"♯立即数　语句"方式。

　　另外,如果时间_表达式的运算结果是不确定值 x 或高阻值 z,则延迟时间等效为 0;如果时间_表达式的运算结果是负数,则取二进制补码无符号整数部分为延迟时间。NULL 在这里表示紧随延迟时间的后面没有同行的语句,而此时延迟时间则用于说明下一行起的一条语句或若干条语句须等待执行的时间。

【例 6.69】 立即数作为延迟时间的应用实例。

```
module muxtwo (out, a, b, sel);
input a, b, sel;
output out;
reg out;
always @ ( or a or b or sel)
if ( sel )
    ♯10 out = b;
else
    ♯15 out = a;
endmodule
```

【例 6.70】 参数型数据和时间_表达式作为延迟时间的应用实例。

```
module clock_gen;
reg clk;
parameter cycle = 10;           // 用参数型数据设定了一个时钟周期
initial
  clk = 0;
always
  ♯ (cycle/2) clk = ~clk;   // 通过 cycle/2 时间_表达式计算半时钟周期,并以此为延迟时间
                            // 进行时钟信号取反,产生周期为 10 个单位时间的方波时钟信号
endmodule
```

【例 6.71】 在过程赋值语句中加入延迟时间的应用实例。

```
module delay_in_sen;
reg a, b, c, d;
initial
begin
  a = ♯10 1;
  b = ♯2 0;
  c = ♯4 1;
  d = ♯3 0               // 在阻塞型过程赋值语句加入延迟时间
end
endmodule
```

　　对于将延迟时间置于语句内部的过程赋值语句和将延迟时间置于语句前部(语句外)的过程赋值语句来说,如果赋值符右侧为一个立即数,则其执行后的时序变化情况通常是一样的。但是,如果赋值符右侧为一个表达式,那相关语句的具体执行流程是完全不一样的。通常情况下,如果延迟时间置于过程赋值语句前部,在实际的程序代码执行流程中,当"遇到"

本过程赋值语句后将先等待一段时间,然后"真正执行"本过程赋值语句;如果延迟时间置于过程赋值语句内部,在实际的程序代码执行流程中,则当"遇到"本过程赋值语句后将先运算赋值符(=或<=)右侧表达式并获得新的运算结果,然后等待一段时间,再"真正执行"对赋值符等号左侧变量的赋值。

2. 事件控制

Verilog HDL 可以通过事件控制来控制块结构中语句的触发执行时刻。一般以在指定事件前加一个@标识符来表示其为"事件控制"项。在实际的程序代码设计中,用作触发事件的主要是连线型变量和其他类型变量值的变化,其中更特指信号变化的上升沿(posedge)和下降沿(negedge)等。但须注意的是,Verilog HDL 事件控制中对上升沿和下降沿的定义范畴并不仅局限于信号从逻辑 0 至逻辑 1 或从逻辑 1 至逻辑 0 的变化。其定义范畴更广,具体如表 6.16 所示。

表 6.16　事件控制中对上升沿和下降沿的定义范畴

从＼至	0	1	x	z
0	/	posedge	posedge	posedge
1	negedge	/	negedge	negedge
x	negedge	posedge	/	/
z	negedge	posedge	/	/

Verilog HDL 事件控制基本使用格式如下:

```
    @(事件_表达式)  语句或 NULL;
或  @(事件_表达式_1 or 事件_表达式_2 or … or 事件_表达式_n)  语句;  或  NULL
或  @(事件_表达式_1,事件_表达式_2,…,事件_表达式_n)  语句;  或  NULL
或  @ *  语句;  或  NULL
或  过程赋值语句;("@(事件_表达式)"出现在语句内部)
或  过程赋值语句;("@(事件_表达式_1 or … or 事件_表达式_n)"出现在语句内部)
或  过程赋值语句;("@(事件_表达式_1 , … ,事件_表达式_n)"出现在语句内部)
或  过程赋值语句;("@ * "出现在语句内部)
```

从这些基本使用格式可知,在实际的程序代码设计中,事件控制的运用方式也是较为丰富的。其既可以仅包含一个事件_表达式,也可以是包含多个事件_表达式;既可以独立于相关语句之外,也可以融入语句之中。格式中的 NULL 表示紧随事件_表达式后面没有同行的语句,而此时事件_表达式用于说明下一行起的一条语句或若干条语句须等待执行的触发时刻。

【例 6.72】 事件控制的应用实例。

```
@(posedge clk) a_1 = b_1;      // 以 clk 信号的上升沿作为后续过程赋值语句的执行触发事件
@clk d_1 = e_1;                // clk 信号的上升沿与下降沿均作为后续过程赋值语句的执行
                               // 触发事件,即只要 clk 信号有变化
forever
  @(negedge clk)               // 这里事件_表达式后面为 NULL,以 clk 信号的下降
                               // 沿作为后续一条过程赋值语句的执行触发事件
```

```
          b_1 = c_1;
```

在多个事件_表达式用作事件控制时，Verilog HDL 语法规定可使用逻辑或 or 或逗号"，"作为各事件_表达式的分隔符，两者是等价的。多个事件_表达式中只要有一个事件发生变化，就将启动后续语句的执行。这种事件控制运用方式常运用于 always 块敏感事件列表中。

【例 6.73】　多个事件_表达式用作事件控制的应用实例一。

```
module reg_adder (out, a, b, clk);
input clk;
input [2 : 0] a, b;
output [3 : 0] out;
reg [3 : 0] out;
reg [3 : 0] sum;
always @ ( clk )         // clk 信号的上升沿与下降沿均作为后续过程赋值语句的
                         // 执行触发事件，即只要 clk 信号有变化
begin
   out = sum;
end
always @ ( a or b)       // a 信号或 b 信号的上升沿与下降沿均作为后续过程赋值语
                         // 句的执行触发事件，即只要 a 信号或 b 信号有变化
                         // 这里也可以用@ ( a , b)来表述
begin
   ♯5 sum = a + b;
end
endmodule
```

【例 6.74】　多个事件_表达式用作事件控制的应用实例二。

```
@(posedge clk_a, posedge clk_b , posedge clk_c) r_a = r_b;
@( tri_z or tri_y) b_1 = c_1;
```

"@ ＊"是一种较为特殊的事件控制运用方式。这里的"＊"标识符用于代表由本次事件控制触发启动的过程赋值语句赋值符(＝或＜＝)右侧参与运算的所有连线型变量、其他类型变量、函数调用与任务使能涉及的变量及选择_表达式与条件_表达式中涉及的变量等。

【例 6.75】　"@ ＊"事件控制运用方式的应用实例一。

```
always @ ＊             // "@ ＊"等效于 @(a , b , c , d , cin, half_sum_1 or half_sum_2)
begin
   half_sum_1 = a & b ^ cin;
   half_sum_2 = c | d & b;
   out = half_sum_1 & half_sum_2 ^ cin;
end
```

【例 6.76】　"@ ＊"事件控制运用方式的应用实例二。

```
always @ ＊             // "@ ＊"等效于 @(b)
begin
   @(i) a = b;          // i 不属于"＊"的范围，故不能加入 @ ＊
end
```

【例 6.77】 "@ *"事件控制运用方式的应用实例三。

```
always @ *                 // "@ *"等效于 @ (a or b or c or d)
begin
  x = a ^ b;
  @ *                      // "@ *"等效于 @ (c or d)
  y = c ^ d;
  z = c & d;
end
```

另外,与将延迟时间置于过程赋值语句不同位置的情况一样,Verilog HDL 事件控制中的事件_表达式也可以置于过程赋值语句的内部或置于过程赋值语句的前部(语句外)。两种情况仅从单一过程赋值语句的执行情况来看,其执行后的时序变化情况可能是一样的。但是,相关语句的具体执行流程是完全不一样的。通常情况下,如果事件_表达式置于过程赋值语句前部,在实际的程序代码执行流程中,当"遇到"本过程赋值语句后将先等待事件控制的成立,然后触发本过程赋值语句执行;如果事件_表达式置于过程赋值语句内部,则在实际的程序代码执行流程中,当"遇到"本过程赋值语句后将先运算赋值符(=或<=)右侧表达式并获得新的运算结果,然后等待事件控制的成立,才触发执行对赋值符等号左侧变量的赋值。

【例 6.78】 在过程赋值语句中加入事件_表达式的应用实例。

```
a = @ (posedge clk) b;
```

等价于如下程序:

```
begin
  temp = b;
  @ (posedge clk) a = temp;
end
```

上述介绍的事件控制方式主要是针对电路中以信号边沿变化而触发工作(也称为对信号边沿敏感)的模块设计。但是,在实际的电路中,还存在一些以信号电平变化而触发工作的模块。Verilog HDL 提供了一种基于 wait 语句的事件控制方式,其可实现对信号电平敏感电路模块的设计。wait 语句的基本使用格式如下:

```
wait (事件_表达式)   语句或 NULL;
```

wait 语句中的"事件_表达式"类似于一个条件判据。当事件_表达式的运算结果为假时,wait 语句中的语句将不被执行,整个程序代码执行流程将停止在此 wait 语句处,直至事件_表达式的运算结果为真,才执行后续的语句。此时则相当于电路中的特定信号已处于变化后的稳定状态。另外,格式中的 NULL 表示紧随事件_表达式的后面没有同行语句,而此时事件_表达式更像条件语句中的条件_表达式,仅用于控制下一行起的一条语句或若干条语句是否还处于等待执行状态或可执行状态。

【例 6.79】 wait 语句的应用实例。

```
module latch_adde r (out, a, b, enable);
```

```
input enable;
input [2 : 0] a;
input [2 : 0] b;
output [3 : 0] out;
reg [3 : 0] out;
always @( a or b)
begin
    wait (!enable)          // 当 enable = 0 时为真,可执行后续的语句; 否则一直处于等待状态
    out = a + b;
end
endmodule
```

在实际的程序代码设计中,对信号边沿敏感的事件控制方式较为适用于时序电路模块的设计,对信号电平敏感的事件控制方式则更适用于组合电路模块的设计。

6.2.6　行为描述与建模中的任务和函数

Verilog HDL 中的任务和函数犹如传统高级程序语言中的特殊功能子程序,其可以在行为建模程序代码的不同环节多次被重复使用,并将整个程序代码分成许多规模相对较小并易于管理的部分,从而达到有效控制整体程序代码编写规模与复杂度的目的。同时,也可增加程序代码的可读性、可调试性和可维护性。

在实际的 Verilog HDL 程序代码设计中,任务和函数存在如下一些不同点。

- 函数不能使能任务,而任务可以使能其他任务和调用其他函数。
- 函数一般不能包含时间控制语句,其在仿真流程的起始时刻就被执行;而任务可以包含时间控制语句。
- 函数应至少有一个输入端口,但不能有输出端口或输入输出端口;而任务则可以有任何类型的参数。
- 函数能对输入端口参数值做出反应并产生一个返回值;而任务则可以产生多个返回值和实现多种功能目标。
- 函数可以作为一个操作数出现在表达式中,函数的返回值就是这一操作数的值;而任务只有包含输出端口或输入输出端口时,才能在使能时返回值。

鉴于任务和函数具有如此多的不一致性,为避免两者在实际程序代码编写中出现混淆,更好地将其运用于大规模集成电路设计,本小节将逐一对其进行介绍。

1. 任务声明与任务使能

Verilog HDL 中的任务相当于一种子程序,故其与传统高级程序语言一样,在实际运用中也由两个部分组成,即相当于子程序代码的任务声明部分和相当于子程序调用的任务使能部分。较为特殊的是,Verilog HDL 还有一种能够在任务执行过程中终止其执行的语句,即 disable 语句。

（1）任务声明

任务主要运用于 Verilog HDL 行为建模中,故任务声明的基本组成格式与行为建模的基本程序架构很相似。Verilog HDL 任务声明的基本格式如下:

```
    task 任务名;
    端口说明;                    // input,output,inout
    端口数据类型声明;              // reg,integer,time,real …
    局部变量声明;
    单一语句_1; 或 begin - end 块
    endtask
```

task 是任务声明的起始关键词,endtask 是任务声明的结束关键词。在任务声明格式中,如果包含仅用于本任务声明的变量,则称其为局部变量,其必须遵守"本地声明、本地使用"的规则,不能应用于其他任务或函数声明中。

任务声明除了这一基本格式外,在 IEEE Std 1364—2001 标准中也允许将"端口说明"放到"任务名"后面,以形成"task　任务名(端口说明);"的格式。具体可参见例 6.80 与例 6.81。

【例 6.80】 任务声明的应用实例一。

```
task task_try;
input a, b;
inout c;
output d, e, f;
begin
    …
  c = 1;
  d = 0;
  e = 1;
  f = 0;
end
endtask
```

【例 6.81】 任务声明的应用实例二(使用"task　任务名(端口说明);"格式)。

```
task task_try ( input a, b, inout c, output d, e, f );
begin
    …
  c = 1;
  d = 0;
  e = 1;
  f = 0;
end
endtask
```

(2) 任务使能

Verilog HDL 任务使能语句通常只能出现在块结构中,其基本格式如下:

```
任务名 [ (表达式_1 { ,表达式_n } ) ];
```

在任务使能语句中通过直接编写任务名即可使能相应的任务。而任务名后面紧随着的表达式列表为可选项,其主要用于向任务传递输入端口参数值和接收任务输出端口参数值。当被使能的任务具有输入或输出端口时,任务使能语句必须包含表达式列表;同时,表达式列表中各个表达式的具体前后排列顺序,必须与任务声明中端口说明部分的排列顺序一致。

另外,如果表达式运算结果是传递给任务中的输入端口,则对表达式运算结果的数据类型并无要求;如果表达式(通常是除连线型变量之外的其他类型变量)仅是用于接收任务输出端口或输入/输出端口的输出参数值,则对这些表达式的数据类型是有要求的,其必须是 reg 型、integer 型、time 型、real 型、realtime 型或 memory data 型。

【例 6.82】 针对例 6.80 的任务声明进行任务使能的应用实例。

```
task_try  (v, w, x, y, z1, z2);
```

在例 6.82 中,"task_try (v, w, x, y, z1, z2);"为使能 task_try 任务的语句,其中 v, w, x, y, z1, z2 的排列顺序与例 6.80 中输入、输出端口的说明顺序是对应的。在 task_try 任务具体执行过程,会将 v,w,x 参数值分别传递给 a,b,c,并由 x,y,z1,z2 分别接收任务输出的 c,d,e,f 的参数值。

【例 6.83】 任务声明与使能的应用实例。

```
always
#10 clk = ~clk;
initial
begin
  clk = 0;
  try_1 = 0;
  try_2 = 1;
  neg_clk (4);              // 任务使能,并传递任务输入端口的参数
  try_1 = 1;
  neg_clk (2);              // 任务使能,并传递任务输入端口的参数
  try_2 = 0;
end
task neg_clk;              // 任务声明
input [31:0] repeat_num;   // 本任务仅一个输入端口,并无输出端口
  repeat (repeat_num)
    @ ( posedge clk);
endtask
```

(3) 终止当前任务执行(disable 语句)

在 Verilog HDL 行为建模中,运用 disable 语句可以在不破坏整体程序运行结构的基础上有效地终止当前执行中的任务。这非常有利于处理硬件中断或对全局复位之外的程序执行流程控制。disable 语句的基本格式如下:

```
disable   任务名;
```

disable 语句可以出现在任务中,并终止那些包含有 disable 语句的任务。此时,必须注意不同任务使能语句在不同任务中的嵌套使用问题,以免出现多任务终止与多任务使能顺序的复杂化与不可控。另外,被终止执行的任务只有在下次相应任务使能语句执行时才能重新启动。

【例 6.84】 disable 语句的应用实例。

```
task neg_clk;
```

```
begin
    …
  if ( sel )
    disable neg_clk;          // 如果 sel = 1,则终止当前执行中的任务 neg_clk,
                              // 后续的语句将不再执行,这与提前返回是有区别的
    …
end
endtask
```

2. 函数声明与函数调用

Verilog HDL 中函数的概念与传统数学中的概念是基本相通的,即在函数被运用的表达式中可用到函数的返回值。如三角函数的运用表达式 $y = \cos x + \sin x$,此表达式最终要运用余弦函数与正弦函数的返回值来求得 y 值。

另外,与 Verilog HDL 中的任务相当,函数在实际运用中也由两个部分组成,即相当于任务声明的函数声明部分和相当于任务使能的函数调用部分。

(1) 函数声明

Verilog HDL 函数声明的基本格式如下:

```
function [ 返回值数的位宽范围 或 数据类型 ] 函数名;
输入端口说明;                  // input
输入端口数据类型声明;          // reg,integer,time,real …
局部变量声明;
单一语句_1; 或 begin - end 块
endfunction
```

function 是函数声明的起始关键词,endfunction 是函数声明的结束关键词。"返回值数的位宽范围或数据类型"项为可选项,主要用于明确返回值数的位宽范围[msb：lsb]位,以及返回值数的数据类型,如 real 型、integer 型、time 型和 realtime 型等。如此项缺省,则返回值为 1 位 reg 型数据。函数声明中的端口说明主要指对输入端口的说明,任一函数至少包含一个输入端口说明。另外,在函数声明格式中,如果包含仅用于本函数声明的变量,则称其为局部变量,其必须遵守"本地声明、本地使用"的规则,不能应用于其他函数或任务声明中。

与任务声明具有两种基本格式相同,函数声明除了具有上述基本格式外,在 IEEE Std 1364—2001 标准中也允许将"端口说明"放到"函数名"后面,以形成如下另一种格式:

```
function [ 返回值数的位宽范围 或 数据类型 ] 函数名 (输入端口说明);
输入端口数据类型声明;          // reg,integer,time,real …
局部变量声明;
单一语句_1; 或 begin - end 块
endfunction
```

函数声明这两种格式可通过例 6.85 与例 6.86 来说明。

【例 6.85】 函数声明的应用实例一。

```
function [15:0] fun_try;
input [7:0] data_try;
```

```
begin
    …
  fun_try = try_expression;
end
endfunction
```

【**例 6.86**】 函数声明的应用实例二(使用"function[返回值数的位宽范围或数据类型]
函数名(输入端口说明);"格式)。

```
function [15:0] fun_try ( input [7:0] data_try );
begin
    …
  fun_try = try_expression;
end
endfunction
```

从例 6.85 与例 6.86 还能发现,函数名对应着一个隐含的变量,这个隐含变量在函数声明中会被赋予返回值,如"fun_try = try_expression;"语句中的 fun_try 实为本函数名。这样在整个行为建模程序代码编写中必须注意,如已被一个函数使用的名字,不应再被用作其他函数名或变量名;在本函数声明中,也不应取与本函数名相同的局部变量名。

(2) 函数调用

在 Verilog HDL 中,函数通常是以表达式中的一个操作数形式被调用。函数调用基本格式如下:

函数名 (表达式_1 { ,表达式_*n* });

Verilog HDL 函数调用不能单独作为一条语句出现,它只能作为一个操作数出现在调用语句中。同时,函数调用既能出现在块结构中,也能出现在连续赋值语句中。

【**例 6.87**】 函数调用的应用实例。

```
wire  [7:0]  net_1;
reg[7:0]  x, y;
assign net_1 = fun_try ( x, y, 8 );  //函数调用既能出现在块结构中,也能出现在连续赋值语句中
```

【**例 6.88**】 函数声明与函数调用的应用实例。

```
module or_and (a, b, c, d, e, out);
input [7: 0] a, b, c, d, e;
output [7: 0] out;
reg [7: 0] out;
always @ ( a, b, c, d, e)
  out = fun_or_and (a, b, c, d );    // 调用 fun_or_and 函数
function [7: 0] f_or_and;            // 函数声明
input [7: 0] a, b, c, d;             // 输入端口说明
begin
  if (e == 1)
    f_or_and = (a|b) & (c|d);
  else
    f_or_and = 0;
```

```
end
endfunction
endmodule
```

与任务相比,函数在使用时的限制更多,其必须遵循如下的规则:

- 函数定义中不能包含时间控制语句,如♯、@或 wait。
- 函数不能使能任务。
- 函数定义中至少有一个输入端口,但不能包含输出型端口或输入输出型端口。
- 函数一般以变量赋值的方式将返回值赋给函数名所对应的隐含变量。
- 函数不能包含非阻塞型过程赋值语句。

6.3　Verilog HDL 结构描述与建模

随着集成电路规模的不断增大,在其设计过程中,仅以行为描述与建模的方式来完成相关的设计工作将面临在设计周期、设计成本、仿真复杂度和一次设计成功率等诸多方面的瓶颈。针对这些问题,Verilog HDL 还提供了一种结构描述与建模的方式。正如前文所述,Verilog HDL 模块使用结构描述方式设计时,可以基于大规模集成电路层次化设计理念,在电路模块的较高设计层次设计中整合调用较低设计层次的已设计验证过的模块;而较低设计层次的模块即可以使用行为描述方式建模也可以使用结构描述方式建模。另外,还可以直接调用 Verilog HDL 内部的基本元器件、逻辑单元等来构成一个相对复杂的电路。本节将对 Verilog HDL 结构描述与建模中的基本程序架构、层次化的结构描述与建模、基于 Verilog HDL 内部基本逻辑门的结构描述与建模等进行较为详细的介绍。

6.3.1　结构建模的基本程序架构

Verilog HDL 结构建模基本程序架构理论上与行为建模基本程序架构存在较大的区别,其中主要是引入了在一个模块中可以调用或嵌套其他模块的语句,其基本格式如下:

```
端口说明;              // input,output,inout …
数据类型声明;           // wire,tri,reg,integer,time,real …
参数型数据声明;         // parameter 语句
模块实例化语句_1;       // 模块调用
        …
模块实例化语句_n;       // 模块调用
endmodule
```

在集成电路设计的具体结构建模中,通常以是否包含"模块实例化语句"为区别行为建模的标志。模块实例化语句就是实现在一个模块中调用其他模块的语句。如例 6.89 所示,一个电路由有 2 个二输入与非门组成,用结构描述方式建模,其对应的程序代码设计如下。

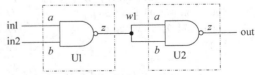

图 6.16　结构描述方式案例电路1

【例 6.89】　用结构描述方式完成图 6.16

所示电路的 Verilog HDL 程序代码。

```
module m_instant_1 ( in1, in2, out ); // 模块名与端口信息
input in1, in2;
output out;
wire w1;                               // 模块内部连线 w1
NAND_2_1 U1 ( in1, in2, w1 );          // 对模块 NAND_2_1 的 2 次调用
NAND_2_1 U2 ( w1, w1, out );           // 对二输入与非门间的连接关系通过模块端口名来关联
endmodule

// 用行为描述方式设计的二输入与非门
module NAND_2_1 ( a, b, z );
input a, b;
output z;
assign z = ~ ( a & b );
endmodule
```

在例 6.89 中,二输入与非门是单独用行为描述方式设计的模块,其在图 6.16 所示案例电路 1 的结构建模中,通过 2 条模块实例化语句被调用了 2 次。同时,这 2 个二输入与非门在案例电路 1 的连接关系通过其被调用时的端口名来得到关联。这是非常典型的 Verilog HDL 结构描述与建模方式。

另外,还需要注意的是,本 Verilog HDL 结构建模基本程序架构基本格式是相对理想化的。在实际的集成电路设计中,允许使用这样仅通过调用其他模块来组成一个大型模块的结构建模设计方式。但是,更多的是将"模块实例化语句"直接嵌入 Verilog HDL 行为建模基本程序架构内,以形成结构-行为混合建模或行为-结构混合建模的设计方式。

【例 6.90】 结构-行为混合建模或行为-结构混合建模设计方式在二输入与非门测试中的应用。

```
// 用行为描述方式设计的二输入与非门
module NAND_2_1 ( a, b, z );
input a, b;
output z;
assign z = ~ ( a & b );
endmodule

// 用结构描述方式设计的二输入与非门测试模块
module NAND_2_1_test;
reg a, b;                              // 测试输入信号定义为 reg 型
wire z;                                // 测试输出信号定义为 wire 型
NAND_2_1 UTEST ( a, b, z );            // 将模块 NAND_2_1 调用为测试对象
initial                                // 加入了行为建模中的 initial 块
begin
  #5 a = 0; b = 0;                     // 依据二输入与非门的真值表输入测试值
  #5 a = 0; b = 1;                     // 并以每间隔 5 个单位时间来改变
  ...
end
initial                                // 加入了行为建模中的 initial 块
  $ monitor( $ time,,,"a = %d b = %d z = %d", a , b , z);   // 即时显示测试结果
endmodule
```

例 6.90 是非常典型的结构描述方式与行为描述方式混合建模的设计方式。这种建模设计方式不仅广泛运用于测试模块的设计中,在集成电路模块的设计中也被普遍运用。

6.3.2 层次化设计中的结构描述与建模

层次化设计是随着集成电路规模的不断增大而被逐渐推广普及的一种设计方式,特别是在大规模或超大规模集成电路出现后,市场上绝大多数相当规模集成电路或更大规模集成电路一般均采用这种方式进行设计。由此方式设计出来的集成电路包含了非常明显的如图 6.17 所示的层次化结构组成形式。

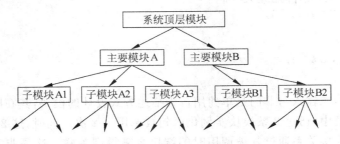

图 6.17 常用的集成电路层次化结构组成形式

Verilog HDL 也提供了针对集成电路层次化设计的结构描述与建模方式。高层次的模块可以通过实例化低层次的模块来实现对低层次模块的调用,并通过对实例化模块调用参数的设置及输入端口、输出端口与双向端口的命名来完成各模块间的特定连接与信息通信。

1. 层次化设计中的模块实例化语句

如果某款集成电路是以层次化结构的组成方式来设计的,其电路顶层电路一般不会被实例化。被实例化的模块是第二层或更低层次的模块。在 Verilog HDL 层次化设计中,实例化(Instantiating)模块是指被较高层次设计调用的模块,如同传统电路设计中的子模块。

在理论上,实例化模块在设计中被调用的次数是没有限制的,被哪些层次模块调用也没有限制。但是,在实际的集成电路设计中,考虑到实例化模块被调用一次就会有对应的硬件电路生成,并永远存在于整个集成电路中,故希望设计者对调用次数有所节制。同时,为保证设计层次划分的清晰度及仿真调试时信号流向的可控性,须严格遵守"低层次模块被高层次模块调用、高层次模块仅调用次低层次模块"的设计原则。

在高层次模块设计中实现实例化模块调用的 Verilog HDL 语句为"模块实例化语句",此语句的基本用法在例 6.89 和例 6.90 中已有所表述,这里给出其 Verilog HDL 语法规定的基本格式:

模块名 [♯(参数值列表)] 模块实例名([端口连接列表]);

在模块实例化语句基本格式中,"模块名"为被调用模块的名字;"参数值列表"为可选项,主要用于模块调用时对被调用模块内部参数的动态改变,Verilog HDL 也称其为参数值重置;"模块实例名"相当于电路原理图中基本元器件、逻辑单元、IP 核或用户自行设计模块等对应的序列号,由设计者任意设定,如例 6.89 中的 U1,U2 等;"端口连接列表"也为可选项,主要用于表述被调用模块与其他模块之间的端口连接关系,其部分或整体缺省时,分别表示相应被调用模块与其他模块之间存在部分端口无连接关系或所有端口均无连接关系。

【例 6.91】　端口连接列表部分缺省的应用实例。

```
module m_instant_1 ( in1, in2, out ); // 模块名与端口信息
input in1, in2;
output out;
wire w1;                      // 模块内部连线 w1
NAND_2_1 U1 ( , in2, w1 );    // 被调用 NAND_2_1 模块 U1 的 a 端口不接其他端口
NAND_2_1 U2 ( w1, , out );    // 被调用 NAND_2_1 模块 U2 的 b 端口不接其他端口
endmodule
// 用行为描述方式设计的二输入与非门
module NAND_2_1 ( a, b, z );
input a, b;
output z;
assign z = ~ ( a & b );
endmodule
```

例 6.91 对应的电路如图 6.18 所示,其电路中的两个 NAND_2_1 模块均有一个端口未连接其他端口,故在相应的模块实例化语句编写时,对应的端口连接列表有部分缺省。

另外,如果在高层次模块设计中对同一个实例化模块须调用多次,则 Verilog HDL 提供了

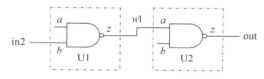

图 6.18　结构描述方式案例电路 2

两种实现方法:一种是通过多条模块实例化语句来实现;另一种是通过一条模块实例化语句来实现。后者的语句基本格式如下:

模块名　　[♯(参数值列表 1)]　模块实例名 1 ([端口连接列表 1]),
　　　　　[♯(参数值列表 2)]　模块实例名 2 ([端口连接列表 2]),
　　　　　　　　　…
　　　　　[♯(参数值列表 n)]　模块实例名 n ([端口连接列表 n]);

注:实例化模块每次调用结束符号为“,”,只有在整个语句结束时才用“;”。

2. 模块调用时的参数值重置

为实现在高层次模块中对被调用低层次模块内的参数值进行重置,Verilog HDL 提供了两种方式:一种是通过参数值重置语句(defparam 语句)实现对模块实例化语句所调用模块内参数值的改变,此时模块实例化语句中的“参数值列表”项可为缺省;另一种是在模块实例化语句中对“参数值列表”进行定义以实现对被调用模块内的参数值修改。

(1) 通过参数值重置语句方式

在 Verilog HDL 建模过程中,使用参数值重置语句可以对实例化模块中的参数型数据的值进行重置或再定义。这些参数型数据必须是通过 parameter 声明语句定义的。参数值重置语句的基本格式如下:

```
defparam    模块实例名 1.参数名 1 = 常数 1｜常数_表达式 1,
            模块实例名 1.参数名 2 = 常数 2｜常数_表达式 2,
                ⋯
            模块实例名 m.参数名 n = 常数 n｜常数_表达式 n;
```

参数值重置语句也称 defparam 语句。在关键词 defparam 后面主要有三个关键部分，即模块实例名、参数名和参数值。三者之间用 . 和 = 分开。其中，"模块实例名"指的是被调用模块的实例名；"参数名"指的是被调用模块中已由 parameter 声明语句定义的参数型数据的标识符；"常数｜常数_表达式"则是用于重置的参数值。在一条参数值重置语句中，可以对多个参数进制重置。另外，如果一个参数被多条参数值重置语句重置，则按程序执行顺序，以最后一条参数值重置语句所重置参数值为准。

【例 6.92】 参数值重置语句的应用实例一。

```
module multip_y ( in1, in2, out );        // 结构描述方式建立的模块：7×7 位乘法器
input [6 : 0] in1;
input [6 : 0] in2;
output [13 : 0] out;
defparam U2.WD1 = 7,                       // 用参数值重置语句重置 WD1 和 WD2 的参数值
         U2.WD2 = 7;
multip U2 ( in1, in2, out );               // 调用 3×3 位乘法器
endmodule
module multip ( d1, d2, z );               // 行为描述方式建立的模块：3×3 位乘法器
parameter WD1 = 3;
parameter WD2 = 3;
input [WD1 : 1] d1;
input [WD2 : 1] d2;
output [WD1 + WD2 : 1] z;
assign z = d1 * d2;
endmodule
```

【例 6.93】 参数值重置语句的应用实例二。

```
module TOP;
wire NewA, NewB, NewS, NewC;
defparam ha1.XOR_DELAY = 5,                // 用参数值重置语句重置两个参数值
         ha1.AND_DELAY = 2;
HA ha1 (NewA, NewB, NewS, NewC);           // 调用 HA 模块
endmodule
module HA (A, B, S, C);
input A, B;
output S, C;
parameter AND_DELAY = 1, XOR_DELAY = 2;   //定义两个参数
assign #XOR_DELAY S = A ^ B;
assign #AND_DELAY C = A&B;
endmodule
```

在例 6.92 和例 6.93 中，通过参数值重置语句可有效地实现对被调用模块中原先已由 parameter 声明语句定义的参数型数据的值进行重置或再定义，这为模块调用提供了非常

高的应用灵活性。

　　（2）通过模块实例化语句中对"参数值列表"进行定义的方式

　　在 Verilog HDL 建模过程中，也可以通过对模块实例化语句中"参数值列表"进行定义的方式来实现对实例化模块中通过 parameter 声明语句定义的参数型数据的值进行重置或再定义。这种方式是在模块实例化语句同一行中完成对参数值的再定义工作的。

　　针对"参数值列表"的赋值，Verilog HDL 提供了两种格式：一种是依据参数的位置顺序来进行赋值；一种是依据参数的名字来进行赋值。这两种"参数值列表"的赋值格式不能在同一条模块实例化语句中混用，必须是全部以一种格式来完成。

- "参数的位置顺序"是以被调用模块中 parameter 声明语句对各参数型数据标识符的定义前后顺序为准。在模块实例化语句中，并非一定要通过"参数值列表"对被调用模块中的所有参数型数据都进行重置值或再定义值。然而，又由于位置顺序的关系，一般不希望"参数值列表"中出现缺省或跳跃的现象，故对那些无须重置值或再定义值的参数型数据应用原先的值作为重置值或再定义值。
- "参数的名字"是以被调用模块中 parameter 声明语句所定义各参数型数据的标识符为准的。在模块实例化语句中，同样并非一定要通过"参数值列表"对被调用模块中的所有参数型数据都进行重置值或再定义值。此时，仅须通过"参数的名字"对那些需要进行重置值或再定义值的参数型数据实施赋新值的工作。

【例 6.94】　通过模块实例化语句中对"参数值列表"进行定义的应用实例一。

```
module multip_y ( in1, in2, out );        // 结构描述方式建立的模块: 7×7 位乘法器
input [6: 0] in1;
input [6: 0] in2;
output [13: 0] out;
multip # (7, 7) U2 ( in1, in2, out );     // 依据参数的位置顺序来进行赋值
endmodule
module multip ( d1, d2, z);               // 行为描述方式建立的模块: 3×3 位乘法器
parameter WD1 = 3;
parameter WD2 = 3;
input [WD1 : 1] d1;
input [WD2 : 1] d2;
output [WD1 + WD2 : 1] z;
assign z = d1 * d2;
endmodule
```

【例 6.95】　通过模块实例化语句中对"参数值列表"进行定义的应用实例二。

```
module m;
reg clk;
wire [0: 7] out_x, in_x;
wire [0: 3] out_y, in_y;
vdff # (7, 5) mod_x (out_x, in_x, clk);        // 依据参数的位置顺序来进行赋值
vdff # ( .delay (7) ) mod_y (out_y, in_y, clk); // 依据参数的名字来进行赋值
endmodule
module vdff (out, in, clk);
parameter size = 5, delay = 1;
```

```
input [0: size] in;
input clk;
output [0: size] out;
reg [0: size] out;
always @ (posedge clk)
  # delay out = in;
endmodule
```

在例 6.94 和例 6.95 中,模块实例化语句"multip ＃（7，7）U2（in1，in2，out）;"和"vdff ＃（7，5）mod_x（out_x，in_x，clk）;"依据参数位置顺序赋值方式分别通过参数值列表"＃（7，7）"和"＃（7，5）"对被调用模块 multip 和 vdff 中的所有参数型数据都进行重置值。

在例 6.95 中,模块实例化语句"vdff ＃（.delay（7））mod_y（out_y，in_y，clk）;"仅通过"＃（.delay（7））"对被调用模块 vdff 中的参数型数据 delay 进行了重置值,而参数型数据 size 值将保留为被调用模块 vdff 中由 parameter 声明语句所定义的 5。

另外需要注意的是,如果参数值重置语句与本方式同时对某些参数进行定义,依据Verilog HDL 的规定,这些参数将以参数值重置语句的重置值为准。同时,必须强调的是,一个 Verilog HDL 模块中既可以包含参数定义,也可以不包含参数定义。具体要根据被设计集成电路的实际需求情况而定,不可强求。

3. 模块调用时的端口连接列表说明规则

模块实例化语句中的"端口连接列表"主要用于表述被调用模块与其他模块之间的端口连接关系。"端口连接列表"中的端口名并不要求必须与被调用模块中所说明的端口名一致,这在例 6.89～例 6.95 的多个例子中已有应用。

须注意的是,在这些例子的模块实例化语句中,基本仅使用了一种"端口连接列表"说明规则,而 Verilog HDL 实际上为"端口连接列表"的说明提供了两种基本规则:一种是前文例子中普遍使用的、依据实例化模块自有端口列表中各端口位置顺序的说明规则;另一种是依据实例化模块自有端口列表中各端口名字的说明规则。这两种"端口连接列表"的说明规则不能在同一条模块实例化语句中混合使用,必须是全部以一种规则来完成。

其中,在模块实例化语句中,"端口连接列表"依据实例化模块自有端口列表中各端口位置顺序的说明规则在 Verilog HDL 结构描述与建模中使用较为普遍。由于其在实际使用时没有较直观地显现出被调用的实例化模块自有端口列表中各端口的名字,故其也被称为是隐式端口说明规则。

【例 6.96】 依据实例化模块自有端口列表中各端口位置顺序说明规则的应用实例一(与例 6.89 相同)。

```
module M_instant_1 ( in1, in2, out );        // 顶层模块
input in1, in2;
output out;
wire w1;                                      // 实例化模块间的连线 w1
NAND_2_1 U1 ( in1, in2, w1 );                 // 对实例化模块 NAND_2_1 调用 2 次
NAND_2_1 U2 ( w1, w1, out );
endmodule
module NAND_2_1 ( a, b, z );                  // 被顶层模块调用的实例化模块
```

```
input a, b;
output z;
assign z = ~ ( a & b );
endmodule
```

在例 6.96 中,模块实例化语句"NAND_2_1 U1 (in1, in2, w1);"和"NAND_2_1 U2
(w1, w1, out);"的"端口连接列表"是依据实例化模块 NAND_2_1 自有端口列表中各端
口位置顺序说明规则来说明的。同时,其还使用了与实例化模块 NAND_2_1 端口列表(a,
b, z)不相同的端口名(in1, in2, w1)和(w1, w1, out),这是较常用的方法,可有效地避免
两者发生混淆,出现不必要的理解错误。

【例 6.97】　依据实例化模块自有端口列表中各端口位置顺序说明规则的应用实例二。

```
module topsimu;                              // 一个顶层仿真模块
wire [4:0] v;
wire a, b, c, w;
mod_cut b1 (v[0], v[3], w, v[4]);            // 通过模块实例化语句调用被仿真的模块
endmodule
module mod_cut ( sim_a, sim_b, sim_c, sim_d );  // 被顶层模块调用仿真的实例化模块
inout sim_a, sim_b;
input sim_c, sim_d;
wire sim_w1, sim_w2;
or U1 (sim_a, sim_b, sim_w1);
not U2 (sim_w1, sim_w2);
and U3 (sim_w2, sim_c, sim_d);
endmodule
```

在例 6.97 中,模块实例化语句"mod_cut　b1　(v[0], v[3], w, v[4]);"的"端口连接
列表"也是依据实例化模块 mod_cut 自有端口列表中各端口位置顺序说明规则来说明的。
这里需要强调的是,模块实例化语句"端口连接列表"中的端口名既可以是特定的标识符,也
可以是已声明过的矢量中的单个选择位或部分选择位。

模块实例化语句中"端口连接列表"依据实例化模块自有端口列表中各端口名字的说明
规则,在具体使用过程中要将本模块中的端口名与被调用实例化模块的端口名合成为一个
组合端口名。这样在实际使用中能较为直观地显现出被调用的实例化模块自有端口列表中
各端口的名字,故其也被称为是显式端口说明规则。组合端口名的格式如下:

> .被调用实例化模块端口名(本模块中定义的端口表达式)

注:(1). 是组合端口名固定标识符,不能缺省。
(2)"被调用实例化模块端口名"必须是被调用实例化模块用 input,output,inout 说明
的端口名。不能用矢量中的单个选择位或部分选择位,或其他组合端口。
(3)"本模块中定义的端口表达式"既可以是本模块中说明的端口名,也可以是本模块
中声明的连线型变量等。

【例 6.98】　依据实例化模块自有端口列表中各端口名字说明规则的应用实例一。

```
module m_instant_1 ( in1, in2, out );        // 顶层模块
```

```
input in1, in2;
output out;
wire w1;                                    // 实例化模块间的连线 w1
NAND_2_1 U1 ( .a(in1), .b(in2), .z(w1) );   // 对实例化模块 NAND_2_1 调用 2 次
NAND_2_1 U2 ( .a(w1), .b(w1), .z(out) );
endmodule
module NAND_2_1 ( a, b, z );                // 被顶层模块调用的实例化模块
input a, b;
output z;
assign z = ~ ( a & b );
endmodule
```

例 6.98 案例电路如图 6.19 所示。在例 6.98 中,模块实例化语句"NAND_2_1   U1   (.a
(in1), .b(in2), .z(w1));"和"NAND_2_1   U2   (.a(w1), .b(w1), .z(out));"的"端
口连接列表"是依据显式端口说明规则来说明的。本例中,端口连接列表内各组合端口名还
是按照实例化模块 NAND_2_1 自有端口列表中各端口位置顺序来说明,这里只是为了提高
程序代码的可读性,按照规则其完全可以将顺序打乱。

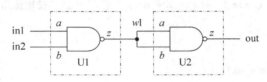

图 6.19   结构描述方式案例电路

【例 6.99】   依据实例化模块自有端口列表中各端口名字说明规则的应用实例二。

```
module topsimu;                                 // 一个顶层仿真模块
wire [4:0] v;
wire a, b, c, w;
mod_cut b1 ( .sim_b (v[3]), .sim_a (v[0]), .sim_d (v[4]), .sim_c (w) );
                                                // 通过模块实例化语句调用被仿真的模块
endmodule
module mod_cut ( sim_a, sim_b, sim_c, sim_d );  // 被顶层模块调用仿真的实例化模块
inout sim_a, sim_b;
input sim_c, sim_d;
wire sim_w1, sim_w2;
or U1 (sim_a, sim_b, sim_w1);
not U2 (sim_w1, sim_w2);
and U3 (sim_w2, sim_c, sim_d);
endmodule
```

在例 6.99 中,模块实例化语句"mod_cut   b1   (.sim_b (v[3]), .sim_a (v[0]), .sim
_d (v[4]), .sim_c (w));"的"端口连接列表"也是依据显式端口说明规则来说明的。同
时,端口连接列表内各组合端口名是以位置顺序打乱的方式出现的,这是合规的。

6.3.3   基于 Verilog HDL 内置基本逻辑门的结构描述与建模

在 Verilog HDL 结构描述与建模过程中除了可以调用由设计者自行设计的实例化模

块外,还可以调用 Verilog HDL 提供的内置基本逻辑门。

Verilog HDL 内置基本逻辑门共有 14 个,具体如表 6.17 所示。

表 6.17 Verilog HDL 内置基本逻辑门

多输入逻辑门	多输出逻辑门	三态逻辑门	pull 逻辑
and	buf	bufif0	pulldown
nand	not	bufif1	pullup
nor		notif0	
or		notif1	
xnor			
xor			

注:Verilog HDL 内置基本逻辑门中没有双向传输逻辑门。

调用 Verilog HDL 内置基本逻辑门来进行建模,将使所建模块更接近实际集成电路网表层的描述,更具有可综合性。

1. 用于结构描述与建模的逻辑门实例化语句

在集成电路设计中,如果希望通过对 Verilog HDL 内置基本逻辑门的调用来完成电路设计,那么使用到的 Verilog HDL 语句是与模块实例化语句相似的"逻辑门实例化语句"。此语句的基本格式如下:

逻辑门名　[(驱动强度)]　[♯延迟时间]逻辑门实例名(端口连接列表);

在逻辑门实例化语句基本格式中,"逻辑门名"为被调用 Verilog HDL 内置基本逻辑门的名字,其只能取之于表 6.17,设计者不允许创造出其他的逻辑门名,否则就应该使用模块实例化语句;"驱动强度"与"延迟时间"均为可选项,其特性与连续赋值语句(assign 语句)中的相关项有点相似,后文将作详细介绍;"逻辑门实例名"与模块实例化语句中的"模块实例名"基本一样,即相当于电路原理图中逻辑门对应的序列号,由设计者任意设定,如 U1,U2 等;"端口连接列表"主要用于表述被调用逻辑门与其他逻辑门或模块之间的端口连接关系。针对不同类型的逻辑门,Verilog HDL 规定了较为严格的输出端口、输入端口、控制输入端口排列位置。

【例 6.100】 基于 Verilog HDL 内置基本逻辑门设计一个如图 6.20 所示的电路。

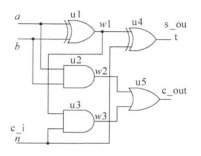

```
module full_add (s_out, c_out, a, b, c_in);
input a, b, c_in;       // 输入端口说明
output s_out, c_out     // 输出端口说明
wire w1, w2, w3;        // 逻辑门之间连线数据类型声明
xor u1 (w1, a, b);      // 逻辑门实例化语句
and u2 (w2, a, b);
and u3 (w3, w1, c_in);
xor u4 (s_out, w1, c_in);
or u5 (c_out, w2, w3);
endmodule
```

图 6.20 由 Verilog HDL 内置基本
逻辑门组成的电路

另外,如果在高层次模块设计中对同一个实例化逻辑门须调用多次,则 Verilog HDL 提供了两种实现方法:一种是通过多条逻辑门实例化语句来实现;另一种是通过一条逻辑门实例化语句来实现。后者的语句基本格式如下:

```
逻辑门名   [(驱动强度 1)]   [ ♯延迟时间 1 ]逻辑门实例名 1 (端口连接列表 1),
           [(驱动强度 2)]   [ ♯延迟时间 2 ]逻辑门实例名 2 (端口连接列表 2),
               ...
           [(驱动强度 n)]   [ ♯延迟时间 n ]逻辑门实例名 n (端口连接列表 n);
```

注:实例化逻辑门每次调用结束符号为",",只有在整个语句结束时才用";"。

【例 6.101】 通过一条逻辑门实例化语句实现对同一个实例化逻辑与门 5 次调用的应用实例。

```
and ♯ 15 u1 ( w1, a, b ),
         u2 ( w2, w1, c ),
         u3 ( w3, w2, d ),
         u4 ( w4, w3, e ),
         u5 ( out, w4, f );
```

例 6.101 针对图 6.21 所示电路,电路中虽然有 5 个二输入与门,但由于其是完全相同的,故在对应的程序代码中可仅使用一条逻辑门实例化语句来完成调用。

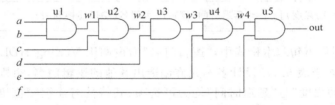

图 6.21   由 5 个 Verilog HDL 内置基本逻辑与门组成的电路

下文对逻辑门实例化语句中的"驱动强度"与"延迟时间"选项进行介绍。

(1) 驱动强度

在逻辑门实例化语句中的"驱动强度"选项主要是用来说明 Verilog HDL 内置基本逻辑门输出端口所输出逻辑值的强度。在 Verilog HDL 内置的 14 个基本逻辑门中,除 pullup (上拉电阻)和 pulldown(下拉电阻)只需一个驱动强度值说明外,其余均须有 2 个驱动强度值组成,格式如下:

```
(对输出逻辑 1 的驱动强度值,对输出逻辑 0 的驱动强度值)
或     (对输出逻辑 0 的驱动强度值,对输出逻辑 1 的驱动强度值)
```

逻辑门实例化语句中的"驱动强度"选项一般必须出现在"延迟时间"选项的前面,但"驱动强度"选项内部的"对输出逻辑 0 的驱动强度值"和"对输出逻辑 1 的驱动强度值"则可以位置互换。另外,对于 pullup(上拉电阻),只能有"对输出逻辑 1 的驱动强度值"的说明,而"对输出逻辑 0 的驱动强度值"为可选项;对于 pulldown(下拉电阻),只能有"对输出逻辑 0 的驱动强度值"的说明,而"对输出逻辑 1 的驱动强度值"为可选项。

无论是"对输出逻辑 1 的驱动强度值",还是"对输出逻辑 0 的驱动强度值",都有 4 种驱动强度值,具体参见表 6.18 所示。

表 6.18　对输出逻辑 1 和逻辑 0 的驱动强度值

对输出逻辑 1 的驱动强度值	对输出逻辑 0 的驱动强度值
supply1	supply0
strong1	strong0
pull1	pull0
weak1	weak0

除表 6.18 所示的 8 种驱动强度值外,Verilog HDL 还定义了 highz1 和 highz0 两种驱动强度值,其中,highz1 针对"对输出逻辑 1 的驱动强度值",用输出高阻值 z 来代替逻辑 1;highz0 针对"对输出逻辑 0 的驱动强度值",用输出高阻值 z 来代替逻辑 0。但须注意的是,如出现(highz0,highz1)和(highz1,highz0)驱动强度说明,则是无效说明。

【例 6.102】　针对集电极开路内置基本逻辑门 nor 的应用实例。

nor (highz1, strong0) u1 (out_x, in_x1, in_x2);

在例 6.102 中,内置基本逻辑门 nor 输出用高阻值 z 来代替逻辑 1。

还须注意的是,如逻辑门实例化语句中缺省了"驱动强度"选项,则默认为(strong1,strong0)。另外,在用一条逻辑门实例化语句调用多个同类型实例化逻辑门时,一个"驱动强度"选项将是适用于所有被调用同类型实例化逻辑门的。

(2) 延迟时间

在逻辑门实例化语句中的"延迟时间"选项主要用来说明 Verilog HDL 内置基本逻辑门传输延迟时间,此延迟时间也可称为门延迟时间,即用于说明逻辑信号从实例化逻辑门输入端口传输到实例化逻辑门输出端口时所经历的延时时间长度。如此选项缺省,则默认的延迟时间值为 0,即对应的 Verilog HDL 内置基本逻辑门无传输延迟时间。

在 Verilog HDL 中,除 pullup(上拉电阻)和 pulldown(下拉电阻)对应的逻辑门实例化语句内不允许包含"延迟时间"选项外,其他 12 个内置基本逻辑门对应的逻辑门实例化语句内均允许包含"延迟时间"选项。"延迟时间"选项的格式有多种,具体如下:

```
    ♯延迟时间值
或  ♯(延迟时间值)
或  ♯(上升延迟时间值,下降延迟时间值)
或  ♯(上升延迟时间值,下降延迟时间值,关断延迟时间值)
```

注:这里没有将缺省格式(也可称为无延迟时间值格式)列出。

Verilog HDL 逻辑门实例化语句中的"延迟时间"选项一般可包含 1～3 个延迟时间值,其中,

- 使用 1 个延迟时间值格式时,主要用于说明 Verilog HDL 内置基本逻辑门的传输延迟时间。

- 使用 2 个延迟时间值格式时,第 1 个为上升延迟时间值,其主要用于说明 Verilog

HDL 内置基本逻辑门输出逻辑值转换为 1 时的延迟时间；第 2 个下降延迟时间值，其主要用于说明 Verilog HDL 内置基本逻辑门输出逻辑值转换为 0 时的延迟时间。在这种格式下，Verilog HDL 内置基本逻辑门输出逻辑值转换为高阻值 z 或不确定值 x 时的延迟时间一般要比上升延迟时间值和下降延迟时间值小。

- 使用 3 个延迟时间值格式时，第 1 个为上升延迟时间值，其主要用于说明 Verilog HDL 内置基本逻辑门输出逻辑值转换为 1 时的延迟时间；第 2 个下降延迟时间值，其主要用于说明 Verilog HDL 内置基本逻辑门输出逻辑值转换为 0 时的延迟时间；第 3 个为关断延迟时间值，其主要用于说明 Verilog HDL 内置基本逻辑门输出逻辑值转换为高阻值 z 时的延迟时间。在这种格式下，Verilog HDL 内置基本逻辑门输出逻辑值转换为不确定值 x 时的延迟时间一般均比这 3 种延迟时间值小。

【例 6.103】 逻辑门实例化语句中使用不同"延迟时间"选项格式的应用实例。

```
and #10 a_1 ( out, in1, in2 );                  // 使用 1 个延迟时间值格式
nand #(10) na_2 ( out, in_1, in_2 );            // 使用 1 个延迟时间值格式
or #(16, 15) or_2 ( out, in_3, in_4 );          // 使用 2 个延迟时间值格式
bufif0 #(16, 15, 13) bu_2 ( out, in_5, control_a); // 使用 3 个延迟时间值格式
```

另外须注意的是，除 Verilog HDL 中 pullup(上拉电阻)和 pulldown(下拉电阻)对应的逻辑门实例化语句内不允许包含"延迟时间"选项外，能全面使用无延迟时间值格式和 1~3 个延迟时间值格式的，也仅有 4 个三态逻辑门 (bufif0、bufif1、notif1、notif0)。而对于 Verilog HDL 的其他 8 个内置基本逻辑门(and,nand,or,nor,xor,xnor,buf,not)，其只能用到无延迟时间值格式和 1~2 个延迟时间值格式。

2. Verilog HDL 内置基本逻辑门的特性

(1) 多输入逻辑门

Verilog HDL 内置的多输入逻辑门有 6 种，即 and(与门)、nand(与非门)、or(或门)、nor(或非门)、xor(异或门)和 xnor(同或门)。这些逻辑门被规定为只有一个输出端口，而输入端口可以有 1 个或多个。同时，Verilog HDL 还规定，在这些逻辑门被调用的逻辑门实例化语句中，对应"端口连接列表"内第一位是连接逻辑门的输出端口，其他则连接输入端口。

【例 6.104】 调用一个 Verilog HDL 内置三输入逻辑与门的应用实例。

```
and U1 (out, in_a, in_b, in_c);           //调用一个 Verilog HDL 内置的三输入逻辑与门
```

这 6 种 Verilog HDL 内置多输入逻辑门对应的二输入真值表如表 6.19~表 6.24 所示。

表 6.19 逻辑与门的真值表

and	0	1	x	z
0	0	0	0	0
1	0	1	x	x
x	0	x	x	x
z	0	x	x	x

表 6.20 逻辑或门的真值表

or	0	1	x	z
0	0	1	x	x
1	1	1	1	1
x	x	1	x	x
z	x	1	x	x

表 6.21 逻辑异或门的真值表

xor	0	1	x	z
0	0	1	x	x
1	1	0	x	x
x	x	x	x	x
z	x	x	x	x

表 6.22 逻辑与非门的真值表

nand	0	1	x	z
0	1	1	1	1
1	1	0	x	x
x	1	x	x	x
z	1	x	x	x

表 6.23 逻辑或非门的真值表

nor	0	1	x	z
0	1	0	x	x
1	0	0	0	0
x	x	0	x	x
z	x	0	x	x

表 6.24 逻辑同或门的真值表

xnor	0	1	x	z
0	1	0	x	x
1	0	1	x	x
x	x	x	x	x
z	x	x	x	x

（2）多输出逻辑门

Verilog HDL 内置的多输出逻辑门有 2 种，即 buf(缓冲器)和 not(非门)。这 2 种逻辑门被规定为只有一个输入端口，而输出端口可以有 1 个或多个。同时，Verilog HDL 还规定，在这 2 种逻辑门被调用的逻辑门实例化语句中，对应"端口连接列表"内最后一位是连接逻辑门的输入端口,其他则连接输出端口。

【例6.105】 调用一个Verilog HDL内置三输出逻辑非门的应用实例。

not U1 (out_a, out_b, out_c, in);   //调用一个Verilog HDL内置的三输出逻辑非门

这2种Verilog HDL内置多输出逻辑门的基本电路图如图6.22和图6.23所示,同时,其对应的一输入一输出真值表如表6.25、表6.26所示。

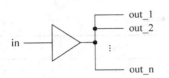

图6.22 多输出逻辑缓冲器电路

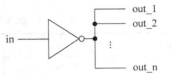

图6.23 多输出逻辑非门电路

表6.25 逻辑缓冲器的真值表

buf	
输入	输出
0	0
1	1
x	x
z	x

表6.26 逻辑非门的真值表

not	
输入	输出
0	1
1	0
x	x
z	x

(3) 三态逻辑门

Verilog HDL内置的三态逻辑门有4种,即bufif0(0电平控制缓冲器)、bufif1(1电平控制缓冲器)、notif0(0电平控制非门)和notif1(1电平控制非门)。这4种三态逻辑门被规定为只有一个输出端口、一个输入出端口、一个控制输入端口。同时,Verilog HDL还规定,在这4种逻辑门被调用的逻辑门实例化语句中,对应"端口连接列表"内第1位是连接逻辑门的输出端口,第2位是连接逻辑门的输入端口,最后1位是连接逻辑门的控制输入端口。

【例6.106】 调用一个Verilog HDL内置0电平控制缓冲器的应用实例。

bufif0 U1 (out_a, out_a, control_a);   //调用一个Verilog HDL内置的0电平控制缓冲器

这4种Verilog HDL内置三态逻辑门的基本电路图如图6.24～图6.27所示,同时,其对应的真值表如表6.27～表6.30所示。

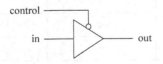

图6.24 0电平控制缓冲器电路

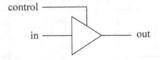

图6.25 1电平控制缓冲器电路

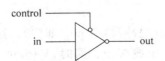

图6.26 0电平控制非门电路

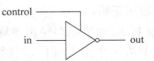

图6.27 1电平控制非门电路

表 6.27　0 电平控制缓冲器的真值表

bufif0		control			
		0	1	x	z
in	0	0	z	0/z	0/z
	1	1	z	1/z	1/z
	x	x	z	x	x
	z	x	z	x	x

表 6.28　1 电平控制缓冲器的真值表

bufif1		control			
		0	1	x	z
in	0	z	0	0/z	0/z
	1	z	1	1/z	1/z
	x	z	x	x	x
	z	z	x	x	x

表 6.29　0 电平控制非门的真值表

notif0		control			
		0	1	x	z
in	0	1	z	1/z	1/z
	1	0	z	0/z	0/z
	x	x	z	x	x
	z	x	z	x	x

表 6.30　1 电平控制非门的真值表

notif1		control			
		0	1	x	z
in	0	z	1	1/z	1/z
	1	z	0	0/z	0/z
	x	z	x	x	x
	z	z	x	x	x

（4）pull 逻辑

Verilog HDL 内置的 pull 逻辑有 2 种，即 pullup（上拉电阻）和 pulldown（下拉电阻）。pull 逻辑可看作一种驱动源，与上拉电阻连接的电路连线（net）将被置为逻辑 1，与下拉电阻连接的电路连线将被置为逻辑 0。Verilog HDL 规定，在这 2 种 pull 逻辑被调用的逻辑门实例化语句中，对应"端口连接列表"内只能是一根被驱动的电路连线。

【例 6.107】　调用一个 Verilog HDL 内置上拉电阻的应用实例一。

```
pullup (strong1) N1 (net_1);          // 调用一个 Verilog HDL 内置的上拉电阻来驱动一根
                                       // 电路连线 net_1
```

在例 6.107 中,上拉电阻用来驱动一根电路连线。如果在一个集成电路设计中,有多根电路连线需上拉电阻驱动,则可参看前文所述的同一个实例化逻辑门被调用多次的方法来实现,即一种是通过重复编写多条与本例逻辑门实例化语句相似的语句来实现;另一种是通过一条逻辑门实例化语句来实现,其对应的案例可参见例 6.108。

【例 6.108】 调用一个 Verilog HDL 内置上拉电阻的应用实例二。

```
pullup (strong1) N1 (net_1),        // 在一条逻辑门实例化语句中,调用一个 Verilog HDL
N2 (net_2),                         // 内置的上拉电阻来驱动 3 根电路连线 net_1,net_2,
N3 (net_3);                         // net_3
```

6.4 Verilog HDL 仿真模块与模块仿真

在集成电路设计过程中,无论使用 Verilog HDL 行为描述方式进行建模还是使用结构描述方式进行建模,被设计的集成电路对象无论是其顶层设计还是子层设计,最终均可看作是用 Verilog HDL 描述的模块。为有效验证新设计模块是否能够满足设计要求,就要对其功能行为、输入/输出关系、时序状态等进行全面仿真。对于 Verilog HDL 来说,要实现对被仿真模块进行仿真,就必须设计相应的仿真模块,本节将对 Verilog HDL 模块仿真过程中所涉及的仿真模块构建、系统任务与系统函数等进行较为详细的介绍。

6.4.1 Verilog HDL 仿真模块构建

在 Verilog HDL 中,要完成一次模块仿真流程,必须解决 3 个最基本的问题,即:如何将被仿真模块调入仿真程序代码中? 如何在仿真程序代码中对被仿真模块施加仿真激励? 如何在仿真程序代码(或 EDA 工具环境)中将被仿真模块在仿真激励下产生的仿真响应显现出来,以便设计者判断被仿真模块是否设计合格?

本小节将从 Verilog HDL 仿真模块基本程序架构着手,着重介绍如何在 Verilog HDL 仿真模块的程序代码编写中包含并解决这些问题。

1. Verilog HDL 仿真模块的基本程序架构

Verilog HDL 仿真模块基本程序架构主要是基于 Verilog HDL 结构建模基本程序架构来实现的。但是,其与集成电路设计所使用的行为建模和结构建模的最大区别在于其没有"端口列表"和"端口说明"项。同时,其还引入了不能应用于电路模块程序代码设计而仅能用于仿真模块程序代码设计的 initial 块。

Verilog HDL 仿真模块基本程序架构的格式如下:

```
module 模块名;
数据类型声明;
参数型数据声明;          // parameter 语句
被仿真模块实例化语句;     // 调用被仿真模块
仿真激励施加             // 主要用到 initial 块和 always 块
[仿真响应显示]           // 主要用到特定的系统任务
endmodule
```

注：(1) Verilog HDL 仿真模块的程序代码,通常也简称"仿真程序代码"或"仿真平台(Testbench)"。

(2) Verilog HDL 仿真模块程序代码的编写过程也称"仿真建模"。

在集成电路仿真程序代码设计中,通常以不包含"端口列表"为区别电路模块程序代码的标志。这主要是因为此程序代码只是仿真模块,只能用于仿真验证,一般不会被其他模块设计调用。同时,由于仿真模块没有端口列表,其程序代码内部也无须对端口进行说明。但是,为了对被仿真模块进行仿真激励施加,须对被仿真模块相关端口的数据类型进行声明。至于"参数型数据声明"项,则为可选项,主要是为了在仿真模块的程序代码编写中对一些固定常数,如时钟周期、时间宽度、特定逻辑值等进行符号化定义,以便于仿真过程中对仿真程序代码进行修改。

在集成电路仿真程序代码设计中,最为关键的是"参数型数据声明"项后续的 3 项,即被仿真模块实例化语句、仿真激励施加和仿真响应显示。

2. 被仿真模块实例化语句

Verilog HDL 仿真程序代码中,被仿真模块实例化语句与 Verilog HDL 结构建模中模块实例化语句的格式是基本一致的,只是通常可以不包含"♯(参数值列表)"项,较为常用的格式如下：

```
模块名　模块实例名(端口连接列表);
```

在被仿真模块实例化语句基本格式中,"模块名"为被仿真模块的名字;"模块实例名"由设计者任意设定,其无须什么意义,通常会加_t、_test 和_sim 等表述被测试或被仿真的后缀;"端口连接列表"在这里不能像 Verilog HDL 结构建模"模块实例化语句"格式中那样为可选项,其通常是不允许被缺省的,因为对被仿真模块所施加的仿真激励是通过端口连接列表输入的。

在被仿真模块实例化语句中,"端口连接列表"既可以使用依据被仿真模块自有端口列表中各端口位置顺序的隐式端口说明规则,也可以使用仿真模块中所定义端口名与被仿真模块端口名进行组合的显式端口说明规则。目前较为常用的为后者,因为这样可以将被仿真模块自有端口名与对应的仿真信号名进行一定的区分;同时,又能够不太顾及"端口连接列表"中各端口名的位置顺序被安置出错而影响到仿真的结果。

【例 6.109】　二选一选择器对应的模块名与端口信息为"module　MUX21_1 (o, a1, a2, sel);",其相应的 Verilog HDL 仿真程序代码(调用被仿真模块部分)如下。

```
module MUX21_tb                              // 仿真模块名
reg test_a1, test_a2, test_sel;              // 被仿真模块输入端口仿真数据类型声明
wire test_o;                                 // 被仿真模块输出端口仿真数据类型声明
MUX21_1 mux_test (.o(test_o), .a1(test_a1), .a2(test_a2), .sel(test_sel));
                                             // 调用被仿真模块
```

在例 6.109 中,被仿真模块实例化语句"MUX21_1　mux_test (.o(test_o), .a1(test_a1), .a2(test_a2), .sel(test_sel));"的"端口连接列表"是依据显式端口说明规则来说明的。本例中,端口连接列表内各组合端口名还是按照被仿真模块 MUX21_1 自有端口列表

中各端口位置顺序来说明,这里只是为了提高程序代码的可读性,按照规则其完全是可以将
顺序打乱的。

3. 仿真激励施加

在 Verilog HDL 仿真程序代码中,仿真激励施加主要是通过 initial 块与 always 块来完
成仿真初始值施加、特定时间仿真逻辑值施加、仿真时钟信号施加、仿真条件信号施加和仿
真循环信号施加等工作。

其中,通过 initial 块主要是完成仿真初始值施加和特定时间仿真逻辑值施加的工作。

【**例 6.110**】 initial 块完成仿真初始值施加的应用实例。

```
initial
begin
  clk = 1'b0;                        // 仿真初始值施加
  reset = 1'b0;
  in = 1'b1;
end
```

【**例 6.111**】 二选一选择器对应的模块名与端口信息为"module MUX21_1 (o, a1,
a2, sel);",其相应的 Verilog HDL 仿真程序代码(特定时间仿真逻辑值施加部分)如下。

```
module MUX21_tb                      // 仿真模块名
reg test_a1, test_a2, test_sel;      // 被仿真模块输入端口仿真数据类型声明
wire test_o;                         // 被仿真模块输出端口仿真数据类型声明
MUX21_1 mux_test (.o(test_o), .a1(test_a1), .a2(test_a2), .sel(test_ sel));
                                     // 调用被仿真模块
initial
begin
      test_a1 = 0; test_a2 = 0; test_sel = 0;       // 特定时间仿真逻辑值施加
  #10 test_a1 = 0; test_a2 = 1; test_sel = 0;
  #10 test_a1 = 1; test_a2 = 0; test_sel = 0;
  #10 test_a1 = 1; test_a2 = 1; test_sel = 0;
  #10 test_a1 = 0; test_a2 = 0; test_sel = 1;
  #10 test_a1 = 0; test_a2 = 1; test_sel = 1;
  #10 test_a1 = 1; test_a2 = 0; test_sel = 1;
  #10 test_a1 = 1; test_a2 = 1; test_sel = 1;
end
```

在例 6.111 中,initial 块内的仿真激励包含了仿真事件的 3 个基本要素,即时间、信号
对象和信号值。本例中,每间隔 10 个单位时间通过被仿真模块的 3 个输入端口向其施加一
组新的激励信号值,进而完成对被仿真模块的特定时间仿真逻辑值施加工作。需要注意的
是,本例中"#10"是一个相对时间的概念,其是相对于上一条语句执行完后的时刻而言,并
非相对于整个仿真流程的起始时间。

另外,通过 always 块主要是完成仿真时钟信号施加、仿真条件信号施加和仿真循环信
号施加等工作。

【**例 6.112**】 always 块完成仿真时钟信号施加的应用实例。

```
always
begin
```

```
   ♯10 clk = ~clk;
  end
```

例 6.112 内 always 块中的"♯10 clk ＝ ～clk;"语句可以实现每间隔 10 个单位时间对 clk 信号进行逻辑电平值取反,以产生一个周期为 20 个单位时间的时钟信号,进而完成对被 仿真模块的仿真时钟信号施加工作。

【例 6.113】 always 块完成仿真条件信号施加的应用实例一。

```
amu1_1 m_test (.out(test_out), .f1(test_f1), .f2(test_f2));  // 调用被仿真模块
always @ (a or b or c)                                        // 敏感事件作为仿真信号施加的条件
begin
  test_f1 = a & b & c;                                        // 仿真条件信号施加
  test_f2 = a | b | c;
end
```

例 6.113 中的 always 块带有"敏感事件列表",其作为块内仿真条件信号施加的条件。 只要 a,b,c 3 个敏感事件中的任一个有变化,均将启动"test_f1 ＝ a ＆ b ＆ c;"和"test_f2 ＝ a | b | c;"语句执行,进而完成对被仿真模块的仿真条件信号施加工作。

【例 6.114】 always 块完成仿真条件信号施加的应用实例二。

```
amu1_1 m_test (.out(test_out), .f1(test_f1), .f2(test_f2));  // 调用被仿真模块
always
begin
  if ( a <= b )                                               // 用条件语句引出仿真信号施加的条件
  begin
    test_f1 = a & b;                                          // 仿真条件信号施加
    test_f2 = a | b;
  end
end
```

例 6.114 中的 always 块没有"敏感事件列表",其块内使用条件语句作为仿真信号施加 的条件。只要 a ＜＝ b 条件满足,均将启动"test_f1 ＝ a ＆ b;"和"test_f2 ＝ a | b;"语句 执行,进而完成对被仿真模块的仿真条件信号施加工作。这里须注意的是,在编写仿真程序 代码时,由于其不会进行综合,不用于产生硬件电路,故其内部的条件语句不必过分强调要 包含 else 部分。另外,也可以使用选择语句来完成多条件的仿真信号施加工作。

【例 6.115】 always 块完成仿真循环信号施加的应用实例。

```
amu1_1 m_test (.out(test_out), .f1(test_f1), .f2(test_f2));  // 调用被仿真模块
always @ (a or b or c)                                        // 敏感事件作为仿真信号施加的条件
begin
  repeat(10)
  begin
    ♯40 test_f1 = ~ test_f1;                                  // 仿真循环信号施加
    ♯20 test_f2 = ~ test_f2;
  end
end
```

例 6.115 中的 always 块带有"敏感事件列表",其作为块内仿真条件信号施加的条件。 同时,块内还包含了一条循环语句 repeat(10),其可以通过 10 次循环执行"♯40　test_f1 ＝

～ test_f1;"和"♯20　test_f2 ＝ ～ test_f2;"语句,产生两个特定长度的方波信号,进而完成对被仿真模块的仿真循环信号施加工作。另外,也可以使用其他循环语句(如 forever 语句、while 语句和 for 语句)来完成仿真循环信号施加工作。

4. 仿真响应显示

Verilog HDL 仿真程序代码中的"仿真响应显示"项为可选项。如此项默认,则通常可以借助 Verilog HDL 仿真调试用 EDA 工具来完成被仿真模块响应输出信号的波形或逻辑电平值的显示,以便于集成电路设计者对仿真结果正确与否进行判断;如此项保留,则一般是通过 Verilog HDL 特定的系统任务来完成被仿真模块响应输出信号逻辑电平值的显示。

Verilog HDL 中特定用于显示的系统任务主要有 $display 和 $monitor 两种。按规定其只能显示设定时刻被仿真模块响应输出信号逻辑电平值,无法直接显示被仿真模块响应输出信号的波形。

【例 6.116】 用系统任务 $display 完成仿真响应显示的应用实例。

```
amu1_1 m_test (.out(test_out), .f1(test_f1), .f2(test_f2));  // 调用被仿真模块
always @ (a or b or c)                                        // 敏感事件作为仿真信号施加的条件
begin
  test_f1 = a & b & c;                                        // 仿真条件信号施加
  test_f2 = a | b | c;
end
always @ (a or b or c)                                        // 敏感事件作为仿真响应显示的条件
begin
  $ display ( "f1 = %b, f2 = %b, out = %b", test_f1, test_f2, test_out);
                                                              // 仿真响应显示
end
```

仿真响应显示结果:(注:以下显示信号值只是参考值)

```
f1 = 00, f2 = 00, out = 00
f1 = 00, f2 = 01, out = 01
f1 = 10, f2 = 10, out = 10
      …
```

在例 6.116 中,通过" $ display ("f1 ＝ %b, f2 ＝ %b, out ＝ %b", test_f1, test_f2, test_out);"语句可实现同步显示被仿真模块的输入激励信号值 test_f1,test_f2 与输出响应信号值 test_out,进而完成对被仿真模块仿真响应显示工作。

在系统任务 $display 语句内引号包括的字符内容一般可直接显示,而其中%b 则用于规定信号值要以二进制的格式规范进行显示。另外,test_f1, test_f2, test_out 则相当于显示信号变量,其对应的信号值将用于显示。

【例 6.117】 二选一选择器对应的模块名与端口信息为"module　MUX21_1 (o, a1, a2, sel);",其相应的 Verilog HDL 仿真程序代码(增加了仿真响应显示部分)如下。

```
module MUX21_tb                       // 仿真模块名
reg test_a1, test_a2, test_sel;       // 被仿真模块输入端口仿真数据类型声明
wire test_o;                          // 被仿真模块输出端口仿真数据类型声明
MUX21_1 mux_test (.o(test_o), .a1(test_a1), .a2(test_a2), .sel(test_sel));
                                      // 调用被仿真模块
```

```
initial
begin
        test_a1 = 0; test_a2 = 0; test_sel = 0;      // 特定时间仿真逻辑值施加
  #10 test_a1 = 0; test_a2 = 1; test_sel = 0;
  #10 test_a1 = 1; test_a2 = 0; test_sel = 0;
  #10 test_a1 = 1; test_a2 = 1; test_sel = 0;
  #10 test_a1 = 0; test_a2 = 0; test_sel = 1;
  #10 test_a1 = 0; test_a2 = 1; test_sel = 1;
  #10 test_a1 = 1; test_a2 = 0; test_sel = 1;
  #10 test_a1 = 1; test_a2 = 1; test_sel = 1;
end
initial                                              // 实时观测仿真结果
$monitor ("a1 = %b, a2 = %b, sel = %b, o = %b", test_a1, test_a2, test_sel, test_o);
endmodule
```

仿真响应显示结果：

```
a1 = 0, a2 = 0, sel = 0, o = 0
a1 = 0, a2 = 1, sel = 0, o = 0
a1 = 1, a2 = 0, sel = 0, o = 1
a1 = 1, a2 = 1, sel = 0, o = 1
a1 = 0, a2 = 0, sel = 1, o = 0
a1 = 0, a2 = 1, sel = 1, o = 1
a1 = 1, a2 = 0, sel = 1, o = 0
a1 = 1, a2 = 1, sel = 1, o = 1
```

在例 6.117 中，通过“$monitor ("a1 = %b　a2 = %b　sel = %b　o = %b", test_a1, test_a2, test_sel, test_o);”语句可实现实时显示被仿真模块的输入激励信号值 test_a1,test_a2,test_sel 与输出响应信号值 test_o,进而完成对被仿真模块仿真响应显示工作。

$monitor 与 $display 都是用于显示的系统任务,两者不同的地方在于:前者语句所包含的显示信号变量中任意一个有信号值变化,均将自动执行一次对应的 $monitor 语句;而后者只在程序代码流运行到本 $display 语句时才执行一次。$monitor 语句的格式规范基本与 $display 语句一致。更详细的说明将在后面描述。

通常为了仿真过程清晰,一般在一个 Verilog HDL 仿真模块中只使用一条被仿真模块实例化语句,即对一个电路模块进行仿真。但是,如果有需求,Verilog HDL 允许对多个电路模块同时进行仿真,此时则需要在一个 Verilog HDL 仿真模块中加入多条被仿真模块实例化语句。

另须强调的是,Verilog HDL 仿真模块所对应的仿真程序代码形式与 Verilog HDL 结构描述方式所建模块的程序代码形式很相似,但是,两者存在本质的区别:前者是用于对集成电路模块进行仿真,而后者是集成电路本身;前者无法综合出任何硬件电路,而后者可综合出所需的集成电路。

6.4.2　Verilog HDL 系统任务和系统函数

IEEE Std 1364—2001 标准 Verilog HDL 版本中包含有 6 类系统任务和 4 类系统函数,具体如表 6.31 和表 6.32 所示,其主要用于对 Verilog HDL 程序代码仿真调试的支持。

表 6.31　Verilog HDL 系统任务

(1) 文件输入/输出系统任务		(2) 显示系统任务	
$ fopen *	$ fclose *	$ display *	$ strobe
$ fdisplay	$ fstrobe	$ displayb	$ strobeb
$ fdisplayb	$ fstrobeb	$ displayh	$ strobeh
$ fdisplayh	$ fstrobeh	$ displayo	$ strobeo
$ fdisplayo	$ fstrobeo	$ monitor *	$ write *
$ fgetc	$ ungetc	$ monitorb	$ writeb
$ fflush	$ ferror	$ monitorh	$ writeh
$ fgets	$ rewind	$ monitoro	$ writeo
$ fmonitor	$ fwrite	$ monitoron *	$ monitoroff *
$ fmonitorb	$ fwriteb	(4) PLA 建模系统任务	
$ fmonitorh	$ fwriteh	$ async $ and $ array	$ async $ and $ plane
$ fmonitoro	$ fwriteo	$ async $ nand $ array	$ async $ nand $ plane
$ readmemb	$ readmemh	$ async $ or $ array	$ async $ or $ plane
$ swrite	$ swriteb	$ async $ nor $ array	$ async $ nor $ plane
$ swriteo	$ swriteh	$ sync $ and $ array	$ sync $ and $ plane
$ sformat	$ sdf_annotate	$ sync $ nand $ array	$ sync $ nand $ plane
$ fscanf	$ sscanf	$ sync $ or $ array	$ sync $ or $ plane
$ fread	$ ftell	$ sync $ nor $ array	$ sync $ nor $ plane
$ fseek		(6) 随机分析系统任务	
(3) 仿真控制系统任务		$ q_initialize	$ q_add
$ finish *	$ stop *	$ q_remove	$ q_full
(5) 时间标尺系统任务		$ q_exam	
$ printtimescale	$ timeformat		

注：带 * 的系统任务本书将进行介绍,其余部分可参见文献 *IEEE Standard Verilog® Hardware Description Language* (IEEE Std 1364—2001)。

表 6.32　Verilog HDL 系统函数

(1) 仿真时间系统函数		(2) 概率分布系统函数	
$ time *	$ stime *	$ dist_chi_square	$ dist_erlang
$ realtime *		$ dist_exponential	$ dist_normal
(3) 转换系统函数		$ dist_poisson	$ dist_t
$ bitstoreal *	$ realtobits *	$ dist_uniform	$ random *
$ itor *	$ rtoi *	(4) 命令行输入系统函数	
$ signed	$ unsigned	$ test $ plusargs	$ value $ plusargs

注：带 * 的系统函数本书将进行介绍,其余部分可参见文献 *IEEE Standard Verilog® Hardware Description Language* (IEEE Std 1364—2001)。

　　Verilog HDL 规定系统任务与系统函数所用关键词前必须加 $ 标识符。但须注意的是,Verilog HDL 中并非所有带 $ 标识符的关键词均为系统任务或系统函数,其中较为典型的是 Verilog HDL 时间检查(Timing Checks)所用关键词也是前面加 $ 标识符的(关于时间检查部分本书不介绍)。

另外,系统任务和系统函数一般在 Verilog HDL 程序代码中是独立使用的,不要将其与常数型函数混合在一起使用。

1. Verilog HDL 系统任务

根据表 6.31 可知,Verilog HDL 包含了近 80 个基本系统任务。本小节将选取在实际仿真程序代码中较为常用的若干来进行介绍。

(1) 文件输入/输出系统任务

Verilog HDL 文件输入/输出系统任务主要有 3 种,即打开/关闭文件任务、将数值输入文件任务和从文件中读出数值任务。这里主要介绍打开文件任务 $fopen 和关闭文件任务 $fclose。

① 打开文件任务 $fopen

打开文件任务 $fopen 的常用格式如下:

```
多通道描述符 = $fopen("文件名");
```

$fopen 为打开文件任务的关键词。通过执行此系统任务,可以打开"文件名"对应的文件,并允许对文件实施写操作,同时还产生一个"多通道描述符"(Multi Channel Descriptor)返回值。"多通道描述符"返回值为整数型数据,对应 32 位二进制数值,其最高位(左侧第 32 位)为保留位,最低位(右侧第 1 位)对应标准输出,其余各位对应实际被打开文件通道。当打开第 1 个文件时,"多通道描述符"返回值的次低位(右侧第 2 位)被置 1,返回值为 32'h00000002;当打开第 2 个文件时,"多通道描述符"返回值的右侧第 3 位被置 1,返回值为 32'h00000004;当打开第 3 个文件时,"多通道描述符"返回值的右侧第 4 位被置 1,返回值为 32'h00000008;以此类推,后续每打开一个文件,便左移一位置 1。如果在打开文件任务执行过程中未打开相应的文件,则不管是相应文件不存在还是其他原因,均将返回一个 0。

【例 6.118】 打开文件任务 $fopen 的应用实例。

```
integer mcd_a, mcd_b, mcd_c, mcd_d;        // 声明 4 个多通道描述符
initial
begin
  mcd_a = $fopen ( "file_a.out" );         // mcd_a = 32'h00000002
  mcd_b = $fopen ( "file_b.out" );         // mcd_b = 32'h00000004
  mcd_c = $fopen ( "file_c.out" );         // mcd_c = 32'h00000008
  mcd_d = $fopen ( "file_d.out" );         // mcd_d = 32'h00000010
end
```

"多通道描述符"返回值是一个重要的数值,其在很多 Verilog HDL 系统任务中被使用到。

② 关闭文件任务 $fclose

关闭文件任务 $fclose 的常用格式如下:

```
$fclose("多通道描述符");
```

$fclose 为关闭文件任务的关键词。通过执行此系统任务,可以根据"多通道描述符"返回值来关闭相应已打开的文件。文件被关闭后,就不能再对其进行输入(写入)或输出(读出)了,对应的"多通道描述符"返回值的相应位被清 0。除非再执行打开文件任务 $fopen 去打开所需文件。

【例 6.119】 关闭文件任务 $fclose 的应用实例。

```
$fclose("mcd_c");                                // 关闭例 6.118 中的 file_c.out 文件
```

(2) 显示系统任务

Verilog HDL 显示任务主要有 3 种,即显示与写任务、选通监视类任务和连续监视类任务。这里主要介绍显示任务 $display 和写任务 $write,以及连续监视任务 $monitor、连续监视开启任务 $monitoron 和连续监视关闭任务 $monitoroff。

① 显示任务 $display 和写任务 $write

显示任务 $display 和写任务 $write 的常用格式如下:

```
$display(参数列表);
$write(参数列表);
```

$display 为显示任务的关键词,$write 为写任务的关键词。这两种显现系统任务均可实现将"参数列表"项中的特定信息显示到显示设备上。两者主要区别在于显示任务 $display 能够实现自动换行,而写任务 $write 则不能。

这两种显现系统任务"参数列表"项的格式是相同的。"参数列表"项可以包含多个参数,每个参数可以是带双引号的字符串参数、有返回值的表达式参数或空参数(NULL)。各参数在"参数列表"中的排列顺序与最终的显示顺序一致。

在"字符串参数"中,除了包含一般可直接显示的普通字符外,还可以包含一些特殊的字符,如转义字符、数据格式定义字符等,具体参见表 6.33 和表 6.34。

表 6.33　显示任务 $display 和写任务 $write 内"字符串参数"中的转义字符

转义字符	含　义
\n	换行符
\t	Tab 符或制表符
\\	\
\"	"
\ddd	用 1～3 位八进制数表示的一个字符($0 \leqslant d \leqslant 7$)
%%	%

表 6.34　显示任务 $display 和写任务 $write 内"字符串参数"中的数据格式定义字符

数据格式定义字符	含　义
%h 或 %H	以十六进制格式显示
%d 或 %D	以十进制格式显示
%o 或 %O	以八进制格式显示
%b 或 %B	以二进制格式显示

续表

数据格式定义字符	含　义
%c 或 %C	以 ASCII 字符格式显示
%v 或 %V	显示连线型数据信号强度
%m 或 %M	显示层次名
%s 或 %S	以字符串格式显示
%t 或 %T	以当前时间格式显示
%e 或 %E	以指数格式显示实数型数据
%f 或 %F	以十进制格式显示实数型数据
%g 或 %G	以指数或十进制格式显示实数型数据,以较短的输出结果为准

【例 6.120】　显示任务 $ display 内"字符串参数"中转义字符的应用实例。

```
module disp_1;
initial
begin
  $ display("\\\t\\\n\"\123");
end
endmodule
仿真响应显示结果:
\\
"S
```

【例 6.121】　显示任务 $ display 内"字符串参数"中数据格式定义字符的应用实例。

```
module disp_2;
    ...
initial
begin
  $ display ( "f1 = %b, f2 = %b, out = %b", test_f1, test_f2, test_out);   // 仿真响应显示
end
```

仿真响应显示结果(以下显示信号值只是参考值):

```
f1 = 00, f2 = 00, out = 00
f1 = 00, f2 = 01, out = 01
f1 = 10, f2 = 10, out = 10
```

② 连续监视任务 $ monitor、连续监视开启任务 $ monitoron 和连续监视关闭任务 $ monitoroff

连续监视任务 $ monitor 具有监视与显示双重功能,其常用格式如下:

$ monitor(参数列表);

$ monitor 为连续监视任务的关键词。此系统任务可通过监视"参数列表"项中变量、表达式的变化,来显示相应"参数列表"项的内容。连续监视任务 $ monitor"参数列表"项的格式与显示任务 $ display 是相同的,包括转义字符和数据格式定义字符等。

在具体的仿真过程中,连续监视任务 $ monitor 可以由"参数列表"项中的一个或多个

参数触发执行,而且并没有执行的限制,只要"参数列表"项中的参数(变量或表达式)有变化就可触发执行。

【例 6.122】 连续监视任务 $ monitor 的应用实例。

```
module MUX21_tb                          // 仿真模块名
reg test_a1, test_a2, test_sel;          // 被仿真模块输入端口仿真数据类型声明
wire test_o;                             // 被仿真模块输出端口仿真数据类型声明
MUX21_1 mux_test (.o(test_o), a1(test_a1), a2(test_a2), sel(test_ sel));
                                         // 调用被仿真模块

    …
initial                                  // 实时显示仿真结果
  $ monitor ("a1 = %b, a2 = %b, sel = %b, o = %b", test_a1, test_a2, test_sel, test_o);
                                         // 只要仿真模块输入端口仿真数据任一个或多
                                         // 个有变化,系统任务 $ monitor 均执行一次

endmodule
```

仿真响应显示结果(以下显示信号值只是参考值):

```
a1 = 0, a2 = 0, sel = 0, o = 0
a1 = 0, a2 = 1, sel = 0, o = 0
a1 = 1, a2 = 0, sel = 0, o = 1
a1 = 1, a2 = 1, sel = 0, o = 1
a1 = 0, a2 = 0, sel = 1, o = 0
    …
```

为有效控制连续监视任务 $ monitor 的执行方式,Verilog HDL 还提供了连续监视开启任务 $ monitoron 和连续监视关闭任务 $ monitoroff,这两个系统任务的常用格式如下:

```
    $ monitoron;
    $ monitoroff;
```

$ monitoron 为连续监视开启任务的关键词,$ monitoroff 为连续监视关闭任务的关键词。这两种系统任务主要是通过控制一个监视标志来实现对连续监视任务 $ monitor 的开启与关闭。通常在仿真开始阶段,监视标志是自动处于使能状态,即默认为连续监视开启任务 $ monitoron 已执行状态。

(3) 仿真控制系统任务

Verilog HDL 仿真控制系统任务主要有两种,即仿真结束任务 $ finish 和仿真暂停任务 $ stop。

① 仿真结束任务 $ finish

仿真结束任务 $ finish 的常用格式如下:

```
    $ finish [(n)]
```

$ finish 为仿真结束任务的关键词。通过执行此系统任务,可以结束仿真进程并控制返回操作系统。本格式中的(n)项为结束状态信息诊断等级参数,其有 3 个参数值,具体对应的诊断等级要求如表 6.35 所示。

表 6.35　仿真结束任务 $ finish 的诊断等级要求

参数值	诊断等级要求
0	不显示
1	显示仿真时间与位置
2	显示仿真时间与位置,及仿真中存储器使用与 CPU 时间统计值

注:结束状态信息诊断等级参数(n)项为可选项,缺省时对应参数值 1。

【例 6.123】　仿真结束任务 $ finish 的应用实例。

```
initial
begin
  #100 globalreset = 0;
  #100 in = 0;
  #100 in = 1;
  #400 $ finish;   // 整个仿真进程将在上一条"#100 in=1;"语句执行后的第 400 个单位时间处结束
end
```

② 仿真暂停任务 $ stop

仿真暂停任务 $ stop 的常用格式如下:

```
$ stop [(n)]
```

$ stop 为仿真暂停任务的关键词。通过执行此系统任务,可以暂停仿真进程并控制返回操作系统,通过仿真器输入相应命令可使仿真继续进行。本格式中的(n)项为暂停状态信息诊断等级参数,其有 3 个参数值,具体对应的诊断等级要求如表 6.35 所示。

对于一般仿真模块的程序代码来说,如果没有加入控制仿真进程结束或暂停的语句,则在实际的仿真过程中,经常会陷入死循环或仿真进程无穷无尽的情况。通过在 initial 块中加入带有延迟时间的仿真控制系统任务,便可较容易地解决此类问题。

2. Verilog HDL 系统函数

由表 6.32 所示可知,Verilog HDL 包含了近 20 个基本系统函数。本小节将选取在实际仿真程序代码中较为常用的来进行介绍。

(1) 仿真时间系统函数

Verilog HDL 仿真时间系统函数主要有 3 种,即 64 位整数时间函数 $ time、32 位无符号整数时间函数 $ stime 和实数时间函数 $ realtime。

在具体介绍这 3 种仿真时间系统函数前,先介绍一种 Verilog HDL 时间标尺编辑指令 `timescale,以便于更好地理解仿真时间系统函数。

时间标尺编辑指令 `timescale 的常用格式如下:

```
`timescale 单位时间/时间精度
```

`timescale 为时间标尺编辑指令的关键词。通过执行此编辑指令,可以设定其后续程序代码中涉及仿真时间或延迟时间的"单位时间"和"时间精度"。"单位时间"项和"时间精度"项的数据值一般为整数 1、10 和 100,单位时间符为 s(秒)、ms(毫秒)、μs(微秒)、ns(纳秒)、

ps(皮秒)和 fs(飞秒)。

【例 6.124】 时间标尺编辑指令`timescale 的应用实例一。

```
`timescale 1 ns / 1 ps
```

例 6.124 中的时间标尺编辑指令表示了后续仿真程序代码中的单位时间是 1ns,时间精度为 1ps,即可控制到单位时间小数点后 3 位。通常要求"时间精度"项的单位时间必须小于等于"单位时间"项。

【例 6.125】 时间标尺编辑指令`timescale 的应用实例二。

```
`timescale 10 ns / 1 ns
module time_delay;
reg out_t_1, out_t_2;
parameter t = 2.28;
initial
begin
  #t out_t_1 = 1;
      out_t_2 = 0;
  #t out_t_1 = 0;
      out_t_2 = 1;
end
endmodule
```

例 6.125 中的时间标尺编辑指令表示后续仿真程序代码中的单位时间是 10ns,时间精度为 1ns。这样,由"parameter   t = 2.28;"语句声明的参数型数据 t 实际的延迟时间为 23ns,即♯t 等于 2.28×10ns = 22.8ns,按时间精度 1ns 四舍五入后等于 23ns。

一般在一个仿真程序代码中时间标尺编辑指令`timescale 均放置在顶部,除非后续要调整"单位时间"和"时间精度",则须另外加入其他时间标尺编辑指令`timescale。

① 64 位整数时间函数 $ time

64 位整数时间函数 $ time 的常用格式如下:

```
$ time
```

$ time 为 64 位整数时间函数的关键词。通过执行此系统函数,可以返回一个当前 64 位整数时间值。

【例 6.126】 64 位整数时间函数 $ time 的应用实例。

```
`timescale 10 ns / 1 ns
module time_delay;
reg out_t_1, out_t_2;
parameter t = 2.28;
initial
begin
  $ monitor ( $ time, ," out_t_1 = ", out_t_1, " out_t_2 = ", out_t_2);
  #t out_t_1 = 1;
      out_t_2 = 0;
```

```
    #t out_t_1 = 0;
       out_t_2 = 1;
 end
 endmodule
```

仿真响应显示结果：

```
0 out_t_1 = x, out_t_2 = x
2 out_t_1 = 1, out_t_2 = 0
5 out_t_1 = 0, out_t_2 = 1
```

例 6.126 中的时间标尺编辑指令表示后续仿真程序代码中的单位时间是 10ns,时间精度为 1ns。这样,本例中第 1 个 #t 对应的时间为 23ns,第 2 个 #t 对应的时间为 46ns。而对于连续监视任务" $ monitor ($ time , ," out_t_1 = ", out_t_1, " out_t_2 = ", out_t_2);"语句中的 64 位整数时间函数 $ time,其仿真响应显示结果在第 1 个 #t 时显示 2,这是因为根据时间精度 2.28 四舍五入后等于 2.3,2.3 四舍五入取整数为 2;仿真响应显示结果在第 2 个 #t 时显示 5,这是因为 2.3×2 = 4.6,4.6 四舍五入取整数为 5。

② 32 位无符号整数时间函数 $ stime

32 位无符号整数时间函数 $ stime 的常用格式如下：

```
$ stime
```

$ stime 为 32 位无符号整数时间函数的关键词。通过执行此系统函数,可以返回一个当前 32 位无符号整数时间值。

③ 实数时间函数 $ realtime

实数时间函数 $ realtime 的常用格式如下：

```
$ realtime
```

$ realtime 为实数时间函数的关键词。通过执行此系统函数,可以返回一个当前实数型时间值。

【例 6.127】　实数时间函数 $ realtime 的应用实例。

```
`timescale 10 ns / 1 ns
module time_delay;
reg out_t_1, out_t_2;
parameter t = 2.28;
initial
begin
  $ monitor ( $ realtime, ," out_t_1 = ", out_t_1, " out_t_2 = ", out_t_2);
  #t out_t_1 = 1;
     out_t_2 = 0;
  #t out_t_1 = 0;
     out_t_2 = 1;
end
endmodule
```

仿真响应显示结果：

```
0 out_t_1 = x, out_t_2 = x
2.3 out_t_1 = 1, out_t_2 = 0
4.6 out_t_1 = 0, out_t_2 = 1
```

例 6.127 中的时间标尺编辑指令表示后续仿真程序代码中的单位时间是 10ns,时间精度为 1ns。这样,本例中第 1 个 #t 对应的时间为 23ns,第 2 个 #t 对应的时间为 46ns。而对于连续监视任务"$monitor($realtime, ," out_t_1 = ", out_t_1, " out_t_2 = ", out_t_2);"语句中的实数时间函数 $realtime,其仿真响应显示结果在第 1 个 #t 时显示 2.3,这是因为根据时间精度 2.28 四舍五入后等于 2.3;仿真响应显示结果在第 2 个 #t 时显示 4.6,这是因为 2.3×2＝4.6。

(2) 概率分布系统函数

Verilog HDL 概率分布系统函数主要有 8 种。这里主要介绍随机数生成函数 $random。

随机数生成函数 $random 的常用格式如下：

```
$random [ %种子参数];
```

$random 为随机数生成函数的关键词。通过执行此系统函数,可以产生一个带符号的 32 位随机数。本格式中的"%种子参数"项为可选项,用于控制产生不同形式随机数的范围。种子参数可以是寄存器型、整数型或时间型变量,其必须大于零。

【例 6.128】 随机数生成函数 $random 的应用实例一。

```
reg [23:0] rand_1;
rand_1 = $random % 70;
```

在例 6.128 中,"rand_1 = $random % 70;"语句对应 $random %b 格式,其中 b 须大于零,并由 b 可确定随机数将在[(−b+1)：(b−1)]的范围中产生。本例随机数将在[−69：69]范围内产生。

【例 6.129】 随机数生成函数 $random 的应用实例二。

```
reg [23:0] rand_2;
rand_2 = {$random} % 70;
```

在例 6.129 中,"rand_2 = {$random} % 70;"语句对应{$random} %b 格式,其中 b 须大于零,并由 b 可确定随机数将在[0：(b−1)]范围中产生。本例随机数将在[0：69]范围中产生。

(3) 转换系统函数

Verilog HDL 转换系统函数主要有 4 种。

① 矢量转换为实数函数 $bitstoreal 和实数转换为矢量函数 $realtobits

矢量转换为实数函数 $bitstoreal 和实数转换为矢量函数 $realtobits 的常用格式如下：

```
[63:0] $ realtobits (实数型变量)
real $ bitstoreal (矢量型变量)
```

$ bitstoreal 为矢量转换为实数函数的关键词，$ realtobits 为实数转换为矢量函数的关键词。通过执行这两个系统函数，分别可以将矢量转换为实数，将实数转换为 64 位矢量。

【例 6.130】 矢量转换为实数函数 $ bitstoreal 和实数转换为矢量函数 $ realtobits 的应用实例。

```
module   driver;
real   r = 123;
wire [63:0]   net_r = $ realtobits(r);
endmodule

module   receiver;
wire [63:0]   net_r = 64'd123;
real   r;
initial
  r = $ bitstoreal (net_r);
endmodule
```

② 整数转换为实数函数 $ itor 和实数转换为整数函数 $ rtoi

整数转换为实数函数 $ itor 和实数转换为整数函数 $ rtoi 的常用格式如下：

```
integer $ rtoi(实数型变量)
real $ itor(整数型变量)
```

$ itor 为整数转换为实数函数的关键词，$ rtoi 为实数转换为整数函数的关键词。通过执行这两个系统函数，分别可以将整数转换为实数（例如整数 258 转换为实数 258.0），及将实数转换为整数（例如实数 258.37 转换为整数 258）。

习 题

注：(1) 本章习题不是仅以 Verilog HDL 的局部概念或个别语句特性为立题出发点，而是以中小规模集成电路整体设计为立题要素，旨在全面练习 Verilog HDL 运用于集成电路程序代码编写、仿真程序代码编写及程序代码优化等综合能力与设计技巧。

(2) 下列各题对应的技术要求与仿真要求参考请参见附录一。

1. 电子密码锁芯片设计

设计一款电子密码锁芯片，其对应的电路功能如下：

(1) 使用拨码开关设定密码，通过上锁按键对密码进行锁定，同时相应的密码锁定 LED 灯点亮。

(2) 使用拨码开关输入密码，若输入的密码与设定的密码不符，则显示输入错误的 LED 灯闪烁 3 下；若输入的密码与设定的密码相符，则显示输入正确的 LED 点亮，同时密码锁定的 LED 灯熄灭。

2. 周期和占空比可控的信号发生器芯片设计

本芯片可用于产生一个周期和占空比可控的脉冲波形,其整体设计方案必须简单。推荐从计数器对输入时钟信号进行分频控制方面着手,以通过改变计数器的上限值来改变周期,通过改变电平翻转的计数阈值来改变占空比。

3. 串行数据序列检测器芯片设计

本芯片主要用于对串行数据序列中的特定数据进行检测(本次设计特定数据为 1011)。对应的电路功能可设计为,能接收串行数据序列输入,当检测到输入序列为 1011 时 LED 灯闪烁一次,否则 LED 灯一直熄灭。

4. 简易计算器芯片设计

设计一款简易的计算器芯片,能够计算 2 个无符号 2 位二进制数的加减乘除,具体功能如下:

(1) 正确显示各个运算的结果;

(2) 对于减法运算,显示结果能够区分出其正负;

(3) 对于除法运算,显示商和余数,考虑除数为 0 的情况。

5. 奇数分频器芯片设计

本奇数分频器芯片要求可对基础时钟分别实现 50% 占空比的 3 分频、5 分频、7 分频操作,并且要求在程序代码设计中体现至少两种不同的奇数分频方法。

6. 篮球比赛计分器芯片设计

本计分器芯片要求可计 3 位十进制数的篮球比赛比分情况,设计加 1 分、2 分、3 分的按键分别对应篮球场上罚球得分、2 分球得分以及 3 分球得分后的比分变化。

7. 汽车尾灯控制器芯片设计

设计一款汽车尾灯控制器芯片,其对应的电路功能如下:

(1) 汽车尾部左右两侧各有 2 只尾灯,用作汽车行驶状态的方向指示标志。

(2) 汽车正常向前行驶时,4 只尾灯全部熄灭。

(3) 当汽车要向左或向右转弯时,相应侧的 2 只尾灯从左向右依次闪烁。每只灯亮 1s,每个周期为 2s,另一侧的 2 只灯不亮。

(4) 紧急刹车时,4 只尾灯全部闪,闪动频率为 1Hz。

8. 出租车计费器芯片设计

设计一款出租车自动计费器芯片,其对应的电路功能如下:

(1) 计费功能包括起步价、行车里程计费、等待时间计费 3 部分。其中 4 千米之内按起步价 5 元计费,超过 4 千米,每千米增加 1 元,等待时间单价为每分钟 1 元。

(2) 设置费用显示、里程显示和等待时间显示信号,用 4 位 LED 分别显示。其中费用显示和里程显示区分高 4 位和低 4 位,且采用十进制输出,即最大值分别为 99 元和 99 千米。等待时间采用十六进制,即最大值为 15min。

9. 霓虹灯控制器芯片设计

设计一款控制 4 个 LED 灯(对应 4 组霓虹灯)显示模式的芯片,其对应的电路功能如下:

(1) 模式 1:先点亮奇数的 LED 灯,即 1,3,后点亮偶数的 LED 灯,即 2,4,依次循环。

（2）模式2：按照1,2,3,4的顺序依次点亮所有LED灯,然后再按该顺序依次熄灭所有LED灯。

（3）模式3：每次只点亮1个LED灯,亮灯顺序为1,2,3,4,3,2,按照该顺序循环。

（4）模式4：按照1/4,2/3的顺序依次点亮所有灯,每次同时点亮2个LED灯；然后再按该顺序依次熄灭所有LED灯,每次同时熄灭2个LED灯。

注：点亮与熄灭的时间间隔均为0.25s。

10. 篮球比赛倒计时器芯片设计

本倒计时器芯片用于满足篮球比赛中计比赛时间和计进攻时间的要求,其对应的电路功能如下：

（1）能够同时计单节比赛的剩余时间（即12min倒计时）和攻方的剩余进攻时间（即24s倒计时）。

（2）要求设置一个暂停键,用于暂停倒计时。

11. 串行数据流1码检测器芯片设计

本芯片主要用于实现对串行数据流1码检测的功能,其对应的电路功能如下：

（1）可用一个4位寄存器存储最近输入的4个数据。每次有新数据输入,就将低3位数据移至寄存器高3位,并将本次输入的数据放入寄存器的最低位。

（2）每当时钟上升沿到来时判断该寄存器中出现1的数量为奇数或者偶数,将结果输出。

12. 抢答器芯片设计

本抢答器芯片要求抢答器可容纳4组参赛者抢答,每组设置一个抢答按键。抢答器须具有识别且锁定的功能,即当按下复位键reset后开始抢答,抢答器探测到首先按下按钮的选手并点亮对应的LED灯,此后其余选手的抢答无效。

13. 洗衣机控制器芯片设计

本芯片主要用于实现对洗衣机控制,其对应的电路功能如下：

（1）洗衣机正常的工作状态为待机（5s）→正转（60s）→待机（5s）→反转（60s）。

（2）本洗衣机控制器可由用户设定循环次数,此处设计最大循环次数为7次。

（3）具有紧急情况处理功能,可在洗衣过程中直接打断工作状态转入待机状态,待紧急情况解除后重新设定并开始工作。

（4）同时,为方便用户在洗衣过程中操作,该洗衣机还具备暂停功能,当用户操作完成后,可继续上次未完成的工作。

（5）洗衣完成后即设定洗衣次数归零时,可报警告知用户。

14. 自动售货机芯片设计

本芯片主要用于自动售货机,其对应的电路功能如下：

（1）自动售货机可接受1元的硬币或者5元、10元面值的纸币；售卖商品价值分别为4元和5元的两种不同商品。

（2）自动售货机设有确认键,经确认后自动售货机开始售卖工作。

（3）如投入金额不足以支付商品,则直接退还投入货币,反之则售出商品并予以找零。

（4）设计以LED灯的亮灭情况表示售出商品与否,并以LED灯闪烁的次数来表示找零数目。

15. **3 层电梯控制器芯片设计**

本 3 层电梯控制器芯片用于满足 3 层电梯的运作控制要求,其须能够响应用户在各楼层的请求和去各楼层的命令要求。

16. **小型 FIFO 芯片设计**

FIFO 是英文 First in First out 的缩写,是一种先进先出的数据缓存器,其特点就是顺序写入数据,顺序读出数据,其数据地址由内部读写指针自动加 1 完成,本小型 FIFO 芯片设计要求的电路功能如下:

(1) FIFO 的深度为 4,每个寄存器的位数为 2 比特。

(2) 刚开始时,FIFO 为空,当读入 4 个数据时,FIFO 被填满。正常读取数据要与写入的数据一致。

(3) 当 FIFO 内部为空时,读取时会读取无效数据;当 FIFO 内部填满时,写入时会产生溢出。

17. **波特率可设置的串口通信接收芯片设计**

PC 端安装"串口调试助手"工具,用于串行发送 0~15 内的整数,并可调节波特率设置。而波特率可设置串口通信接收芯片则用于接收来自 PC 的串行数据,并能将接收到的数据转化为 4 位二进制并行输出。

18. **电话计费器芯片设计**

本电话计费器芯片可用于 IC 电话卡的计费,其对应的电路功能如下:

(1) 假设电话卡为非充值卡,初始金额为 50 元。插入电话卡后可要求 3 种通话服务,分别为长途通话、市内通话和特殊呼叫通话,其中长途通话收费 0.6 元/分钟,市内通话收费 0.3 元/分钟,特殊通话不收费。

(2) 设计要求通话中显示卡内余额,通话结束后显示本次通话时间。

(3) 通话中余额不足则自动报警,如果长时间报警则直接切断通话;本卡长途通话中余额低于 0.6 元及市话通话中余额少于 0.3 元均会自动产生报警信号。

19. **交通灯控制器芯片设计**

本交通灯控制器芯片用于完成十字路口交通信号控制的要求,其对应的电路功能如下:

(1) 交通灯控制器要求同时控制东西方向和南北方向的通行信号(通行时间为 20s,警告时间是 5s),一直循环控制交通灯信号。

(2) 还要求本芯片设计两个特殊状态,在东西方向(南北方向)有紧急突发状况时,让东西方向(南北方向)单向通行。

20. **乒乓球游戏机芯片设计**

设计一个由两人参赛的乒乓球游戏机芯片,其对应的电路功能如下:

(1) 用 4 个 LED 排成一条直线,两边各代表参赛双方的位置,其中一只点亮的 LED 指示球的当前位置,点亮的 LED 依次从左到右,或者从右到左,其移动速度应能调节。

(2) 当"球"快运动到某方的最后一位时,参赛者应能果断地按下位于自己一方的按钮开关,即表示启动球拍击球,若击中,则球向相反方向移动;若未击中,球掉出桌外,则对方得 1 分。

(3) 双方各设 1 个 LED 表示拥有发球权,每隔 2 次自动交换发球权,拥有发球权的一方发球才有效。

（4）设置计分电路，其中参赛选手各有 1 个可显示自己当前分数的按钮，当按下个人分数按钮时，可用 LED 灯显示自己分数。当某一方率先达到 11 分时，所有 LED 灯闪烁，表示比赛结束。

参 考 文 献

[1]　Design Automation Standards Committee of the IEEE Computer Society. IEEE Std 1364—1995 IEEE Standard Hardware Description Language Based on the Verilog® Hardware Description Language[S]. American National Standards Institute (ANSI), 1996.

[2]　Design Automation Standards Committee of the IEEE Computer Society. IEEE Std 1364—2001 IEEE Standard Verilog® Hardware Description Language [S]. The Institute of Electrical and Electronics Engineers Inc. , 2001.

[3]　Design Automation Standards Committee of the IEEE Computer Society. IEEE Std 1364—2005 IEEE Standard Verilog® Hardware Description Language[S]. The Institute of Electrical and Electronics Engineers Inc. , 2006.

[4]　Design Automation Standards Committee of the IEEE Computer Society. IEEE Std 1364.1—2002 IEEE Standard for Verilog® Register Transfer Level Synthesis[S]. The Institute of Electrical and Electronics Engineers Inc. , 2002.

[5]　Verilog Dotcom. Verilog Resources[EB/OL]. [2016-09-15]. http://www. verilog. com.

[6]　Accellera Systems Initiative. Available Accellera Systems Initiative Standards[EB/OL]. [2016-09-15]. http://www. accellera. org.

[7]　袁俊泉,孙敏琪,曹瑞. Verilog HDL 数字系统设计及其应用[M]. 西安：西安电子科技大学出版社,2002.

[8]　夏宇闻. Verilog 数字系统设计教程[M]. 北京：北京航空航天大学出版社,2008.

[9]　吴继华,王诚. 设计与验证 Verilog HDL [M]. 北京：人民邮电出版社,2006.

[10]　林丰成,竺红卫,李立. 数字集成电路设计与技术[M]. 北京：科学出版社,2008.

[11]　路而红. 专用集成电路设计与电子设计自动化[M]. 北京：清华大学出版社,2004.

[12]　Sutherland HDL, Inc. The IEEE Verilog 1364-2001 Standard What's New, and Why You Need It [C]//the 9th Annual International HDL Conference and Exhibition. Santa Clara, CA. . Minor, 2000.

[13]　IEEE Std 754—1985 (Reaff 1990) IEEE Standard for Binary Floating-Point Arithmetic (ANSI).

附录：第 6 章习题技术要求与仿真要求参考

1. 电子密码锁芯片设计

（1）技术要求

① 引脚分布图如图 1 所示。

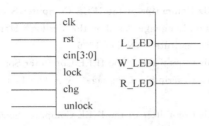

图 1　习题 1 引脚分布图

② 输入/输出引脚列表如表 1 所示。

表 1　习题 1 输入/输出引脚列表

输入信号				
序号	信号名称	位宽	端口类型	备　　注
1	clk	1	I	系统时钟
2	rst	1	I	异步复位
3	cin	4	I	密码输入
4	lock	1	I	密码锁定信号
5	chg	1	I	密码设定信号
6	unlock	1	I	密码对比和解锁信号
输出信号				
1	L_LED	1	O	密码锁定指示灯
2	W_LED	1	O	密码输入错误指示灯
3	R_LED	1	O	密码输入正确指示灯

③ 输入/输出的关系如下。

input：clk,rst,lock,chg,unlock,cin

output：L_LED,W_LED,R_LED

- clk 为系统时钟，在代码中需要进行分频；rst 为异步复位信号；lock 为密码锁定信号，当设定密码后，使用 lock 进行锁定，锁定后则无法更改密码；chg 为密码设定按键；unlock 为密码对比和解锁信号，即当第 2 次输入密码与设定密码相同时，按下 unlock 后解锁，若不同，则按下 unlock 后无法解锁，同时提示输入错误；cin[3：0] 为密码输入。

- L_LED 为密码锁定信号，即当设定好密码后，按下 lock，L_LED 点亮，仅当异步复位或者密码输入正确时，L_LED 熄灭；W_LED 为密码输入错误信号，即当输入错误时，W_LED 闪烁 3 下；R_LED 为密码输入正确信号，即当密码输入正确时，

R_LED 点亮。

（2）仿真要求

仿真时依次对密码值 cin[3：0]输入和控制信号 chg，lock，unlock 赋值，观察对应的输出结果。

2. 周期和占空比可控的信号发生器芯片设计

（1）技术要求

① 引脚分布图如图 2 所示。

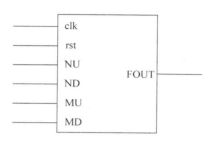

图 2　习题 2 引脚分布图

② 输入/输出引脚列表如表 2 所示。

表 2　习题 2 输入/输出引脚列表

输入信号				
序号	信号名称	位宽	端口类型	备　　注
1	clk	1	I	系统时钟
2	rst	1	I	异步复位
3	NU	1	I	周期增加信号
4	ND	1	I	周期减少信号
5	MU	1	I	占空比增加信号
6	MD	1	I	占空比减小信号
输出信号				
1	FOUT	1	O	脉冲信号输出

③ 输入/输出关系如下。

input：clk，rst，NU，ND，MU，MD

output：FOUT

- clk 为系统时钟，在代码中需要进行分频；rst 为异步复位信号。
- NU，ND，MU，MD 分别为控制输出脉冲周期和占空比的信号；当其为 0 时（按键低电平有效），分别加 1 或者减 1。
- FOUT 为脉冲的输出。

（2）仿真要求

仿真时依次对 NU，ND，MU，MD 赋值，观察对应的输出结果。

3. 串行数据序列检测器芯片设计

（1）技术要求

① 引脚分布图如图 3 所示。

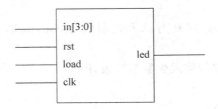

图 3　习题 3 引脚分布图

② 输入/输出引脚列表如表 3 所示。

表 3　习题 3 输入/输出引脚列表

输入信号				
序号	信号名称	位宽	端口类型	备　　注
1	clk	1	I	系统时钟
2	rst	1	I	复位信号
3	load	1	I	加载并行数据信号
4	in	4	I	并行输入的 4 位序列
输出信号				
1	led	1	O	检测到序列为 1011

③ 输入/输出关系如下。

input：clk,rst,load,in

output：led

in[3：0]为 1 个并行输入的 4 位序列,当 load 信号有效时,并行输入被存入移位寄存器 shift_register,接着产生串行序列输出 serial_out,检测到序列 1011 时 LED 点亮。

（2）仿真要求

主要判断输入序列 1011 测试能否被正确检测；同时,验证输入控制键 load 是否工作。

4. 简易计算器芯片设计

（1）技术要求

① 引脚分布图如图 4 所示。

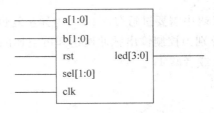

图 4　习题 4 引脚分布图

② 输入/输出引脚列表如表 4 所示。

表 4　习题 4 输入/输出引脚列表

输入信号

序号	信号名称	位宽	端口类型	说　　明
1	a	2	I	第 1 个数
2	b	2	I	第 2 个数
3	sel	2	I	选择进行哪种运算
4	clk	1	I	系统时钟
5	rst	1	I	复位信号

输出信号

1	led	4	O	显示运算结果

③ 输入/输出关系如下。

input：a,b,sel,clk,rst

output：led

a,b 为输入的 2 位二进制数。sel 选择进行哪种运算,运算结果由 LED 显示。

（2）仿真要求

仿真加、减、乘、除四则运算结果是否正确。尤其需要注意的是减法运算中减数大于被减数以及除法运算中被除数为 0 的情况。

5. 奇数分频器芯片设计

（1）技术要求

① 引脚分布图如图 5 所示。

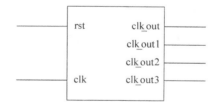

图 5　习题 5 引脚分布图

② 输入/输出引脚列表如表 5 所示。

表 5　习题 5 输入/输出引脚列表

输入信号

序号	信号名称	位宽	端口类型	备　　注
1	clk	1	I	系统时钟
2	rst	1	I	异步复位

输出信号

1	clk_out	1	O	分频后的基础时钟
2	clk_out1	1	O	3 分频后的时钟
3	clk_out2	1	O	5 分频后的时钟
4	clk_out3	1	O	7 分频后的时钟

③ 输入/输出关系如下。

input：clk,rst

output：clk_out1,clk_out2,clk_out3

- clk 为系统时钟；rst 为复位信号。
- clk_out 为分频后的基础时钟。clk_out1,clk_out2,clk_out3 分别为对其 3 分频、5 分频、7 分频后的时钟。

（2）仿真要求

仿真时观察 clk_out1,clk_out2 和 clk_out3 产生的时钟是否分别为基准时钟 clk_out 的 3 分频、5 分频和 7 分频后产生的结果。

6. 篮球比赛计分器芯片设计

（1）技术要求

① 引脚分布图如图 6 所示。

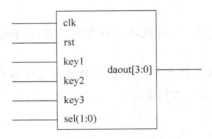

图 6　习题 6 引脚分布图

② 输入/输出引脚列表如表 6 所示。

表 6　习题 6 输入/输出引脚列表

			输入信号		
序号	信号名称	位宽	端口类型	备　注
1	clk	1	I	系统时钟
2	rst	1	I	异步复位
3	key1	1	I	计 1 分
4	key2	1	I	计 2 分
5	key3	1	I	计 3 分
6	sel	2	I	选择控制
			输出信号	
1	daout	4	O	经选择后的输出

③ 输入/输出关系如下。

input：clk,rst,key1,key2,key3,sel

output：daout

- rst 可重置计分为 0。
- key1,key2,key3 分别对应比分 +1、+2、+3 的变化。
- sel 为选择输出的控制信号,daout 就是经过选择后输出比分的个位、十位或百位。

（2）仿真要求

仿真时每次 key1,key2,key3 变低电平分别代表得 1 分、得 2 分、得 3 分。观察计分的变化结果是否与按键一致。

7. 汽车尾灯控制器芯片设计

（1）技术要求

① 引脚分布图如图 7 所示。

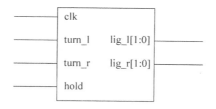

图 7　习题 7 引脚分布图

② 输入/输出引脚列表如表 7 所示。

表 7　习题 7 输入/输出引脚列表

输入信号				
序号	信号名称	位宽	端口类型	备注
1	clk	1	I	系统时钟
2	turn_l	1	I	左转向信号
3	turn_r	1	I	右转向信号
4	hold	1	I	刹车信号
输出信号				
1	lig_l[1：0]	2	O	左尾灯
2	lig_r[1：0]	2	O	右尾灯

③ 输入/输出关系如下。

input：clk,turn_l,turn_r,hold

output：lig_l,lig_r

- clk 为系统时钟,在代码中需要进行分频。
- turn_l,turn_r 和 hold 分别为输入控制信号,分别控制汽车尾灯在不同输入下的输出状态。
- lig_l[1：0]和 lig_r[1：0]为输出尾灯,其在不同的输入下,呈现不同的点亮状态。
- tl 和 tr 分别为左转和右转控制灯闪烁的寄存器。

（2）仿真要求

仿真时依次对 hold,lig_l 和 lig_r 赋值,查看对应的输出结果。

8. 出租车计费器芯片设计

（1）技术要求

① 引脚分布图如图 8 所示。

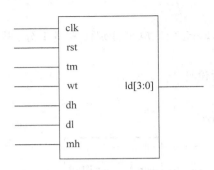

图 8 习题 8 引脚分布图

② 输入/输出引脚列表如表 8 所示。

表 8 习题 8 输入/输出引脚列表

输入信号				
序号	信号名称	位宽	端口类型	备　　注
1	clk	1	I	系统时钟
2	rst	1	I	异步复位
3	tm	1	I	等待时间显示信号
4	wt	1	I	等待控制信号
5	dh	1	I	里程高 4 位显示信号
6	dl	1	I	里程低 4 位显示信号
7	mh	1	I	总费用高 4 位显示信号
输出信号				
1	ld	4	O	输出显示

③ 输入/输出关系如下。

input：clk,rst,tm,wt,dh,dl,mh

output：ld

- clk 为系统时钟,在本实验中需要分频到 1000 Hz 作为基本时钟;rst 为异步复位信号。
- wt 为等待时间控制信号,即当按下 wt 后出租车停下,等待时间开始计数;tm 为等待时间显示信号,当按下 tm 后,输出 ld[3:0]显示等待时间;同理 dh,dl,mh 分别为里程高、低位显示信号和总费用高 4 位显示信号,当无任何控制输出显示信号时,则 ld[3:0]显示总费用低 4 位。
- mon_h[3:0]和 mon_l[3:0]分别为总费用的高、低位寄存器,dis_h[3:0]和 dis_l[3:0]分别为里程数高、低位寄存器,r_time[3:0]为等待时间寄存器。

（2）仿真要求

仿真时依次对等待信号、距离和费用显示信号赋值,查看输出情况和内部寄存器的状态。

9. 霓虹灯控制器芯片设计

（1）技术要求

① 引脚分布图如图 9 所示。

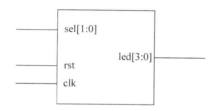

图 9　习题 9 引脚分布图

② 输入/输出引脚列表如表 9 所示。

表 9　习题 9 输入/输出引脚列表

输入信号				
序号	信号名称	位宽	端口类型	备　注
1	sel	2	I	选择模式
2	clk	1	I	系统时钟
3	rst	1	I	复位信号
输出信号				
1	led	4	O	显示效果

③ 输入/输出关系如下。

input：sel,clk,rst

output：led

- sel 用于选择 LED 显示哪种模式的效果；rst 复位后可以看出某种模式下首先显示的信号。
- clk 是系统时钟,通过系统时钟进行分频得到周期为 0.25s 的时钟 q,即 LED 灯点亮和熄灭的时间间隔。

（2）仿真要求

LED 灯设定为低电平点亮方式。

10. 篮球比赛倒计时器芯片设计

（1）技术要求

① 引脚分布图如图 10 所示。

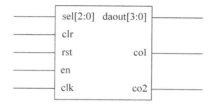

图 10　习题 10 引脚分布图

② 输入/输出引脚列表如表 10 所示。

表 10　习题 10 输入/输出引脚列表

				输入信号
序号	信号名称	位宽	端口类型	备　　注
1	clk	1	I	系统时钟
2	rst	1	I	异步复位
3	clr	1	I	24s 倒计时复位
4	en	1	I	暂停
5	sel	3	I	选择控制
				输出信号
1	daout	4	O	经选择后的输出
3	co1	1	O	12min 倒计时结束的标志位
4	co2	1	O	24s 倒计时结束的标志位

③ 输入/输出关系如下。

input：clk，rst，clr，en，sel

output：co1，co2，daout

- rst 可重置比赛时间和进攻时间倒计时；而 clr 键则只能重置进攻时间倒计时；en 为暂停功能键。
- 内部寄存器 out1 和 out2 分别计剩余比赛时间和剩余进攻时间。相应的，co1 为一节比赛结束的标志位，co2 为进攻时间耗尽的标志位。
- sel 为选择输出的控制信号；daout 就是经过选择后输出 out1 和 out2 中某一位的数据。

（2）仿真要求

仿真时观察倒计时器是否正常工作。当 rst 按下时，2 个倒计时模块同时重置为初始值，并开始倒计时。而在 clr 按下时，观察是否仅 24s 倒计时模块重置初始值。在 en＝0 时刻 2 个倒计时模块都暂停倒计时。倒计时结束时，观察 co 信号是否变化。

11. 串行数据流 1 码检测器芯片设计

（1）技术要求

① 引脚分布图如图 11 所示。

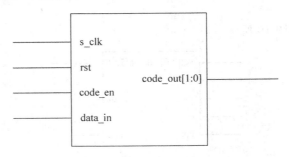

图 11　习题 11 引脚分布图

② 输入/输出引脚列表如表 11 所示。

表 11　习题 11 输入/输出引脚列表

输入信号				
序号	信号名称	位宽	端口类型	备　注
1	s_clk	1	I	系统时钟
2	rst	1	I	复位信号
3	code_en	1	I	使能信号
4	data_in	1	I	数据输入
输出信号				
1	code_out	2	O	经判断后输出

③ 输入/输出关系如下。

input：s_clk,rst,code_en,data_in

output：code_out

- s_clk 为系统提供 100MHz 的时钟信号,为了能清晰分辨输出 LED 灯的闪烁情况,必须分频；rst 为异步复位信号；data_in 为随机 1 位输入信号,要将其不断移位寄存至 4 位的寄存器 register[3:0] 中；code_en 为使能信号。
- code_out 为 2 位的输出信号,判断上述 4 位寄存器中 1 的数量为奇数或者偶数,结果分别存入 code_out[0] 和 code_out[1] 中。

（2）仿真要求

仿真时输入信号 data_in 最好先置 1,并保持一段时间,观察输出波形；然后再置 0,同样保持一段时间,再观察输出波形。这样的输出信号可以很清楚地显示出所要实现的功能。

12. 抢答器芯片设计

（1）技术要求

① 引脚分布图如图 12 所示。

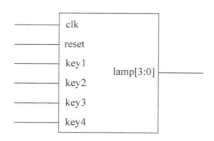

图 12　习题 12 引脚分布图

② 输入/输出引脚列表如表 12 所示。

表 12　习题 12 输入/输出引脚列表

输入信号				
序号	信号名称	位宽	端口类型	备　注
1	clk	1	I	系统时钟
2	reset	1	I	异步复位
3	key1	1	I	1 号按键

输入信号				
序号	信号名称	位宽	端口类型	备　　注
4	key2	1	I	2号按键
5	key3	1	I	3号按键
6	key4	1	I	4号按键
输出信号				
1	lamp	4	O	抢答结果显示灯

③ 输入/输出关系如下。

input：clk，reset 和 key1，key2，key3，key4

output：lamp

- reset 表示抢答开始。
- key1，key2，key3，key4 分别对应 4 组选手的抢答按键。
- lamp 是抢答结果显示灯。

(2) 仿真要求

仿真时 key1，key2，key3，key4 信号分别在不同时刻给一个低电平信号，以此模拟选手在比赛中进行抢答的情况，观察判断输出 lamp 是否正确对应输入激励中最先为低电平的序号。

13. 洗衣机控制器芯片设计

(1) 技术要求

① 引脚分布图如图 13 所示。

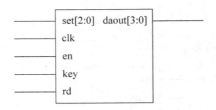

图 13　习题 13 引脚分布图

② 输入/输出引脚列表如表 13 所示。

表 13　习题 13 输入/输出引脚列表

输入信号				
序号	信号名称	位宽	端口类型	备　　注
1	clk	1	I	系统时钟
2	en	1	I	设定/工作
3	rd	1	I	复位
4	set	2	I	设定循环次数
5	key	1	I	选择输出按键
输出信号				
1	daout	4	O	经选择后的输出

③ 输入/输出关系如下。

input：clk，en，rd，set，key

output：daout

- rd＝1 为复位键，rd＝1 时复位。rd＝0 时，按下 en，可以设置循环次数 set。
- key 为选择输出信号。当 key＝1 时，daout 输出警报器 alarm 和洗衣机的工作状态 lamp。当 key＝0 时，daout 输出剩余循环次数 tim。

（2）仿真要求

仿真洗衣机控制器芯片的循环工作次数是否正确设置 set；仿真循环结束后是否报警。仿真工作时 en＝0 是否具有暂停工作的功能，rd 是否具有重置的功能。

14. 自动售货机芯片设计

（1）技术要求

① 引脚分布图如图 14 所示。

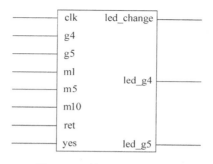

图 14　习题 14 引脚分布图

② 输入/输出引脚列表如表 14 所示。

表 14　习题 14 输入/输出引脚列表

输入信号				
序号	信号名称	位宽	端口类型	备　注
1	clk	1	I	系统时钟
2	rst	1	I	异步复位
3	yes	1	I	确认
4	g4	1	I	购买 4 元商品
5	g5	1	I	购买 5 元商品
6	m1	1	I	投入 1 元
7	m5	1	I	投入 5 元
8	m10	1	I	投入 10 元
输出信号				
1	led_change	1	O	找零
2	led_g4	1	O	购买 4 元商品成功
3	led_g5	1	O	购买 5 元商品成功

③ 输入/输出关系如下。

input：clk，reset，yes，m1，m5，m10，g4，g5

output：led_g4，led_g5，led_change

- yes 为确认键,经确认后,自动售货机开始售卖工作。
- g4,g5 分别代表价值 4 元和 5 元的商品。每次按下 g4 或 g5 键,则计商品价值的内部寄存器 goods 增加相应的值。
- m1,m2,m3 分别对应投入 1 元、5 元、10 元的货币。每次按下 m1,m2 或 m3 键,则计投入币值的内部寄存器 money 增加相应的值。
- led_change 为显示找零,以 LED 闪烁方式表示内部寄存器 change 的值。led_g4,led_g5 则以 LED 亮灭变化表示成功售出商品。

（2）仿真要求

仿真按下 m1,m5,m10 是否正确对应投入 1 元、5 元、10 元货币的情况,同时仿真按下 g4,g5 能否正确对应购买物品要求。并且分别检测货币不足购买货物和货币足够购买货物时,表示商品的 led_g4,led_g5 以及表示找零的 led_change 是否正常工作。

15. 三层电梯控制器芯片设计

（1）技术要求

① 引脚分布图如图 15 所示。

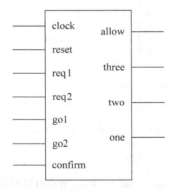

图 15　习题 15 引脚分布图

② 输入/输出引脚列表如表 15 所示。

表 15　习题 15 输入/输出引脚列表

输入信号				
序号	信号名称	位宽	端口类型	备　注
1	clock	1	I	系统时钟
2	reset	1	I	异步复位
3	req1	1	I	请求信号
4	req2	1	I	请求信号
5	go1	1	I	命令信号
6	go2	1	I	命令信号
7	confirm	1	1	确认信号
输出信号				
1	allow	1	O	允许操作信号
2	three	1	O	3 层指示信号
3	two	1	O	2 层指示信号
4	one	1	O	1 层指示信号

③ 输入/输出关系如下。

input：clock,reset,req1,req2,go1,go2,confirm

output：allow,three,two,one

- reset 可重置电梯的状态,使电梯回到一楼,并等待呼叫信号。confirm 为请求确认信号。
- {req2,req1}为电梯的呼叫信号,表明哪一层在呼叫电梯;{go2,go1}是电梯的命令信号,即使用者要去哪一层楼。本模块轮流呼叫相应信号和命令信号。
- three,two,one 表示电梯现在所处的楼层,allow 信号标明是否可以进行呼叫和命令响应,当电梯在移动阶段时是不能响应任何呼叫或命令的。

（2）仿真要求

在 reset 按下时,使得电梯在一层楼,并且准备相应请求信号状态;而在工作状态下,电梯响应 req1,req2,go1 和 go2 这 4 个命令,仿真 3 层电梯控制器芯片是否正常工作。

16. 小型 FIFO 芯片设计

（1）技术要求

① 引脚分布图如图 16 所示。

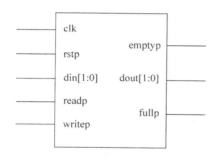

图 16　习题 16 引脚分布图

② 输入/输出引脚列表如表 16 所示。

表 16　习题 16 输入/输出引脚列表

		输入信号		
序号	信号名称	位宽	端口类型	备　　注
1	clk	1	I	系统时钟
2	rstp	1	I	异步复位
3	din［1：0］	2	I	数据输入
4	readp	1	I	数据读取信号
5	writep	1	I	数据写入信号
		输出信号		
1	dout［1：0］	2	O	数据输出
2	emptyp	1	O	空标志
3	fullp	1	O	满标志

③ 输入/输出关系如下。

input：clk,rstp,readp,writep,din[1：0]

output：dout[1：0]，emptyp，fullp

- clk 为系统时钟；rstp 为异步复位，复位后 FIFO 所有数据清空；readp 和 writep 分别为读写操作信号，分别对 FIFO 进行读操作和写操作；din[1：0]为 2 位输入信号。
- dout[1：0]为 2 位输出信号，进行读操作后，dout[1：0]要输出 FIFO 内部存储的数据；emptyp 为空标识符，当 FIFO 为空时，emptyp 置 1；fullp 为满标识符，当 FIFO 为满时，fullp 置 1。

（2）仿真要求

从 rxd 端输入经串口通信获得的数据，本仿真可假设获得的数据是十进制 3。仿真时注意检测起始位的下降沿，发送时先发低位，因此按照 11000000 的顺序输入测试数据测试。

17. 波特率可设置的串口通信接收芯片设计

（1）技术要求

① 引脚分布图如图 17 所示。

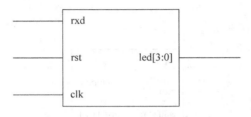

图 17　习题 17 引脚分布图

② 输入/输出引脚列表如表 17 所示。

表 17　习题 17 输入/输出引脚列表

输入信号				
序号	信号名称	位宽	端口类型	说　明
1	clk	1	I	系统时钟
2	rst	1	I	复位信号
3	rxd	1	I	串行数据的接收端
输出信号				
1	led	4	O	输出显示

③ 输入/输出关系如下。

input：clk，rst，rxd

output：led

- rxd 接收发送端发来的串行数据，接收完毕后将接收数据缓存于 rxd_buf 中的低 4 位，输出由 LED 显示。
- 数据传输协议（帧格式）如图 18 所示。

在线路空闲时，主设备将发送 1；在通信时，主设备先发一个起始位 0，以表示通信的开始；然后开始发送有效数据；接着传送 1bit 的奇偶校验值；最后发送停止位 1，以表示当前通信的完成。其中，数据可以事先约定为 5 位、6 位、7 位或者 8 位；奇偶校验位根据事先约

图 18　帧格式

定由数据位按位进行异或运算或同或运算而得到,它不是必需的。本设计采用数据位为 8
位,没有奇偶校验位。串口调试助手如图 19 所示。

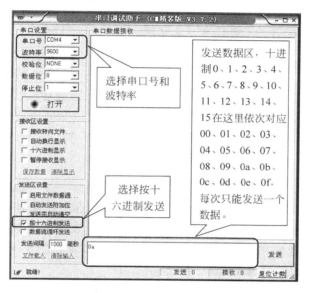

图 19　串口调试助手

（2）仿真要求

先测试正常情况下 FIFO 的读写情况；然后测试在 FIFO 为空或者满时出现的读写情
况,查看标识位的状态。

18. 电话计费器芯片设计

（1）技术要求

① 引脚分布图如图 20 所示。

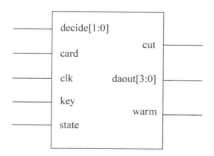

图 20　习题 18 引脚分布图

② 输入/输出引脚列表如表 18 所示。

表 18   习题 18 输入/输出引脚列表

		输入信号		
序号	信号名称	位宽	端口类型	备　　注
1	clk	1	I	系统时钟
2	card	1	I	插卡与否
3	state	1	I	开始/结束通话
4	decide	2	I	通话类型
5	key	1	I	选择输出控制
		输出信号		
1	daout	4	O	经选择后的输出
2	warn	1	O	余额不足时的报警信号
3	cut	1	O	切断通话

③ 输入/输出关系如下。

input：clk，card，state，decide，key

output：daout，warn，cut

- card 表示插卡与否，不插卡时 daout 输出常 0。state 表示通话/挂断电话，在通话时，daout 输出剩余金额，即寄存器 money 的实时值；挂断时，daout 输出本次通话时长，即挂断前一时刻寄存器 dtime 的值。decide 表示选择要求通话服务的类型。
- key 为控制选择输出的按键，每次按下 key 键，内部寄存器 sel 的值＋1，达到分配 daout 输出数位的效果。
- warn 为通话中余额不足时的报警信号；cut 表示长时间报警后切断通话。

（2）仿真要求

仿真时测试电话卡在要求的通话服务过程中计时是否正确；在不同类型的通话中计费是否正确；能否在余额不足的情况下产生自动报警信号，并在长时间报警的情况下切断通话。

19. 交通灯控制器芯片设计

（1）技术要求

① 引脚分布图如图 21 所示。

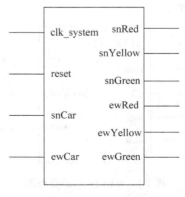

图 21   习题 19 引脚分布图

② 输入/输出引脚列表如表19所示。

表19　习题19 输入/输出引脚列表

输入信号				
序号	信号名称	位宽	端口类型	备　　注
1	clk_system	1	I	系统时钟
2	reset	1	I	异步复位
3	snCar	1	I	状态选择控制信号
4	ewCar	1	I	状态选择控制信号
输出信号				
1	snRed	1	O	南北方向红灯状态
2	snYellow	1	O	南北方向黄灯状态
3	snGreen	1	O	南北方向绿灯状态
4	ewRed	1	O	东西方向红灯状态
5	ewYellow	1	O	东西方向黄灯状态
6	ewGreen	1	O	东西方向绿灯状态

③ 输入/输出关系如下。

input：clk_system,reset,snCar,ewCar

output：snRed,snYellow,snGreen,ewRed,ewYellow,ewGreen

- reset 可重置交通信号控制等的状态。
- snCar,ewCar 为交通控制的模式控制信号；snRed、snYellow、snGreen、ewRed、ewYellow、ewGreen 就是南北方向和东西方向的红、黄、绿灯输出信号。

（2）仿真要求

仿真时观察交通灯芯片是否正常工作。当 rsset 按下时,查看6个交通信号输出是否同时重置为0。另在{snCar, ewCar}为00,01,10,11四个不同状态下,仿真交通灯的工作模式是否正确；其中当{snCar, ewCar}＝11 正常通行时,通行时间和警告时间是否为20s和5s。

20. 乒乓球游戏机芯片设计

（1）技术要求

① 引脚分布图如图22所示。

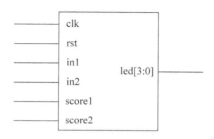

图22　习题20引脚分布图

② 输入/输出引脚列表如表20所示。

表 20 习题 20 输入/输出引脚列表

序号	信号名称	位宽	端口类型	备　注
			输入信号	
1	clk	1	I	系统时钟
2	rst	1	I	异步复位
3	in1	1	I	右边选手击球信号
4	In2	1	I	左边选手击球信号
5	score1	1	I	右边选手分数查询信号
6	score2	1	I	左边选手分数查询信号
			输出信号	
1	led	4	O	球运动轨迹及分数

③ 输入/输出关系

input：clk,rst,in1,in2,score1,score2

output：led[3：0]

- clk 为系统时钟,在代码中需要进行分频,根据合适的分频系数从而调节乒乓球的运动快慢;rst 为异步复位信号,可清除当前的比分;in1 和 in2 分别为两个选手的击球按钮。
- score1 和 score2 分别为显示各自当前分数的按键,当按下任意一个时,led[3：0]显示相对应选手的分数。
- led[3：0]为球运动轨迹信号,同时也可以代替数码管显示选手分数。

（2）仿真要求

仿真时按照相应的时间设置对应的输入信号 in1 和 in2,查看球的运动轨迹、得分和发球权情况。同时内部分数寄存器也可显示当前分数。

第7章

CHAPTER 7

系统集成电路 SoC 设计

7.1 系统集成电路 SoC 设计简介

7.1.1 集成电路设计方法的演变

自集成电路发明以来,经历了半个多世纪的发展,集成电路已经成为现代信息科技的基础。早期集成电路的规模较小,生产工艺水平较低。集成电路主要以生产为导向,集成电路设计主要凭工程经验,没有产生系统的集成电路设计方法。回顾集成电路快速的发展阶段,集成电路设计方法的演变可以归纳如下。

第一阶段,20 世纪 70 年代,集成电路的设计主要基于器件级。这一阶段以人工设计为主,在数据处理和图形编辑方面开始采用计算机辅助设计。集成电路设计与制造工艺密不可分。

第二阶段,20 世纪 80 年代,集成电路的设计主要基于单元库。这一时期 EDA 工具已经出现,引入了 PCB 设计方法,形成了单元库、工艺模拟参数及其时序仿真的概念。集成电路设计也开始与制造工艺相分离,出现了无生产线的 Fabless 集成电路设计公司,以及芯片代工厂 Foundry。

第三阶段,20 世纪 90 年代,集成电路设计主要基于 IP 核。集成电路设计进入功能级的抽象化阶段,即可复用以前经过验证,并有一定功能的设计资源(IP Intellectual Property)。IP 核成为市场化的商品,全球有 1000 多家的 IP 核提供公司。SoC 的概念应运而生,形成了基于 IP 核的 SoC 设计思想。

第四阶段,进入 21 世纪,集成电路设计基于 IP 模块及其复用平台。这一时期形成基于设计平台的 SoC 设计思想,衍生出一系列不同功能的 IC 产品(基于 IP 复用的系统级不同应用)。同一系列的产品升级更为方便(基于软硬件协同设计的结构),同 IP 行业、EDA 行业以及芯片制造和封装测试的关系越来越密切。

7.1.2 SoC 概述

1. SoC 概念

SoC 即系统级芯片,又称片上系统(System on Chip)。SoC 是集成电路设计和制造工艺发展的产物,它可以将整个系统集成在一个芯片上。SoC 实质上是在单一芯片上实现一个系统所具有的信号采集、转换、存储、处理和输入/输出(I/O)等众多功能电路,是更加复杂的集成电路设计,如图 7.1 所示。

SoC 按用途可以分为两种类型：一种是专用 SoC 芯片，是专用集成电路（ASIC）向系统级集成的自然发展；另一种是通用 SoC 芯片，将绝大部分部件，如 CPU、DSP、RAM、I/O 等集成在芯片上，同时提供用户设计所需要的逻辑资源和软件编程所需的软件资源。

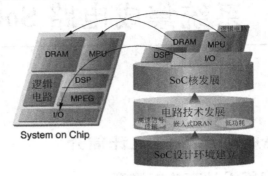

图 7.1　SoC 概念

2. SoC 的集成趋势

1995 年美国调查和咨询公司 Dataquest 对 SoC 的定义是：包括一个或多个计算"引擎"（微处理器/微控制器/数字信号处理）、至少十万门的逻辑和相当数量的存储器。随着时间的不断推移和相关技术的不断完善，SoC 的定义也不断发展和完善。现在的 SoC 芯片上可整体实现 CPU、DSP、数字电路、模拟电路、射频电路、存储器、片上可编程逻辑等多种电路，近些年，还将 MEMS、光器件、化学传感器、生物传感器也集成到 SoC 当中。SoC 已经成为高科技的综合集成，进而完成更为复杂的系统功能，如实现图像处理、语音处理、通信协议、通信机能、数据处理等功能，如图 7.2 所示。

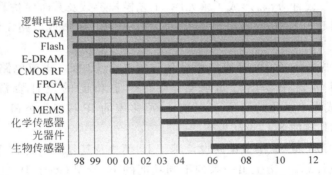

图 7.2　SoC 技术在标准 CMOS 工艺下的集成趋势

3. SoC 设计的优势

如今，用于高性能计算的 CPU 和 GPU 的设计规模，甚至手机的处理芯片都已经超过 1 亿个晶体管。未来依赖于集成电路工艺的不断发展以及 SoC 芯片多核架构的不断成熟，SoC 芯片的设计规模仍将继续提升。

使用基于 IP 核复用的设计技术，为 SoC 的实现提供了多种途径，大大降低了设计的成本。另外，随着一些高密度可编程逻辑器件的应用，设计人员能够在不改变硬件结构的前提下修改、完善甚至重新设计系统的硬件功能，这就使得数字系统具有独特的"柔性"特征，可以适应设计要求的不断变化，从而为 SoC 的实现提供一种简单易行而又成本低廉的手段。

现实生活中,很多电子产品必须具有较小的体积,例如可以戴在耳朵上的便携式电话,或者手表上的可视电话。产品的尺寸限制,意味着器件上必须集成越来越多的东西。采用SoC设计方法,可以通过优化的设计和合理的布局布线,有效提高晶圆的使用效率,从而减少产品尺寸和降低功耗。

由于SoC设计面向整个系统,不再限于完成芯片和电路板,而且还有大量与硬件设计相关的软件。在设计之前,会对整个系统所实现的功耗进行全面的分析,以便产生一个最佳软硬件分解方案,满足系统速度、面积、存储容量、功耗、实时性等一系列指标的要求,不仅使实际系统产品的设计成功率大大提高,更使实际系统产品的可靠性大大提高。

SoC设计中基本元器件提升为可复用的IP核。在目前的集成电路设计理念中,IP是构成SoC的基本单元。所谓IP是指由各种超级宏单元模块电路组成并经过验证的芯核,也可以理解为满足特定规范,并能在设计中复用的功能模块,又称IP核。从IP的角度出发,SoC可以定义为基于IP模块的复用技术,以嵌入式系统为核心,整个系统集成了诸如处理器、存储器、输入/输出端口等多种IP。

SoC设计促进了芯片架构的不断提升,使得集成多个处理器和多个异构加速器成为可能。这催生了先进的软硬件协同设计方法,以及软硬件并行化方法。例如,在22nm工艺下生产的80个核的SoC,其性能将优于在45nm工艺下生产的8个核的SoC的20倍。

7.1.3　SoC设计面临的新挑战

集成电路的成本包括设计的人力成本、软硬件成本、所使用的IP成本,以及制造、封装、测试的成本。随着集成电路工艺的发展,集成电路设计的新挑战不断出现。目前,设计成本仍被认为是集成电路发展道路上的最大障碍。从设计角度考虑,成本的变化主要体现在以下方面。

(1) 对于SoC而言,包含了软件和硬件两部分,不同的软硬件划分方案和实现方法决定了设计成本;

(2) 制造的非周期性发生费用(Non-Recurring Engineering,NRE)越来越高,主要包括掩膜版(Mask)和工程师的设计费用,一旦发生错误,将导致这一成本的成倍增长;

(3) 摩尔定律加速了设计更新的脚步,也就是缩短了产品的生命周期,相对较长的设计和验证来讲,大幅缩短了周期,节约了成本。

1. SoC设计方法的发展大大降低了设计成本

随着SoC设计方法的发展,IP复用和EDA工具的发展大大降低了设计成本,从图7.3可以看出,这一成本的变化已经不再呈线性发展趋势。例如,在2005年,电子系统级(ESL)设计方法的广泛使用提高了系统架构设计效率,大大降低了设计成本。加上其他设计方法的应用,使得设计成本比原先估计的低了近50倍。

2. SoC设计面临的新挑战

除了设计成本之外,集成电路设计还面临诸如设计复杂度、信号完整性等的挑战。随着工艺技术的发展,这些因素对于设计的影响程度也有所不同。如图7.4所示,从 $0.25\mu m$ 工艺出现的集成密度的挑战逐渐向时序收敛、信号完整性、低功耗设计和可制造性设计及成品率发展。SoC设计面临的新挑战如下。

(1) 在深亚微米工艺下,器件互连线的延迟与线间信号的干扰必须重点考虑。

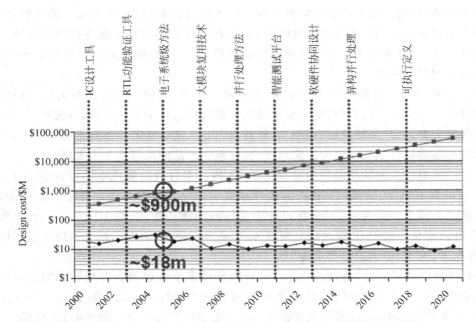

图 7.3 设计方法的改进对 SoC PE(Power Efficient)设计总成本的影响

（2）测试难度与测试成本的快速提高已成为阻碍 SoC 技术发展的瓶颈。

（3）较大的功耗给 SoC 的封装与可靠性均带来致命的问题。

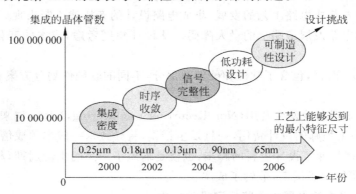

图 7.4 SoC 设计技术的发展趋势及面临的挑战

7.1.4 SoC 设计对 IP 的挑战

SoC 需求量和市场的迅速扩大，使 IP 的使用率大大提高。在 2003 年,50％的 SoC 主要基于 IP 设计,2005 年这一比例提高到了 80％。不断增加的设计密度/功能与极短的应市要求之间的矛盾日益突出,同时对 IP 的易用性和通用性提出了更高的要求。随着 SoC 系统复杂性的增加和对上市时间的要求越来越短,SoC 设计者将会更多地把不同的 IP 集成到同一个芯片中。然而,将不同提供商的不同 IP 集成到一个芯片上将会带来更多问题。通常会出现以下问题。

（1）IP 核的文档不完整,导致对 IP 核难以理解;

（2）IP核验证模型的代码质量低，难以集成到系统验证环境中；

（3）不同的 IP 提供商采用不同的 EDA 工具和流程，导致不同 IP 核的文件不匹配；

（4）IP 核的接口与系统的总线接口不匹配；

（5）使用不同层次的 IP 导致逻辑和时序的不可预知性（集成过程中既有硬核，也有软核）。

这里主要关注 IP 核集成中最重要的 IP 核接口和系统总线接口不匹配的问题。在 IP 核集成中，如果接口不匹配，往往 SoC 设计者需要设计一个与选用的 IP 规模一样的接口 IP 使之能够匹配到系统中去。这就大大降低了该 IP 的可复用程度，并增加了研发时间，是极不合理的事情。大多数数字 IP 核的接口设计主要是针对数据的传输，也就是针对其他 IP 的读/写。对于不同的设计、不同层次来说，数据的读/写处理是不一样的。

在数据传输过程中，握手信号种类繁多，IP 在向目标写数据前要从目标那里得到"已准备好"的信号，而目标在报告自己状态前也需要得到一个"写请求"信号。在更高层次上，存在更多的数据处理方式——突发写、突发读、乱序读写及中断取消等。如果在这一层次上不兼容，问题就很难解决。大多数 IP 接口问题都是关于异常处理（中断、取消等）的。如果要解决这一层次问题，可以在更高抽象层次上解决，不过这就得对 IP 核本身或整个系统的体系结构进行修改了。

想要彻底解决 IP 核的接口问题，必须采用统一的接口标准。一些组织或大公司在内部建立了自己的接口标准，获得了一定的成功，但是整个工业界还没有一个统一的标准。这主要是因为在不同的设计中，接口的性能、功耗和协议都存在巨大的不同。

7.1.5　SoC 设计的标准化

随着 SoC 设计的中心向用户端转移、IP 核的广泛使用和大量新颖 EDA 工具的出现，由相应企业内部确定的标准已经不能适应 SoC 设计的需要，甚至阻碍了 SoC 技术的进一步发展。由于大量来自不同企业的已验证设计资源在不同 SoC 设计过程中的再利用，迫切需要 SoC 标准化的发展。对于公共通信原理、公共设计格式和设计质量保证等，迫切要求 SoC 标准化的确定。

1. IP 核的标准化

IP 核标准化工作主要是接口的标准化或针对标准化片上总线的接口标准化。相关国际 IP 核标准化组织如表 7.1 所示。

表 7.1　国际 IP 核标准化组织

组 织 名 称	所在国家和地区	成立时间
VSIA	美国	1996
D&R	法国	1997
VCX	英国	1998
IPTC	日本	2000
Taiwan SoC Consortium	中国台湾	2000
SIPAC	韩国	2001
OCP-IP	美国	2001

中国 IP 核标准化工作组于 2002 年成立,并采用 VSIA(Virtual Socket Interface Alliance)标准中有普遍应用价值的部分作为我国第一批 IP 核标准,以求与国际先进 IP 核标准技术接轨。

2. 片上总线的标准化

随着 IP 核厂商的增多,SoC 设计面临集成不同开发方法/设计的难度大大增加。由于 SoC 在单一芯片中会集成多个总线结构和 IP 核,迫切需要单一的公共片上总线结构,以保证各个 IP 核和通信协议的连接。VSIA 的片上总线虚拟组件接口(OCI VCI)标准推进了片上总线的标准化进程。VSIA 总线有高级 VCI、基本 VCI 和外围 VCI 三个层次;定义了一个通用的基于时钟周期的地址映射点到点接口;提供了一组逻辑信号与一个灵活的可扩展协议,在两个端点间传递信息。

3. EDA 工具接口的标准化

为了确保时序吻合且功能正确的设计进行,将 EDA 工具应用与设计数据的表示分隔开来是很重要的。OLA 由两个开放式标准组成:一个是先进库格式(Advanced Library Format,ALF),它是一个 OVI(Open Verilog International)标准,是 ASCII 格式,以层次化的格式提供库数据的组织。另一个是时延计算语言(Delay Computation Language,DCL)及其过程接口(DCL-PI),它是一个 IEEE 标准。ALF 和 DCL 相互补充,ALF 缺少过程接口和计算能力,但能很好地表示 IC 特征,而 DCL 不能描述 IC 功能和一般属性,但含有过程接口和计算功能。API 接口的任何 EDA 工具厂商,都可以访问主要 SoC 供应商的库描述。

7.2 SoC 的关键技术

7.2.1 IP 核复用设计

1. IP——已经验证过的各种超级宏单元模块电路

IP(Intellectual Property)是知识产权的意思,已经被业界广泛接受的说法是,IP 是指一种事先定义,经验证可以重复使用的能完成某些功能的组块。在集成电路行业里,IP 通常是指硅知识产权(Silicon Intellectual Property),即 IP 核。

2. IP 按单元规模的分类

① 单元模块(Cell):标准门级电路。

② 宏模块(Micro Cell):具有一定逻辑运算处理功能的功能级电路,如计数器。

③ 巨宏模块(Mega Cell):具有一定系统级功能的电路。

④ 芯片核(Chip Cell):具有普遍应用价值、标准规范的通用功能级电路组成。

3. IP 按形态分类

① 软核(Soft IP):在逻辑 IC 设计过程中,IC 设计者会在系统规格制定完成后,利用 Verilog 或 VHDL 等硬件描述语言,依照所制定的规格,将系统所需的功能写成寄存器传输级(Register Transfer Level,RTL)的程序。这个 RTL 文件就被称为软核。

由于软核是以源代码的形式提供的,因此具有较高的灵活性,并与具体的实现工艺无关,其主要缺点是缺乏对时序、面积和功耗的预见性,而且主动知识产权不容易得到保护。软核可经用户修改,以实现所需要的电路系统设计,它主要用于接口、编码、译码、算法和信道加密等对速度要求范围较宽的复杂系统。

② 固核（Firm IP）：RTL 程序经过仿真验证后，如果没有问题则可以进入下一个流程——综合，设计者可以借助电子设计自动化工具（EDA），从单元库中选取相对应的逻辑门，将 RTL 文件转换成以逻辑门单元形式呈现的网表文件，这个网表文件即所谓的固核。

固核是软核和硬核的折中，它比软核的可靠性高，比硬核的灵活性强，它允许用户重新定义关键的性能参数，内部连线有的可以重新优化。

③ 硬核（Hard IP）：以掩膜图案提供的 IP 核 GDSII 文件。网表文件经过验证后，可以进入实体设计的步骤，先进行功能模块的位置配置设计（Floor Planning），再进行布局和布线（Place & Routing）设计，做完实体的布局和布线后所产生的 GDSII 文件，即为硬核。

硬核的使用灵活性差，硬核的设计与工艺已经完成而且无法修改。用户得到的硬核仅是产品功能而不是产品设计，因此硬核的设计与制造厂商对它实行全权控制。另外，使用硬核对 IP 的面积、功耗等性能指标比较有保证。相对于软核和固核，硬核知识产权的保护也相对比较简单。

软核、固核和硬核间的权衡要依据可复用性、灵活性、可移植性、性能优化、成本及面市时间等进行考虑。如图 7.5 所示为这种权衡的量化表示。

随着 SoC 复杂性的提高和设计时间要求的进一步缩短，IP 核越来越多，给 IP 核复用带来较多的问题。由于构建一个 SoC 的过程是相当复杂的，选用何种 IP 核才能胜任系统性能、功能等各方面的要求，往往要到设计过程的后期才能得出答案。由于 SoC 的复杂性很高，较难达到完全的时序吻合。大量 IP 核的组合，使 SoC 设计阶段的系统验证成为一个瓶颈。

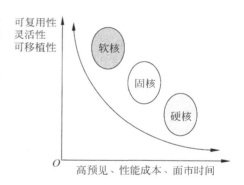

图 7.5　软核、固核、硬核的比较

7.2.2　软/硬件协同设计

SoC 通常被称为系统级芯片或者片上系统，作为一个完整的系统，其包含了硬件和软件两部分内容。这里所说的硬件，指 SoC 芯片部分，软件是指运行在 SoC 芯片上的系统及应用程序。既然它是由软件和硬件组合而成的，则在进行系统设计时，就必须同时从硬件和软件的角度考虑。

1. SoC 设计集成了复杂的系统，其包含各种软件与硬件

在传统设计方法中，硬件与软件的设计是分开进行的。通常软件是在相对完善的硬件平台上进行调试、完善的。SoC 中的软件设计调试如果是在硬件芯片投片完成后进行的，则极有可能迫使硬件再修改与重投片。这将大大提高设计成本，并严重影响芯片上市时间。所以采用传统的设计流程进行 SoC 设计可能存在产品设计周期长、芯片设计完成后发现系统架构存在问题等。

2. SoC 设计中,必须使用软/硬件协同设计

软件协同设计是指软硬件的设计同步进行,在系统定义的初始阶段,两者就紧密相连。由于电子系统级设计(Electronic System Level Design,ESL)工具的发展,需要建立一个使用多种设计语言的混合环境,或创建一种跨越软件与硬件的新设计语言(SystemC)。EDA工具厂商开发出能够适用于软/硬件混合设计与验证的新工具,例如美国 Cadence 公司的虚拟器件协同设计环境。

3. SoC 软/硬件协同设计包含的基本工作内容

SoC 软/硬件协同设计的目的是为硬件和软件的协同描述、综合、模拟和验证建立和提供一种集成环境。这种方法使软件设计者在硬件设计完成之前就可以获得软件开发的虚拟硬件平台,在虚拟平台上开发应用软件,评估系统架构设计,从而使硬件设计工程师和软件工程师联合进行 SoC 芯片的开发及验证。一般包括系统任务的描述和软/硬件划分、软/硬件协同综合、软/硬件协同验证;与系统设计相关的低压和低功耗设计、与系统设计相关的可测性设计。

4. SoC 软/硬件协同设计过程

SoC 软/硬件协同设计过程如图 7.6 所示。协同综合是从软/硬件统一的行为描述开始,构造包含软件和硬件的实现结构描述的设计转换过程。包含处理器分配、任务指派和任务调度 3 个设计步骤。协同验证是指验证由相互交互的软件和硬件组成的系统。分为高层次模拟、低层次模拟和混合高层次模拟 3 种情况。

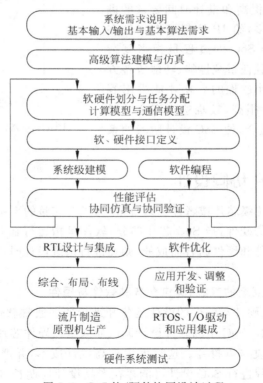

图 7.6 SoC 软/硬件协同设计过程

SoC 软/硬件协同验证工作一般要花费设计周期 50％ 以上的时间。在验证工作进行期间,须遵循以下原则。

（1）采用统一的验证环境。在不同的设计层次采用同一个测试平台,从而降低验证的复杂度。

（2）严格遵守自底向上验证步骤。通常设计越小,就越易发现设计中错误,调试工作就越简单。

（3）从多个角度实施验证。不仅要采用传统的动态验证技术进行验证,还要利用新颖的静态验证技术进行验证。

如图 7.7 所示为 SoC 协同环境的基本元件。

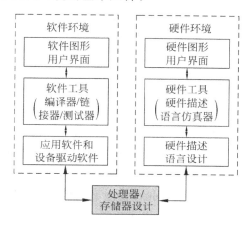

图 7.7　SoC 协同验证环境的基本元件

7.2.3　互连效应

SoC 的设计大多基于超深亚微米级工艺,此时器件连线的延时已成为电路延时中必须考虑的部分。必须在逻辑设计阶段就充分考虑物理实现方面的问题,使用实际的布图拓扑信息约束逻辑设计,从而得到精确的时序。必须将高层的设计与底层的版图设计紧密结合,进行整体考虑。除了考虑器件间的连线问题,也要考虑电源网的布线情况,对于电源布线,由于传输距离的增加,连线的欧姆效应会使电源的电平衰减非常严重,而且电源线上可能有高达 100mA 的电流流过,电迁移现象也比较严重。

根据连线在芯片版图中的情况,划分为局部连线与全局连线。局部连线是在电路系统中单元内部的连线和长度不超过芯片边长 1/2 的连线。局部连线上的寄生电阻不会引起明显的压降;局部连线上的寄生电感不会产生明显的线间串扰;一般只考虑局部连线上寄生电容引起的连线延迟。局部连线上的寄生电容由连线水平方向上的平行板式分布电容和垂直方向上的边缘电容两部分构成。全局连线是在电路系统中单元之间的连线和长度超过芯片边长 1/2 的连线。全局连线的寄生电容仍是连线延迟的主要因素,其次是寄生电感;长线的电阻随着连线的长度呈立方级的增加。

长连线之间的线间串扰也是深亚微米级工艺下必须解决的问题,要采取专门的设计策略避免。应该尽量避免长连线并行传输信号;在长连线之间加入屏蔽线;在长连线上加入驱动单元。

7.2.4　物理综合

由于互连线延迟取决于物理版图,传统设计方法只能在完成物理版图后才知道延迟的大小。这种从布局布线到重新综合的重复设计可能要进行多次,才能达到时序目标。必须将逻辑综合和布局布线更紧密地联系起来,形成物理综合的方法。这样可以使设计人员同时兼顾高层次的功能问题、结构问题和低层次上的布局布线问题。物理综合过程分为 3 个阶段:

(1) 初始规划阶段。首先完成初始布局,将 RTL 模块安置在芯片上,并完成 I/O 布局、电源线规划。

(2) RTL 规划阶段。对 RTL 模块进行更精确的面积和时序的估算。

(3) 门级规划阶段。对每一 RTL 级模块独立地进行综合优化,完成门级网表,最后进行布局布线。

7.2.5　低功耗设计

SoC 设计中可以从多个方面着手降低芯片功耗。在系统设计方面,采用可编程电源来实现系统处于空闲模式或处于低电压、低时钟频率的低功耗模式。在电路组态结构方面,尽量少用传统互补式电路结构,选择低负载电容的电路组态结构。在逻辑设计方面,对于电路中速度不高或驱动能力不大的部位可采用低功耗的门,在逻辑综合时将低功耗优化设计加进去。在电路设计方面,尽量避免由 MOS 输出电路采用 PMOS、NMOS 互补管而在开关过程瞬间出现两个器件同时导通,造成很大功耗的问题。

低功耗设计可以贯穿系统设计、软件设计、逻辑设计、电路实现直到器件/工艺的整个数字系统各个设计层次的设计流程中。在不同的低功耗设计层次,考虑的重点和要达到的设计效果是不同的。抽象程度越高优化的余地越大,效果也越明显。近年来,降低功耗的技术逐渐从电路层向结构层转移,从硬件向软件转移,如表 7.2 所示。

表 7.2　不同的设计层次对功耗降低可能性

设计层次	功耗降低/%	设计层次	功耗降低/%
系统、软件	50～95	电路实现	10～15
逻辑设计	20～50	器件/工艺	5～10

SoC 在不同设计层次的低功耗优化如下。

(1) 在系统设计层次的低功耗优化

根据系统功能说明进行软硬件协同仿真,根据最佳的性能/功耗比来确定硬件功能和软件需求。

(2) 在软件设计层次的低功耗优化

尽可能利用算法的规整性和可重用性,减少所需的运算操作和运算资源。尽可能针对特定的硬件体系进行优化,如利用寄存器来减少对内存的访问。在操作系统中利用硬件提供的节电模式(睡眠、挂起等)或动态电压缩放技术减少功耗。

(3) 在逻辑设计层次的低功耗优化

对系统的供电电压和系统时钟进行规划,合理安排系统内各模块的通信,优化 IP 核的配置,优化处理器的指令集,开发硬件的并行性和功能单元的流水线执行模式。采用所需基本器件少、单元内部跃迁少的低功耗单元电路,对系统中的空闲单元模块进行关断电源或时钟控制。

(4)在电路实现层次的低功耗优化

利用自动调节逻辑门设计尺寸技术,通过逻辑优化减少开关活动性和毛刺,对开关活动性高的节点、连线进行合理配置,通过合理布局布线,减少线间电容,优化时钟和各总线的负载。

(5)在器件/工艺层次的低功耗优化

降低器件电源电压,并根据电源电压的变化调整器件的工艺尺寸。改进半导体器件的物理特性,减小标准门电路的延迟和节点电容。增加布置的金属层数,以减少布线的面积,降低连线电容、电阻。采用多阈值器件、阈值可变器件,以满足不同工作状态的需要。

7.3 SoC 设计思想与设计流程

7.3.1 SoC 设计思想

与传统的系统设计思想不同,SoC 设计思想以系统功能为出发点,将系统的处理机制、模型算法、芯片结构、各个层次的逻辑电路直至器件的设计紧密结合,在一个芯片上完成整个系统功能。SoC 设计不是以功能电路为基础的分布式系统的综合技术,而是以 IP 核为基础的系统模块和电路综合技术。

1. SoC 的硬件结构

SoC 也是以嵌入式系统为基本结构,集软硬件于一体,追求最大包容的系统集成,构成各种应用系统。嵌入式处理器是 SoC 硬件结构中最重要的组成部分。单个 SoC 中可嵌入一个或多个处理器。常用的嵌入式处理器有精简指令集处理器(RISC)、数字信号处理器(DSP)以及为专门应用设计的专用指令集处理器。

片上存储器也是 SoC 的必要组成部分,其一般有 RAM 和 ROM。RAM 是为了满足SoC 对数据高速处理的需要;ROM 则是为了存放系统管理软件和应用软件等。当然 SoC还包含其他一些模块,例如测试电路是专门为满足 SoC 的可测性要求而加入的;混合信号接口电路是用于 SoC 中射频、模拟、数字和电源管理等相结合的电路结构。如图 7.8 所示是 SoC 的硬件结构。

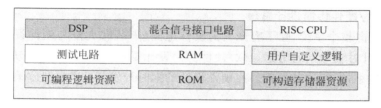

图 7.8 SoC 的硬件结构

2. SoC 片上软件特征

由于 SoC 片上存储器容量较小,嵌入式应用软件要求占用资源小,实时性强。嵌入式实时操作系统只保留满足系统操作所需的关键。嵌入式实时操作系统的准确性不仅依赖于逻辑电路设计的准确性,而且取决于完成相应操作时间的准确性。跟普通的分时操作系统不同,嵌入式实时操作系统更强调系统对外部异步事件响应时间的准确性。因此,通常要求嵌入式应用软件具备并行和并发性运行能力。基于 SoC 中硬件逻辑电路的设计,嵌入式应用软件应可进行流水线运行方式。

3. SoC 的层次化结构设计思想

SoC 设计是一种复杂系统的设计,如直接从系统顶层进行设计,将使设计的复杂度大大提高。往往一个细小的修改,将使整个系统原有的设计被推翻。SoC 中的基本器件单元是 IP 核,系统中各种特定功能可以由单个或多个 IP 核来完成,使系统设计转化为功能单元的设计、IP 核的设计,以及功能单元的整合、IP 核的整合,将大大降低设计的难度,同时也大大减少设计的反复,缩短设计周期。SoC 的层次化结构如图 7.9 所示。层次化结构设计主要应解决两个方面的问题:系统的合理划分、子系统之间的连接。

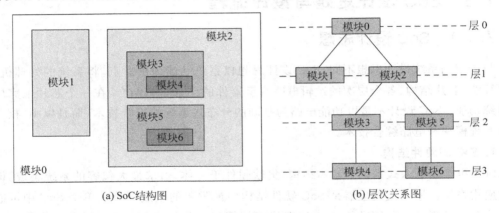

(a) SoC结构图   (b) 层次关系图

图 7.9　SoC 层次化结构图

层次化结构设计通常依据 SoC 中所需完成的各类子功能进行系统的划分,也可以根据所需完成的算法流程划分系统。系统的合理划分,除了可以降低设计难度,还可以方便组织并行设计工作,缩短设计周期。系统的合理划分,还可以方便对分解后的模块分别进行仿真、测试和功能校验。层次化结构设计中应合理确定各子系统之间的互连关系,一般以同一层次、同一模块为连线的边界,不应出现或尽量避免跨层次的互连设计。通常在上一层次来描述下一层次中子模块的互连关系。

4. SoC 的软/硬件协同设计思想

SoC 设计面向整个系统,除了有庞大的硬件电路外,还有大量与硬件设计相关的软件。为此,必须在设计过程中同时考虑。软/硬件协同设计要对软/硬件完成的功能进行均衡,使系统设计开销最小,性能达到最佳。在硬件设计的同时开发相关的软件平台,使系统能充分利用硬件功能。

SoC 软/硬件协同设计还包括协同设计和协同验证(仿真)。软/硬件协同验证(仿真)要使系统软件仿真器与硬件仿真器结合起来对 SoC 系统进行仿真。须解决的关键问题是系统软件仿真器与硬件仿真器的接口以及结果交换时的信号同步。

7.3.2　SoC 设计流程

1. 全面完整的系统分析与设计规划

好的 SoC 设计来自于全面完整的系统分析和设计规划。在这一阶段,需要分析 SoC 系统要求,探讨可能的体系结构,并最终确定软/硬件的功能划分。体系结构方面的考虑包括芯片内部的总线结构、系统平台、测试与调试结构等,以及 IP 核的选择。将系统分析结果形成一组设计规范,规范的一部分为软件开发所需的指导文档,另一部分为硬件开发所需的指导文档。

软硬件划分的过程通常是将应用在特定的系统架构上一一映射,建立系统的事务级模型,即搭建系统的虚拟平台,然后在这个虚拟平台上进行性能评估,多次优化系统结构。系统架构的选择需要在成本和性能之间折中。高抽象层次的系统建模技术及电子系统级设计的工具使得性能的评估可视化、具体化。表 7.3 列出了软件和硬件实现的优缺点。

表 7.3　SoC 系统软件和硬件实现的优缺点

硬件	优点	速度快,可以实现 10 倍、100 倍的提升; 对于处理器复杂度的要求比较低,系统整体简单; 相应的软件设计时间少
	缺点	成本较高,需要额外的硬件资源、新的研发费用、IP 核和版权费; 研究周期较长,通常需要 3 个月以上; 良品率低,通常只有 50% 的 ASIC 可以在一次流片后正常工作; 辅助设计工具的成本也非常高
软件	优点	成本较低,不会随芯片产量而变化; 通常来说,软件设计的相关辅助设计工具较便宜; 容易调试,不需要考虑设计时序、功耗等问题
	缺点	比起用硬件实现同样的功能,性能较差; 算法实现对处理器速度、存储容量提出更高的要求,通常需要实时操作系统的支持; 并发进度表很难确定,通常在规定时间内无法达到预定的性能要求

2. SoC 设计流程的两种转变

（1）从瀑布式转变为螺旋式

SoC 的瀑布式设计流程如图 7.10 所示。在规模不超过 100k 门、制造工艺大于 $0.5\mu m$ 的设计中,瀑布式设计流程通常能够保证较高的成功率和设计效率。此设计流程也存在一些问题:项目在从一个团队交到另一个团队的时候,很少有绝对不需要返工的;软硬件开发是顺序进行的,软件开发团队只有在硬件平台完成后才能进行软件调试,这更增加了设计反复概率。

SoC 的螺旋式设计流程如图 7.11 所示。螺旋式设计流程更适用于设计规模大、使用超深亚微米工艺的 SoC 设计。此设计流程的特征包括:软/硬件的并行开发;验证和综合的过程并行;综合过程中的规划和布图;IP 核复用优先和设计过程的多次迭代等。设计开发团队在多个设计层面上同时开始设计,即软/硬件协同设计。

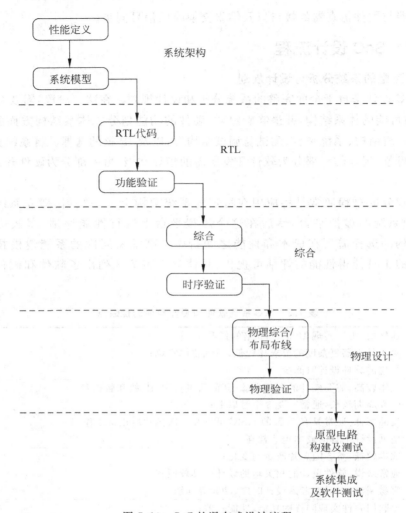

图 7.10　SoC 的瀑布式设计流程

（2）从自顶向下式转变为自顶向下和自底向上的混合式

自顶向下的设计流程是设计常用的，其始于规范制定、功能划分，结束于系统集成和验证。一般设计流程如下。

① 为系统和子系统制定全面的设计规范。

② 精简设计中的结构和算法，包括软件设计和软/硬件协同仿真。

③ 将芯片功能划分为定义好的 IP 核。

④ 设计或选择合适的 IP 核。

⑤ 把 IP 核进行集成，进行功能验证和时序验证。

⑥ 将子系统/系统提交给下一级更高层次集成；如是顶层，则可投片。

⑦ 验证设计的所有方面（功能和时序等）。

如果在设计流程后期发现某一模块不适合本次设计，自顶向下设计因无回溯机制，会使设计重新反复一次。因此，设计团队可选用自顶向下和自底向上相结合的设计流程。在构建关键底层模块时，同时也进行系统简化和模块设计规范制定。

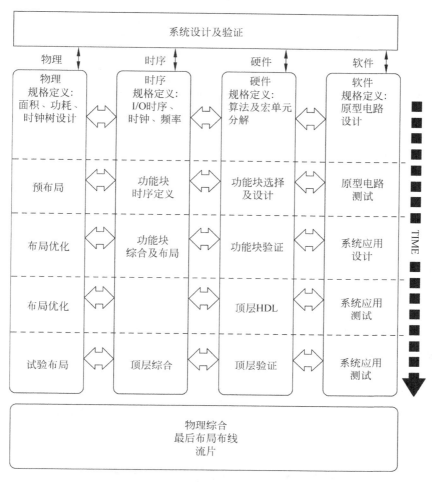

图 7.11　SoC 的螺旋式设计流程

7.3.3　基于复用平台的 SoC 设计

基于 IP 复用的设计思想形成了基于复用平台的 SoC 设计思想。将功能(应用)与实现(平台)分开。应用开发采用结构化的语义模型来描述;平台的开发可以独立进行;使用应用软件开发与平台配置相结合方式,由应用开发者完成芯片设计。

1. 基于复用平台进行 SoC 设计的优越性

复用平台可以被定义成一个软/硬件集成的结构。复用平台设计过程主要包括:模块生成、IP 核复用、芯片集成和软件开发等。基于复用平台进行 SoC 设计衍生出一系列不同功能的 IC 产品,例如,基于 IP 及其复用的系统级不同应用。同一系列的产品升级更为方便,有基本相同的软硬件协同设计结构。使整个产业链的关系越来越密切,包括 IP 行业、EDA 行业以及芯片制造和封装测试等行业。SoC 各种设计方式的比较如表 7.4 所示。

表 7.4 SoC 各种设计方式的比较

项 目	用户定制	基于功能块的设计	基于平台的设计
IP 复用		是	是
平台复用			是
设计复杂度	5~250k 门	150k~1.5M 门	300k 门以上
初始设计	定制逻辑	功能块及定制接口	系统接口及总线
优化关注点	综合、门级结构	布局、功能块结构	系统结构

2. 复用平台的分类

（1）自行设计平台

用户自己创建的平台，允许用户使用特定的模块和定制逻辑。用户必须考虑非标准模块到总线的集成，自行设计开发通信机制。

（2）可定制平台

可定制平台是不完整平台，仅完成约 80%，为定制逻辑的快速集成提供可编程逻辑。在可扩展性和可配置性方面有一定的限制，芯片使用效率较低，集成逻辑的验证有一定的风险性。

（3）应用特定平台

应用特定平台以特定的应用领域为目标，提供有限的可编程性。灵活性较差，特别是缺少 I/O 和硬件的灵活性。

（4）可编程平台

可编程平台提供很强的可配置性和可编程性，通过加入一系列的可扩展、可配置处理器和可编程 I/O，支持各种应用。高度可编程性需要一定数量的存储器和控制器等，增加了系统开销。

7.4 IP 核复用技术与 IP 核设计标准化

7.4.1 IP 核技术的进展

1. IP 核实际内涵的界定

IP 核概念在 IC 设计中已使用了 20 多年，在集成电路行业里，通常是指一种事先定义，经验证可以重复使用的，能完成某些功能的组块。

IP 核必须是为了易于复用而按嵌入式标准专门设计，即便是使用广泛的产品，在成为 IP 核前，也须为易于嵌入式系统而重新设计，如 SoC 片上 RAM 等。要实现 IP 核的优化设计，优化目标是：面积最小、运算速度最快、功耗最低和工艺容差最大，并且符合 IP 核标准。自 1996 年以来，RAPID、VSIA 等组织相继成立，协调并制定 IP 核复用设计的标准，但目前尚未统一与完善。

2. 复用 IP 核的特征

（1）可读性

对于软核与固核，使用者将对其进一步进行综合或模拟等工作，为此对所用 IP 核的功能、算法等均须了解，才能正确复用。IP 核的提供商必须使用恰当的描述方式，使用户能方便正确使用IP核,同时又可保护IP核的知识产权不受侵犯。

（2）设计的延展性和工艺适应性

针对不同的设计应用,IP核应具有一定的适应性。不需要做重大的修改就能方便地复用。当采用新的工艺和进行工艺改进时,IP核能较容易地进行设计改进或不需要进行修改。

（3）可测性

IP核的功能和性能应该能够被使用方测试。这要求IP核的设计中具有可测试性部分。

使用方不仅要能对IP核进行单独的测试,还要能够在IP核被复用到系统环境中时方便测试。

（4）端口定义标准化

由于IP核复用者一般为第三方,这就要求IP核提供者对设计端口有一个严格的定义,主要包括端口信号的逻辑值、物理值、信号传输频率和传输机制等。

（5）版权保护

IP核设计中必须考虑知识产权的保护问题。可在IP核设计中采用一些加密技术或在工艺实现上采用保密技术。

3. 复用 IP 核市场的发展

重复使用预先设计并验证过的集成电路模块,被认为是最有效的方案,用以解决当今芯片设计工业界所面临的难题。这些可重复使用的集成电路模块称为IP。据美国Dataquest公司统计,2005年基于IP的集成电路设计已达到近80%,如图7.12所示。

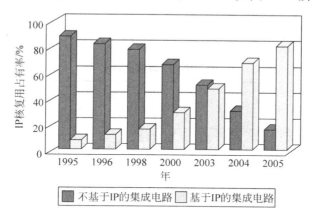

图 7.12　美国 Dataquest 公司统计的 IP 核复用情况

基于IP核复用技术设计的集成电路正逐年快速递增。如图7.13所示,市场对复用IP核的划分如下。

基础IP核（Foundation IP）：基础IP核的主要特点是其与具体工艺相关性高,且价格低廉。例如IP单元库（Cell Library）、门阵列（Gate Array）等产品。

标准IP核（Standard IP）：标准IP核是指符合产业组织标准,如 IEEE 1394、USB 等。由于是工业标准,其架构应该是公开的,进入门槛较低,故竞争激烈。标准IP虽然应用范围相对较广泛,但产品的价格随着下一代产品的出现而快速下滑。

明星 IP 核(Star IP 或 Unique IP)：明星 IP 核一般复杂性高，通常必须要具备相应的工具软件与系统软件相互配合才能开发，因此不易于模仿，进入门槛较高，竞争者少，产品有较高的附加价值，所需的研究、开发时间也较长。另外，明星 IP 通常需要长时间的市场验证才能确保产品的可靠性及稳定性。持续的投资与高开发成本，是此类型产品的特点。产品类型包括 MPU、CPU、DSP 等。

以上 3 种类型中以明星 IP 的附加价格最高，标准 IP 次之，基础 IP 则因其价格低廉，常被晶圆代工厂用来免费提供给客户使用。图 7.13 为市场对复用 IP 核的划分。

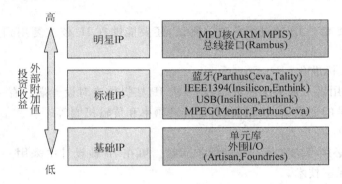

图 7.13 市场对复用 IP 核的划分

(1) 国际市场

全球 IP 的供货商为数众多，在规模与市场占有率方面相差悬殊，其中，ARM 及 MIPS 是著名的 NPU cores 供货商，Rambus 是 Proprietary DRAM Interface 供货商。随着 SIP 的日益风行，将有更多大大小小的 SIP 供货商加入此新兴市场。全球主要 IP 厂商及其市场占有率统计如表 7.5 所示。

表 7.5 IP 供应商排名

2004 年排名	2003 年排名	公司名称	2004 年销售额/百万美元	2003 年销售额/百万美元	增长率/%	市场份额/%
1	1	ARM	312.2	175.2	78.2	24.5
2	2	Rambus	144.9	118.2	22.6	11.4
3	4	TTPCom	104.1	76.4	36.3	8.2
4	3	Synopsys	76.2	78.9	−3.4	6.0
5	6	MIPS	56.7	40.4	40.5	4.5
6	5	Virage Logic	53.0	40.6	30.5	4.2
7	7	Ceva	38.5	36.8	4.6	3.0
8	8	Imagination Technology	28.6	23.6	21.3	2.3
9	9	Mentor Graphics	27.3	22.2	22.8	2.2
10	10	Silicon Image	20.8	14.2	46.7	1.6
		其他	441.5	429.3	−4.1	40.7
		总计	1273.8	1055.7	20.7	100

如图 7.14 所示为市场研究公司 iSupply 对截至 2005 年的全球 IP 销售额统计和今后市场发展趋势的预测。iSupply 指出,2009 年 IP 市场销售额将从 2005 年的 14 亿美元增长到 20.4 亿美元,年复合增长率达到 10.6% 左右。

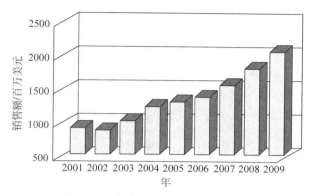

图 7.14　全球 IP 核市场的发展趋势

国际市场已经相对成熟,不管是 IP 供应商的数量和类型,还是 IP 本身的质量和服务都为 IP 市场的规范化提供了保证。在 IP 市场这个大的生态环境集中了从顶层的规范制定组织(如 VSIA)到占据市场主体的 IP 设计企业、管理 IP 信息的发布和流通的信息平台(如 D&R、VCX),以及处于 IP 最末端的 IP 使用者。

（2）国内市场

国内 IP 核市场相对落后,如图 7.15 所示,其需求增长相对缓慢。主要面临以下的问题:IP 核使用公司的规模太小,因而很难承受高昂的 IP 核使用费;IP 设计公司设计实力太弱,以至于没有自己的 IP 核;相关法律还未成熟,导致很多国外的 IP 核只有收取高于国际水平的费用来保证 IP 核的安全。

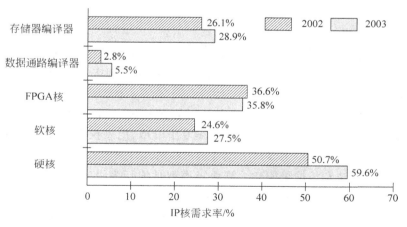

图 7.15　国内 IP 核需求率情况

7.4.2　IP 核设计流程

其实从某些观点来看,IP 核的区分不过是一种观念上的区别。每一种 IP 核都可以从 IP 核规范书开始前端电路设计,然后进行仿真、后端设计,最后得到 GDSII 网表,并进行流片验证。真正的区别在于 IP 核的设计者是在哪个阶段将 IP 核交付给 IP 使用者的。如图 7.16 所示为数字电路 IP 设计基本流程。

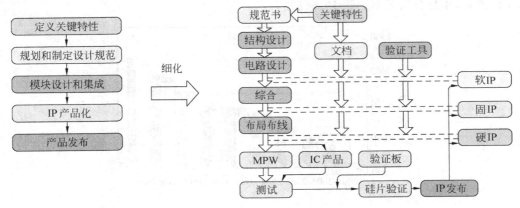

图 7.16 IP 核设计流程

1. IP 核设计流程中各主要阶段的划分

首先是 IP 核关键特性定义,然后是设计规范制定、模块设计和集成,最后是产品化打包。

2. 定义关键特性

IP 核的关键特性是对 IP 核的需求定义,包括概述、功能需求、性能需求、物理需求。IP 核对外系统接口的详细定义,可配置功能的详细描述,确定需要支持的制造测试方法、需要支持的验证策略等,以便 IP 可以被用于不同的应用系统中。

3. 规划和制定设计规范

在项目规划和制定设计规范阶段,将编写整个项目周期中需要的关键文档。通常,这些文档包括 4 部分。

(1)功能设计规范

功能设计规范提供全面的对 IP 核设计功能的描述,它的内容来自应用需求,也来自需要使用该 IP 进行芯片集成的设计人员。功能设计规范由引脚定义、参数定义、寄存器定义、性能和物理需求等组成。

对于许多基于国际标准的 IP,开发功能设计规范比较容易,因为这些国际标准本身已经详细定义了功能和接口,但对于其他设计,开发出模型,用于探索不同算法和架构的性能是非常必要的。这种高级模型可以作为设计的可执行功能规范。

高级模型可在算法和传输级构建。算法级模型是纯行为级的,不包含时序信息。这种模型特别适合于多媒体和无线领域,可用于考察算法的带宽要求、信噪比性能和压缩率等。传输级模型是一种周期精确模型,它把接口上的传输看作是原子事件,而不是作为引脚上的一连串事件进行模拟。传输级模型可以相当精确地体现模型的行为,同时又比 RTL 模型执行速度快,因此传输级模型在用于评价一个设计的多种架构时特别有用。

(2)验证规范

验证规范定义用于 IP 核验证的测试环境,同时描述验证 IP 核的方法。测试环境包括总线功能模型和其他必须开发或购买的相关环境。验证方法有直接测试、随机测试和全面测试等,应根据具体情况选择使用。

（3）封装规范

封装规范定义要作为最终可交付IP核的一部分特别脚本,包括安装脚本、配置脚本和综合脚本等。对于硬核IP,这一部分规范也要在附加信息中列出。

（4）开发计划

开发计划描述如何实现项目的技术内容,包括交付信息、进度安排、资源规划、文档计划和交付计划等。

4. 模块设计和集成

软核和固核基于RTL综合的设计流程如图7.17所示。

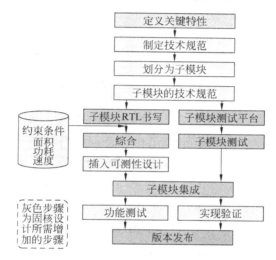

图7.17　软核和固核基于RTL综合的设计流程图

在初级阶段,当IP核的设计要求确定后,要不断地修改核的结构框图,并划分子模块,创建子模块的技术规范文档。在开发实施阶段,编写RTL代码和综合脚本,并进行综合。在分析测试阶段,进行时序分析、面积和功耗预测,开发测试平台并进行相关的测试。在子模块集成阶段,生成IP核顶层网表。在验证阶段,完成网表的功能测试与性能验证。在发布阶段,进行IP核产品发布。

由于固核要比软核经历更深层次的设计,所以固核设计中有较多不同之处:通常固核的综合脚本应提供带有性能和面积目标。针对固核,可以开发出门级仿真所需的测试平台、时序模型和功耗分析模型等。在固核设计中要考虑可测试性设计方法,并对门级网表进行故障分析。要在固核的子模块完成后考虑物理设计的要求,其包括互连线、测试平台、整体时序及单元库的约束等。

硬核版图设计的前端设计信息可以是全定制电路和综合后模块。对于综合生成的模块,应遵循图7.18所示的设计流程,而全定制电路可以在晶体管级进行仿真,设计数据中应该有全部的原理图。使用全定制电路的RTL模型和综合模块的RTL模型来开发整个IP的RTL模型,并通过这个模型的综合流程反复迭代,使面积、功耗及时序在认可的范围之内。

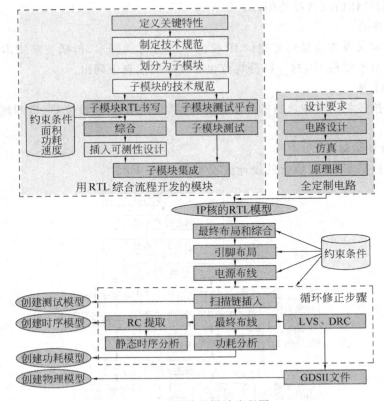

图 7.18　硬核的设计流程图

　　与软核与固核不同,硬核在物理设计完成后需用特定工具对其进行建模。这些模型将在硬核被复用时,提供相应的仿真、测试与验证所需信息。硬核被复用时,内部为一个黑盒子。

　　一个完整的硬核通常包含以下模型。

　　① 功能模型(IP 核的 RTL 模型)。描述 IP 核功能的行为级模型,通常为 Verilog、VHDL 或 C 代码文件,用于实现系统整合后的功能仿真,其形式可以是完整描述 IP 功能的 RTL 代码或网表文件,或为了实现 IP 核保护而仅提供标准端口功能信息,内部逻辑以不可综合的代码描述的行为模型。

　　② 时序模型。以时序信息文件出现(如.lib 和.clf 等),描述 IP 核端口时序信息以及时序约束条件,用于满足 IP 核整合后端口信号对外部信号的时序要求,通常用以实现整合后的静态实现分析。

　　③ 功耗模型。用于实现整个芯片的功耗分析和电压降分析的 IP 核功耗信息参考文件,该信息往往会出现在时序信息文件中,如.lib 和.sdf 等。

　　④ 测试模型。用于芯片完成生产后,根据特定的测试模式实现对 IP 核单独测试的信息。

　　⑤ 物理模型。用于完成芯片整合后物理设计的物理信息文件,如 IP 核面积、所占层次、端口相对物理位置和物理约束等,较常见的物理模型包括 Synopsys 公司的 Milkyway库、Cadence 公司的 LEF(Library Exchange File)和 DEF(Design Exchange File)、标准的版图文件 GDSII。图 7.19 说明了 Synopsys 公司的硬核建模所用的 EDA 工具。其中,VMC

主要用于产生加密或对设计源进行仅针对仿真加速而优化代码的功能模型；Prime Time 提供的 extract_model 可对简单的 IP 设计抽取其端口的时序模型；Astro 可以完成 IP 后端设计，从而提供物理信息文件；SoC Test 与 TetraMax 可以方便地生成如扫描链测试方案等自动测试脚本；Astro-Rail 可生成用于功耗分析的 Milkyway 库。

5. IP 核产品化

IP 核产品化意味着需要提交系统集成者在复用 IP 核时所要的所有资料。

软核所需提交的资料包括 IP 核的 RTL 代码、安装及综合脚本、描述 IP 核功能和工作特性的文档、功能测试平台、测试向量文件和仿真结果文件等，如表 7.6 所示。

图 7.19 Synopsys 公司的硬核建模工具

表 7.6 软核产品具体需要提交的文件

产品文件	可综合的 Verilog/VHDL 实现的 RTL 代码； 综合脚本、时序约束、参考工艺库； 扫描链插入和 ATPG 的脚本； 应用说明，包含一些集成了该 IP 核的设计实例； 安装脚本
验证文件	测试平台所用的总线功能模型/总线监视器； 测试平台文件，包括典型的验证测试文档
用户文档	用户指南/功能规范说明； 产品手册
系统集成文件	SoC 中其他组件的总线功能模型； 对于需要软件支持的 IP 核，推荐或提供编译器、调试器等实时操作系统来进行软、硬件协同仿真或调试

固核所需提交的资料，除包含软核的提交资料外，还需要门级网表、工艺库说明、时序模型、面积和功耗等说明文件；需要编写用户使用手册和数据手册来对 IP 核特性、设计与仿真环境做详细说明；通常情况下，固核还应有提供给用户的原型样片。

硬核所需提交的资料如表 7.7 所示。

表 7.7 硬核产品具体需要提交的文件

产品文件	GDSII 网表、安装脚本
用户文档	用户指南或功能说明、产品手册； 所交付模型的说明
系统集成文件	指令级模型或行为级模型； 模块的总线功能模型； 针对特定模块的周期精确模型； 针对特定模块的仿真加速模型； 模块的时序模型和综合模型； 预布局模型； 对于特定模型，有关软硬件协同仿真的商业软件的推荐； 生产测试激励

软核、固核的产品化过程如图 7.20 所示。其中,IP 打包提交过程是指通过对模块设计信息的进一步整理,使得提交给用户的信息清晰、完整。

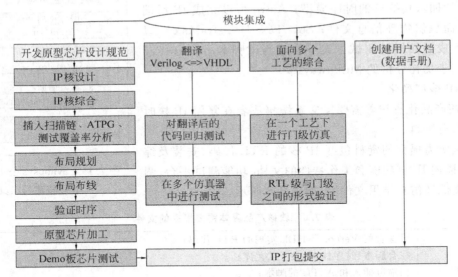

图 7.20   软核、固核的产品化过程图

硬核以 GDSII 格式的版图数据作为其表现形式,在时序、功耗、面积等特性方面比软核更具有预见性,但没有软核的灵活性。它既不会是参数化的设计,也不会存在可配置的选项。然而硬核由软核发展而来,所以硬核的开发与软核的开发相比,只需要增加两个设计过程:产生 IP 的版图设计,以及建立硬核的仿真模型、时序模型、功耗模型和版图模型。

硬核的产品化过程与软核的产品化过程相比:前端的处理基本上是一致的,只是需要在一个确定的目标工艺库上综合;在硬核的功能仿真过程中,只需要在一个目标工艺库上仿真通过即可;硬核的后端处理包括 DFT 处理、物理设计与验证,建立功能仿真模型、时序模型和综合布局模型等。

7.4.3 IP 核的设计验证

验证 IP 核的目的在于保证功能和时序的正确性。

1. 制定 IP 核验证计划的必要性

由于设计复杂度和功能验证所需覆盖的范围不断扩大,设计团队有必要在项目规划和设计规范制定阶段制定全面高效的功能验证计划,对其进行评估,形成验证规范。验证计划的制订有助于确定验证的重点,有助于确定 IP 核通过测试的标准。功能验证计划既可以按照模块功能规范的形式进行描述,也可以按单独的验证文档的形式进行描述,这份文档可以根据需求的变化和功能的重新定义随时进行变动。

2. IP 核验证计划

IP 核验证计划主要有:①测试策略的描述;②仿真环境的详细描述,包括模块连线关系图;③测试平台部件清单,例如总线功能模型和总线监控器,对于每一个模块,都应该有对应的关键功能说明,还必须说明对应的模块是公司已经拥有,还是可以通过第三方购买,或者需要自行设计;④验证工具的清单,包括仿真器和测试平台自动产生工具;⑤特定测试向量清单,包括每个特定测试的测试目的和规模大小,规模大小将有助于估计生产对应测试向量所需要的代价;⑥IP核关键特性的分析报告,并且说明对应这些关键特性可以用哪些测试向量进行测试验证;⑦IP核中哪些功能可以在子模块级进行测试验证,哪些必须在IP核级进行测试验证的说明;⑧每一个子模块核和顶层IP核测试覆盖率的说明;⑨用来说明验证要达到标准的规范。

3. IP核验证策略

IP核的验证必须是完备的,并且具有可复用性。通常需要覆盖以下测试类型,这都属于功能测试的范畴。

① 兼容性验证。这种测试主要验证设计是否符合设计规范的要求,对于符合工业标准的设计,例如 PCI 接口或者 IEEE 1394 接口,兼容性测试要验证是否与工业界标准相兼容。在任何情况下,都要对设计进行全面完整的兼容性测试。

② 边界验证。这种验证主要是找到一些复杂的状态或者边界情况进行验证。所谓边界情况,就是指一些最有可能使设计运行崩溃的情况,例如子模块间进行交互复杂的部分,以及在设计规范中没有明确定义的部分。

③ 随机验证。对于大多数设计来说,随机测试是兼容性验证和边界验证必不可少的组成部分。只不过兼容性验证和边界验证主要是针对设计人员期望出现的情况而进行的验证,而随机验证可以展现一些设计人员没有预计到的情况,同时会暴露出设计中一些很难发现的错误。

④ 应用程序验证。设计验证中一个最重要的部分就是用真正的应用程序进行验证。对于设计人员来说,很有可能错误地理解了设计规范,并且导致设计上的错误,或者使用了错误的测试环境,应用程序测试可以有效地发现这些错误。

⑤ 回归验证。所有的验证程序都应该添加到回归验证程序中,在项目的验证阶段就可以执行回归验证程序集。在验证过程中,典型的问题是,当修复一个错误的时候,很有可能引入另一个新的错误。回归验证可以帮助验证当新的功能引入到设计中或者旧的错误被修复时,不会有新错误被引入。最重要的是,无论错误是何时被发现的,对应的验证程序一定要添加到回归验证程序集中。

4. IP核验证平台的设计

在对 IP 核进行验证的过程中,可创建可复用的验证平台,验证平台的设计因被测模块功能的不同而不同。一般验证平台具有以下特征:以事物处理的方式产生测试激励,检查测试响应;验证平台应尽可能地使用可复用仿真模块,而非从头开始编写;所有的响应检查应该是自动的,而不是设计人员通过观看仿真波形的方式来判断结果是否正确。

验证平台的重要性因 IP 核的类型不同而不同。例如,处理器的验证平台无疑将包含基于其指令集的测试程序、总线控制器;USB 和 PCI 的验证平台将很大程度地依赖于总线功能模型、总线监控器和事务处理协议,以便施加激励并检查仿真结果。

7.4.4　IP 核的复用技术

IP 核的复用主要是设计的复用和测试/验证的复用。IP 核复用技术成就复杂的 SoC 设计,提高设计效率。

1. 在 SoC 设计中引入 IP 核复用技术的决定因素

设计周期与芯片利润的密切性越来越强。如今 IC 市场竞争激烈,过长的设计周期会使芯片市场份额大大减小,进而导致较少的芯片收入无法支撑前期的巨大投入。

芯片在市场上存在的寿命越来越短。在如今 IC 市场上,芯片功能更新换代的时间非常短,如不及时进行芯片的改进,即使前期芯片抢得了上市先机,也会很快失去市场。

设计复杂度越来越高。SoC 的出现,使芯片的复杂度发生了巨大突变。

2. 复用 IP 核的选择

(1) 对软核的选择

由于是原代码形式,与具体实现的工艺无关。有些软核可以由使用者进行再修改,故比较容易复用到新设计中。软核在复用中的主要瓶颈是缺乏对时序、面积和功耗的可预见性。软核目前主要针对接口、编码、译码、算法和信道加密等对速度要求范围较宽的设计。

(2) 对固核的选择

由于是与具体实现工艺相关的门级网表,故只能在使用相同工艺 SoC 设计中进行复用。此时对时序、面积和功耗具有可预见性。有些固核允许用户重新定义关键的性能参数和进行内部连线重新优化。所以,固核比软核的可靠性高,比硬核的灵活性强。

(3) 对硬核的选择

由于硬核是根据某一种工艺已完成的版图,故硬核的复用者无法对其进行再修改,只能直接复用到相同工艺的新设计中。硬核在复用中具有完全的时序、面积和功耗等参数的预见性。硬核目前主要针对混合信号模块、模拟模块和 CPU 等设计。通常倾向于复用硬核,因为硬核是通过了硅验证甚至是产品验证的 IP 核。由于硬核的知识产权较易保护,故硬核的价格比软核和固核相对要低得多。

3. IP 核复用技术面临的挑战

(1) 可复用性和多 IP 核集成问题(不同 IP 核来自不同提供商)

随着 SoC 系统复杂性的提升和对上市时间的要求越来越短,SoC 设计者将会更多地把不同的 IP 集成到同一个芯片中。然而不同提供商的不同 IP 集成到一个芯片上将会带来很多问题:IP 核的文档不完整,导致对 IP 核难以理解;IP 核验证模型的代码质量很低,难以集成到系统验证环境中;不同的 IP 核提供商采用不同的 EDA 工具和流程,导致不同 IP 核的文件不匹配;IP 核的接口与系统的总线接口不匹配;使用不同层次的 IP 核,导致逻辑和时序的不可预知性(集成过程中既有硬核,又有软核)。

这里主要关注 IP 核集成中最主要的 IP 核接口与系统总线接口不匹配的问题。在 IP 核集成中,如果接口不匹配,SoC 设计者往往需要设计一个与选用的 IP 规模一样的接口 IP 使之能够匹配到系统中去。这就大大降低了该 IP 的可重复程度,并增加了研发时间,是极不合理的事情。大多数数字 IP 核的接口设计主要是针对数据的传输,也就是针对其他 IP 的读/写。对于不同设计、不同层次来说,数据的读/写处理是不一样的。

在数据传输过程中,握手信号种类繁多,IP 在向目标写数据前需要从目标那里得到"已准备好"的信号,而目标在报告自己状态前也需要得到一个"写请求"信号。在更高层次上,存在更多的处理方式——突发写、突发读、乱序读/写及中断和中断取消等。如果在这一层次上不兼容,问题就很难解决。大多数 IP 接口问题都是关于异常处理(中断、取消等)的。如果要解决这一层次的问题,可以在更高抽象层次上解决,不过这就得对 IP 核本身或整个系统的体系结构进行修改了。

想要彻底解决 IP 核的接口问题,必须采用统一的接口标准。一些组织或大公司在内部建立了自己的接口标准,获得了一定的成功,但是整个工业界还没有一个统一的标准。这主要是因为在不同的设计中,接口的性能、功耗和协议都存在巨大的不同。IP核设计必须标准化。

（2）复杂冗长的验证与仿真时间问题

功能验证和时序验证也许是SoC设计中最困难和最重要的阶段。在将设计交付制造商之前,只能通过验证找出体系结构、功能或物理实现上的错误。一般情况下,验证工作占据整个IP核设计流程的$50\%\sim80\%$。

成功和快速的IP核验证依赖于验证方案、模型、测试平台、验证工具和IP核的成熟度。

自顶向下和自底向上的验证方案对应于不同级别和规模的系统设计。对于一些较小规模的全定制系统设计,自顶向下的验证方案更有效。而基于IP的SoC系统的设计,自底向上的验证方案则更有效。

对于大型SoC设计,有必要在IP集成之前对每个IP核进行全面的验证。因为单个IP核的错误比起芯片的错误更容易被发现。唯一例外的是,设计者必须做出决定,在集成之前是否对不可重用的IP进行硅片验证。这是一个风险和收益的权衡,因为任何一个没有经过硅验证的IP只是一个部分验证过的IP,包含这样IP核的芯片就只是一个原型芯片,在成为一个产品之前,任何错误都可能发生。所以,通常更倾向于使用硬核,即通过了硅验证甚至是产品验证的IP。

为得到一个高质量的设计,必须进行基于应用程序的验证,但是这种验证即使是在RTL级的仿真,其运行速度也是很慢的,难以运行上百万行的测试向量。而对于实际程序而言,上百万行的程序不过是很小的一部分,如果是验证操作系统或者测试通信系统,这个量就更微不足道了。目前有两种解决办法:提高模型的抽象层次,这样可以大大提高软件仿真的运行速度;使用特殊硬件来仿真,例如仿真加速器或快速建模系统。

（3）来自商务模式的挑战

由于IP是一个对知识产权及其敏感而且单位价格十分高昂的商品,所以在商务谈判和交易中比其他商品更难成交。在IP交易中,提供者和购买者面临的难题是:在IP核交易中,提供者出于对知识产权的保护,不可能公布所有细节;在IP核交易中,购买者因无法在使用前全面评估一个IP核的性能是否适合自己的系统需求,面对昂贵价格,较难确定风险和收益的平衡点。

失去了谈判的基础,一些实力较弱、规模较小,但占据市场大部分的中小IC设计公司来讲,就更不具备讨价还价的实力和能力了,类似于上市公司和中小股东的关系。因此,IP交易急需一个类似于股票交易中心的第三方。近年来,国内外的IP交易中心和信息中心初见规模,国外如VCX、Design & Reuse之类的信息平台,国内如国家软件与集成电路公共服务平台(CSIP)、上海硅知识产权交易中心(SSIPEX)等,均属于这样的第三方平台。

4. IP核标准化组织

为开发不同来源IP的兼容和集成标准,建立SoC行业通用的IP规范,降低SIP交易的技术和商业壁垒,国际上出现了一些标准化组织,最典型的是VSIA和OCP-IP。

VSIA是当今世界上比较有名的IP核标准化组织,1996年9月由世界领先的半导体公司和EDA公司共同建立。VSIA工作组及其发布的标准/规范/文件如表7.8所示。

表 7.8 VSIA 工作组及其发布的标准/规范/文件

序号	工作组名称	内容(发布的标准/规范/文件)
1	模拟/模数混合信号	扩展及其完整性扩展规范
2	功能验证	虚拟元件开发和功能验证分类文件
3	依靠硬件的软件开发	制定中
4	实现/验证	软硬虚拟结构、性能和物理建模规范
5	SIP 保护	虚拟识别物理标识标准,IP 核保护白皮书
6	与制造相关的测试	测试访问结构标准,针对虚拟数据互换格式和指导路线规范
7	片上总线	虚拟接口标准
8	系统级设计	系统级接口行为文档标准,系统级设计模型分类文件
9	虚拟元件质量	制定中
10	虚拟元件转让	虚拟元件转让规范,虚拟属性描述、选择和转让格式标准
11	基于平台的设计	制定中

VSIA 在其官方网站上提供 IP 核质量的评估方法,通过提交电子统计表的形式,可以对供应商的 IP 核产品给出数值化的评估报告。用户可结合 VSIA 的评估结果对 IP 核的质量进行判断。

中国 IP 核标准化工作组是根据信息产业部科技司信科函[2002]70 号文《关于成立"集成电路 IP 核标准工作组"的通知》而成立的。标准化工作组的任务是:联合社会各方面力量,有效组织国内企业、研究机构及大专院校,开展 IP 核技术标准研究和制定工作。工作组计划采用 VSIA 标准/规范中有普遍应用价值的部分作为我国 IP 核标准的第一批标准,与国际先进 IP 标准技术接轨。

IP 核标准化体系架构如图 7.21 所示。

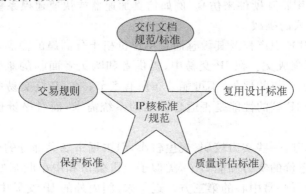

图 7.21 IP 核标准化体系架构

5. 复用对 IP 核质量的进一步要求

从用户的观点看,复用对 IP 核质量的进一步要求有:有可预见的适应性/灵活性,包括可配置、可参数化、可移植性等;可以方便地评估证明其质量和性能;有已经证明了的确定到硅实现的途径,包括设计流程和方法学;设计流程和方法学是开放的和工业标准化的;可很方便地配置和集成。具体项目符合设计风格指导和一般的设计规则;充分验证过,并有完整验证环境,包括验证向量;支持设计流程的完整一致的模型组;有更快达到 IP 核性能的综合实现的 Script;有完整的文档。

从 IP 开发者的观点看,复用对 IP 核质量的进一步要求有：可预见性(硬核)和灵活性(软核),包括时序、测试和功耗等；最少的内部支持和客户流程支持；有效的评估系统,包括时序(需要合适的约束)；支持主流用户；有 IP 核保护和方便使用的封装。具体项目提供满足 IP 核用户的质量要求；提供有效的服务和支持。

7.5　片上总线

总线提供了系统中各个设备间一种互连的访问共享硬件机制。在数字系统中,总线承担数据传输的任务,如处理器和存储器之间的数据传输。总线的传输能力由总线的宽度和工作频率决定。总线的设计通常要考虑 4 个因素：总线宽度、时钟频率、仲裁机制和传输类型。

总线宽度和时钟频率决定了总线的峰值传输速率。这些因素影响成本、功率和工艺要求。

总线连接的设备根据功能的不同分为总线主设备和从设备。总线主设备可以发起一个传输任务,而从设备则对主设备发起的事务做出回应。有些设备既可以是总线的主设备,也可以是总线的从设备,如 DMA 控制器等。当总线上存在多个主设备时,这些主设备有可能在一段时间内同时需要竞争使用总线,这时需要一种仲裁机制来决定总线的使用。仲裁机制的差异会影响总线的利用效率。使用较多的仲裁机制有轮询机制和按照优先级顺序机制。在轮询机制中,仲裁逻辑循环检查各个主设备的使用请求,从而决定哪一个主设备使用总线,每个总线的主设备拥有相同的优先级,但重要的请求可能需要等待较长的延时后才能获得总线的控制权。在按照优先级顺序的仲裁机制中,各个主设备分配不同的优先级。在这种设计中,优先级高的主设备可以在较短延时下获得总线的使用权。在仲裁机制中,有必要启用某些保护机制,以确保总线传输的正常进行。例如,在传输数据过程中采用锁定的机制,只有当前传输结束后才能重新启动仲裁机制,确保该次传输的正常结束。这在多个主设备竞争访问同一个资源时可以确保数据传输的正确性。

总线在传输数据时,可以采用不同的传输类型以适应不同的数据传输要求。在大多数总线中可以实现固定大小的数据块传输和可变大小的数据块传输。更加复杂和先进的总线行为还包括分离处理(Split Transactions)、原子处理(Atomic Transactions)等。当从设备需要比较长的时间处理主设备的数据传输时,可以将总线的控制权交给其他主设备。当该主设备完成数据的处理后,从设备通知主设备可以继续上次没有完成的数据传输。

各大 IP 提供商都先后推出了自己的总线标准。较有影响的片上总线标准有 ARM 公司的 AMBA 总线、IBM 公司的 CoreConnect 总线、Silicore Corp 的 Wishbone 总线和 Altera 的 Avalon 总线等。

SoC 设计的一个重要特点是基于 IP 核的复用。为解决众多 IP 核复用的问题,需要一个快速的连接方案,由此产生了开放核协议(OCP)。OCP 是由 OCP-IP 组织定义的一种标准化的 IP 核接口或插座,以便任何带有这一接口的 IP 都可以在 SoC 内直接点对点地连接,或通过带有这一标准接口的总线进行互连。

7.5.1　源于传统微机总线的片上总线

传统微机总线用于板级系统中多个芯片之间的数据传输。片上总线用于 SoC 中多个

IP 核之间的数据传输。

(1) 片上总线继承了传统微机总线的优点。

片上总线继承了传统微机总线提供针对特定应用的灵活多样的集成方法；提供可变长的总线周期和总线宽度；可以使用不同供应商的产品来设计系统等。另外，由于片上总线要求具有简单的结构、非常快的速度和单片内集成的特点，故传统微机总线结构不能直接用作片上总线。

(2) 除统一接口标准外，片上总线还应具有以下特点。

① 采用主从式结构。支持多个主单元，各主单元可以同时与相应的从单元进行数据交换，以提高数据吞吐率。

② 低冗余的总线。总线协议和 IP 核接口逻辑要尽可能简单，不能占用太多资源。

③ 各种信号一般都尽可能保持不变，并且多采用单向信号线。这样既可以降低功耗，也有利于结构的简化和时钟的同步。

④ 总线的灵活性和可扩展性。总线的设计应该能够使 IP 核的添加、修改和删除非常容易。为适应不同的系统，地址空间译码和仲裁优先级不能在处理器中决定，需要标准的接口协议并采用集中式总线控制策略。设计师可以根据实时系统的要求来定义各个主单元的优先级。

⑤ 在批量数据传送时，一般都采用流水线方式。这样将当前地址与上一次的数据交叠起来实现在一个时钟周期内完成一次数据传送。

⑥ 支持可变宽度的地址和数据线，增加了片上总线的应用范围。

片上总线设计目标：简化系统的设计难度，提升 IP 核的可复用性。

7.5.2 片上总线接口标准

1. VSIA 为片上总线制定的接口标准

《片上总线属性规范》，简称 OCB 11.1，定义了 IC 产业中所使用的全部总线的最小通用属性集。虚拟元件接口（Virtual Component Interface，VCI）标准为 SoC 上不同的 IP 核定义了通用的接口协议。既可以用于 IP 核间点对点的连接，也可以用作 IP 核与片上总线的连接。使用基于 VCI 的总线封装，可以使集成于不同 SoC 体系结构中的 IP 核移植变得更容易，从而提高了 IP 核的可复用性。VSIA 所制定的这些标准尚未确立为国际统一的标准。目前，业界还存在多种不同属性的总线标准。

2. VCI 是对不同电路通信接口协议的标准化

VCI 从定义 VC 接口的基本特性开始，逐步描述了复杂程度不同的接口类型。根据协议复杂性的不同，可分为 3 种 VCI：外设 VCI（Peripheral VCI，PVCI），具有简单协议且易于实现的两线接口，具有读、写和错误报告功能；基本 VCI（Basic VCI，BVCI），适用于大多数场合的四线应用型接口，其协议比 PVCI 复杂；高级 VCI（Advanced VCI，AVCI），增加了更多完善的特性，可利用多线程来实现更为复杂的应用环境。3 种接口均向下兼容，即 PVCI 是 BVCI 的子集，而 BVCI 又是 AVCI 的子集。

7.5.3 片上总线的层次化结构

OCB 11.1 提出了片上总线层次化的概念。

1. 典型的片上总线体系结构可分为两层

（1）系统总线

系统总线是 SoC 主干,用于连接多个处理器,如 RISC、DSP 等。每个处理器都可被视为总线启动数据传输进程的设备(主设备)。系统总线也挂接许多高带宽的从设备,如片上存储器等,它们通常是主设备访问最频繁、最讲求效率的外设。

（2）外设总线

外设总线用于连接一些优先权较低或带宽受限的从设备,它们通常在系统中实现具体的应用功能,如 UART,INTC 等。与系统总线相比,外设总线更加独立于具体的处理器核,且信号协议更简单。

2. 片上总线层次化结构的优越性

层次化总线结构通过桥连接多个总线,将速度要求不同的 IP 核隔离在不同的时钟域中。这主要是因为系统对 IP 核的性能要求不尽相同,而且 IP 核自身的设计在接口时序上也存在一些差异。

层次化总线结构减少了关键路径上的总线负载。高速系统总线支持高速通信协议和块传送,数据量大的 IP 核都放在其上。低速外设总线上挂接的 IP 核一般是对通信要求较低的外设。多数情况下,外设总线处于空闲状态,只有 I/O 访问时才工作。低速外设总线通过总线桥与高速系统总线连接,并实现它们之间的协议交换。层次化总线结构既考虑了片上系统的性能,又简化了设计。图 7.22 为基于片上总线层次化结构的 SoC 设计架构。

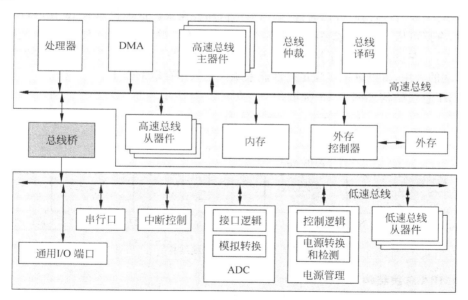

图 7.22 基于片上总线层次化结构的 SoC 设计架构

3. 基于片上总线层次化结构的 SoC 设计架构

7.5.4 AMBA 总线

AMBA 总线是 ARM 公司开发的片上总线标准。AMBA 总线标准包括 AHB(Advanced

High-Performance Bus)总线、ASB(Advanced System Bus)总线、APB(Advanced Peripheral Bus)总线和 AXI 总线。AHB 和 ASB 总线连接高性能系统模块,ASB 是旧版本的系统总线,使用三态总线,目前已被新版本的 AHB 总线所代替。AHB 是 AMBA 2.0 标准,而AXI 是新推出的新一代 AMB 3.0 标准。APB 总线连接低速的外围设备。

AHB 总线连接的系统模块有处理器、DMA 控制器、片内存储器、外部存储器接口、LCD 控制器等。这些设备往往工作在较高时钟频率下,对系统的性能有较大影响。AHB 总线支持仲裁、突发传输、分离传输、流水操作、多主设备等复杂事务。

APB 总线连接的外围设备有 UART 接口、键盘、USB 接口、键盘接口、时钟模块等。APB 没有复杂事务实现,非流水线操作,可达到降低功耗和易于使用的目的。

随着超大规模 SoC 的兴起,嵌入式系统的性能需求越来越高,导致对片上总线的宽带要求也越来越苛刻。虽然 AHB 总线的协议在理论上可以让用户不断地增加总线位宽而达到更大的带宽,但是在节省功耗的前提下,用户希望通过极小的总线宽度、极低的总线频率来实现很高的数据吞吐量,也就是对协议传输效率的要求达到极致。顺应这种趋势,ARM 在 2004 年推出了 AMBA 3.0-AXI 协议。AXI 总线是一种多通道传输总线,将地址、读数据、写数据、握手信号在不同的通道中发送,不同访问之间的顺序可以打乱,用 BUSID 来表示各个访问的归属。主机在没有得到返回数据的情况下可以发出多个读写操作。读回的数据顺序可以被打乱,同时还支持非对齐数据访问。由于各个传输之间仅依靠传输 ID 来相互识别,没有时序上的依赖关系,所以可以被插入寄存器来打断限制频率的关键路径。那么从理论上讲,AXI 协议就没有频率上限了。AXI 总线还定义了进出低功耗节电模式前后的握手协议。规定如何通知进入低耗模式,何时关断时钟,何时开启时钟,如何退出低功耗模式。这使得所有 IP 在进行功耗控制的设计时,有据可依,容易集成在统一的系统中。AXI 不仅继承了 AHB 便于集成、便于实现和扩展的优点,还在设计上引入了指令乱序发射、结果乱序写回等重大改进措施,使总线宽带得到极大程度的利用,可以进一步满足高性能系统大量数据存取的需求。

AMBA 总线结构如图 7.23 所示。

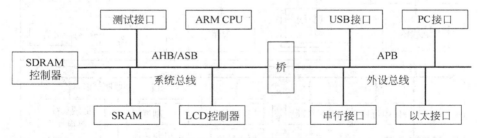

图 7.23　AMBA 总线结构

1. AMBA 总线结构

AMBA 总线结构是 ARM 公司研发的一种 SoC 片上总线结构,它独立于处理器和制造工艺技术,增强了各种应用外设和系统宏单元的可复用性。

AMBA 总线标准包括 4 部分:AHB(先进高性能总线)、ASB(先进系统总线)、APB(先进外设总线)和测试方法。

2. ASB 适用于高性能的系统模块

在不必要使用 AHB 高速特性的场合,可选择 ASB 作为系统总线。ASB 同样支持处理器、片上存储器和片外处理器接口与低功耗外部宏单元之间的连接。与 AHB 的主要不同点是 ASB 读/写数据采用同一条双向数据总线。图 7.24 为 ASB 总线系统结构。

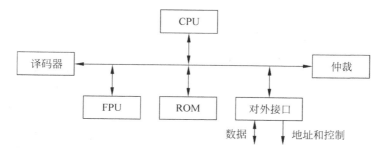

图 7.24　ASB 总线系统结构

与 AHB 的主要不同点是,ASB 读数据和写数据采用同一条双向数据总线。

3. AHB 适用于高性能和高时钟频率的系统模块

AHB 总线作为高性能系统的骨干总线,主要用于连接高性能和高吞吐量 IP 核,如 CPU,DSP 和片上存储器等。AHB 的关键是对接口和互连均进行定义,目的是在任何工艺条件下实现接口和互连的最大带宽。

基于 AHB 的系统由主单元、从单元和控制部分组成。总线主单元发起总线传输、产生地址和控制信号、发送/接收数据。总线从单元是映射到地址空间的模块,它响应总线主单元的传输要求,完成传输过程并且反馈操作完成或错误信号给总线主单元。控制部分由总线仲裁器、主-从单元多路选择器、从-主单元多路选择器和译码器组成,用于控制整个传输过程。

整个 AHB 上的传输都是由主单元发出,从单元来响应。从单元到主单元的传输则由总线仲裁器和多路选择器等决定。

AHB 支持突发传送、主单元重试、流水线操作和分批事务处理等复杂事务处理工作。

4. APB 适用于低速外设和处理器很少访问的外设

连接 AHB 和 APB 的桥是 APB 的唯一主单元。APB 不需要仲裁器,控制比较简单,没有流水线操作。通过降低 APB 总线上的时钟频率,能够大幅度降低总线和相应外设所产生的功耗。

5. 基于 AMBA 总线的 SoC 设计实例

如图 7.25 所示为一个基于 AMBA 总线的 SoC 设计实例。

7.5.5　Avalon 总线

Avalon 总线主要应用在 FPGA 中,作为 SOPC(System On a Programmable Chip)中的片上总线。Avalon 总线是 Altera 推出 Nios 核时开发的片上总线。在 Avalon 总线中,主设备之间通过仲裁机制决定是否获得总线的控制权。

1. Avalon 总线结构

Avalon 总线是为 Altera 公司研发的一种带 CPU(Nios)内核的 FPGA 实时开发片上总线标准,主要针对片上可编程系统(SOPC)设计。

基本传输是在主单元和从单元间传输一个字节、字或双字。一次传输后,总线可以立刻

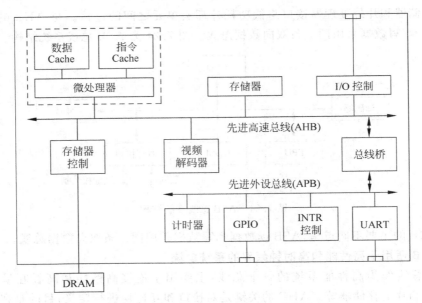

图 7.25　基于 AMBA 总线的 SoC 设计实例

进行下一次传输,而且既可以是与上一次传输相同的主从单元,也可以是不同的。Avalon 总线结构图如图 7.26 所示。

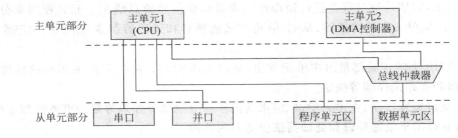

图 7.26　Avalon 总线结构图

2. Avalon 总线的显著特点是并发多主设备结构

Avalon 总线可以优化 Nios 处理器和外设间的数据流传输。这种结构支持多个主设备同时执行与外设间的数据交换。用户可根据应用自身的带宽需要来定制需要的总线结构,从而优化数据传输过程。

不存在类似传统微机系统的共享总线。在每个主设备-从设备对之间都有一个专门的连接。多个主设备可以在同一时刻并行工作,并发地与它们的从设备交换数据。只要其他主设备没有同时对同一从设备进行访问,则主设备可立即获得对从设备的访问权。

3. 基于并发多主设备总线结构的设计

要考虑的核心问题是竞争与仲裁,包括从端口仲裁、外设设计、仲裁策略和总线时序等。

(1) 从端口仲裁

在两个主设备竞争同一个从设备时,会发生多个主端口争夺一个从端口的情况。因此并发多主设备总线结构需要进行从端口仲裁。在 Avalon 总线中,每个可被多个主端口访问从端口都有一个仲裁器,如图 7.27 所示。

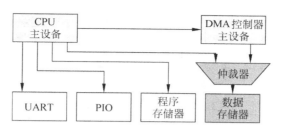

图 7.27 并发多主设备总线结构仲裁

从端口仲裁器为相应的从端口完成下列工作：为从端口定义控制、地址和数据通路，指定仲裁策略以处理多个主设备同一个从设备的竞争情况；仲裁哪一个主端口与从端口相连，并根据仲裁设定，强制其他的主端口进行等待；利用选定主端口给出的地址、数据和控制信号控制从端口。

并发多主设备仲裁有两个部分：申请逻辑和仲裁逻辑。申请逻辑评估每个主端口给出的地址和控制信号，产生一个申请信号给仲裁逻辑；这个信号也控制数据选择器将从设备连接到发起总线传输的主设备。

（2）并发多主设备总线结构的外设设计

许多 Avalon 外设，如存储器、UART、定时器、PIO 等，都只有一个从端口。这些外设可通过中断申请向主设备发中断，但不能发起一个总线传输。在更多复杂的情况下，Avalon 外设可以同时拥有主端口和从端口，如 Nios。在并发多主设备总线结构系统中，设计外设时不需要考虑太多，只要外设端口遵从 Avalon 总线规范即可。

（3）仲裁策略——加权轮转策略

每个主从端口对都有一个用整数值表示的总线传输的优先级。当发生从端口访问冲突时，最高优先级的主端口获得准许。当主从端口对耗尽总线份额时，控制权移交给下一个较低总线份额的主从端口对。

（4）总线时序

可以观察每个主端口的仲裁设定及其发送的控制信号，来了解对从端口竞争访问的情况。

7.5.6 OCP 总线

IP 在 SoC 中的互连概括起来可以通过两种方案解决：一种是采用标准的总线架构（如 AMBA）；另一种是定义一种通用的总线接口，而不限制总线的采用。开放核协议（Open Core Protocol，OCP）是由 OCP-IP 组织定义的 IP 互联协议。它不是总线定义，而是在 IP 核之间的一种独立于总线之外的高性能接口规范，这种方法提高了 IP 的重用率，进而缩短了设计时间，降低了设计风险和制造成本。一个 IP 核可以是处理器、外围设备和片上总线。OCP 在两个通信实体之间定义了点到点接口。这两个通信实体中，一个作为主设备，可以发起命令；另一个作为从设备，对主设备的命令做出回应。该 OCP 结构如图 7.28 所示。OCP 是在国际 IP 标准组织（VISA）的虚拟接口标准 VCI 上的扩展。OCP-IP 组织还相继开发了相应的 IP 接口自动生成工具，并提供一定的技术支持，使得 OCP 接口具有更好的实用价值。

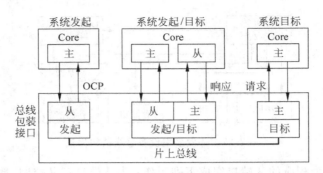

图 7.28 OCP 总线结构

IP核自身的特点决定了其是否作为 OCP 封装接口中的主设备、从设备或两者都是。总线封装接口模块作为 OCP 的补充。在系统的数据传输过程中，系统的发起者（OCP 主设备）输出命令和数据到总线封装接口模块。OCP 并不规定总线的功能。总线封装接口模块设计中，需要将 OCP 请求转换成总线传输。OCP 主设备负责将总线传输转换成合法的 OCP 命令；OCP 从设备接收主设备发出的命令，并做出回应。

1. OCP 总线结构

OCP 总线是由 OCP-IP 国际组织提出的一种片上总线标准，采用主/从结构且不依赖于特定的处理器内核，有利于在 SoC 设计中实现 IP 核的即插即用，是目前唯一一个无所有权、公开许可并给出 IP 核系统级综合要求的以 IP 核为中心的协议。

2. OCP 总线结构的特点

只要 IP 核和总线符合 OCP 标准，即使更换处理器内核和总线，也不需要重新设计 IP 核。不但规定了数据和控制信号，还规定了测试信号。OCP 使用同步的单向信号，简化了 IP 核的实现、综合和时序分析等；OCP 总线支持流水线操作，并通过线程标识符管理方式实现并发传送，大大增加了数据吞吐率；OCP 总线的数据总线和地址总线的宽度是可以变化的。

3. 基于 OPC 总线结构进行一次系统传输的流程

OCP 主设备向它所连接的从设备（总线包装接口模块）发送命令、控制或数据；接口模块向片上总线系统提出请求；片上总线将 OCP 的请求转换成嵌入总线操作来传输；总线包装接口模块（作为 OCP 主设备）再将嵌入式总线操作转换成一个合法的 OCP 命令；OCP 从设备接收这个命令并执行。

7.5.7 主从式 Wishbone 总线

Wishbone 总线是由 Silicore 公司推出的片上总线标准。这种总线具有简单、灵活和开放的特点，已经被 OpenCores 采用并组织维护。在 AMBA 或 CoreConnect 总线中，高速设备和低速设备分别在不同的总线上，而在 Wishbone 中，所有核都连接在同一标准接口上。当需要时，系统设计者可以选择在一个微处理器核上实现两个接口，一个给高速设备，另一个给低速设备。

1. Wishbone 总线结构

Wishbone 总线为 Silicore 公司提出，现已移交给 OpenCores 组织维护。基于该总线标准设计的 IP 核只需少量额外接口开销即可将不同的 IP 核连接起来。如图 7.29 所示为

Wishbone 总线结构,其中 SYSCON 接口模块用来产生 RST 和 CLK 信号。

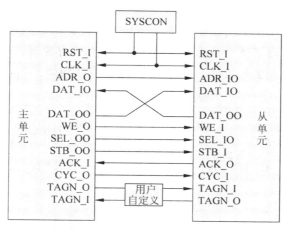

图 7.29 Wishbone 总线结构

Wishbone 总线作为一种开放性总线标准,有大量的用户群体。有许多免费 IP 核都带有 Wishbone 总线接口。采用 Wishbone 总线结构进行设计可以利用大量的开放资源,加速 SoC 的开发。

2. Wishbone 总线结构的特点

在 IP 核模型接口间定义一组标准的信号和总线周期。通过在 IP 核之间创建一个通用接口,可提高系统可移植性和可靠性。提供多种总线周期和数据路径宽度,整合方案灵活,易于系统实现。支持点对点、数据流、共享总线和交叉开关等连接方式。对多个主单元可以使用交叉开关互连,每个主单元可以访问 2 个或 2 个以上的从单元,大大提高了连接的灵活性。提供了非常简单的时序约束,并支持自定义信号。用户唯一需要的时序约束是布局布线工具给出的最大时钟频率。同时支持高/低字节在后的字节编址方式。数据传送可以采用单读/写周期和块周期两种模式。单读/写周期是数据传输的基本模式;块传输周期实现多数据传送。

7.5.8 CoreConnect 总线

CoreConnect 总线是 IBM 开发的一套片上系统总线标准。CoreConnect 总线包括 PLB (Procesor Local Bus) 总线、OPB (on-Chip Peripheral Bus) 总线、DCR (Device Control Register) 总线。

在 CoreConnect 总线中,PLB 总线连接高性能设备,如处理器、存储器接口、DMA 等。OPB 总线连接低性能设备,如各种外围接口等。OPB 总线减少了外围设备对于 PLB 性能的影响。在 PLB 和 OPB 之间存在一个转接的总线桥。PLB 到 OPB 总线桥实现了 PLB 总线上主设备到 OPB 总线上从设备的数据传输。它在 PLB 总线上是从设备,但在 OPB 总线上却成为主设备。与之相对应,OPB 到 PLB 的桥在 OPB 上是从设备,但会作为 PLB 总线的主设备,实现 OPB 总线上的主设备到 PLB 总线的从设备的数据传输。DCR 总线主要用来访问和配置 PLB 和 OPB 总线设备的状态和控制寄存器。DCR 总线架构实现了在 PLB 或 OPB 传输之外的数据传输。在 PLB 或 OPB 总线上的主设备都需要经过总线仲裁设备来获取对于总线的控制权。

1. CoreConnect 总线结构

CoreConnect 总线为 IBM 公司研发的一种片上总线标准,在概念上类似于 AMBA 总线结构。该总线结构提高了整个系统的性能,使处理器、内存控制器和外设在基于标准产品平台设计中的集成和复用更加灵活。CoreConnect 总线结构如图 7.30 所示。

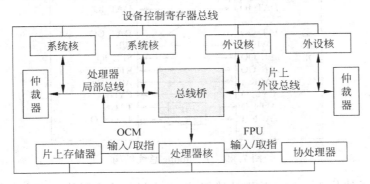

图 7.30　CoreConnect 总线结构

2. CoreConnect 总线结构的特点

CoreConnect 总线支持带有处理器局部总线(PLB)、片上外设总线(OPB)和设备控制寄存器总线(DCR)等更复杂协议的模块。PLB 总线是一种高性能总线,其通过总线接口单元来访问高速设备。OPB 总线为连接具有不同的总线宽度及时序要求的外设和存储器提供了一条途径。一些低性能设备都连在 OPB 上。DCR 总线主要用来在各种 PLB 和 OPB 的主、从设备中配置状态寄存器和控制寄存器。这将使 PLB 从低性能状态中减少负荷。

在 PLB 和 OPB 之间的 OPB 桥用来完成 PLB 主设备与 OPB 从设备之间的数据传输。

DCR 总线在内存地址映射中取消了配置寄存器,减少取了操作,这将增加处理器内部总线的带宽。

习　　题

1. 什么是 SoC(片上系统、系统集成电路)?
2. 简述 IC 设计方法的演变过程。
3. 简述 SoC 设计中面临的新挑战。
4. 简述 SoC 设计的标准化问题。
5. 什么是 IP 核? 试说明 IP 核的分类和各自的特点。
6. SoC 设计中的关键技术有哪些?
7. 什么是 IP 核? 试说明 IP 核的分类和各自的特点。
8. 简述 SoC 软/硬件协同设计包含的基本工作内容。
9. SoC 软/硬件协同验证须遵循什么原则?
10. 简述 SoC 软/硬件协同设计过程。
11. 根据连线在芯片版图中长短,通常可划分为哪两种? 请简述它们的互连效应(或特性)。

12. 简述 SoC 物理综合过程 3 个阶段的分工情况。

13. SoC 设计中可以从哪几个方面着手降低芯片功耗？

14. 归纳 SoC 低功耗设计在不同设计层次上的低功耗优化方法。

15. 简述 SoC 的硬件结构和软件特征。

16. 为什么要对 SoC 进行层次化结构设计？层次化结构设计主要解决哪些问题？

17. 试说明瀑布式和螺旋式设计流程的适用性及存在的问题和特点。

18. 简述 SoC 自顶向下和自底向上相结合的设计流程。

19. 简述基于复用平台的 SoC 设计思想及其优越性。

20. 简述 SoC 复用平台的分类情况。

21. 简述复用 IP 核的特征。

22. 市场对 IP 核是如何划分的？

23. 简述我国 IP 核市场的发展情况。

24. IP 核设计流程中有哪些主要阶段？描绘细化的流程图,并指出软核、固核和硬核一般是在什么设计节点生成的。

25. 在"规划和制定设计规范"阶段有哪些规范/计划要确定？其内容是什么？

26. 简述软核和固核基于 RTL 综合的设计流程。

27. 相对软核,固核设计中有哪些不同之处？

28. 在硬核的设计过程中,有哪些模型需生成？这些模型的作用分别是什么？

29. 软核、固核和硬核产品具体需要提交的文件有哪些？

30. 与软核的产品化过程相比,硬核的产品化过程是怎样的？

31. 简述制定 IP 核验证计划的必要性和 IP 核验证计划。

32. 简述 IP 核的验证策略。

33. 在 SoC 设计中引入 IP 核复用技术的决定因素有哪些？

34. 简述复用 IP 核的选择准则。

35. 目前 IP 核复用技术所面临的挑战有哪些？

36. 复用对 IP 核质量的进一步要求是什么？

37. 片上总线应具有哪些特点？

38. 简述片上总线层次化结构及其优越性。

39. 简述 AMBA 总线结构。

40. Avalon 总线的特点是什么？

41. 简述基于并发多主设备总线结构的设计。

42. 简述 OCP 总线结构的特点。

43. 简单描述基于 OPC 总线结构进行一次系统传输的流程。

44. Wishbone 总线结构有哪些特点？

45. OCP 总线结构有哪些特点？

参 考 文 献

［1］　郭炜,魏继增,郭筝,等. SoC 设计方法与实现［M］.2 版.北京：电子工业出版社,2011.

英语缩略语

英文缩写	英文全称	中文全称
ADC	Analog-to-Digital Conversion	模/数转换
ALFSR	Automatic Linear Feedback Shift Register	线性反馈移位寄存器
AM	Applied Materials	应用材料
ANSI	American National Standards Institute	美国国家标准协会
ASIC	Application Specific Integrated Circuit	专用集成电路
ASML	Advanced Semiconductor Material Lithography	先进半导体材料印刷公司
ASSP	Application Specific Standard Products	专用标准产品
ATE	Automatic Test Equipment	自动测试设备
ATPG	Automatic Test Pattern Generation	自动测试图形生成
BILBO	Built-In Logic-Block Observer	内建逻辑块观测器
BISR	Build In Self Repair	内建自修复
BIST	Build In Self Test	内建自测试法
BNF	Backus-Naur Form	巴科斯范式
BSC	Boundry Scan Cell	边界扫描单元
BScan	Boundary Scan	边界扫描法
BSD	Boundry Scan Design	边界扫描设计
CA	Cellular Automata	细胞自动机
CAD	Computer Aided Design	计算机辅助设计
CAE	Computer Aided Engineering	计算机辅助工程
CAM	Computer Aided Manufacturing/Computer Aided Making	计算机辅助制造
CAT	Computer Aided Test	计算机辅助测试
CMOS	Complementary Metal Oxide Semiconductor	互补金属氧化物半导体
CP	Control Point	控制点
CPLD	Complex Programmable Logic Device	复杂可编程逻辑器件
CPU	Central Processing Unit	中央处理器
CScan	Core Scan	核内扫描
CSIA	China Semiconductor Industry Association	中国半导体行业协会
CTL	Core Test Language	IP 核测试语言
CUT	Circuit Under Test	被测电路
DAC	Digital-to-Analog Conversion	数/模转换
DATS	Direct Access Test Scheme	直接存取测试机理
DC	Design Compiler	设计综合编译
DFT	Design for Testability	可测试性设计
DL	Defect Level	缺陷等级
DPM	Defect Per Million	百万芯片中缺陷芯片个数
DRAM	Dynamic Random Access Memory	动态随机存取存储器
DRC	Design Rule Check	设计规则检查
DTL	Diode Transistor Logic	二极管-晶体管逻辑

EDA	Electronic Design Automatic	电子设计自动化
EMI	Electromagnetic Interference	电磁干扰
ENIAC	Electronic Numerical Integrator And Computer	数字积分计算机
ERC	Electrical Rule Check	电气规则检查
ESL	Electronic System-Level	电子系统级
FC	Fault Coverage	故障覆盖率
FPGA	Field Programmable Gate Array	现场可编程门阵列
FScan	Full Scan	全扫描
GDS	Geometry Data Standard	几何数据标准
GSI	Gigantic Scale Integrated Circuit	巨大规模集成电路
HDL	Hardware Description Language	硬件描述语言
HDVL	Hardware Description and Verification Language	硬件描述验证语言
HLDA	High Level Design Automation	高层次设计自动化
IDM	Integrated Device Manufacturer	集成电路制造商
IEEE	Institute of Electrical and Electronics Engineers	美国电气电子工程师协会
IHS	Information Handling Services	美国情报处理服务公司
ILP	Integer Linear Programming	整数线性规划
IP	Intellectual Property	知识产权
ISC	Internal Scan Chain	IP 核内部扫描链路
ISCAS	International Symposium on Circuits and Systems	国际电路与系统研讨会
ITC	International Test Conference	国际测试会议
ITRS	International Technology Roadmap for Semiconductor	国际半导体技术路线图
LFSR	Linear Feedback Shift Register	线性反馈移位寄存器
lsb	least significant bit	最低有效位
LSI	Large Scale Integrated Circuit	大规模集成电路
LVS	Layout Versus Schematic	版图与原理图比对
MEMS	Micro-Electro-Mechanical Systems	微机电系统
MISR	Multiple Input Signature Register	多输入特征寄存器
MOS	Metal Oxide Semiconductor	金属氧化物半导体
MPW	Multi Project Wafer	多项目晶圆
MSA	Multiple Stuck At	多重故障
msb	most significant bit	最高有效位
MSI	Medium Scale Integrated Circuit	中规模集成电路
MTTF	Mean Time to Failure	平均失效时间
NMOS	Negative Channel Metal Oxide Semiconductor	N 型金属氧化物半导体
NP	Nondeterministic Polynomial	非确定性多项式
OP	Observe Point	观察点
PCB	Printed Circuit Board	印制电路板
PG	Pattern Generator	测试向量产生器
PI	Primary Input	原始输入端
PLD	Programmable Logic Device	可编程逻辑器件
PLI	Program Language Interface	编程语言接口
PMOS	Positive Channel Metal Oxide Semiconductor	P 型金属氧化物半导体
PO	Primary Output	原始输出端

PR	Place & Route	布局布线
RA	Response Analyzer	响应分析仪
RAM	Random Access Memory	随机存取存储器
ROM	Read-only Memories	只读式存储器
RTL	Register Transfer Level	寄存器传输级
SA	Stuck-At	固定为
SECT	Standard for Embedded Core Test	内嵌核测试标准
SEM	Scan Electron Microscope	扫描电子显微镜
SEMI	Semiconductor Equipment and Materials International	国际半导体设备与材料产业协会
SiP	System in Package	基于封装的系统
SLI	System Level Integration	系统层集成
SMIC	Semiconductor Manufacturing International Corporation	中芯国际集成电路制造有限公司
SoC	System on a Chip	片上系统
SOI	Silicon on Insulator	绝缘衬底上的硅
SON	Stuck On	恒定通故障
SOP	Stuck Open	恒定开路故障
SSA	Single Stuck At	单固定故障
SSI	Small Scale IC Integrated Circuit	小规模集成电路
TA	Test Application	测试施加
TAM	Test Access Mechanism	测试存取机构
TCK	Test Clock	测试时钟
TCM	Test Control Mechanism	测试控制机制
TDI	Test Data In	测试数据输入
TDO	Test Data Out	测试数据输出
TG	Test Generation	测试生成
TMS	Test Mode Select	测试模式选择
TP	Test Pattern	测试图形
TR	Test Response	测试响应
TRA	Test Response Analysis	测试分析
TRST	Test Reset	测试复位
TTL	Transistor-Transistor Logic	晶体管-晶体管逻辑
TTTC	Test Technology Technical Council	测试技术学会
UDL	User Define Logic Circuit	用户自行设计逻辑电路
UDP	User Defined Primitives	用户自定义元件
ULSI	Ultra Large Scale Integrated Circuit	特大规模集成电路
VC	Virtual Component	虚拟元件
VHDL	Very High Speed Integrated Circuit Hardware Description Language	超高速集成电路硬件描述语言
VLSI	Very Large Scale Integrated Circuit	超大规模集成电路
VSIA	Virtual Socket Interface Alliance	虚拟插件接口联盟